全国高等职业教育规划教材

AutoCAD 2008 实例教程

吕长恩　编著

机 械 工 业 出 版 社

本书在详尽地介绍了 AutoCAD 2008 的基本命令与基本操作的基础上，通过大量经典图例和行业实例，对其进行理解和练习，从而达到让读者在对软件的使用过程中能够随心所欲、运用自如的目的。

本书共分 12 章。主要讲述 AutoCAD 2008 与绘图的有关基本知识、二维几何图形的绘制与编辑、文字与表格、尺寸标注、块与外部参照、工程图布局与输出、机械零件工程图绘制实例，以及三维建模基础。

本书是按“形式服从内容，内容服从应用”的原则进行编排的，旨在让读者快速入门，通过完成实例增强信心，从而快速提高对软件的使用。

本书可作为高等工科院校、高职高专、中等职业技术学校机械设计类专业的师生的教学用书，也可作为机械等相关行业的工程技术人员的参考用书。

图书在版编目（CIP）数据

AutoCAD 2008 实例教程 / 吕长恩编著. —北京：机械工业出版社，2009.3（2016. 8重印）

（全国高等职业教育规划教材）

ISBN 978-7-111-26193-3

Ⅰ. A… Ⅱ. 吕… Ⅲ. 计算机辅助设计—应用软件，AutoCAD 2008—高等学校：技术学校—教材 Ⅳ. TP391.72

中国版本图书馆 CIP 数据核字（2009）第 014432 号

机械工业出版社（北京市百万庄大街 22 号 邮政编码 100037）
责任编辑：曹帅鹏
责任印制：杨 曦

北京市四季青双青印刷厂印刷
2016 年 8 月第 1 版 · 第 6 次印刷
184mm×260mm · 16.75 印张 · 412 千字
12 601 — 14 100册
标准书号：ISBN 978-7-111-26193-3
定价：27.00 元

凡购本书，如有缺页、倒页、脱页，由本社发行部调换

电话服务	网络服务
服务咨询热线：010-88379833	机 工 官 网：www.cmpbook.com
读者购书热线：010-88379649	机 工 官 博：weibo.com/cmp1952
	教育服务网：www.cmpedu.com
封面无防伪标均为盗版	金 书 网：www.golden-book.com

出 版 说 明

根据《教育部关于以就业为导向深化高等职业教育改革的若干意见》中提出的高等职业院校必须把培养学生动手能力、实践能力和可持续发展能力放在突出的地位，促进学生技能的培养，以及教材内容要紧密结合生产实际，并注意及时跟踪先进技术的发展等指导精神，机械工业出版社组织全国近60所高等职业院校的骨干教师对在2001年出版的“面向21世纪高职高专系列教材”进行了全面的修订和增补，并更名为“全国高等职业教育规划教材”。

本系列教材是由高职高专计算机专业、电子技术专业和机电专业教材编委会分别会同各高职高专院校的一线骨干教师，针对相关专业的课程设置，融合教学中的实践经验，同时吸收高等职业教育改革的成果而编写完成的，具有“定位准确、注重能力、内容创新、结构合理和叙述通俗”的编写特色。在几年的教学实践中，本系列教材获得了较高的评价，并有多个品种被评为普通高等教育“十一五”国家级规划教材。在修订和增补过程中，除了保持原有特色外，针对课程的不同性质采取了不同的优化措施。其中，核心基础课的教材在保持扎实的理论基础的同时，增加实训和习题；实践性较强的课程强调理论与实训紧密结合；涉及实用技术的课程则在教材中引入了最新的知识、技术、工艺和方法。同时，根据实际教学的需要对部分课程进行了整合。

归纳起来，本系列教材具有以下特点：

（1）围绕培养学生的职业技能这条主线来设计教材的结构、内容和形式。

（2）合理安排基础知识和实践知识的比例。基础知识以“必需、够用”为度，强调专业技术应用能力的训练，适当增加实训环节。

（3）符合高职学生的学习特点和认知规律。对基本理论和方法的论述要容易理解、清晰简洁，多用图表来表达信息；增加相关技术在生产中的应用实例，引导学生主动学习。

（4）教材内容紧随技术和经济的发展而更新，及时将新知识、新技术、新工艺和新案例等引入教材。同时注重吸收最新的教学理念，并积极支持新专业的教材建设。

（5）注重立体化教材建设。通过主教材、电子教案、配套素材光盘、实训指导和习题及解答等教学资源的有机结合，提高教学服务水平，为高素质技能型人才的培养创造良好的条件。

由于我国高等职业教育改革和发展的速度很快，加之我们的水平和经验有限，因此在教材的编写和出版过程中难免出现问题和错误。我们恳请使用这套教材的师生及时向我们反馈质量信息，以利于我们今后不断提高教材的出版质量，为广大师生提供更多、更适用的教材。

机械工业出版社

前　言

本书是以丰富经典的实例为导向，在详尽讲解 AutoCAD 软件的命令与操作的基础上，学以致用，达到举一反三，灵活应用的目的。本书以“入门浅，接受易，提高快”的原则，让读者在不知不觉中，具备相关行业应有的知识和技能。为此，本书具有以下主要特点：

（1）基础知识与基本操作讲解细致全面，力求考虑每一个细节和每一项知识点，尽量避免初学者产生误解。

（2）突出实例教学，大量实例满足了教学与练习的需要。本书真实地模拟了“在用中学”的环境。除了各章节的基本知识的实例外，还设置了专门的章节（第 9 章）作为结合行业的实例专章。

（3）重点突出，主次分明。在内容上以二维绘图为重点，兼顾基本的三维建模；在专业知识上，以机械设计绘图为基础，适当兼顾了建筑、电子等其他行业。

（4）内容全面，外延广泛。除全面介绍软件本身的知识外，涉及相关行业（如机械）时，还就相关知识作了适当的介绍，为读者向相关行业过渡作了一定的铺垫。

（5）循序渐进，由浅入深。在知识章节的安排上，没有完全按知识类别编排，而是本着知识服从应用的原则，突出实例教学的特点，打破陈规编排。

（6）语言简洁，可读性强。

本书的编写得到了本单位领导和同事们的支持与帮助，得到了深圳精石科技有限公司总经理颜国忠先生的指导，同行好友刘晓红工程师提出了参考意见并参与审稿工作，学生吕静、陈磊等参与图形绘制与图片处理等工作，在此向上述人员致谢，同时参阅了大量行业人士及互联网上高手的相关著作，在此一并致谢。本书所有图文内容，仅为说明本软件的应用而举例，绝无恶意侵犯他人作品之意，如有相似或相同，纯属巧合。

由于编者水平所限，本书难免有所不足，欢迎广大读者及各行专家提出宝贵意见和建议。

编　者

目　录

第 1 章　初识 AutoCAD

1.1　AutoCAD 应用简介

CAD 的英文全称为 Computer Aided Design（计算机辅助设计）。“设计”这一概念涵盖了极为广泛的内容，制图是设计的一项重要环节。AutoCAD 主要是一个用来解决绘图环节的软件，可理解为 Computer Aided Drawing。

AutoCAD 在制图方面有着极大的通用性和方便性。尽管现在功能强大的辅助设计软件层出不穷，然而 AutoCAD 仍在机械、电子、建筑和服装等行业中被广泛使用，尤其在二维绘图方面，有着其独特的优越性。其应用主要表现在以下方面：

（1）机械零件工程图绘制。AutoCAD 最常用、最主要的功能就是它强大的二维绘图及图形编辑功能。它可以完成模型空间的图形绘制，以及在图纸空间中进行图样的页面布局。

（2）机械零件的三维建模与着色渲染效果。AutoCAD 提供了多种基本实体的建模以及拉伸、旋转、扫掠、放样和三维布尔运算等多种建模方法。

（3）产品装配工程图处理与三维产品装配。外部参照、图块等功能，以及对齐等三维操作命令可以完成二维与三维的产品装配。

（4）三维模型转化为二维工程图。在多个视口中通过不同的视向以及剖切等功能，将三维模型转化为二维三视图。

（5）建筑的平面布置与三维效果。在三维效果方面，不仅有实体的表达，而且还可以通过网格曲面创建更为复杂的效果。

（6）在服装设计行业的应用。

（7）二次开发功能。用户可以根据需要来自定义各种菜单以及与图形有关的一些属性。AutoCAD 提供了一种 Visual LISP 编辑开发环境，用户可以运用 LISP 语言定义新命令，开发新的应用和解决方案。用户还可以利用 AutoCAD 的一些编辑接口 Object ARX，使用 Visual C++和 Visual Basic 语言对其进行二次开发。

AutoCAD 在使用上具有以下特点，可以使操作更加方便、灵活。

（1）快速方便地绘图与图形编辑。

（2）自由灵活地修改图样。

（3）各图形图元、装配与零件等均是相互独立不受依赖的，不同于其他一些软件，相互参照严格，更改部分图形可能引起建模失败。

（4）图块等可以多次使用，提高绘图设计效率。

（5）绘图与建模不受单位的影响，并且图形可进行任意比例缩放。

1.2 AutoCAD 2008 的操作界面

启动 AutoCAD 2008 的 3 种方式：①双击桌面 AutoCAD 2008 的图标；②鼠标右键单击 AutoCAD 2008 图标，从弹出的快捷菜单中选择“打开”选项；③单击“开始”→“程序”→“Autodesk”→“AutoCAD 2008-Simplified Chinese”→“AutoCAD 2008”命令。启动后的操作界面如图 1-1 所示。

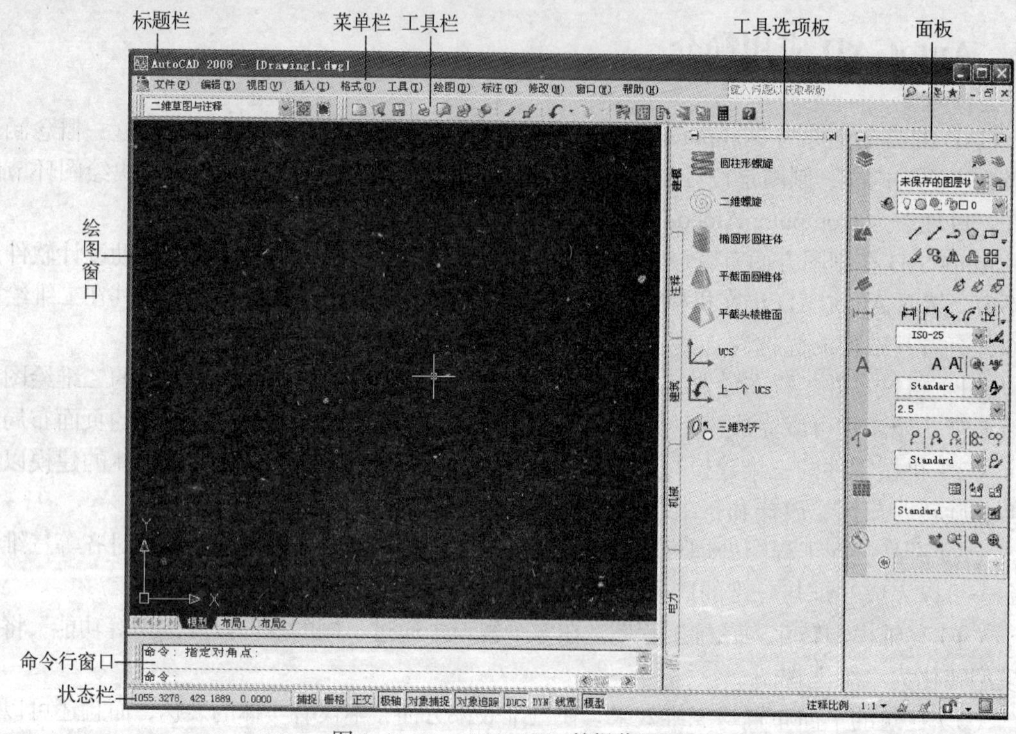

图 1-1 AutoCAD 2008 的操作界面

AutoCAD 2008 的界面主要由标题栏、菜单栏、工具栏、绘图窗口、命令行窗口、文本窗口、工具选项板、面板以及状态栏等几部分组成。

1.2.1 标题栏与菜单栏

1. 标题栏

标题栏在屏幕顶部，显示软件名称 AutoCAD 2008、当前文件路径及文件名称。标题栏右侧是 Windows 标准应用程序的控制按钮，分别为最小化、还原和关闭按钮。用户可以通过这些控制按钮来操作 AutoCAD 2008 的窗口。

2. 菜单栏

标题栏下方是菜单栏，AutoCAD 2008 共有 11 个菜单，用户可以选择相应的菜单，弹出该类菜单的下拉菜单，然后再选择需要执行的命令，从而完成 CAD 命令的启动。有的下拉菜单右侧还有一个黑色的三角符号，表示该菜单还有下级菜单，称级联菜单。只需要将光标置于三角符号所在的菜单项上，级联菜单即可展开，如图 1-2 所示。呈灰色的菜单，表明在当前条件下，该功能不能使用。

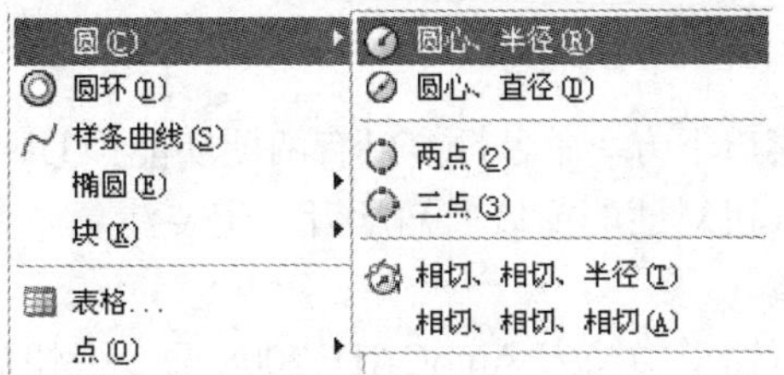

图 1-2　下拉菜单和级联菜单

1.2.2　工具栏与绘图窗口

1．工具栏

工具栏提供了更为方便执行 AutoCAD 2008 命令的方式。工具栏由各种不同类型的工具条组成，每类工具条包含一系列表示各种命令的图标按钮，用户可以通过单击工具条上相应的按钮来执行各种命令。通过单击工具条图标与选择菜单执行 AutoCAD 2008 命令等效。

用户可以根据自己的习惯以及绘图实际情况，打开相应的工具条添加在屏幕上。打开工具条添加到屏幕的方法是：在任意工具条的任意按钮上单击鼠标右键，弹出工具栏快捷菜单，如图 1-3 所示，从快捷菜单中勾选所需工具条即可打开。

此外，屏幕工具条的显示也可以在“自定义”对话框中，通过定义工作空间来操作，详见第 2.2 节。

工具条可以是浮动的，也可以是固定的。活动工具条可以放置在屏幕的任意位置，固定工具条附于绘图区域周边。

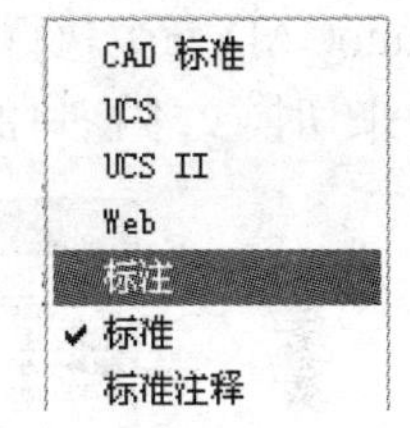

图 1-3　快捷菜单工具栏列表（部分）

浮动工具条的位置可以通过鼠标来拖动放置。鼠标左键按下工具条前方双短线条（固定工具条）或上部蓝条（浮动工具条）位置不放，拖动到适当的位置松开左键即可完成工具条的位置移动，如图 1-4 所示。

图 1-4　单击鼠标左键移动工具条

如果不想让工具条随意移动，可以将其位置锁定。单击屏幕右下角状态栏上的锁定按钮 ，即可弹出快捷菜单如图 1-5 所示。用户可以选定锁定的项目。例如选择“固定的工具栏”，即可将固定的工具栏锁定，不能再将其移动。

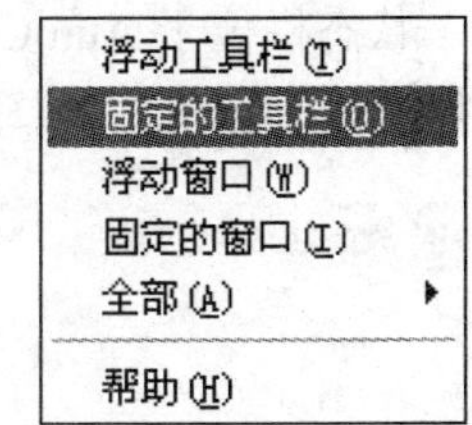

图 1-5　选择锁定项目

2．绘图窗口

屏幕中大部分黑色(默认颜色)的区域即为绘图窗口，它是绘制、编辑和显示图形的区域。

1.2.3 命令行与文本窗口

1. 命令行窗口

命令行窗口位于绘图窗口下方。命令行窗口有两项功能：①显示输入的命令及历史命令；②显示操作提示，是进行人机对话的窗口。初学者一定要注意命令行窗口的提示，对于学习会有较好的引导作用。

用户可以直接在命令行窗口中输入 AutoCAD 2008 命令或快捷命令，如输入直线绘制命令“Line”或“L”，按〈Enter〉键，在命令行窗口中就会出现提示如图 1-6 所示。

图 1-6 命令行窗口显示绘图提示

默认情况下，命令行窗口为 3 行，最下面一行显示当前命令，其余各行显示历史命令。命令行窗口的大小可以调整，调整的方法为将光标置于命令行窗口上方，当光标形状变为 ǂ 时，单击鼠标左键，拖动到适当的位置松开，命令行行数即可增多或减少。

2. 文本窗口

文本窗口类似于命令行窗口，显示 AutoCAD 的命令执行过程记录，用户可以通过文本窗口查看 AutoCAD 命令执行的历史记录。文本窗口通常情况不在屏幕显示，用户可以通过切换键〈F2〉来切换文本窗口的打开或关闭，打开的文本窗口如图 1-7 所示。

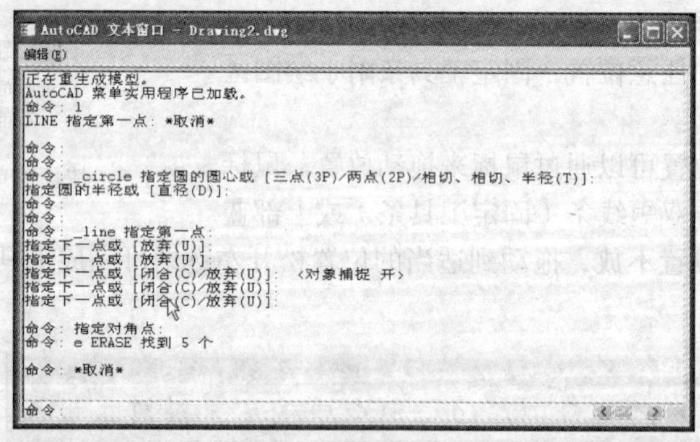

图 1-7 文本窗口

1.2.4 状态栏

状态栏位于 AutoCAD 主窗口的最底部，用于显示和控制绘图环境及绘图状态，主要由一些控制按钮组成，如图 1-8 所示。

1169.4565, -0.0682 , 0.0000 捕捉 栅格 正交 极轴 对象捕捉 对象追踪 DUCS DYN 线宽 注释比例: 1:1

图 1-8 状态栏

状态栏最前方的一组数字是光标在当前位置的坐标值，后方各按钮用于控制绘图的状态。

鼠标左键单击各按钮，可以打开或关闭控制状态，按钮呈现凹下去的状态时为开，呈现凸起来的状态时为关。打开各按钮后的意义简要说明了如下。

捕捉：捕捉栅格点，光标只能落在栅格点上，不能落在任意位置，栅格如图 1–9 所示。当打开捕捉，关闭栅格时，虽然看不到栅格点，但光标也只能落在栅格点所在的位置上。

栅格：绘图窗口显示栅格，栅格打开后，屏幕的栅格显示如图 1–9 所示。

正交：绘制直线型图形时，光标轨迹只能水平或竖直移动。

极轴：图绘时出现极轴引导线。

对象捕捉：捕捉线条特殊点，如端点、中点、交点、圆心等。

对象追踪：追踪捕捉线条特殊点。

DUCS/DYN：这两个按钮用于控制绘图时是否显示动态输入点，如图 1–10 所示的绘制直线，在确定第一点后，第二点的相对坐标值自动显示（205.6361<38°）。

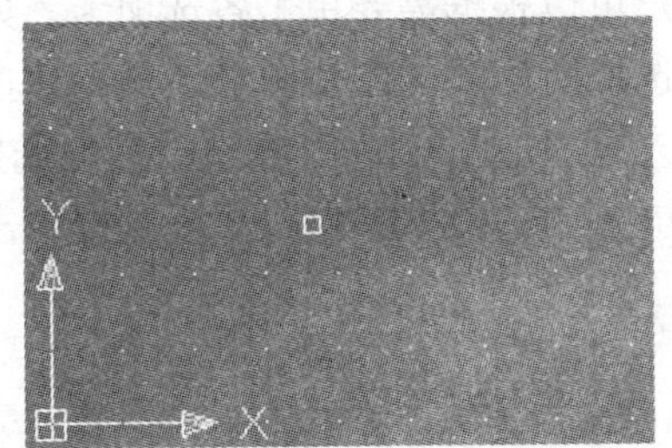

图 1–9　栅格显示的屏幕

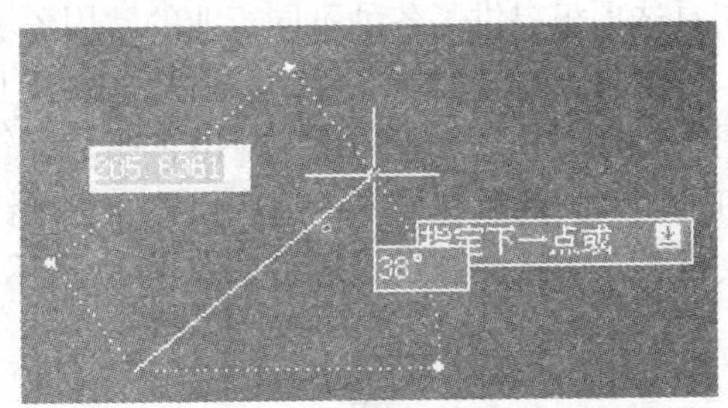

图 1–10　显示动态输入点

线宽：显示线宽，只有打开此按钮，绘图空间中的线宽区别才能显示出来。

模型/图纸按钮：显示当前绘图状态为模型还是图纸状态，单击按钮进行图纸空间与模型空间的转换，展开后方的两个黑色三角符号，可以选择不同的布局。

当从选项中设置了在绘图区域显示“图纸/模型”选项卡时，状态栏中的“图纸/模型”按钮隐藏。设置方法为在屏幕中单击鼠标右键，从弹出的快捷菜单中选择“选项”，打开“选项”对话框，选择对话框上方的“显示”选项按钮，勾选“布局元素”中的“显示布局和模型选项卡”复选框，如图 1–11 所示。

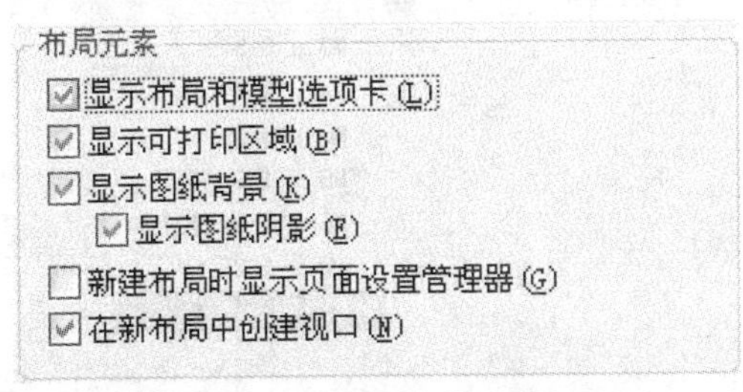

图 1–11　设置显示模型和布局选项卡

图 1–12　显示“模型与布局”选项卡

单击确定，返回屏幕，可发现绘图区下方有“布局/模型”选项卡，而状态栏中的“布局/模型”选项按钮隐藏，如图 1–12 所示。

注释比例（1∶1）：用于设置创建注释的比例（工具选项板上创建注释），默认为 1∶1，即在图中绘制一单位的长度，代表着实际对象的一个单位长度。展开比例的下拉列表符号，如

图 1-13 所示（部分），可以选择绘图的尺寸与实际对象尺寸的比例，也可以选择“自定义”选项，用户可以自己设定比例。

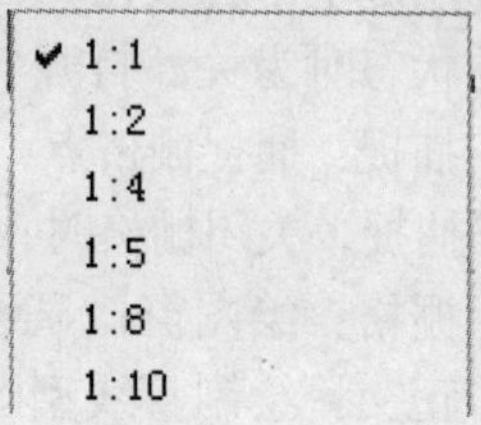

✔1:1
1:2
1:4
1:5
1:8
1:10

图 1-13 选择注释比例(部分)

“锁定”按钮：用于锁定工具条位置等，详见前面“工具条”的介绍。

“全屏显示”按钮：单击可全屏显示绘图区域。

1.2.5 工具选项板与面板

1. 工具选项板

工具选项板提供了一种用来组织、共享和放置块、图案填充及其他工具的有效方法，既可以作为一般设计绘图时，快速获得某些图块的工具，也可为专业行业的二次软件开发提供准备，如图 1-14 所示。

工具选项板提供了各种不同行业的常用图块，用户可以根据需要单击各选项卡，如“机械”、“电力”、“建筑”等，然后从选项板上单击选取所需要的图块图形工具，快速获得所需图块。例如需要快速获得一 M10 的带肩螺钉，可选择“机械”选项，在选项板中选择“带肩螺钉公制”，然后在屏幕中适当位置定位螺钉。在屏幕中选择该螺钉，鼠标左键单击右下角的夹点，从中选择螺纹型号，如图 1-15 所示。

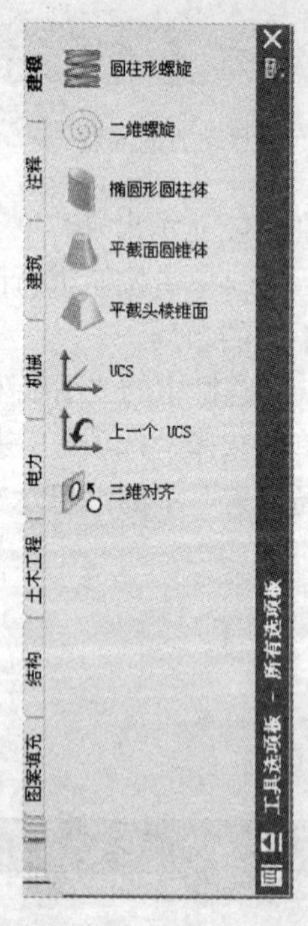

图 1-14 工具选项板

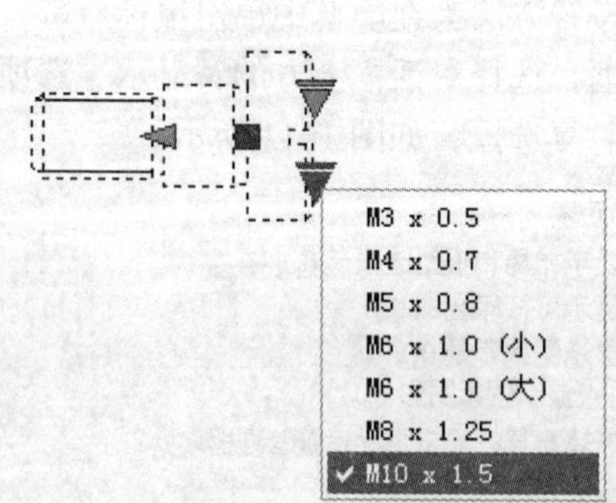

图 1-15 从工具选项板中快速获得图块并设置规格

工具选项板可以显示、隐藏或关闭。用鼠标左键按下工具选项板的蓝色条形部分或上方双横条部分，可以移动到任何位置。单击选项板下方的符号，可以自动隐藏选项板。也可以单击右上方的关闭符号将其关闭。打开或关闭工具选项板的方法可以使用组合键〈Ctrl+3〉来控制，也可通过选择菜单“工具”→“选项板”→“工具选项板”来实现。

2．面板

面板是一种特殊的选项板，用于显示与基于任务的工作空间关联的按钮和控件。面板提供了与当前工作空间相关的操作的单个界面元素，可以理解为一个大的工具条，使用户无需显示多个工具栏，从而使得应用程序窗口更加整洁。因此，可以将可进行操作的区域最大化，使用单个界面来加快和简化工作。面板如图 1-16 所示。

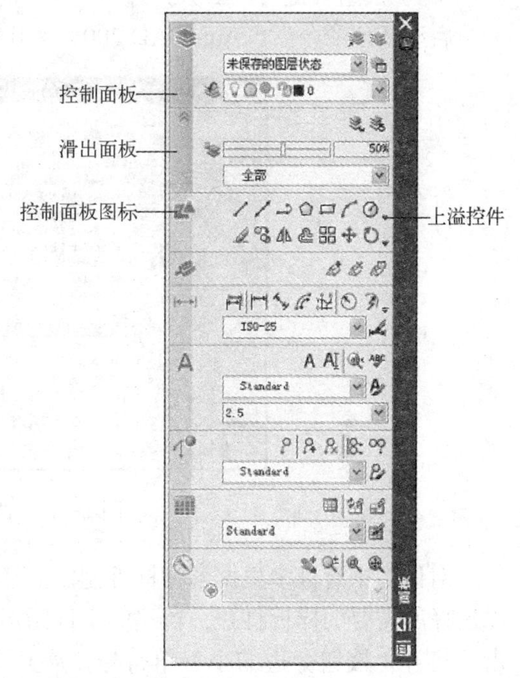

图 1-16　面板

显示在面板左侧的大图标称为控制面板图标。每个控制面板图标均标识了该控制面板的作用。在有些控制面板上，如果单击该图标，还将打开包含其他工具和控件的滑出面板。当单击其他控制面板图标时，已打开的滑出面板将自动关闭。每次仅显示一个滑出面板。每个控制面板均可以与一个工具选项板组关联。要显示关联的工具选项板组，请单击工具或打开滑出面板。

在水平方向设定面板的大小。如果没有足够的空间在一行中显示所有工具，将显示一个黑色下箭头，该箭头称为上溢控件，鼠标左键单击上溢控件，可显示整个工具。

目前，执行一个 AutoCAD 2008 命令的方法很多，可以通过单击工具条访问，可以通过相应的菜单访问，也可以从命令行输入相应的命令启动，还可以单击面板上的相应按钮来启动命令。

面板与工具选项板一样，可以显示、隐藏或关闭。

默认情况下，当使用二维草图与注释工作空间或三维建模工作空间时（详见第 2.2 节工作空间的介绍），面板将自动打开。如果手动打开面板，操作为选择菜单“工具”→“选项板”→“面板”，也可以从命令行输入“DASHBOARD”按〈Enter〉键确认。

隐藏或显示面板的操作与工具选项板的操作相同。

除了可以使用默认的面板外，用户还可以根据需要自定义面板，详见第 2.2 节工作空间的介绍。

1.3　文件操作

文件的操作主要指文件的创建、打开、保存等操作。

1.3.1　创建新文件

采用下列任何一种方式执行新建 AutoCAD 文件的命令：

（1）选择菜单“文件”→“新建”。

（2）单击“标准”工具条上的“新建”图标按钮。

（3）直接在命令行中输入新建文件的命令 New，按〈Enter〉键或〈Space〉键确认。

（4）按组合键〈Ctrl+N〉。

启动新建命令后，AutoCAD 2008 弹出“选择样板”对话框，如图 1-17 所示。

图 1-17 “选择样板”对话框

对话框中有许多根据各种标准制定的样板，样板形式在对话框的右上方有预览，用户可以选择所需要的样板打开，新建的文件图形就是该样板的形式。如果不需要使用样板，则单击“打开”按钮旁边的小三角符号，展开下拉列表，选择“无样板打开—公制”选项，如图 1-18 所示。

图 1-18 创建无需样板的新文件

“选择样板”的默认样板为 acadiso 形式，也是一个无图框的样板。

选择打开样板后，对话框关闭，返回到绘图状态，接下来就可以绘图了。

1.3.2 保存图形文件

1. 文件直接保存

采用下列任何一种方式均可执行保存 AutoCAD 文件的命令：

（1）按下组合键〈Ctrl+S〉。

（2）单击“标准”工具条上的“保存”图标按钮。

（3）选择菜单“文件”→“保存”。

（4）直接在命令行中输入保存文件的命令“Save”或“Qsave”，按〈Enter〉键或〈Space〉键确认。

如果是新文件第一次保存，则系统会弹出“图形另存为”对话框，如图 1-19 所示。

用户需要：①在“保存于”的下拉列表中浏览保存路径；②在“文件名”后的文本框中为文件命名（如“减速箱”等）；③在文件类型后方下拉列表中选择适当的格式（普通的图

形文件为 AutoCAD 2007 的*.dwg，即 AutoCAD 2007 也可以打开文件）。然后单击“保存”按钮，保存文件，系统返回到绘图状态。

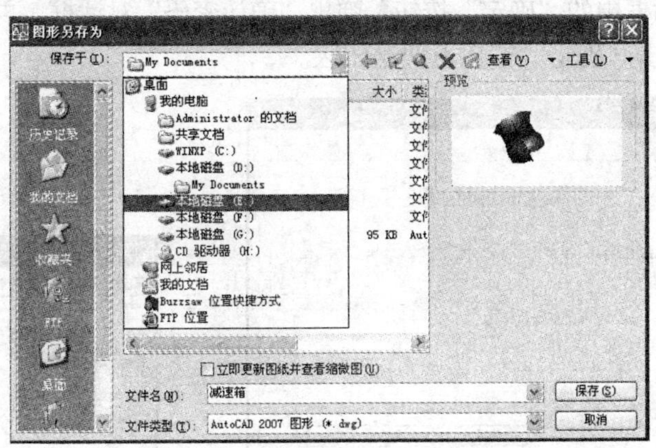

图 1-19　“图形另存为”对话框

如果文件已经保存过，修改后保存时，系统不会弹出对话框，只在 AutoCAD 的命令窗口中有显示，在文本窗口中有记录。

2．保存副本文件

在实际绘图工作中，往往需要将文件保存为副本，稍作修改形成新的文件。文件保存为副本的对话框以及对话框的操作与保存新文件相同。执行保存副本文件的命令如下。

（1）选择菜单“文件”→“另存为”。

（2）按下〈Ctrl+Shift+S〉组合键。

3．设置文件的打开口令，即为文件加密码

采用以下任一方式打开“选项”对话框。

（1）选择菜单“工具”→“选项”。

（2）在绘图窗口中单击鼠标右键，从弹出的快捷菜单中选择“选项”。

在“选项”对话框中选择“打开和保存”选项卡，如图 1-20 所示。

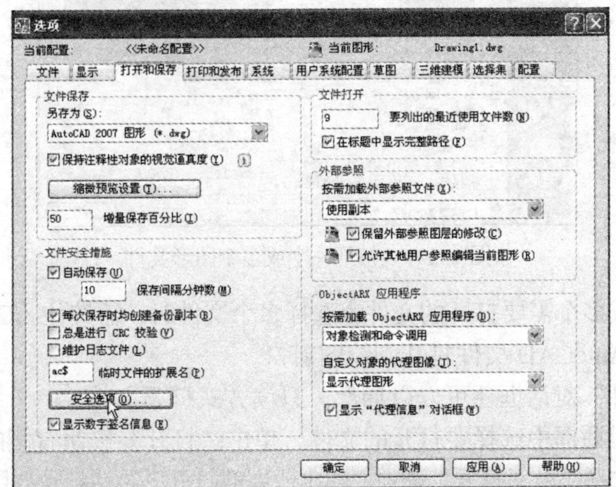

图 1-20　“打开和保存”选项卡

单击“安全选项”按钮，弹出“安全选项”对话框，如图 1-21 所示。

单击“密码”选项卡，在“用于打开此图形的密码或短语”文本框中，输入打开图形的密码，然后单击对话框中的“确定”按钮，弹出“确认密码”对话框，再次输入密码以确认，如图 1-22 所示，单击“确定”按钮返回绘图区。

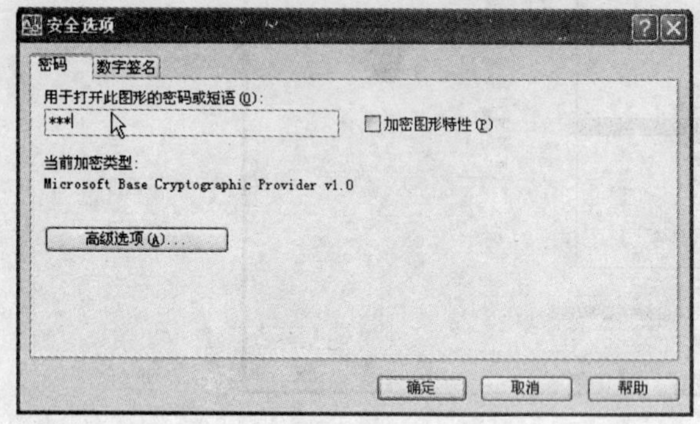

图 1-21　输入密码

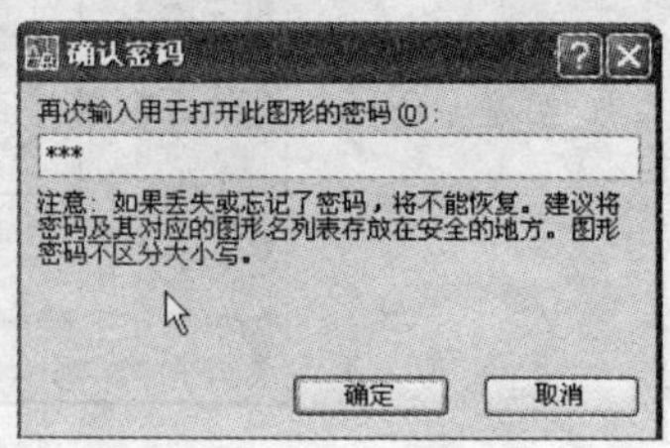

图 1-22　确认密码

1.3.3 打开图形文件

采用下列任一方式执行打开 AutoCAD 文件的命令：

（1）单击“标准”工具条上的“打开”图标按钮。

（2）选择菜单“文件”→“打开”。

（3）按下组合键〈Ctrl+O〉。

（4）直接在命令行中输入打开文件的命令“Open”，按〈Enter〉键或〈Space〉键确认。

执行命令后，系统弹出“选择文件”对话框，如图 1-23 所示。

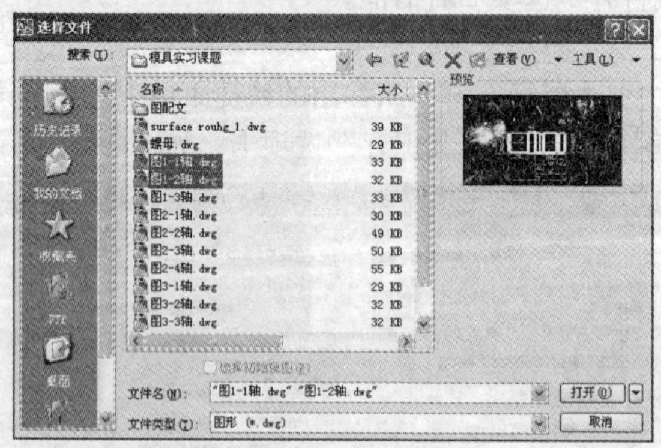

图 1-23　打开一个或多个图形文件

从中选择一个或多个需要打开的文件（选择多个文件时，需按住〈Ctrl〉键），单击“打开”按钮，即可将 AutoCAD 文件打开到绘图窗口。

利用“选择文件”对话框还可以以局部、只读方式打开文件。

局部打开：在对话框中选择要打开的文件，单击“打开”按钮右侧的下拉列表符号，在弹出的下拉列表中选择“局部打开”选项，弹出“局部打开”对话框，如图 1-24 所示。在“局部打开”对话框中选择需要加载的几何图形，单击“打开”按钮即可。

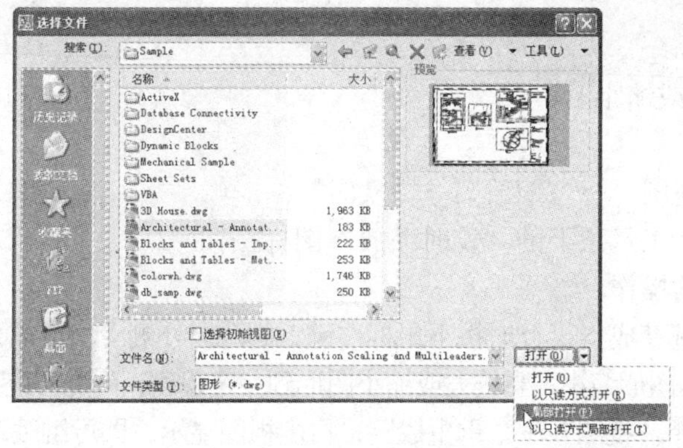

图 1-24 局部打开图形文件

只读打开：在对话框中选择要打开的文件，单击“打开”按钮右下侧的下拉列表符号，如图 1-24 所示，在弹出的下拉列表中选择“以只读方式打开”选项，文件即可以只读方式打开。如果文件不允许被编辑修改，可采用“以只读方式打开”。

1.4 删除、撤销与重做的操作

对于初学者来说都不可避免犯错误，下面在绘图前了解一下对于误操作的处理。

1. 取消操作

启动命令后，如果需要取消当前操作，按〈Esc〉键即可退出命令。

2. 删除图元

选中需要删除的图元后，进行下列任一操作均可删除图元：

（1）按〈Delete〉键。

（2）输入“E”，按〈Enter〉键确定。

（3）单击鼠标右键，从弹出的快捷菜单中选择“删除”。

〈Delete〉是 Windows 系统的通用删除键，〈E〉键是 AutoCAD 专用的删除快捷命令。

3. 撤销

执行下列任一操作，均可取消前一次操作的命令，即每执行一次，就可以往前返回一步：

（1）单击“标准”工具条上的“撤销”图标按钮。

（2）输入“U”后按〈Enter〉键确定。

4. 重做

重做是一个与撤销相逆的过程，撤销掉的步骤可以通过重做得到恢复。下面任一方式均可执行重做命令：

（1）单击“标准”工具条上的“重做”按钮，注意此按钮需先有“撤销”操作后方可用。

（2）输入“R”后按〈Enter〉键确定。

1.5 实时缩放、平移与窗口缩放

绘图时常有这样的经验，有些图形太大，超出了绘图窗口，有些又太小，在窗口中看不见。实时缩放、实时平移与窗口缩放为解决这一问题提供了帮助。

1．实时缩放

图形的实时放大或缩小。

（1）启动命令。

1）选择菜单“视图”→“缩放”→“实时”。

2）单击“标准”工具条上的“实时缩放”图标按钮。

（2）实时缩放的操作。

启动命令后，光标变成。此时按下鼠标左键，同时向外侧滑动鼠标，则屏幕图形放大，向内侧滑动鼠标，则屏幕图形缩小。当放大或缩小图形到一定程度，不能再进行缩小或放大时，可以输入“RE”或选择菜单“视图”→“重生成”，再生视图显示，即可继续进行图形的实时缩放。

2．实时平移

（1）启动命令。

1）选择菜单“视图”→“平移”→“实时”。

2）单击“标准”工具条上的“实时缩放”图标按钮。

3）输入“P”按〈Enter〉键确定。

（2）实时平移的操作。

启动命令后，光标变成手形。此时按下鼠标左键，同时滑动鼠标，可移动屏幕图形。当移动图形到一定程度，不能再进行移动时，可以输入“RE”按〈Enter〉键确认或选择菜单“视图”→“重生成”，再生视图显示，即可再继续进行图形的实时平移。

3．窗口缩放

窗口缩放可用于查看局布详图。

（1）启动命令。

1）选择菜单“视图”→“缩放”→“窗口”。

2）单击“标准”工具条上的“窗口缩放”图标按钮。

3）输入“Z”按〈Enter〉键确定。

（2）窗口缩放的操作。

启动命令后，光标变成十字光标，框选需要查看详情的部分，即可显示所选部分详情。

4．实时平移与缩放的中键操作

鼠标中间滚轮键也能实现实时平移和缩放的操作。将滚轮向外滚动，可时实放大图形、向内滚动、缩小图形，若按下中间滚轮不松开，移动鼠标，可对图形实现实时平移。

5．实时缩放、平移与窗口缩放的右键快捷操作

在启动了实时平移或实时缩放的命令后，单击鼠标右键，弹出快捷菜单，可实现实时缩放、平移与窗口缩放的右键快捷操作。弹出的快捷菜单如图 1-25 所示。

从快捷菜单中选择相应的选项，即可实现实时平移、实时缩放以及窗口缩放等，“退出”命令则是退出实时命令。

6．全屏显示

输入“Z”按〈Enter〉键确定，再输入“E”按〈Enter〉键确定或者双击鼠标中间滚轮键，可以全屏显示当前窗口中的所有图形。

注：本节所讲述的平移和缩放并非真正改变图形的大小和位置，即图形中的尺寸以及每点的坐标位置并不发生改变，只是一种视觉上的变化，类似于戴上放大镜所看到的物体比实际物体的尺寸仿佛要大些一样。

1.6 视口与窗口

窗口指绘图屏幕窗口，一个 AutoCAD 文件就是一个绘图窗口，若软件中打开多个文件，则有多个窗口。视口是将一个绘图窗口划分成的几个观察区域。

1.6.1 窗口铺设操作

对绘图窗口可以进行层叠、水平平铺、垂直平铺等方式的铺设。选择“窗口”菜单可以进行窗口的操作，如图 1-26 所示。

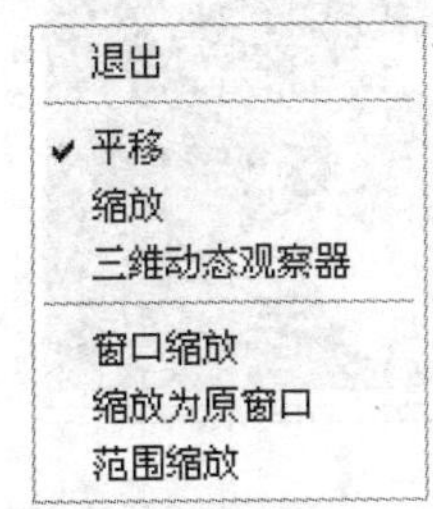

图 1-25 选择操作方式

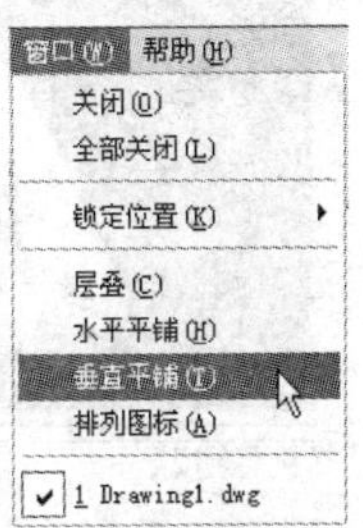

图 1-26 窗口菜单

（1）单击“关闭”可以关闭当前窗口，“全部关闭”可以关闭软件界面的所有窗口。

（2）当软件界面中打开有多个文件时，“水平平铺”与“垂直平铺”可以调整多个窗口的铺放形式。如图 1-27 所示，是两个窗口的垂直平铺，需要操作哪个窗口，只需将光标置于该窗口，单击鼠标左键即可激活。

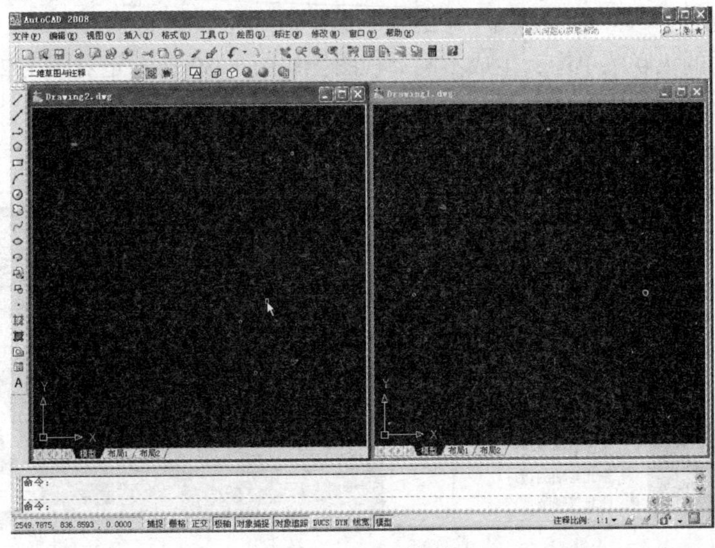

图 1-27 垂直平铺窗口

1.6.2 多个视口创建

选择菜单“视图”→“视口”，可以从级联菜单中选择创建多个视口，如图 1-28 所示是一个文件创建的 4 个视口。注意与图 1-27 的区别，图 1-27 是两个文件，而图 1-28 则是一个文件。需要操作哪个视口，只需将光标置于该视口，单击鼠标左键即可激活。

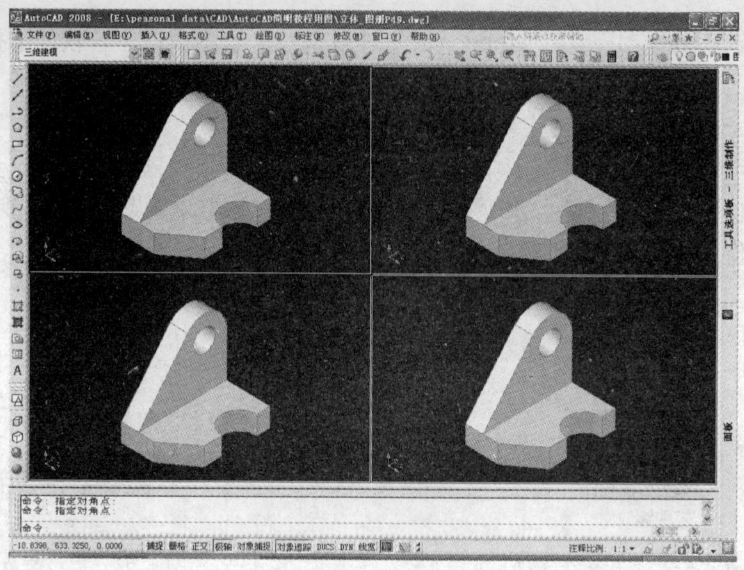

图 1-28　4 个视口

1.6.3 三维视图

在 AutoCAD 中，可以通过不同的视向来观察三维图形，从而生成工程图。三维视图的命令通过菜单“视图”→“三维视图”中的级联菜单启动，如图 1-29 所示。

从三维视图的级联菜单中，生成不同的视图。如图 1-30 所示是对图 1-28 的三维图形各个视口从各个不同视向观察的结果。

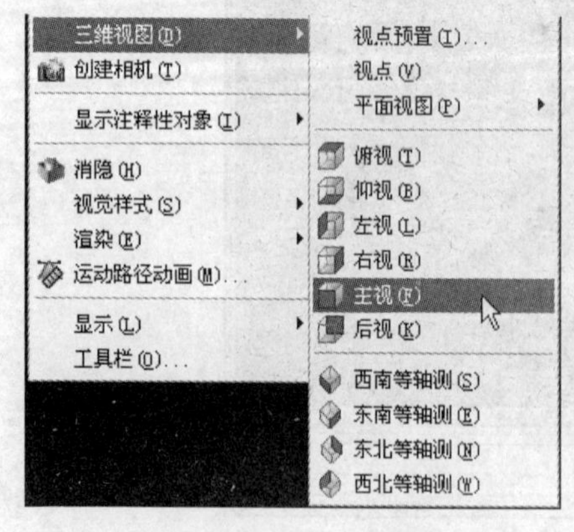

图 1-29　三维视图级联菜单

图 1-30　不同视口的不同视向

1.6.4　视口的保存与重置

选择菜单“视图”→“视口”→“新建视口”，打开“视口”对话框。在对话框中单击“新建视口”选项卡，在“新名称”后的文本框中，为所要保存的视口命名，然后单击“确定”按钮，即可保存视口。如图 1-31 所示，将如图 1-30 所示的视口命名为“view_1”后单击“确定”按钮将该视口保存。

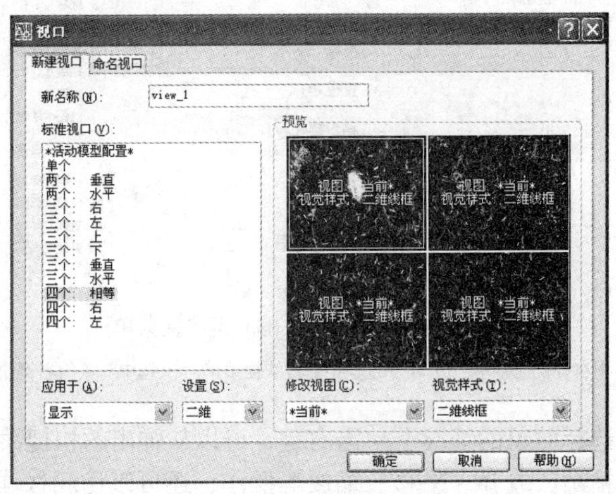

图 1-31　新建视口

保存视口“view_1”后，将如图 1-30 所示的 4 个视口还原为一个视口，可以继续进行绘图或编辑操作，当需要看 4 个视图时，可以再次打开“视口”对话框，单击“命名视口”选项卡，如图 1-32 所示，从“命名视口”选项框中选择先前保存的视图名称“view_1”，单击“确定”按钮，界面立即显示如图 1-30 所示的 4 个视口的界面。

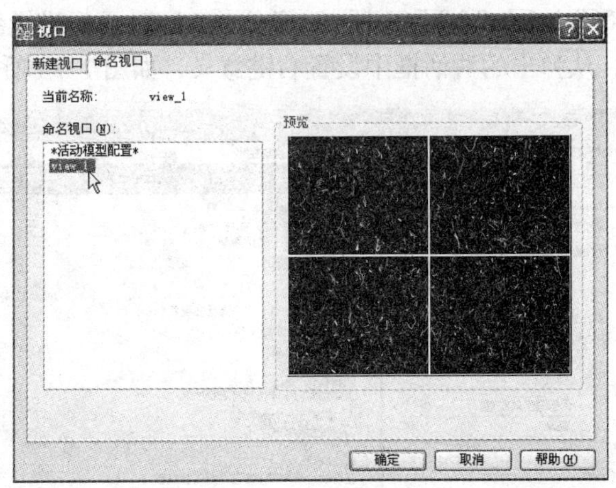

图 1-32　重置视口

1.7　右键操作

右键操作可以快速、方便地确认命令、进行快捷编辑等操作。不同的情况下，单击鼠标右键操作的功能是不相同的，如图 1-33 所示。

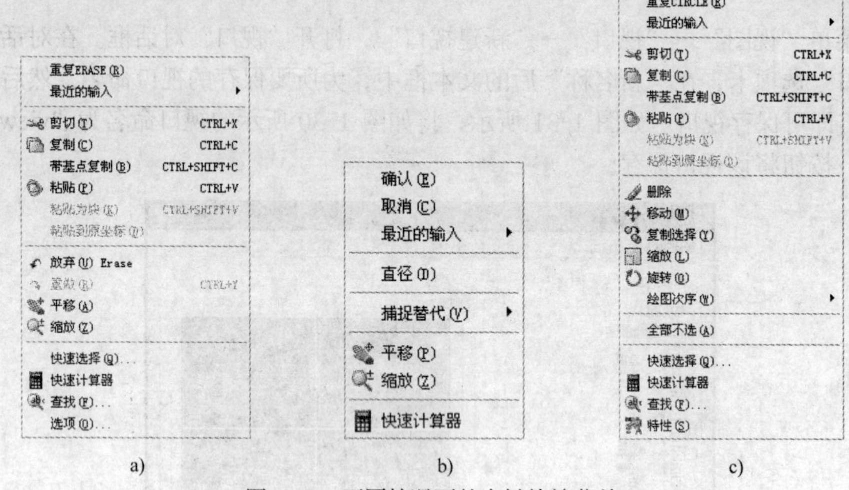

图 1-33　不同情况下的右键快捷菜单

a) 屏幕中右键快捷菜单　b) 命令过程中右键快捷菜单　c) 选中对象的右键快捷菜单

没有执行命令和选择对象的情况下单击右键，可以从弹出的快捷菜单中执行重复上一次命令、剪切、复制、粘贴、放弃、平移、缩放等操作，还可以访问选项对话框。

在执行命令过程中单击右键，可以从弹出的快捷菜单中执行确认、取消、平移、缩放等操作。

选择对象后单击右键，可以从弹出的快捷菜单中选择执行复上一次命令、剪切、复制、粘贴、删除、移动、缩放、旋转等操作。

右键的功能可以从"选项"对话框中进行设置。在屏幕中单击右键，选择"选项"，在弹出的对话框中选择"用户系统配置"选项卡，单击"Windows 标准操作"选项区域中的"自定义右键单击"按钮，从弹出的对话框中设置右键意义，如图 1-34 所示。

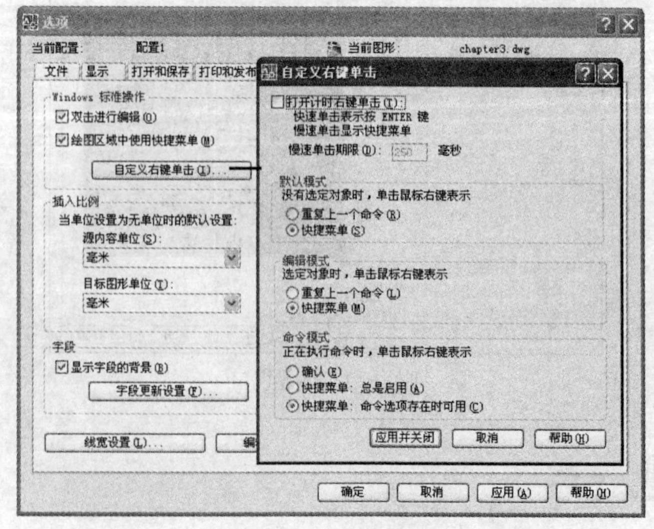

图 1-34　从"选项"对话框中设置鼠标右键意义

1.8　习题

（1）叙述命令行的作用。

（2）叙述如何打开工具条、工具选项板和面板。

（3）绘图过程中，当需要移动一个活动的工具条时，却发现用鼠标左键不能移动，且工具条呈现如图 1-35 所示状态，请问：需作如何处理才能解决这一问题？

图 1-35　第 3 题

（4）用什么快捷键可以实现文本窗口的打开或关闭？

（5）在绘图时，不小心启动命令错误，请问应如何操作才能取消误操作的命令？

（6）将一个窗口分成 4 个视口，保存为“View-1”，恢复为一个视口，进行绘图和编辑，再次将“View-1”进行重置。

（7）请叙述右键操作的功能。

第 2 章　AutoCAD 绘图基础

2.1　绘图环境设置

绘图环境包括图形单位、基准角度、图形界限以及选项配置等。用户可以根据需要，设置合适的绘图环境。这样，可以减少许多配置、调整、修改工作，并且有利于统一格式，便于图形管理。

2.1.1　图形单位与基准角度设置

1．图形单位

可以在“图形单位”对话框中设置单位类型和精度。通过以下方法打开“图形单位”对话框：

（1）选择菜单“格式”→“单位”命令。

（2）在命令行中输入“Units”命令，并按〈Enter〉或〈Space〉键。

执行以上任一操作后，系统都会弹出“图形单位”对话框，如图 2-1 所示。

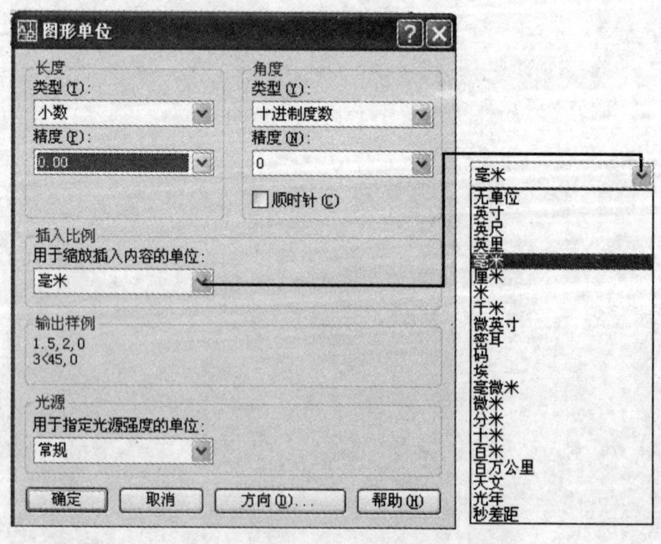

图 2-1　图形单位设置

在“长度”选项区域中选择长度“类型”为小数，根据设计绘图要求可将“精度”设置为 0.00（精确到小数点后两位小数）或其他小数位。

在“角度”选项区域中选择角度“类型”为十进制度数，根据设计绘图要求可将精度设置为 0 或其他小数位。默认状况下，逆时针旋转的角度为正，如果勾选“顺时针”复选框，则表示顺时针旋转的角度为正。

在“插入比例”选项区域中的“用于缩放插入内容的单位”下拉列表框中选择一个单位，AutoCAD 将使用这个单位对插入到图形中的块或其他内容进行缩放。若不想让 AutoCAD 对插入内容进行缩放，选择“无单位”选项，设置完成后单击“确定”按钮。

2．基准角度

设定角度方向，在“图形单位”对话框中单击“方向”按钮，弹出“方向控制”对话框，在该对话框中指定基准角度的方向，如图 2-2 所示。

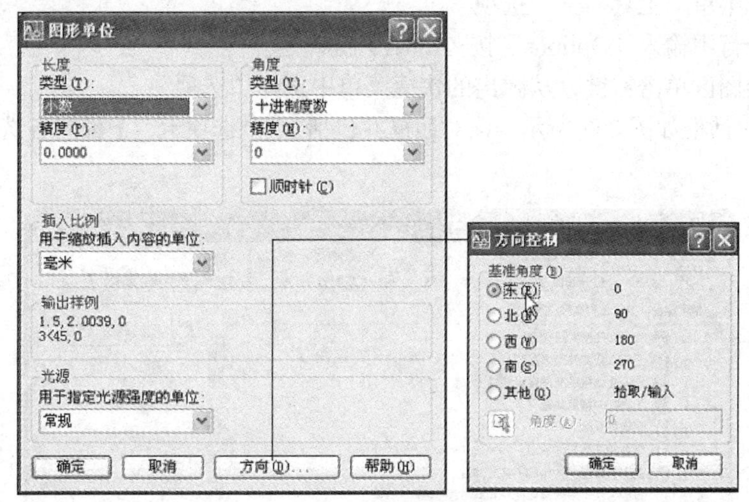

图 2-2　设置基准角度

角度方向将控制测量角度的起点和测量方向。默认设置是：水平向右（即向东的方向）为 0°，此角度为基准角度，逆时针方向为正。若选择了“其他”选项，可以在“角度”文本框中输入角度值，单击“拾取角度”按钮，使用定点设备指定基准角度方向。设置完成后单击“确定”按钮，退出所有对话框。

2.1.2　图形界限设置

尽管在 AutoCAD 中可以任意选择工作区的大小，但为了更为方便地布局图样，可以按将要输出的图样尺寸选择工作区域即图形界限。

一般情况下，按与实际对象的比例 1∶1 画图，可简单地根据项目的尺寸和图形四周的说明文字设置图形界限，在图形最终输出时再设置适当的比例系数。

设置图形界限可采用以下两种方法：

（1）在命令行中输入“Limits”命令，按〈Enter〉键。

（2）单击“格式”→“图形界限”命令。

执行以上任一命令，命令行提示如下：

命令：limits

重新设置模型空间界限：

指定左下角点或[开（ON）/关（OFF）]〈0.00,0.00〉：//接受默认值

指定右上角点〈9.0000,9.0000〉:420,297　　　　//改变 X 和 Y 坐标的变化范围

下次绘图时，X 坐标的范围为 0～420，Y 坐标的范围为 0～297。设置图形界限后，当界限打开时，只能在界限内绘图和编辑。打开界限的方法是输入“Limits”按〈Enter〉键确定，再输入“On”按〈Enter〉键确定（关闭界为“Off”）。

2.1.3 选项配置简介

用户可以在“选项”对话框中对系统和绘图环境进行各种设置，以满足不同的需求或习惯。下面三种方法可以打开选项对话框：

（1）选择菜单“工具”→“选项”。

（2）命令行中输入“Options”按〈Enter〉键确定。

（3）在绘图区单击右键，从弹出的快捷菜单中选择“选项”。

“选项”对话框如图 2-3 所示。该对话框共包括 10 个选项卡，下面对各选项卡进行简单介绍。

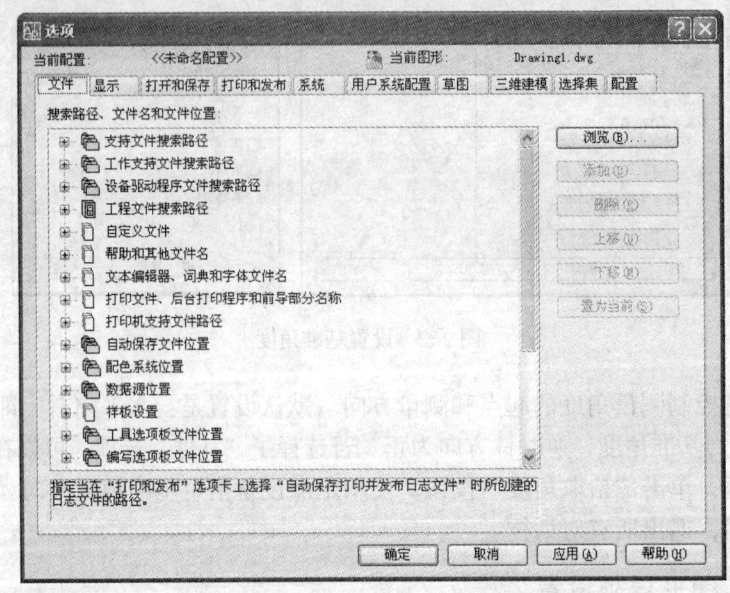

图 2-3 “文件”选项卡

（1）“文件”选项卡。用于配置 AutoCAD 搜索支持文件、驱动程序、菜单文件以及其他文件的目录等。选项卡的树形列表中显示了 AutoCAD 所使用的目录和文件，用户可以选中各项，指定文件或文件夹及添加选定目录的搜索路径设置。

（2）“显示”选项卡。设置 AutoCAD 的显示情况。在“窗口元素”中，单击“颜色”或“字体”按钮，可以分别设置屏幕颜色和命令行中的字体，如图 2-4 所示。设置完成后单击“确定”按钮。在“布局”元素中，可以设置布局有关的显示情况。滑动“十字光标大小”下方的滑动块，可以调整十字光标的大小。

（3）“打开和保存”选项卡。设置 AutoCAD 文件打开和保存相关的选项，如第 1 章曾经学到过的加密保存文件。展开“另存为”的下拉列表，选择一种保存格式，打开文件时，就可以与所选定的文件类型兼容，如图 2-5 所示。例如，选择 AutoCAD 2007，则该文件可以用 AutoCAD 2007 打开。

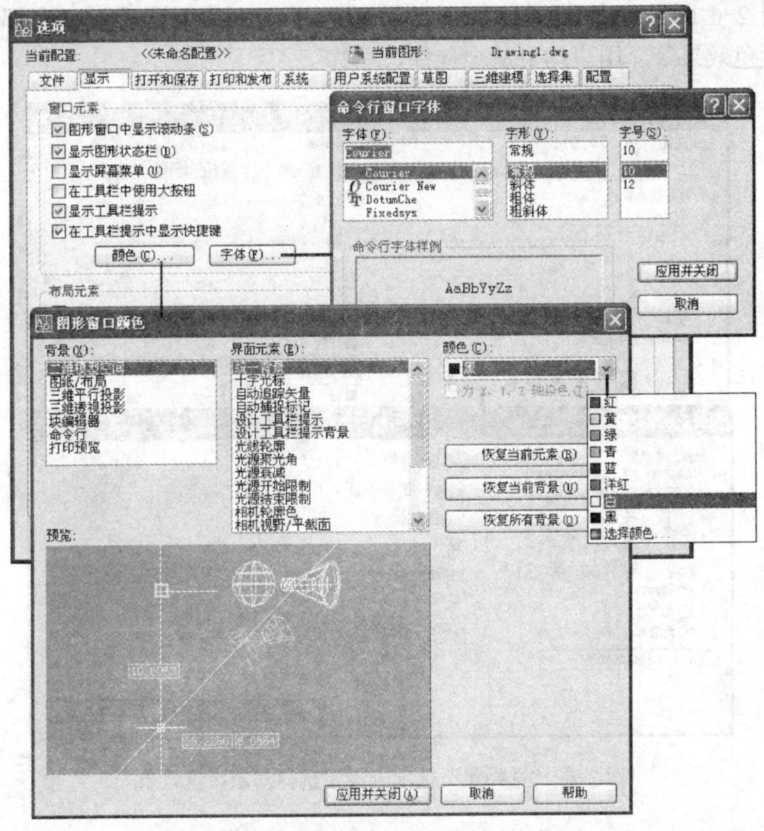

图 2-4　“显示”选项卡设置颜色与字体

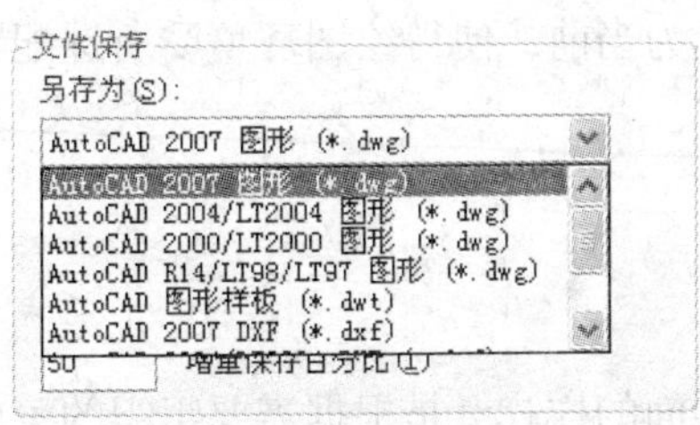

图 2-5 “打开和保存”选项卡设置另存格式

（4）“打印和发布”选项卡。设置与打印和发布有关的选项。

（5）“系统”选项卡。用于 AutoCAD 的系统设置，例如，当前三维图形的显示效果、“模型”选项卡和“布局”选项卡中的显示列表如何更新等。

（6）“用户系统配置”选项卡。用于设置 AutoCAD 优化性能选项，例如，第 1 章介绍过的右键操作模式等。

（7）“草图”选项卡。设置 AutoCAD 绘制二维图形的一些基本选项，例如，自动捕捉、自动追踪等设置。

（8）“三维建模”选项卡。设置三维建模的相关选项，例如，三维光标显示、三维坐标系设置、三维对象的视觉样式等。

（9）“选择集”选项卡。设置选择对象相关的选项，例如，夹点样式、选择对象的视觉效果等。如图 2-6 所示，选中对象的显示效果有“划”、“加厚”和“两者都”三种样式，选择区域的颜色效果等，用户均可从中选择。

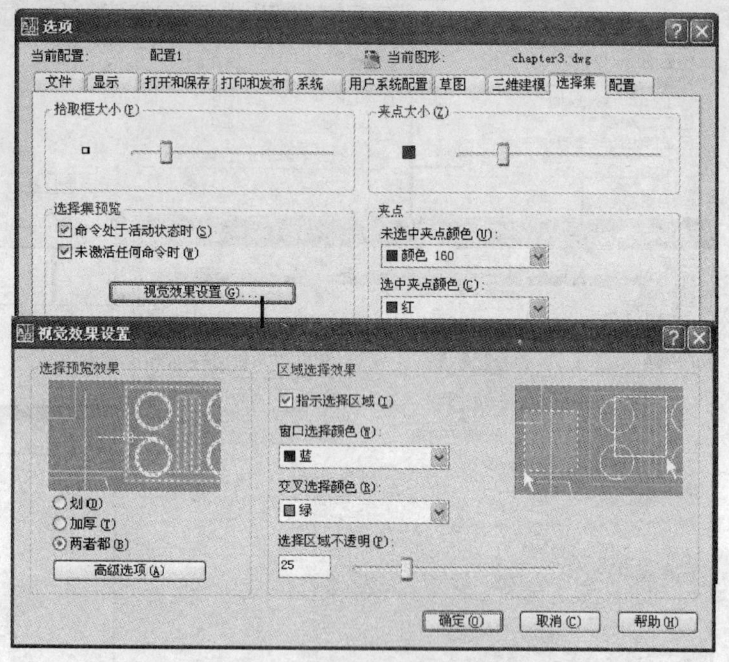

图 2-6 “选择集”选项卡设置选择对象视觉效果

（10）“配置”选项卡。前面各项选项设置完成后，可以在配置选项中将其添加到列表保存起来，以备随时使用。绘图时，可以从“可用配置”列表中选择所需要的配置，单击“置为当前”按钮，将所选配置置为当前，使得绘图环境受所选配置决定。此外，还可以对所选配置进行重命名、删除等操作。

2.2 工作空间

工作空间可理解为工作界面的样式，是根据需要组织的菜单、工具栏、选项板和控制面板的集合，使用户可以在自定义的、面向任务的绘图环境中工作。使用相应的工作空间时，界面中会显示与任务相关的菜单、工具栏和选项板。

2.2.1 工作空间设置和切换

默认情况下，AutoCAD 2008 已定义了 3 个工作空间：二维草图与注释、三维建模和 AutoCAD 经典，用户可以通过单击工作空间工具条的下拉列表框，展开列表，设置和切换当前工作空间，如图 2-7 所示。

在创建三维模型时，可以使用三维建模工作空间，其中仅包含与三维相关的工具栏、菜单和选项板。三维建模不需要的界面项目会被隐藏，使得用户的工作屏幕区域最大化。

AutoCAD 经典是继承以前版本的界面样式。

单击“我的工作空间”按钮，快速地实现将当前工作空间转换为设定的“我的工作空间”。

单击“设置工作空间”的按钮，弹出“设置工作空间”对话框。

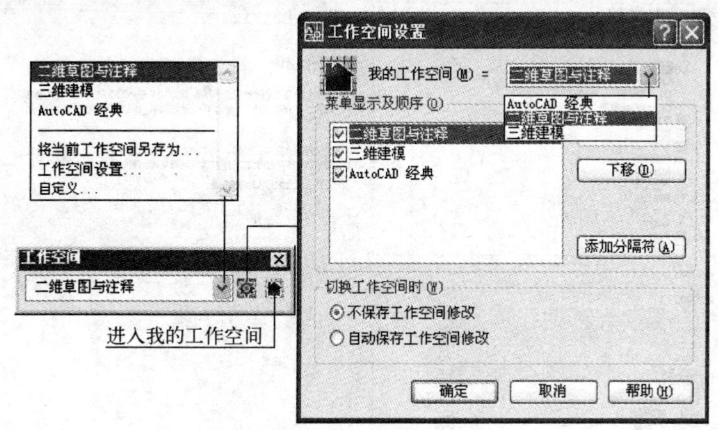

图 2-7 工作空间工具条与工作空间的设置

在“工作空间设置”对话框的列表中，勾选前方的复选框，实现在屏幕的“工作空间”工具条的下拉列表中是否显示该工作空间。例如，不勾选“AutoCAD 经典”，则在工作空间工具条下拉列表中，就不显示出这一工作空间。

展开“我的工作空间”后的下拉列表，设置我的工作空间的模式。在工作空间工具条中单击“我的工作空间”按钮，界面显示所设置的工作空间模式。

2.2.2 工作空间的创建、配置和修改

在展开的工作空间下拉列表中，选择“将当前工作空间另存为”，可以另存当前界面为另一个工作空间，即添加了一个新的工作空间，在对话框中输入工作空间的名称，单击“保存”按钮，如图 2-8 所示。

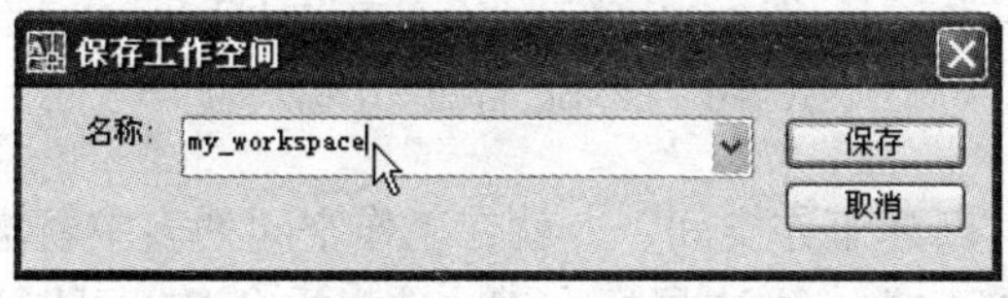

图 2-8 另存工作空间

新建和配置工作空间在“自定义用户界面”对话框中进行，通过下列任意方法可以访问到“自定义”对话框：

（1）从“工作空间”工具条的下拉列表中选择“自定义”选项。

（2）选择菜单“工具”→“工作空间”→“自定义”。

（3）选择菜单“工具”→“自定义”→“界面”。

“自定义用户界面”对话框如图 2-9 所示。

1. 新建工作空间

在“自定义用户界面”对话框中，选择“工作空间”字样或任意一个工作空间单击鼠标右键，弹出快捷菜单如图 2-10a 所示。

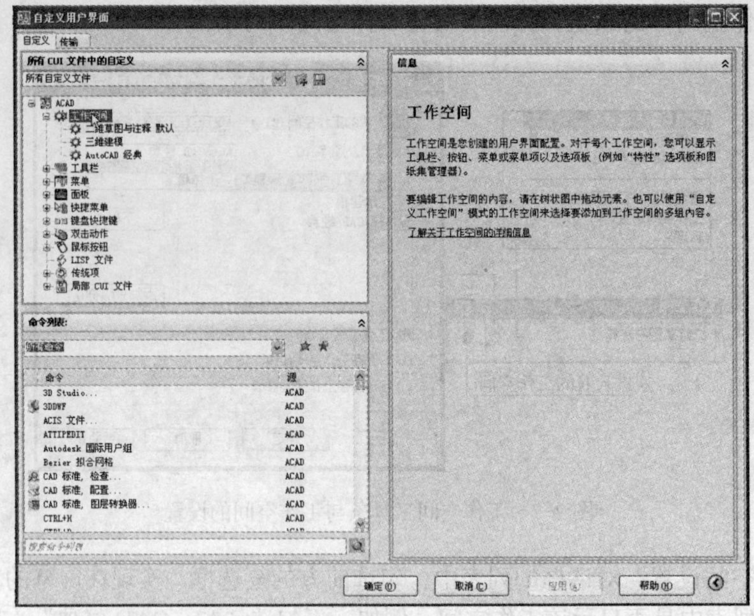

图 2-9 “自定义用户界面”对话框

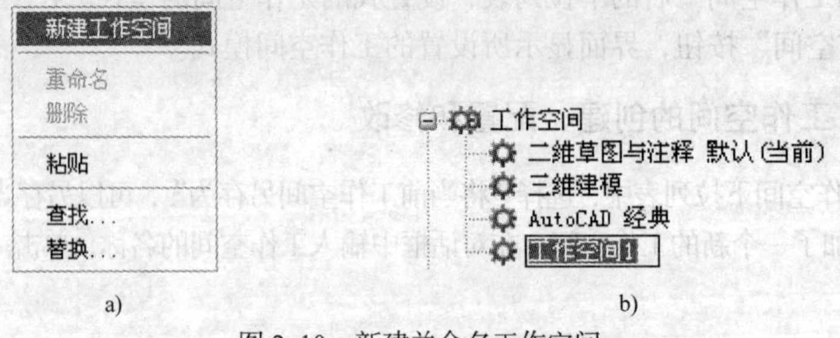

a) b)

图 2-10 新建并命名工作空间

a) 新建工作空间 b) 重命名工作空间

从快捷菜单中选择“新建工作空间”，就在工作空间列表中新增了一个工作空间“工作空间 1”。选中“工作空间 1”，单击鼠标右键，选择重命名，可以为选中的工作空间命名，如图 2-10b 所示。

2．工作空间的配置

选中需要进行配置修改的工作空间，单击鼠标右键，从弹出的快捷菜单中选择“自定义工作空间”或单击对话框界面右上侧的“自定义工作空间”按钮，可以进行自定义工作空间的操作，如图 2-11 所示。

（1）工具条配置。单击“自定义用户界面”窗口里的“自定义”选项卡中的“工具栏”选项，展开工具栏列表，如图 2-12 所示。

从展开的工具条列表中，勾选需要显示在工作空间中的工具栏前方的复选框，所选中的工具栏就出现在“工作空间内容”的“工具栏”下方，确定后，选中的工具栏就可以显示在工作空间的屏幕上。

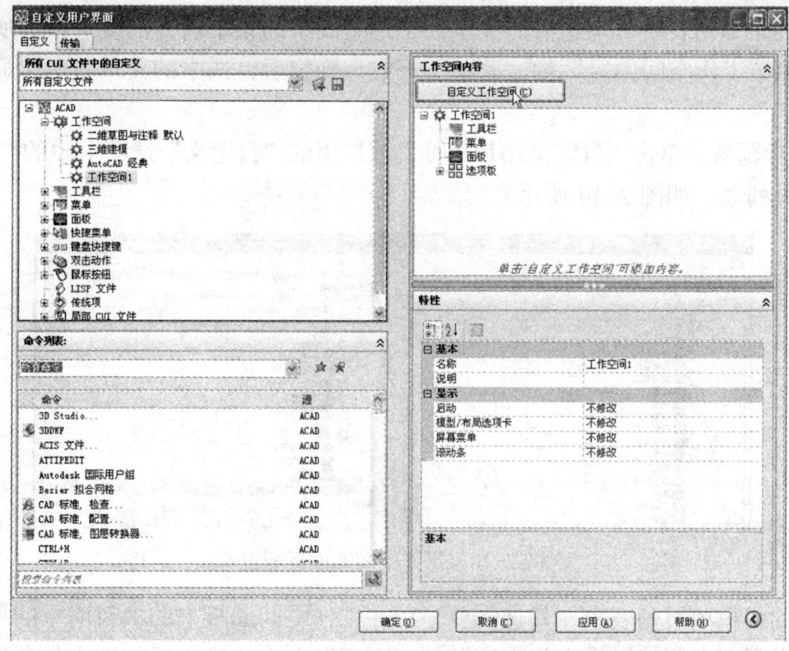

图 2-11　配置工作空间

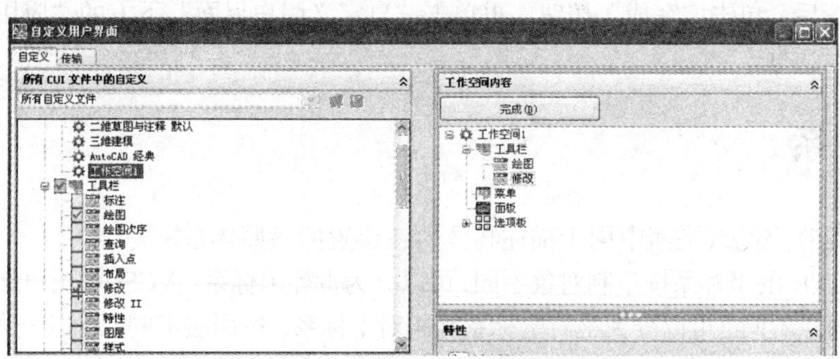

图 2-12　工作空间工具条的配置

（2）菜单配置。单击“自定义用户界面”窗口里的“自定义”选项卡中的“菜单”选项，展开菜单列表，如图 2-13 所示。

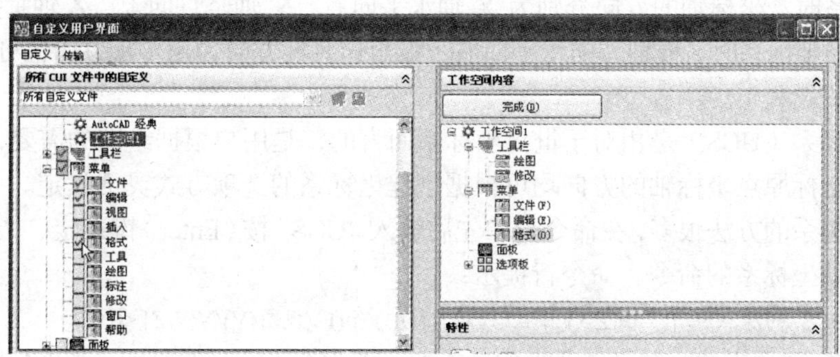

图 2-13　工作空间的菜单配置

从展开的菜单列表中，勾选需要显示在工作空间中的菜单前方的复选框，所选中的菜单就出现在右侧“工作空间内容”的“菜单”下方。确定后，选中的菜单就可以显示在工作空间的屏幕上。

（3）面板配置。单击“自定义用户界面”窗口里的“自定义”选项卡中的“面板”选项，展开面板项目列表，如图 2-14 所示。

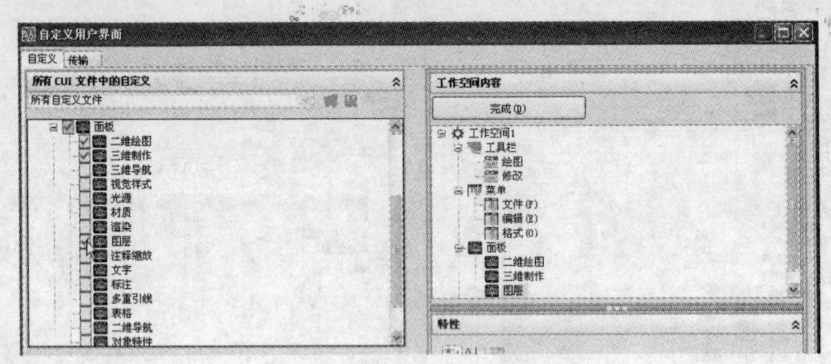

图 2-14 工作空间的面板配置

从展开的面板项目列表中，勾选需要显示在工作空间面板上的项目前方的复选框，所选中的项目就出现在右侧“工作空间内容”的“面板”下方，确定后，选中的项目就可以显示在工作空间面板上。

完成配置后，单击“完成”按钮，再单击“自定义用户界面”下方的“应用”和“确定”按钮，退出对话框。

2.3 坐标系

坐标系是在空间或平面中用于描述物体所在位置的参照体系。

AutoCAD 中的坐标系按定制对象不同，可以分为世界坐标系（WCS）和用户坐标系（UCS）；按坐标值参考点不同，可以分为绝对坐标系和相对坐标系；按用法不同，可以分为直角坐标系、极坐标系、柱坐标系和球坐标系。柱坐标系和球坐标系将在三维绘图中介绍。

2.3.1 世界坐标系与用户坐标系

世界坐标系（WCS）是 AutoCAD 的默认坐标系，可作为直角坐标系或极坐标系用。用作直角坐标系时，坐标轴的方向分别为 X 轴水平向右，Y 轴竖直向上，Z 轴垂直，XY 平面向外；用作极坐标系时，极轴方向水平向右，极角逆时针方向为正（其方向也可以按 2.1.1 及图 2-2 的方法设置）。

用户坐标系（UCS）是相对于世界坐标系而言的，是用户根据绘图的需要，自行创建的坐标系。其坐标原点坐标轴的方向均可根据创建坐标系的选项方式灵活设定。

创建坐标系的方法很多，在命令行中先后输入“UCS”按〈Enter〉键确定、“N”按〈Enter〉键确定，启动坐标系的命令，命令行提示：

指定新 UCS 的原点或 [Z 轴(ZA)/三点(3)/对象(OB)/面(F)/视图(V)/X/Y/Z] <0,0,0>

（1）指定新原点法。在屏幕适当位置拾取一点为新坐标系的原点，其坐标轴的方向与原坐标轴一致。

（2）三点法。输入 “3” 按〈Enter〉键确定，在屏幕中选择三点，分别是原点、X 轴正方向、Y 轴正方向。

在二维绘图时，主要用到上面两种方法创建坐标系，其他选项创建坐标系的方法将在三维基础中接触到。启动坐标系的命令除了输入命令外，也可以通过菜单或工具条启动。

下面举例说明用户坐标系的创建及其用法。

如图 2-15a 所示，任意放置的长方形，现需要在图 2-15b 所示位置创建 4 个 ϕ10 的圆孔。虽然长方形与孔的尺寸及相对位置关系都很清楚，但长方形在世界坐标系中的位置是任意的，其各点的坐标值均不可知，所以以世界坐标系定位 4 个小圆孔是不可能的。现假设坐标系的原点在长方形的某特殊点上，坐标轴的方向与长方形的边方向一致，那么 4 个孔的位置就很好定位了。这一任务可以三点法新建用户坐标系来完成，如图 2-15c 所示。至于如何创建和绘制圆孔，在以后的学习中会学到。

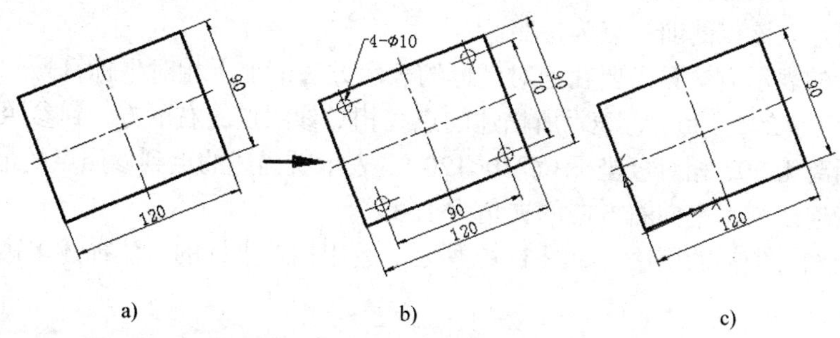

图 2-15　新建用户坐标系（UCS）的意义

2.3.2　直角坐标系与极坐标系

1. 直角坐标系

直角坐标系即笛卡儿坐标系是最常用的坐标系。在平面绘图中，它通过 X、Y 的坐标值来描述点的位置，例如：A（12，30）表示平面上的点 A 在当前坐标系中，距 Y 轴的水平距离为 12 个单位长度，距 X 轴的垂直距离为 30 个单位长度。推及一般，任意点 A 的直角坐标表示为（X_a，Y_a）。X 坐标值与 Y 坐标值间用逗号隔开。

2. 极坐标系

如图 2-16 所示，要描述平面中的点 A，可以用直角坐标系的方法来描述为 A（X_a，Y_a）。如果不知道 X_a 与 Y_a 的值，但知道 OA 的长度为 L，OA 与 X 轴正方向夹角为 α，那么点 A 的位置也是唯一的，即点 A 可以通过 L 与 α 来描述其位置。这种描述点的方法就是极坐标系法。

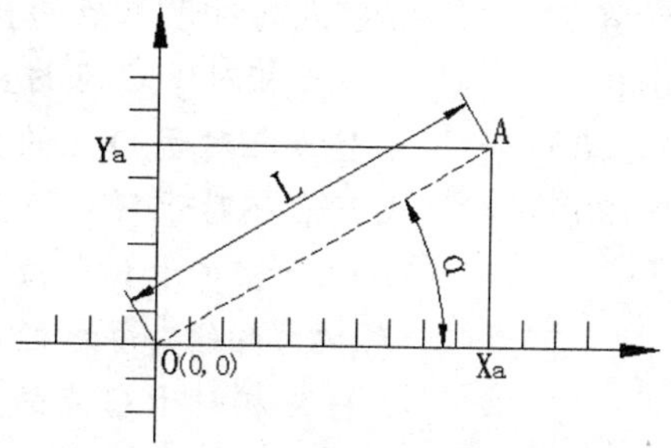

图 2-16　极坐标与直角坐标系的描述方法

极坐标系是另一种描述平面中的点的位置的坐标系统，它通过要描述的点到原点的距离L以及该点到原点连线与极轴正方向的夹角α来表达该点的位置。长度与角度间用“<”隔开，即“L<α”。例如：A（100<60）表示平面上的点A在当前坐标系中，与原点的距离为100个长度单位，A点到原点的连线与极轴正方向的夹角为60°。

注：极轴正方向水平向右。平面上的点到原点的连线与极轴正方向的夹角有方向性，逆时针旋转角度为正，顺时针旋转角度为负。

2.3.3 绝对坐标系与相对坐标系

绝对坐标系与相对坐标系是根据坐标参照点不同划分的，绝对坐标系以坐标原点为参照，2.3.1中所举例子，均是绝对坐标系的表达方法。相对坐标系是在绘图过程中，以相互关联的点为参照，而不是以坐标原点为参照，参照点是随时改变的，如平面绘图时，其规则是平面中所要找的点是以该点的前一点为参照。

相对坐标的表示方法只需要在绝对坐标的表示方法前加上相对坐标符号“@”即可，如相对直角坐标（@20，–30），表示所描述的点在相对参照点的右下方，到参照点的水平距离为20，竖直距离为30；相对极坐标（@30<120），表示所描述的点到参照点的最短距离为30，该点到参照点连线与水平向右方向的夹角为120°。

举例说明相对坐标的用法，如图2-17所示，运用相对坐标的方法描述多边形A～H各点的相对位置。

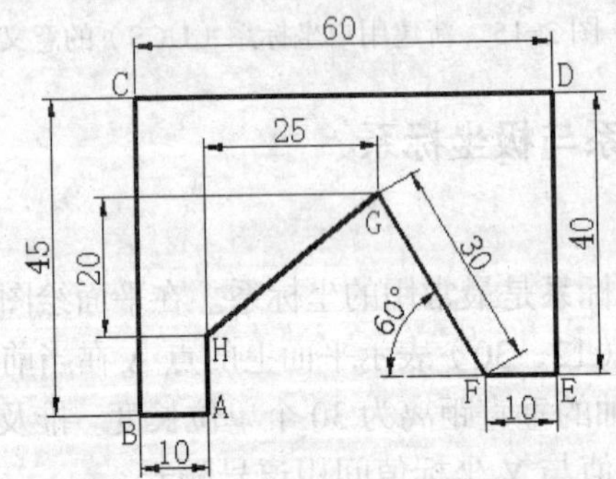

图2-17 图例

首先确定A点为起点，可以在屏幕中的任何位置拾取一点；

B点：@-10，0（或@10<180） //B点相对于A点的直角坐标（相对极坐标）
C点：@0，45（或@45<90） //C点相对于B点的直角坐标（相对极坐标）
D点：@60，0（或@60<0） //D点相对于C点的直角坐标（相对极坐标）
E点：@0，–40（或40<270） //E点相对于D点的直角坐标（相对极坐标）
F点：@–10，0（或10<180） //F点相对于E点的直角坐标（相对极坐标）
G点：@30<120 //G点相对于F点的极坐标（GF=30，GF与水平向
// 右方向的夹角为120°，此处只适合用相对极坐标）
H点：@–25，–20 //H点相对于G点的直角坐标（此处只适合用相对
// 直角坐标）

工程图是由线条组成的，线条又是由点组成的，用 AutoCAD 绘制二维图形的过程就是一个定位组成图形的线条上的特殊点的过程。只要通过一定的规则（即各种绘图命令），将线条上特殊点定位出来，再进行一定的编辑修改，线条图形也就出来了。

2.4　正交、动态显示与极轴追踪的意义与用法

正交、极轴与对象追踪在讲述 AutoCAD 界面时有所提及，它们是状态栏中的几个功能按钮选项。鼠标右键单击状态栏的功能按钮，凹下去时为打开状态，凸起来时为关闭状态。

1. 正交

打开“正交”按钮，在屏幕中只能沿水平方向和竖直方向画直线，在屏幕中拾取点时，下一点只能在上一点的水平或竖直方向。

2. 动态显示

打开“动态显示”按钮，在绘图时，动态显示光标的坐标值。动态显示可以在“草图设置”对话框中进行设置。在“动态显示”按钮上单击鼠标右键，打开“草图设置”对话框，如图 2-18 所示。勾选“启用指针输入”复选框，显示指针输入。单击“指针输入”预览小屏幕下方的“设置”按钮，打开“指针输入设置”对话框。在该对话框中，设置第二个及其以后的点相对于其前一点的显示格式，是极坐标格式还是直角坐标格式，是相对坐标格式还是绝对坐标格式，如图 2-19a 所示为极坐标格式，显示相对极坐标（如 37.6584<29°），图 2-19b 为笛卡儿坐标格式，显示相对直角坐标（21.8802，13.0615）。

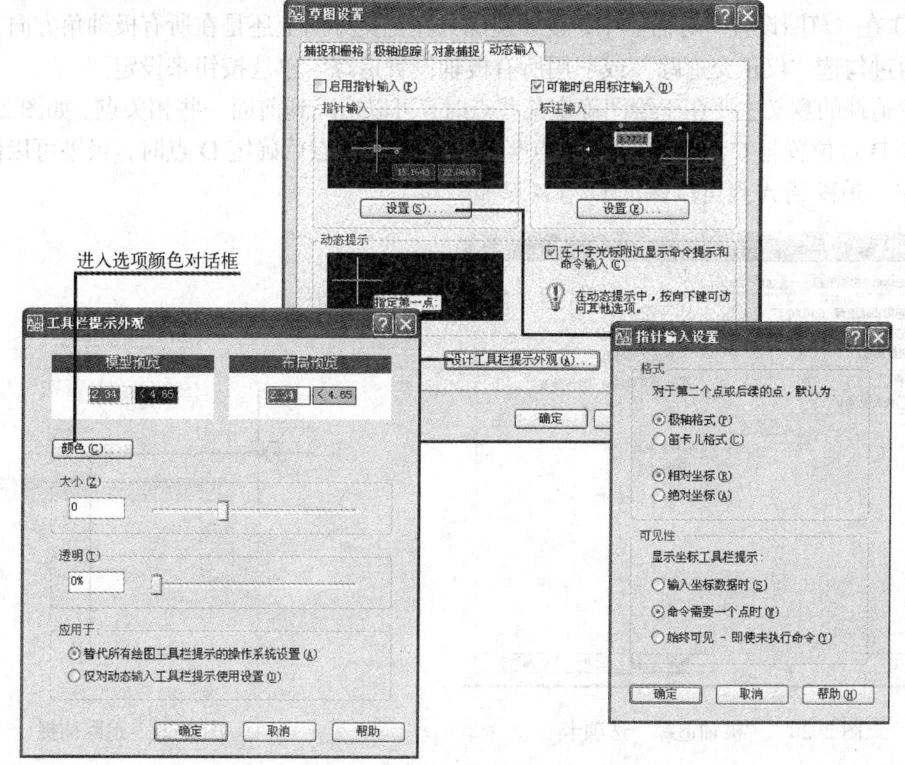

图 2-18　设置动态输入特性

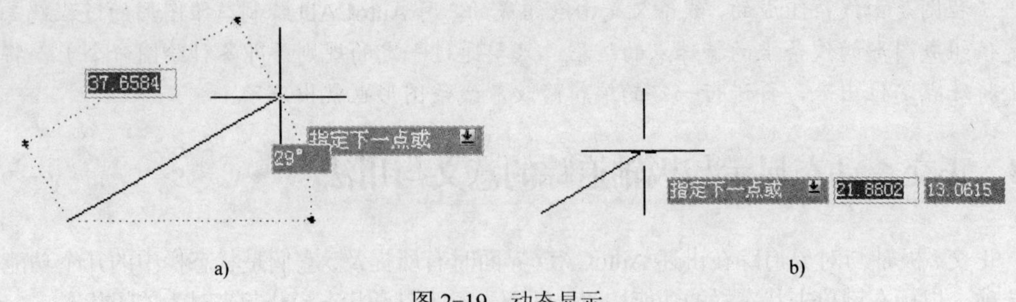

图 2-19　动态显示

a) 动态显示极轴格式　b) 动态显示笛卡儿坐标格式

在如图 2-18 所示的“草图设置”对话框中，勾选“可能时启动标注输入”复选框，确认在绘图过程中，是否显示标注输入。

3．极轴追踪

极轴是指在绘图时，光标受增量角的引导；对象追踪是指绘图时，光标可以追踪捕捉到目标点，以确定点的位置。极轴追踪可以在“草图设置”对话框中设置。单击“草图设置”对话框的“极轴追踪”选项按钮，可以设置“增量角”等，如图 2-20 所示。

（1）去掉“启用极轴追踪”前方的复选框，则画图时，系统自动取消极轴功能。

（2）在“增量角”文本框中填入适当数字，即可更改增量角，例如，将增量角改为 30，则绘图时，在 30° 整数倍的极轴方向上，均有极轴线引导。

（3）极轴角测量选项可以选择极轴角是相对位置还是绝对位置。

（4）在“草图设置”对话框中，设置追踪只在正交方向上还是在所有极轴角方向上均可追踪，通过勾选“仅正交追踪”或“用所有极轴设置追踪”单选按钮来设定。

对象追踪的意义主要在于绘图确定某些点时，可以追踪到前面一些相关点。如图 2-21 所示，如果 D 点位置与 C 点水平，与 A 点竖直，则知道 C 点后确定 D 点时，极轴可以保证 D 与 C 水平，追踪到 A 点可以保证 D 与 A 竖直。

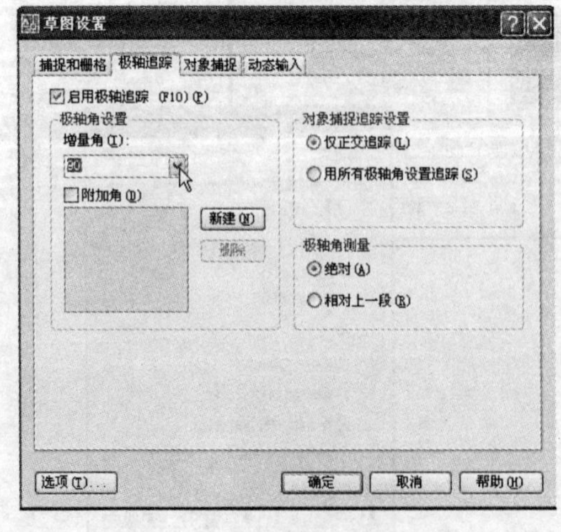

图 2-20　“极轴追踪”选项卡

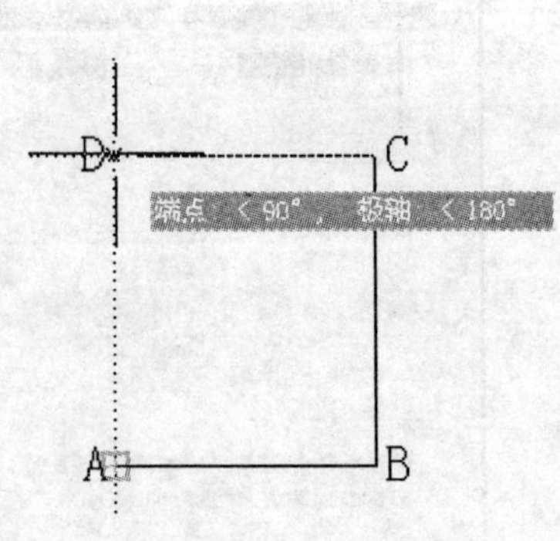

图 2-21　追踪捕捉

使用极轴与对象追踪时：

（1）运用极轴追踪，必须在状态栏中同时打开“极轴”、“对象捕捉”与“对象追踪”按钮。

（2）“极轴”与“正交”两按钮不能同时都处于开启状态。

（3）〈F10〉键为启动极轴追踪快捷键。

2.5 对象捕捉的意义与用法

对象捕捉是在绘图及图形编辑过程中，精确定位对象上特殊点（如端点、中点、圆心等）的工具，通过对象捕捉，可以利用光标拾取点精确定位。

控制对象捕捉开启状态的也是状态栏中的一个功能选项按钮。开启对象捕捉按钮后，再进行绘图及图形编辑，当光标靠近某些特殊点时，会发现有些点加亮成黄色亮点，此时只要单击左键确定，则系统自动捕捉该点。〈F3〉键为打开或关闭对象捕捉按钮的快捷键。

在状态栏中单击鼠标右键，从快捷菜单中打开“草图设置”对话框，选择 “对象捕捉”选项卡，打开对象捕捉列表，设置对象捕捉点，如图 2-22 所示。

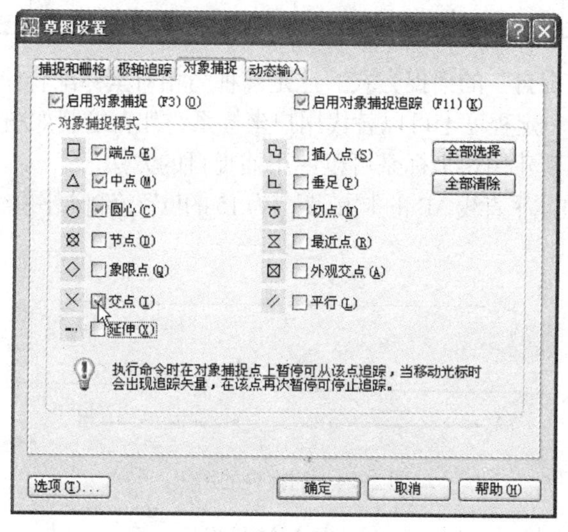

图 2-22 “对象捕捉”选项卡

在对象捕捉列表中，勾选捕捉方式前的复选框，则表示该类点捕捉可用。在绘图及图形编辑时，启动对象捕捉后，系统可自动捕捉到这类点，如选定的端点、中点、圆心、交点。如果在列表中没有勾选前方复选框，则在绘图及图形编辑时，尽管在状态栏中开启了对象捕捉按钮，系统也不能自动捕捉，需以临时激活对象捕捉方式，采用手动捕捉。

手动捕捉可以打开“对象捕捉”工具条，如图 2-23 所示，单击相应的捕捉按钮，激活捕捉方式，才可捕捉到特殊点。具体操作是，先启动要执行的命令，判断需要用到的捕捉方式，再单击“对象捕捉”工具条上的相应按钮，将光标靠近相应的特殊点进行捕捉。

临时激活对象捕捉方式除了单击对象捕捉工具条上的按钮外，还可以用输入命令的方法，如激活端点输入“END”，中点“MID”等。各种捕捉方式的激活命令见下表 2-1，激活时输入命令只需输入前 3 个字母即可。

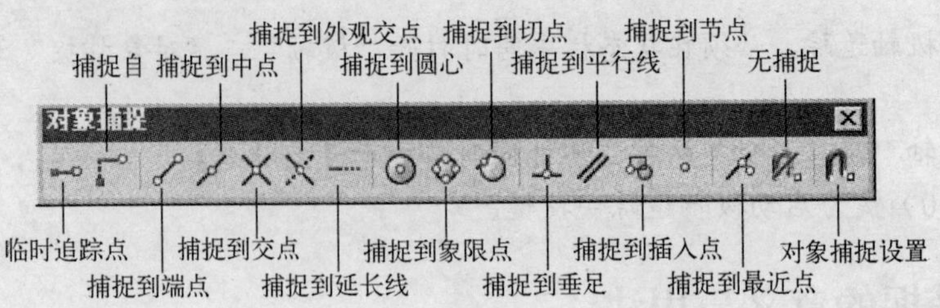

图 2-23 “对象捕捉”工具条

表 2-1 常用的对象捕捉简捷命令

捕捉方式	输入命令	捕捉方式	输入命令
端点捕捉	ENDpoint	象限点捕捉	QUApoint
中点捕捉	MIDpoint	切点捕捉	TANpoint
交点捕捉	INTpoint	垂足捕捉	PERpendicular
圆心捕捉	CENpoint	节点捕捉	NODpoint
捕捉自	FROm		

需要提出的是“捕捉自”的捕捉方式。这是一种与相对坐标配合使用的方法，在绘制二维图形时，这种方法在一定程度上可以替代用户坐标系，如在绘制如图 3-5 所示（见第 3.1 节直线绘制）时，不用新建用户坐标系可以使用捕捉自的方法。

再如图 2-24 所示，在水平直线 AB 的上方，距离为 15 的位置绘制水平直线 AB 的等长平行线（直线绘制请参看第 3.1 节）。

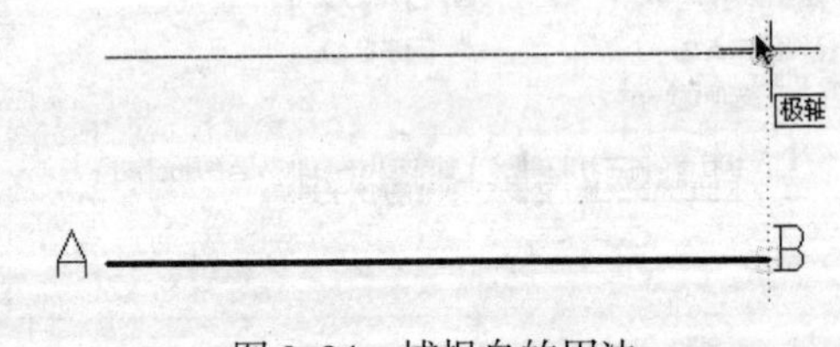

图 2-24 捕捉自的用法

启动直线命令 //输入“L”按〈Enter〉键确定

提示直线起点 //输入“FRO”按〈Enter〉键确定，激活捕捉自

基点 //运用捕捉到端点拾取 A 点

偏移 //输入相对坐标值@0,15 按〈Enter〉键确定

下一点 //运用极轴追踪捕捉 B 点，得直线下一点

完成绘图，按〈Enter〉键退出命令。

2.6 图层与对象特性

在绘图工作中，常常需要将对象赋予一定的特性，以便于看图和操作。例如，线型、线宽、颜色等。

2.6.1　图层的概念、意义与操作

图层理解为一层层的透明的纸张，图形就画在这些一层层透明的纸张上，用户可以自由地隐藏、显示、冻结或锁定选定的图层，而不会影响到其他没有被选中的部分。

1．图层对话框

3 种方式打开图层管理器对话框。

（1）选择菜单“格式”→“图层”。

（2）单击“图层”工具条中的“图层特性管理器”图标按钮；对象特性工具条如图 2-25 所示。

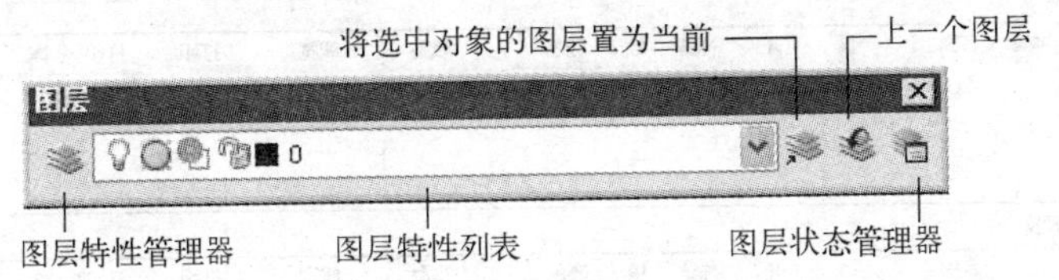

图 2-25　“图层”工具条

（3）输入“LA”按〈Enter〉键。

打开“图层特性管理器”对话框如图 2-26 所示。

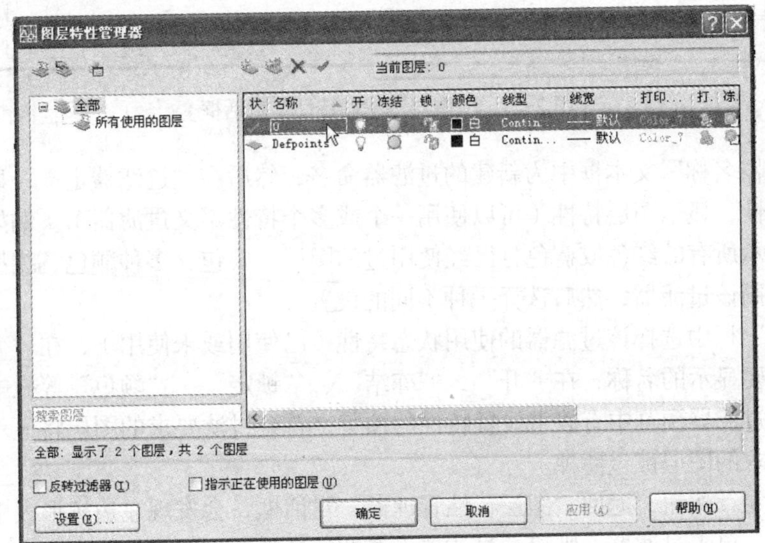

图 2-26　“图层特性管理器”对话框

2．图层的操作

在“图层特性管理器”对话框中，右边大片空白显示各图层的特性，左边空白处中的树形列表是图层的显示状况，“全部”表示在列表中显示全部图层，可以看到，左边空白处除了“全部”外，下方还有一个图层组“所有使用的图层”，如果选择此选项，则右边图层列表只列出使用的图层。

图层列表的上方 4 个按钮，依次分别是新建图层、在所有视口都被冻结的新图层、删除图层和将图层置为当前按钮。单击“新建”按钮，会发现在图层列表中多一新的图层。

选中某一图层，单击删除按钮，则列表中会少一图层（当前层不能删除）。选中某一图层，单击置为当前按钮，则可将选中的图层置为当前（即列为正在使用的图层），单击冻结，将在所有视口中都冻结所选图层。

如果图层太复杂，可以通过过滤器来管理。图 2-26 左边树形列表中的“所有使用的图层”就是一个过滤器（该过滤器为只读过滤器）。单击左上角第一个按钮（“图层特性过滤器”按钮），打开“图层过滤器特性”对话框，如图 2-27 所示。

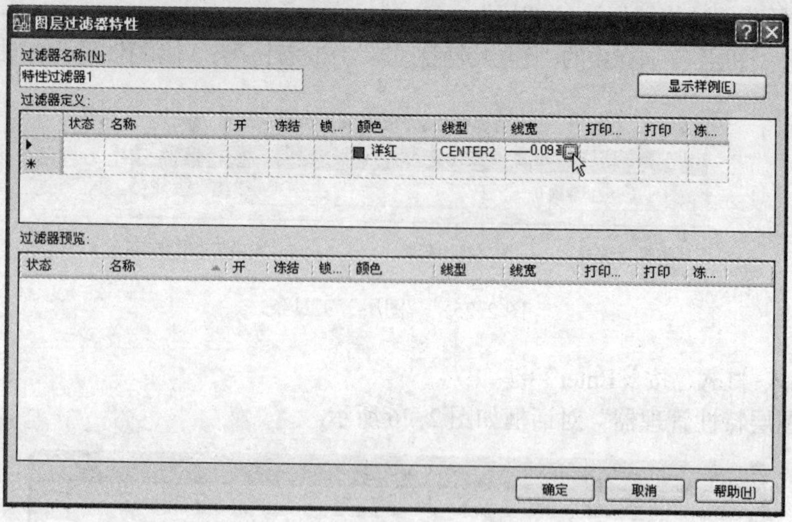

图 2-27 “图层过滤器特性”对话框

在“过滤器名称”文本框中为新建的过滤器命名，然后在“过滤器定义”显示区域中设置过滤器的特性，显示图层特性（可以使用一个或多个特性定义过滤器）。例如，可以将过滤器定义为显示所有的红色或蓝色且已经使用过的图层。要包含多种颜色、线型或线宽，可以在下一行复制该过滤器，然后选择一种不同的设置。

在“状态”栏中选择该过滤器的使用状态特性（已使用或未使用）；在“名称”栏中输入该过滤器中要显示的名称；在“开”、“冻结”、“锁定”、“颜色”等栏中分别设置过滤器的特性。过滤器预览中有以上设置特性的预览，符合过滤要求的图层将显示出来，不符合以上设置要求的图层被过滤掉。

单击“确定”按钮，返回“图层特性管理器”对话框，会发现左边树形表中增加了刚刚设置的过滤器。单击过滤器，则符合过滤器设置的特性的图层就在列表中列出。

在“图层特性管理器”中，如果勾选了对话框左下角“反过滤器”复选框，则符合该过滤器特性的图层被过滤掉，与所设特性相反的图层将显示出来。

设置完成后，在“图层特性管理器”中，选择哪一个过滤器，则图层列表中按哪一过滤器所设置的特性显示。

3. 图层特性设置

在“图层特性管理器”对话框中，可以为列表中的任一图层进行特性设置（如图 2-26 所示）。

状态：显示项目的类型，包括图层过滤器、所用图层、空图层或当前图层。

名称：显示图层的名称，选中名称后，按〈F2〉键可以重命名。

开：打开和关闭选定图层。当图层打开时，它是可见的，并且可以打印。当图层关闭时，它是不可见的，并且不能打印，即使“打印”选项是打开的。

冻结：显示冻结状态，图层冻结后不能对该层对象进行任何操作。如果要频繁地切换可见性设置，请使用“开”→“关”设置，以避免重生成图形。可以冻结所有视口或当前布局视口中的图层，还可以在创建新的图层视口时冻结其中的图层。

锁定：用于锁定和解锁选定的图层。锁定图层上的对象无法修改。

颜色：改变与选定图层相关联的颜色。单击颜色名可以弹出“选择颜色”对话框，如图 2-28 所示。在“选择颜色”对话框中，从 255 种索引颜色、真彩色和配色系统颜色中选择，以定义对象的颜色。

线型：修改与选定图层相关联的线型。单击线型名称可以弹出“选择线型”对话框，如图 2-29 所示。如果对话框中没有想要的线型，可以单击“加载”按钮，弹出“加载或重载线型”对话框，如图 2-30 所示，从中选择所需线型，如中心线线型选定为 CENTER2。

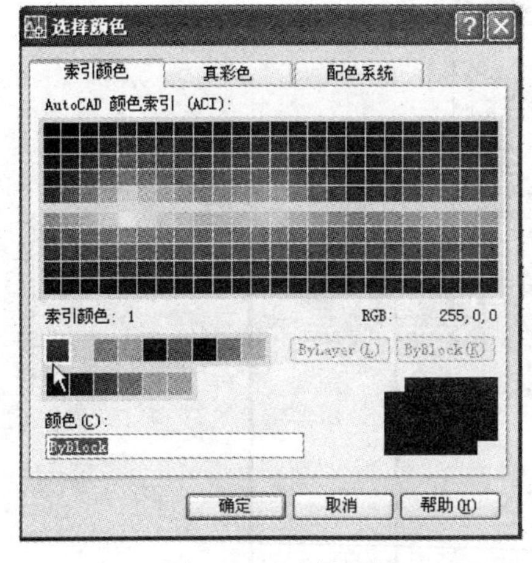

图 2-28　选择颜色

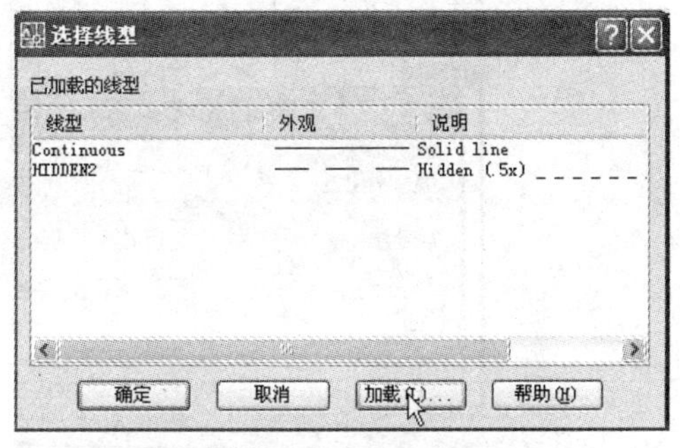

图 2-29　选择线型

线宽：修改与选定图层相关联的线宽。单击线宽名称可以弹出“线宽”对话框，如图 2-31 所示。从中选择所需线宽确定，如细实线线宽选定为 0.09。

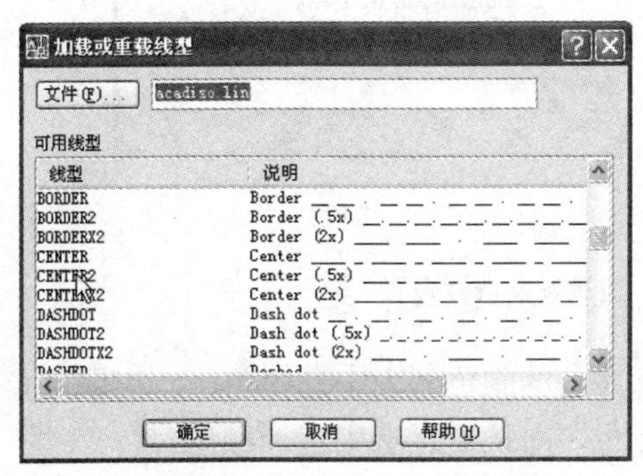

图 2-30　加载或重载线型

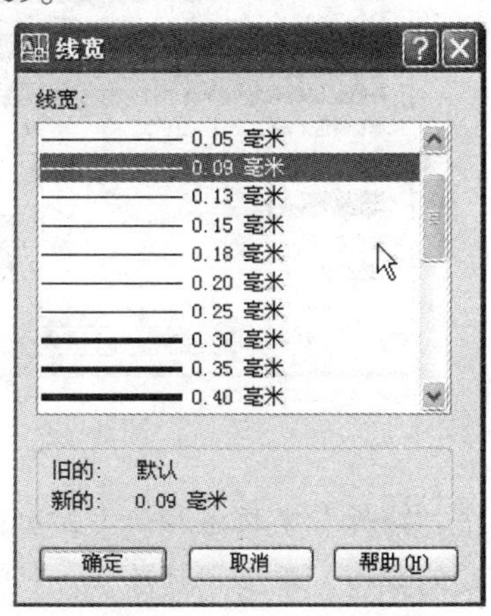

图 2-31　“线宽”对话框

打印样式：修改与选定图层相关联的打印样式。

打印：控制选定图层是否可打印。即使关闭了图层的打印，该图层上的对象仍会显示出来。无论如何进行“打印”设置，处于关闭或冻结状态的图层均不能打印。

2.6.2 对象特性工具与图层的应用

设置好图层后，再结合图层工具条与对象特性工具条，能够对图形对象进行方便地操作。

在“图层”工具条（如图 2-25 所示）中，从下拉列表中选择图层，可以将选定的图层置为当前，单击各层前方的“开/关”、“冻结”、“锁定”等按钮，可以控制图层的状态。

“对象特性”工具条如图 2-32 所示。“对象特性”工具条显示选定对象的颜色、线型与线宽，如果这些特性与图层设定的相同，可以设置以上 3 种类型的特性为随层（ByLayer）。如果没有选择随层，则颜色、线型与线宽的特性与图层的设置不一定相同。

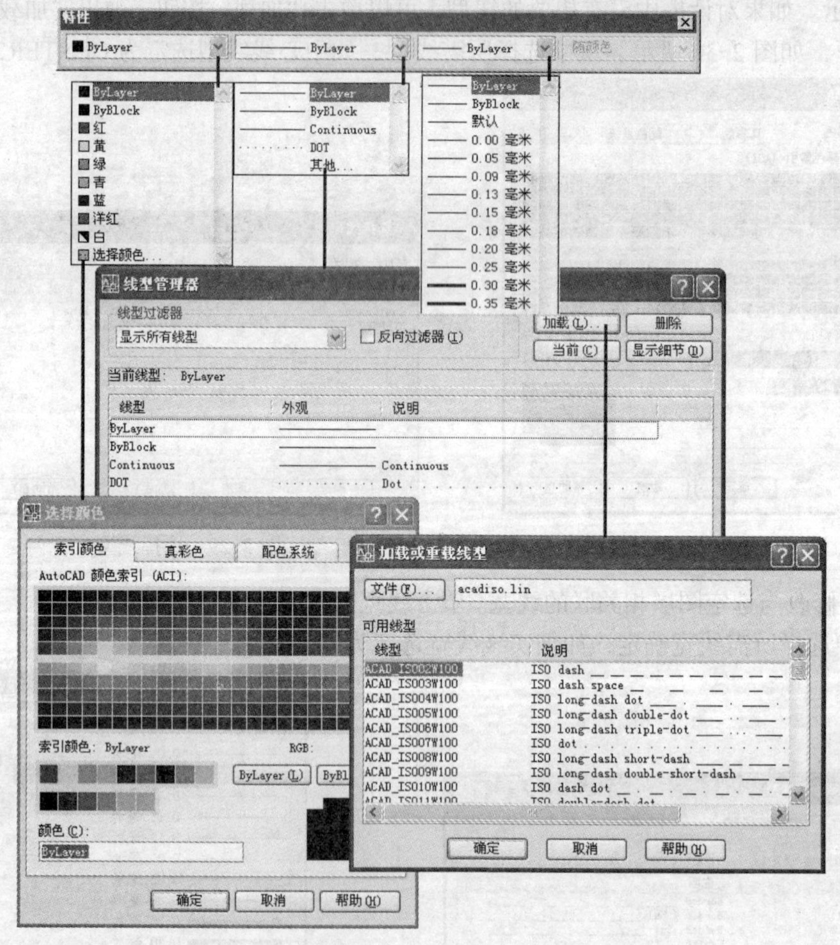

图 2-32 “对象特性”工具条及特性设置

单击“特性”工具条颜色下拉列表符号，从展开的颜色列表中选择颜色，如果列表中没有所需要的颜色，单击“其他”，打开“选择颜色”对话框，从中选择颜色。

从线型特性列表中选择线型，如果列表中没有所需线型，可选择“其他”，弹出“线型管理器”对话框，在此对话框中单击“加载”按钮，弹出“加载或重载线型”对话框，从中选择所需线型。

在“特性”工具条中展开线宽列表，选择线宽。

在屏幕中选中对象，再从“特性”工具条中选择相应的特性，可以将选中的对象赋予从“特性”工具条中所选择的特性。

下面举例说明图层的用法。

例：绘制如图 2-33 所示的图。

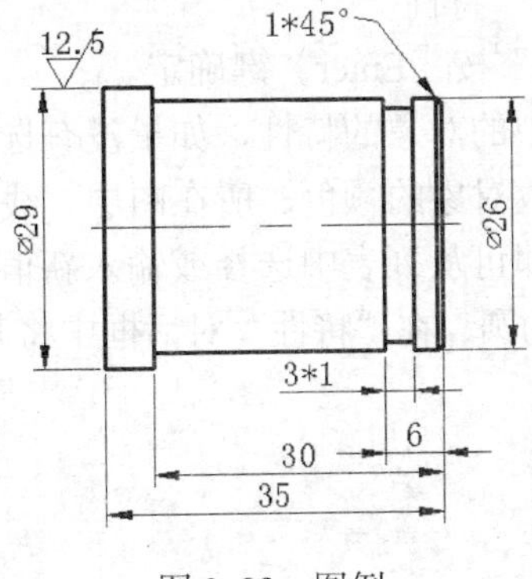

图 2-33　图例

绘图前，先建立图层如图 2-34 所示，完毕后确认。

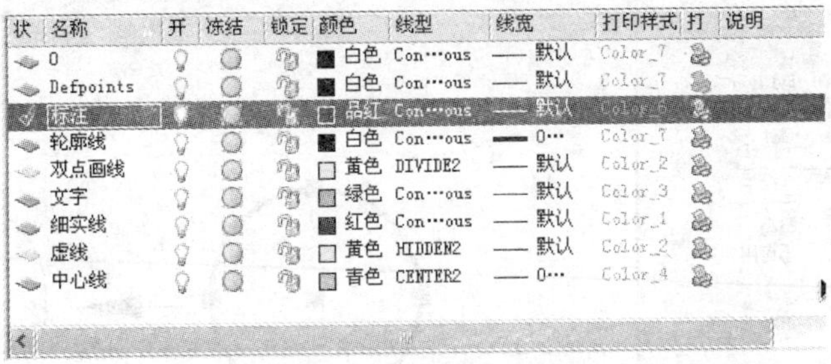

状	名称	开	冻结	锁定	颜色	线型	线宽	打印样式	打	说明
	0				白色	Con…ous	—— 默认	Color_7		
	Defpoints				白色	Con…ous	—— 默认	Color_7		
	标注				品红	Con…ous	—— 默认	Color_6		
	轮廓线				白色	Con…ous	—— 0…	Color_7		
	双点画线				黄色	DIVIDE2	—— 默认	Color_2		
	文字				绿色	Con…ous	—— 默认	Color_3		
	细实线				红色	Con…ous	—— 默认	Color_1		
	虚线				黄色	HIDDEN2	—— 默认	Color_2		
	中心线				青色	CENTER2	—— 0…	Color_4		

图 2-34　创建图层

将“轮廓线”层置为当前，先绘制轮廓。在绘制轮廓时，可通过“图层”工具条，将当前图层更换到“中心线”层，绘制中心线。绘制完毕后，将细实线层置为当前标注尺寸。

完成全部图形后，从图层管理器中关闭其他图层，只打开“轮廓线”层，如图 2-35 所示。

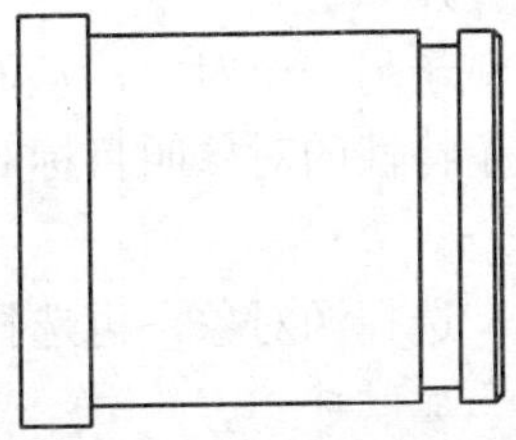

图 2-35　关闭其他图层只显示“轮廓线”层

注：创建图层应尽可能少，图层越少，越便于管理。

2.6.3 对象特性的修改

除了使用对象“特性”工具条修改对象特性外，还有以下两种方式可以修改选定对象的特性。

1. 特性对话框

下面两种方法可以打开“特性”对话框，打开的“特性”对话框如图 2-36 所示。

（1）选择菜单“修改”→“特性”。

（2）输入“PROPERTIES”按〈Enter〉键确定。

“特性”对话框中显示选中的对象的特性，如果没有选中任何对象，则显示当前图层的特性。用户可以通过对话框修改对象的颜色、所在图层、线型、线宽等各种特性。只要在需要修改的特性名称后面单击，即可从列表中选择或输入新值。

例：选中如图 2-37a 所示的圆，在“特性”对话框中将其线型改为虚线，线宽改为 0.09，得到如图 2-37b 所示的图形。

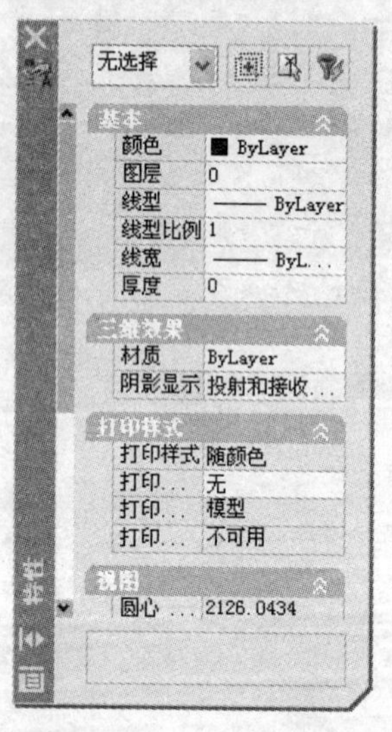

图 2-36 对象“特性”对话框

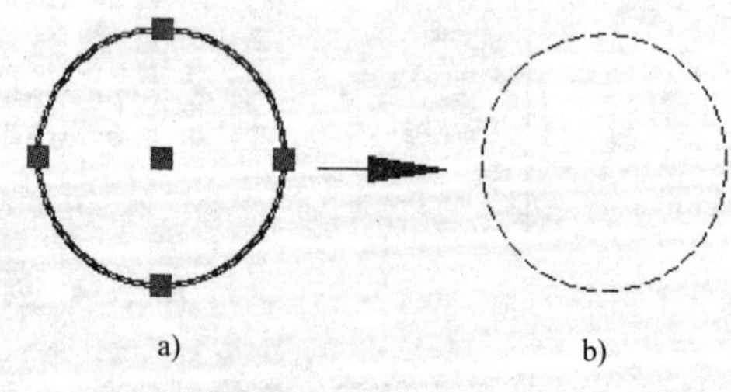

图 2-37 修改对象特性

a) 选中对象 b) 修改特性后的结果

2. 特性匹配

特性匹配是将一个对象的特性赋予另一个对象，从而使二者具有相同属性的操作。要从中提取属性的对象叫源对象，被赋予特性的对象叫目标对象。进行替换的特性可以是图层、颜色、线型、线宽等。

特性匹配的操作是：启动对象，选择源对象，再选择目标对象，从而使目标对象具有与源对象相同的属性。

下面 3 种方法可以启动对象匹配命令。

（1）选择菜单“修改”→“特性匹配”。

（2）单击“标准”工具条上“特性匹配”图标按钮 。

（3）输入“Ma”按〈Enter〉键确定。

例：如图 2-38 所示。

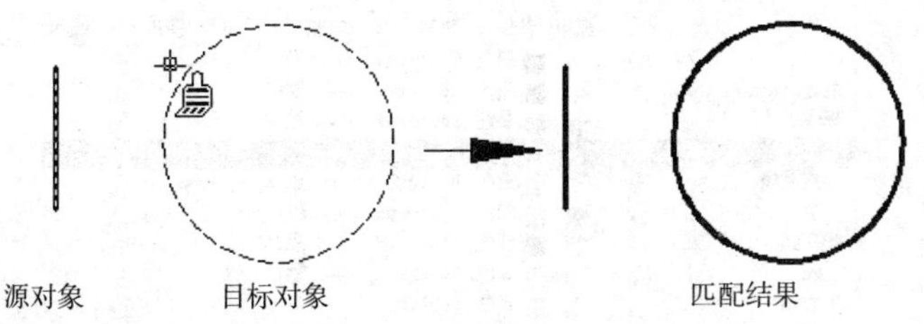

图 2-38　特性匹配

启动命令:　　　　　　//输入“Ma”按〈Enter〉键确定

选择源对象:　　　　　//拾取 2-38 左侧竖直线

选择目标对象:　　　　//拾取图 2-38 中所示虚线圆，则虚线圆变成右侧示所示结果，与源//对象具有相同的特性

目标对象可以有很多个，直到按〈Enter〉键确定退出命令。

2.7　习题

（1）创建一个工作空间，命名为“My-workspace”，在“自定义”对话框中对其进行工具条、菜单和面板的配置：显示“标准”、“格式”、“绘图”和“修改”工具条以及全部菜单，将“绘图”与“实体”工具置于面板上。

（2）如图 2-39 所示，根据 A～D 点之间的相对位置，分别描述出 B 点相对于 A 点、C 点相对于 B 点、D 点相对于 C 点的相对直角坐标值与相对极坐标值。

（3）绘图或图形编辑时，为了精确定位图中的特殊点，可以采用什么方法?

（4）状态栏中已打开了“对象捕捉”按钮，但仍不能在绘图时自动捕捉到中点，需如何处理?

（5）分析如图 2-40 所示，思考各点的相对位置，如果用捕捉自的方法，如何确定各点位置。

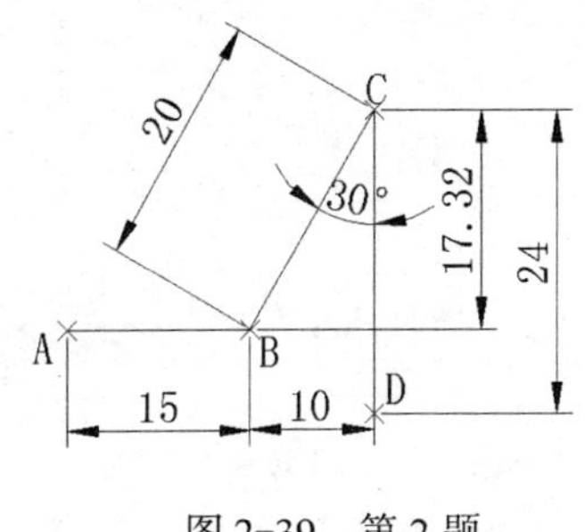

图 2-39　第 2 题

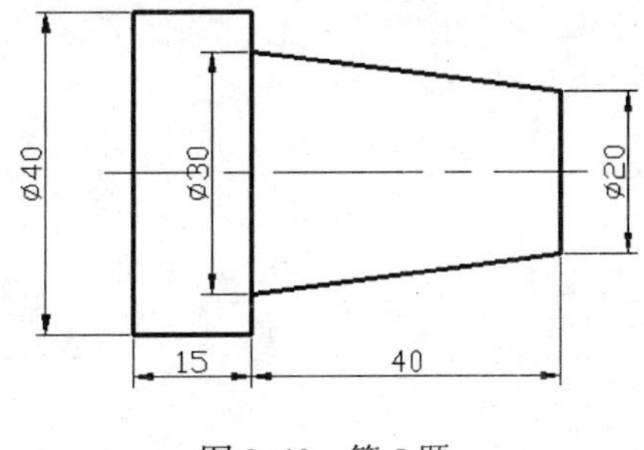

图 2-40　第 5 题

（6）按如图 2-41 所示的样式创建图层。

（7）如图 2-42a 所示圆的中心线与轮廓线特性相同，线型为 Continuous ；线宽为 0.3;

颜色为黑色。现需将中心线特性改变为如图 2-42b 所示，线型为 Center_2；线宽为 0.13；颜色为蓝色。请回答如何操作，并上机练习。

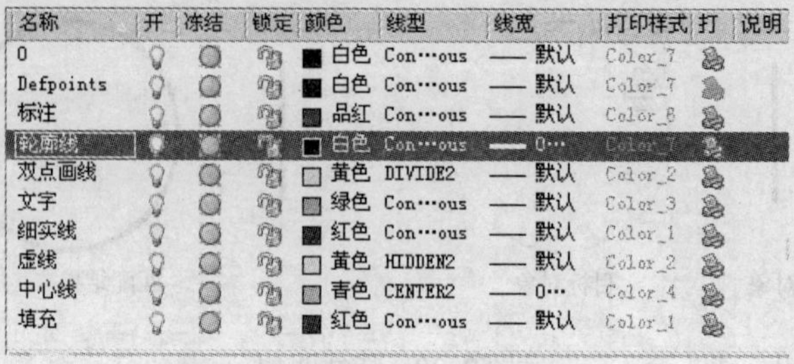

名称	开	冻结	锁定	颜色	线型	线宽	打印样式	打	说明
0				白色	Con…ous	默认	Color_7		
Defpoints				白色	Con…ous	默认	Color_7		
标注				品红	Con…ous	默认	Color_6		
轮廓线				白色	Con…ous	0…	Color_7		
双点画线				黄色	DIVIDE2	默认	Color_2		
文字				绿色	Con…ous	默认	Color_3		
细实线				红色	Con…ous	默认	Color_1		
虚线				黄色	HIDDEN2	默认	Color_2		
中心线				青色	CENTER2	0…	Color_4		
填充				红色	Con…ous	默认	Color_1		

图 2-41　第 6 题

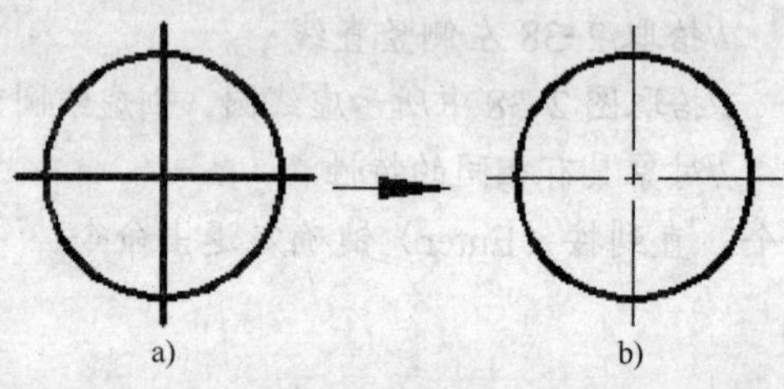

图 2-42　第 7 题

第3章　二维几何图形绘制与编辑(一)

本章将详细介绍直线、圆与椭圆的绘制，以及二维图形的部分编辑命令。二维几何图形绘制的工具条，如图3-1所示。

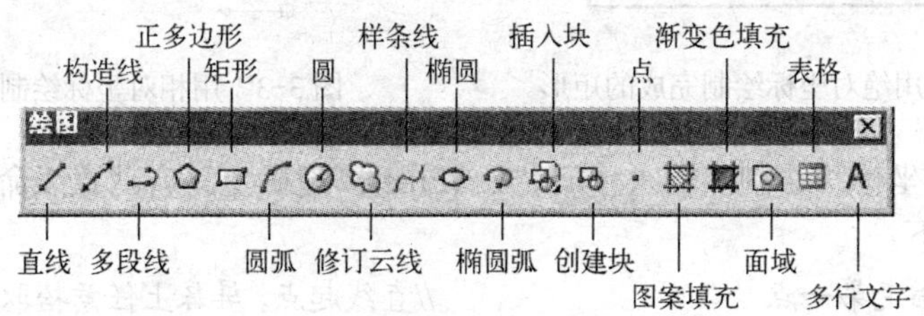

图3-1　绘图工具条

3.1 直线

下列任一方式皆可启动直线绘制命令：

（1）输入直线绘制命令“Line”或快捷命令“L”按〈Enter〉键确定。

（2）单击“绘图”工具条上或面板上的“直线绘制”图标按钮。

（3）选择菜单“绘图”→“直线”。

启动直线绘制命令后，命令行窗口提示：Line 指定第一点。可以直接在屏幕上用鼠标左键拾取一点，也可以输入直线第一点的坐标值。

指定第一点后，命令行提示：指定下一点[或放弃（U）]。往下画线直接在屏幕上拾取或输入点的坐标；输入“U”按〈Enter〉键确定返回前一步，重新指定起点。

指定第二点后，命令行提示：Line 指定下一点[或放弃（U）]。操作同上一步；按〈Enter〉键直接退出直线命令。

执行以上操作后，命令行提示：指定下一点或 [闭合(C)/放弃(U)]。继续画线指定下一点坐标或在屏幕拾取点；输入“U”按〈Enter〉键确定返回前一步；输入“C”按〈Enter〉键确定闭合图形并退出直线命令；按〈Enter〉键直接退出直线命令。

例1：用直线命令绘制一个120×90矩形框讲述直线命令的运用。

（1）用绝对直角坐标法绘制。输入“L”按〈Enter〉键确定，启动直线命令，根据命令行窗口的提示及操作如下：

命令：Line 指定第一点：0，0　　　　//输入直线起点的坐标值（0，0）

指定下一点或[放弃（U）]：120，0　　　　//输入第二点的坐标值（120，0）

指定下一点或[放弃（U）]：120，90　　　　　//输入第三点的坐标值（120，90）

指定下一点或[闭合（C）/放弃（U）]：0，90 //输入第四点的坐标值（0，90）

指定下一点或[闭合（C）/放弃（U）]：C　　　//输入“C”闭合，退出命令，完成作图

如图 3-2 所示。注意以上每操作一步均需按〈Enter〉键确认。

图 3-2　用绝对坐标绘制完成的矩形

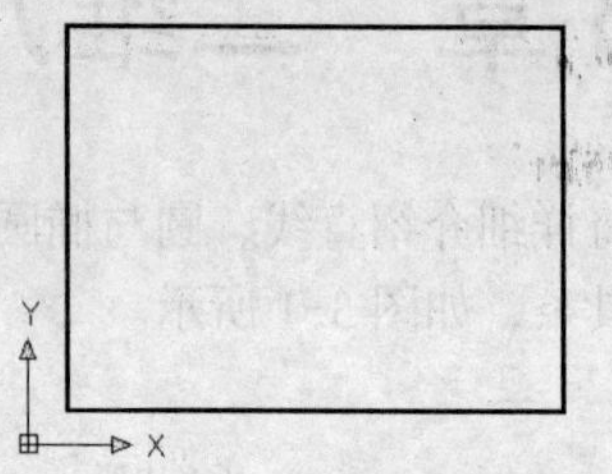

图 3-3　用相对坐标绘制完成的矩形

（2）用相对坐标法绘制。输入“L”按〈Enter〉键确定，启动直线命令，根据命令行窗口的提示操作如下：

命令：Line 指定第一点　　　　　　　　//直线起点，屏幕上任意拾取一点作为直线起点，//使用相对坐标法不需要知道直线上各点在当//前坐标系中的绝对位置，所以可以在屏幕中//任意拾取点

指定下一点或[放弃（U）]：@120，0　　　　//输入第二点相对于第一点的相对坐标值（@120，0）

指定下一点或[放弃（U）]：@0，90　　　　//输入第三点相对于第二点的相对坐标值（@0，90）

指定下一点或[闭合（C）/放弃（U）]：@-120，0//输入第四点相对于第三点的相对坐标值（@-120，0）

指定下一点或[闭合（C）/放弃（U）]：C　　//输入“C”闭合，退出命令，完成作图如图 3-3

可见在绘图中，使用相对坐标比绝对坐标能更为简单地找出图形中的特殊点，不需要进行太多繁杂的坐标计算。

例 2：如图 3-4 所示为例，演试相对极坐标的运用。

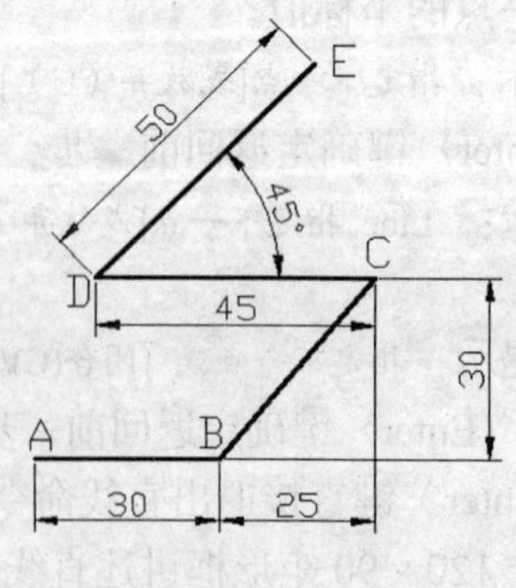

图 3-4　图例

输入“L”按〈Enter〉键确定，启动直线命令，根据命令行窗口的提示操作如下：

命令：Line 指定第一点　　　　　　　　//直线起点，屏幕上任意取一点作为直线起点 A

指定下一点或[放弃（U）]：@30<0　　　　//输入点“B”相对于 A 点的相对极坐标值

//（@30<0）

指定下一点或[放弃（U）]: @25，30　　//输入点“C”相对于“B”点的相对坐标值//（@25，30），相当于以“B”点为坐标原点，//求“C”点的坐标值为（25，30），此处只适//合用相对直角坐标方法

指定下一点或[闭合（C）/放弃（U）]: @45<180　　//输入点“D”相对于“C”点的相对//坐标值（@45<180）

指定下一点或[闭合（C）/放弃（U）]: @50<45　　//输入点“E”相对于“D”点的相对//极坐标值为(@50<45)，表示 DE 间//的距离为 50 个长度单位，DE 与相//对极轴正方向（即过“D”点向右//作水平线）的夹角为 45°，按下//〈Enter〉键退出命令，完成作图

例 3：图 3-5 是某机机械零件的初步轮廓图，读者可以先仔细看清该图，思考其画法，然后再看操作步骤。

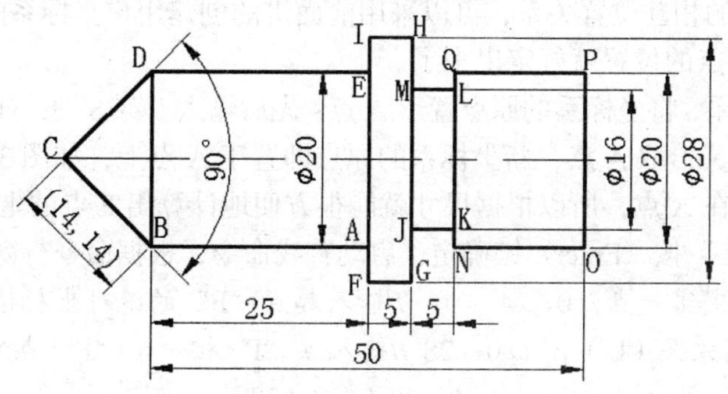

图 3-5　图例

为绘图方便，可将此图分为 4 部分来处理：ABCDE，FGHI，JKLM，NOPQ。进行了这样的分解后，就不会感到无从着手了。先画 ABCDE，再输入“L”按〈Enter〉键确定，启动直线命令，根据命令行窗口的提示操作如下：

命令：Line 指定第一点　　//直线起点，屏幕上任意取一点作为直线//起点 A

指定下一点或[放弃（U）]: @-25，0　　//输入点“B”相对于“A”点的相对坐标//值（@-25，0）

指定下一点或[放弃（U）]: @11.14<135　　//输入点“C”相对于“B”点的相对极//坐标值（@11.14<135），相当于以“B”//点为坐标原点，求“C”点的极坐标值//为（11.14<135），这是一个近似坐标//值，学习了修剪编辑命令后，就可以//不用具体值 11.14，通过修剪编精确作//图了

指定下一点或[闭合（C）/放弃（U）]：@11.14<45　　//输入点“D”相对于“C”点的相对坐标值（@11.14<45）

指定下一点或[闭合（C）/放弃（U）]：@25，0　　//输入“E”点相对于“D”点的相对极坐标值为(@25，0)，按下〈Enter〉键退出命令

再次启动直线命令，运用对象捕捉端点连接 BD，按〈Enter〉键退出直线命令，如图 3-6 所示。

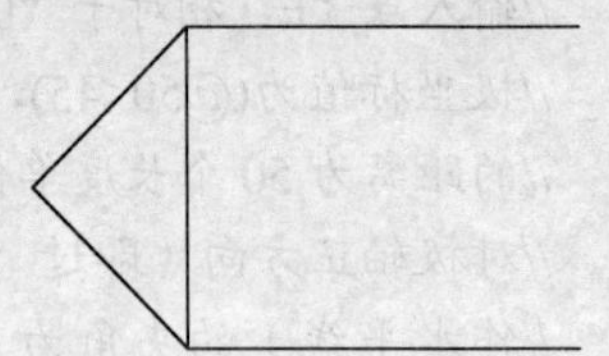

图 3-6　绘制完成的 ABCDE 部分

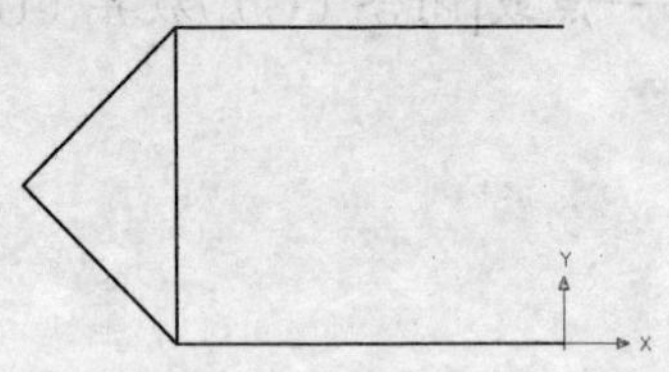

图 3-7　创建完成的用户坐标系

接下来，绘制 FGHI 部分，先确定如何定位第一点。不知道各特殊点的绝对坐标，但是知道图形各部分间的相互位置关系，可以采用前面讲的创建用户坐标系的方法，把坐标原点移到 A 点，那么 F 点的位置就好定出来了。

创建用户坐标系，将坐标系的原点置于 A 点：先后输入“UCS”按〈Enter〉键确定、“N”按〈Enter〉键确定，拾取 A 点，新坐标系的原点即置于 A 点上，如图 3-7 所示。

现在坐标原点在 A 点，所以根据尺寸就能很方便地计算出 F 点的坐标为（0，–4）。

键盘上输入“L”按〈Enter〉键确定，启动直线命令，根据命令行窗口的提示操作如下：

命令：Line 指定第一点：0，-4　　//输入起点“F”的绝对坐标值（0，–4）

指定下一点或[放弃（U）]：@0，28　//输入点“I”相对于“F”点的相对坐标值（@0，28）

指定下一点或[放弃（U）]：@5，0　//输入点“H”相对于“I”点的相对极坐标值（@5，0）

指定下一点或[放弃（U）]：@0，-28　//输入点“G”相对于“H”点的相对极坐标值（@0，–28）

指定下一点或[闭合（C）/放弃（U）]：C　//输入“C”按〈Enter〉键确定闭合图形并退出直线命令

完成的图形如 3-8 所示。

下面完成 JKLM 部分。创建用户坐标系，将原点置于 G 点处。

键盘上输入“L”按〈Enter〉键确定，启动直线命令，根据命令行窗口的提示操作如下：

命令：Line 指定第一点：0，6　　//输入起点“J”的绝对坐标值（0，6）

指定下一点或[放弃（U）]：@5，0　//输入点“K”相对于“J”点的相对坐标值（@5，0）

按〈Enter〉键退出直线命令。

再次键盘上输入“L”按〈Enter〉键确定，启动直线命令，根据命令行窗口的提示操作如下：

命令：Line 指定第一点：0，22　　//输入起点“M”的绝对坐标值（0，22）

指定下一点或[放弃（U）]：@5，0　//输入点“L”相对于“M”点的相对坐标值（@5，0）

按下〈Enter〉键退出直线命令，完成的图形如图 3-9 所示。

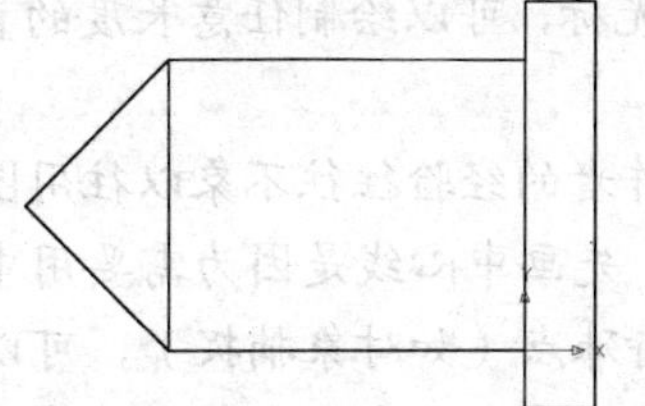
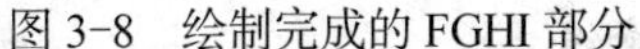

图 3-8　绘制完成的 FGHI 部分

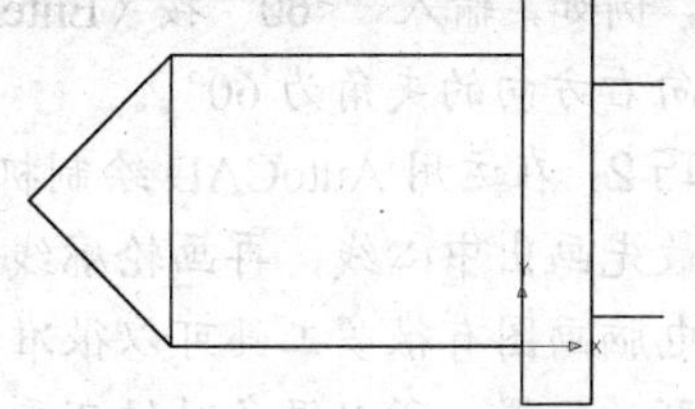

图 3-9　绘制完成的 JKLM 部分

下面完成 NOPQ 部分。新建用户坐标系，原点置于 K 点，以 N 点作为直线起点画图。

键盘上输入“L”按〈Enter〉键确定，启动直线命令，根据命令行窗口的提示操作如下：

命令：Line 指定第一点：0，-2　　//输入起点“N”的绝对坐标值（0，-2）

指定下一点或[放弃（U）]：@0，20　　//输入点“Q”相对于“N”点的相对坐标值(@0，//20）

指定下一点或[放弃（U）]：@15，0　　//输入点“P”相对于“Q”点的相对极坐标值//（@15，0）

指定下一点或[放弃（U）]：@0，-20　　//输入点“O”相对于“P”点的相对极坐标值//（@0，-20）

指定下一点或[闭合（C）/放弃（U）]：C　//输入“C”按〈Enter〉键确定闭合图形并退//出直线命令

完成的图形如图 3-10 所示。

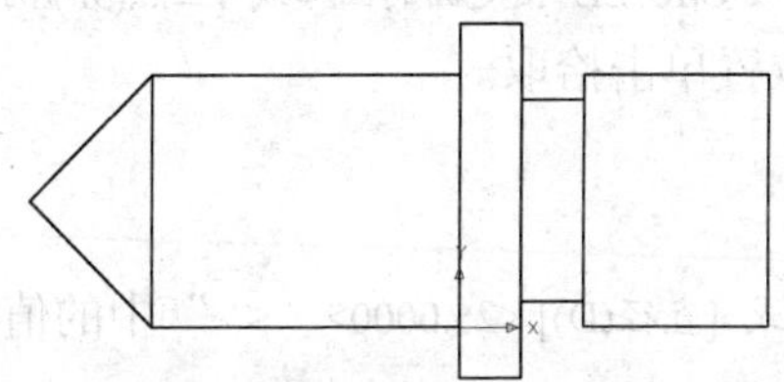

图 3-10　绘制完成的图形

前面学习了“捕捉自”这一捕捉方式用法，画图过程中，为了定位某些一般性的点，需找出这个一般性的点与其他特殊点的相对位置关系，“捕捉自”正是如何运用特殊点找一般点的方法。上例也可以运用“捕捉自”的方法，避免某些坐标系的创建。假如已完成 ABCDE 部分，呈现如图 3-6 所示，现画 FGHI 部分，以 F 点为直线起点，首先确定 F 点相对于一个已知点（如 A 点）的相对坐标值，经计算，F 点相对于 A 点的相对直角坐标值为@0,-4。

画法如下：

启动直线命令，当命令行提示指定起点时，由于不能直接拾取到 F 点，所以在命令行输入捕捉自的命令“FRO”按〈Enter〉键确定。命令行提示指定基点，用光标捕捉 A 点，命令行提示输入偏移值，此时输入 F 点相对于 A 点的相对坐标值@0,-4，则光标自动很准确地将直线起点定于 F 点。起点确定后，FGHI 各条线就好画了。

同样的起点确定法可以画出图形的其余部分，请读者尝试自己完成。

小技巧 1：启动直线命令后，输入符号“<”与一数字，确定后移动光标，可以锁定角度绘制直线。例如，输入“<60”按〈Enter〉键确定，移动光标，可以绘制任意长度的直线，直线与水平向右方向的夹角为 60°。

小技巧 2：在运用 AutoCAD 绘制机械工程图形时，作者的经验往往不象以往用图手工画图那样，最先画出中心线，再画轮廓线。在手工画图时，先画中心线是因为需要用中心线去定位，而电脑画图有很多工具可以很准确地捕捉到各个特殊点（如对象捕捉），可以很方便地移动图形的位置。所以很多时候不需要中心线定位，往往是先画出一小部分轮廓线，捕捉轮廓线中点产生中心线，再用中心线定位来产生其他轮廓线。

3.2 圆

AutoCAD 提供了 6 种不同的画圆方法：圆心半径法、圆心直径法、三点法、两点法、相切/相切/半径法、相切/相切/相切法。

3.2.1 圆心半径法

1．下列任一方法启动圆心半径法画圆命令

（1）输入“C”或“circle”按〈Enter〉键确定。

（2）单击“绘图”工具条或面板上画圆的图标按钮。

（3）选择菜单“绘图”→“圆”→“圆心、半径”。

2．确定圆心

启动命令后，命令行提示：c CIRCLE 指定圆的圆心或 [三点(3P)/两点(2P)/相切、相切、半径(T)]。

（1）光标在屏幕中适当位置单击拾取。

（2）输入圆心的坐标值。

3．确定圆的半径

命令行提示：指定圆的半径或 [直径(D)] <25.0000> “<>”中的值是默认上次画圆的半径值。

（1）输入新的半径值。

（2）光标在屏幕中拾取一点，该点与圆心间的距离即为圆的半径。

例：如图 3-11 所示，要求绘制圆 O 的同心圆并与直线 L 相切。

任意一种方法启动画圆命令：

确定圆心　　//捕捉圆 O 的圆心 O 点

确定半径　　//单击“对象捕捉”工具条“捕捉到切点”图标按钮，激活“捕捉到切点”

　　　　　　//捕捉与直线 L 的切点，如图 3-12 所示。最后完成的图形如图 3-13 所示

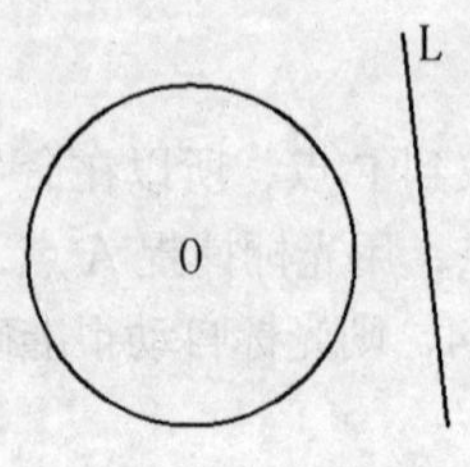

图 3-11　图例

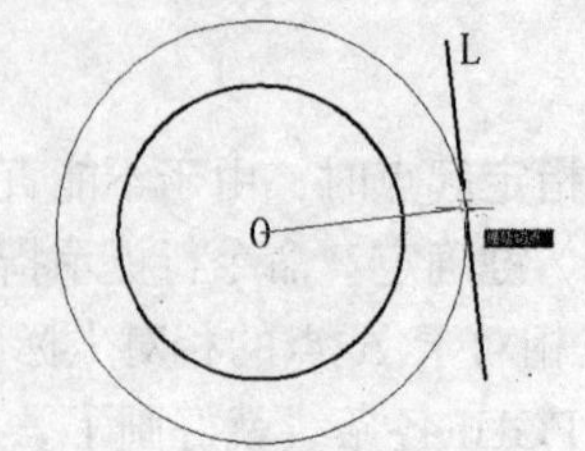

图 3-12　捕捉切点确定半径

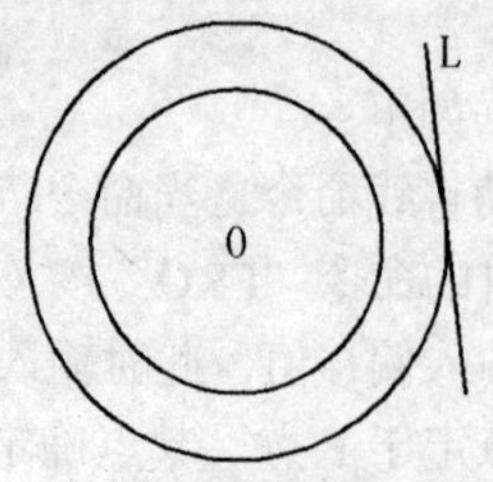

图 3-13　完成绘图

3.2.2　圆心直径法

1．下列任一方法启动圆心直径法画圆命令

（1）输入“C”或“circle”按〈Enter〉键确定。

（2）单击“绘图”工具条或面板上画圆的图标按钮。

（3）选择菜单“绘图”→“圆”→“圆心、直径”。

2．确定圆心

启动命令后，命令行提示确定所画圆的圆心：c CIRCLE 指定圆的圆心或 [三点(3P)/两点(2P)/相切、相切、半径(T)]。

（1）光标在屏幕中适当位置单击拾取。

（2）输入圆心的坐标值。

3．输入直径选项

圆心确定后，命令行提示：指定圆的半径或 [直径(D)] <25.0000>。输入“D”选项后按〈Enter〉键确定。

4．确定圆的直径

命令行提示：指定圆的直径 <50.0000>。“<>”中的数值是默认上次画圆的直径值。

（1）输入新的直径值。

（2）光标在屏幕中拾取，拾取的点与圆心间的距离即为圆的直径。

3.2.3　三点法

三点法是通过指定圆周上的三点来确定一个圆的一种画法。

1．启动三点法画圆命令

（1）输入“C”或“circle”按〈Enter〉键确定或单击“绘图”工具条或面板上画圆的图标按钮，命令行提示：c CIRCLE 指定圆的圆心或 [三点(3P)/两点(2P)/相切、相切、半径(T)]。再输入“3P”按〈Enter〉键确定，启动三点画圆，命令行提示：指定圆上的第一个点。

（2）选择菜单“绘图”→“圆”→“三点（3）”启动三点法画圆，命令行提示：circle 指定圆的圆心或 [三点(3P)/两点(2P)/相切、相切、半径(T)]: _3p 指定圆上的第一个点。

2．分别确定圆周上的三点

键盘输入三组坐标值分别按〈Enter〉键确定或用光标在屏幕上适当位置拾取三点。

例： 如图绘制如图 3-14 所示五边形的外接圆。

任意一种方法启动三点法画圆命令，激活“对象捕捉”，捕捉到端点，分别拾取正五边形的任意三个端点，绘制图形结果如图 3-15 所示。

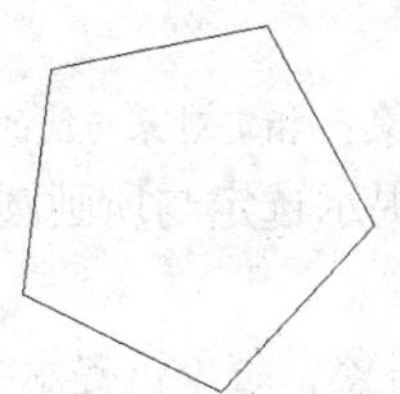

图 3-14　图例

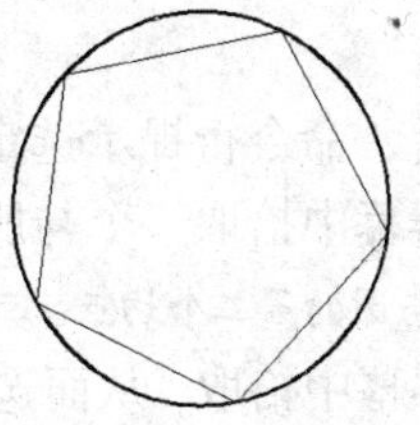

图 3-15　三点法绘制完成的圆

3.2.4 两点法

两点法是通过圆任一条直径上的两个端点（即两点在圆的一条直径上）确定一个圆的一种画法。

1．启动两点法画圆命令

（1）输入“C”或“circle”按〈Enter〉键确定或单击“绘图”工具条或面板上画圆的图标按钮 ，根据命令行提示，输入“2P”按〈Enter〉键确定，启动两点画圆，命令行提示：指定圆直径的第一个端点。

（2）选择菜单“绘图”→“圆”→“两点（2）”启动两点法画圆，命令行提示：circle 指定圆的圆心或 [三点(3P)/两点(2P)/相切、相切、半径(T)]: _2p 指定圆直径的第一个端点。

2．分别确定圆任意一条直径的两个端点

输入两组坐标值分别按〈Enter〉键确定或用光标在屏幕上适当位置拾取两点，两点的连线就是圆的一条直径，从而确定一个圆。

例：如图 3-16 所示，已知线段 AB、CD，请过 B、C 两点绘制一圆，且 BC 为圆的一条直径。

任意一种方法启动两点画圆法，激活对象捕捉，捕捉到端点，分别拾取 B、C 两点，完成图形如图 3-17 所示。

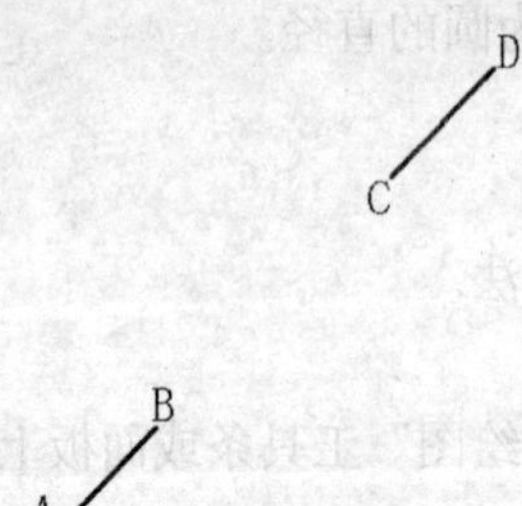

图 3-16 图例

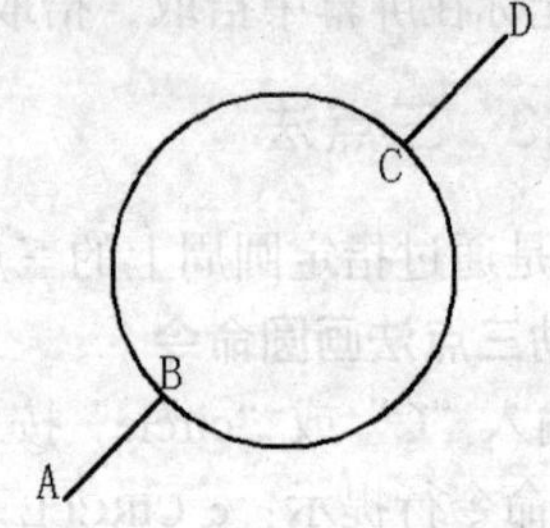

图 3-17 两点法绘制完成的圆

3.2.5 相切、相切、半径法

通过所画圆与两个指定的对象相切并给定圆的半径确定一个圆。

1．启动相切、相切、半径法画圆命令

（1）输入“C”或“circle”按〈Enter〉键确定或单击“绘图”工具条或面板上画圆的图标按钮，根据命令行提示，输入“T”按〈Enter〉键确定，启动相切、相切、半径画圆。

（2）选择菜单“绘图”→“圆”→“相切、相切、半径（T）”启动相切、相切、半径法画圆。

2．操作

启动命令后，命令行提示选定第一个与所画圆相切的对象：指定对象与圆的第一个切点。

用光标在屏幕中拾取一个与所画圆相切的对象，命令行提示选定与所画圆相切的第二个对象：指定对象与圆的第二个切点。

用光标在屏幕中拾取，从而选定第二个与所画圆相切的对象，命令行提示指定圆的半径：指定圆的半径 <25>，“<>”中数值是默认上次画圆的半径值。

（1）输入新的半径值。

（2）光标在键盘上拾取两点，两点间的距离即为圆的半径。

例：如图 3-18 所示，绘制圆 O1 与 O2 的外公切圆，且圆的半径为 R53。

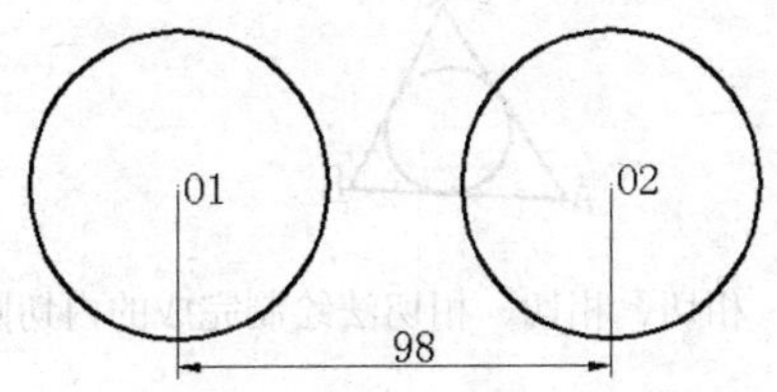

图 3-18　图例

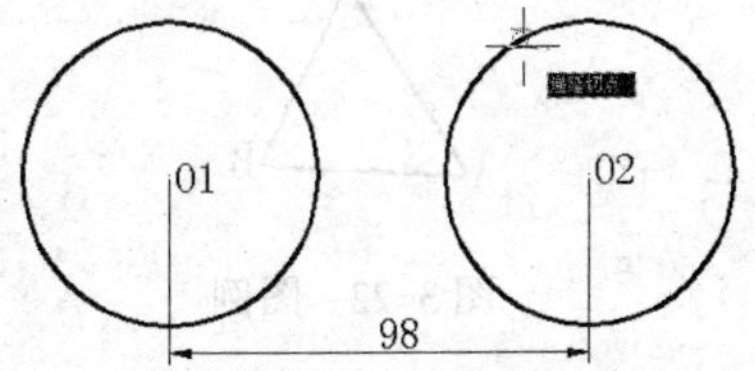

图 3-19　选择与所画圆相切的第一个对象

任意一种方法启动“相切、相切、半径”法画圆命令。

选择第一个与所画圆相切的对象　　//光标靠近如图 3-19 位置拾取选定第一个与圆相//切的对象

选择第二个与所画圆相切的对象　　//光标靠近如图 3-20 位置拾取选定第二个与圆相//切的对象

给定圆的半径　　//输入半径值 53 按〈Enter〉键确定，完成的图形如//图 3-21 所示

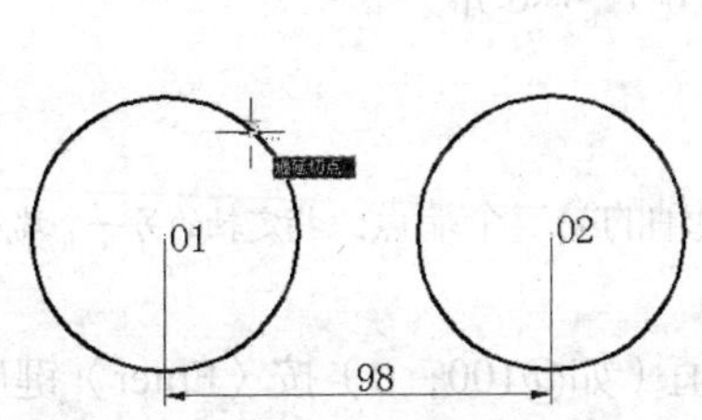

图 3-20　选择与所画圆相切的两个对象

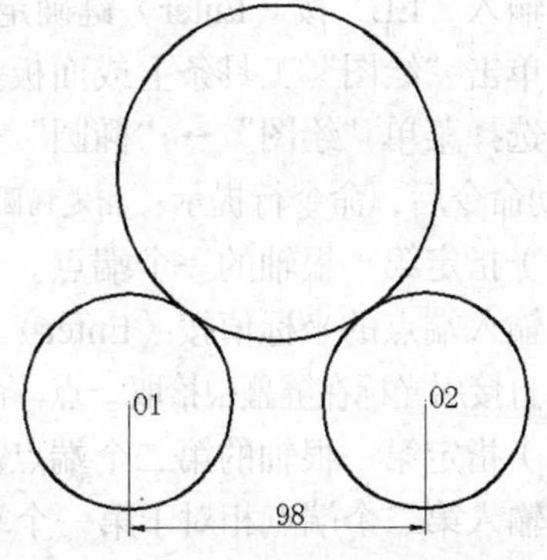

图 3-21　相切、相切、半径法完成画圆

3.2.6　相切、相切、相切法

通过指定与所画圆相切的三个对象确定一个圆的方法。

1．启动命令

选择菜单“绘图”→“圆”→“相切、相切、相切（A）”启动命令，命令行提示：circle 指定圆的圆心或 [三点(3P)/两点(2P)/相切、相切、半径(T)]: _3p 指定圆上的第一个点:

2．操作

分别选定与所画圆相切的 3 个对象，光标在屏幕中选择 3 个对象。

例：绘制如图 3-22 所示任意三角形的内切圆。

任意一种方法启动“相切、相切、半径”法画圆命令，分别用光标在屏幕上拾取选择三角形 ABC 的三边，完成的图形如图 3-23 所示。

运用“相切、相切、半径”法以及“相切、相切、相切”法画圆时，注意椭圆和样条线不能用作相切的对象。

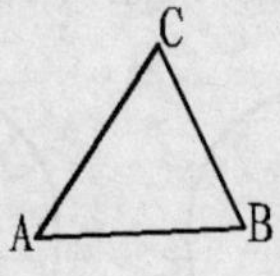

图 3-22 图例

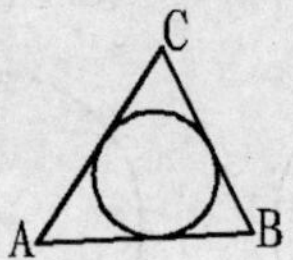

图 3-23 相切、相切、相切法绘制完成的内切圆

3.3 椭圆与椭圆弧

3.3.1 椭圆的画法

对于椭圆，只要知道长轴径和短轴径，并能定位出椭圆的具体位置，图形就能画出来了。AutoCAD 提供了 3 种绘制椭圆的方式。

1. 指定椭圆其中一根轴的两个端点（决定椭圆的角度及第一根轴的长度）以及第二根轴的半径

（1）使用下面任意一方法启动椭圆命令。

1）输入“EL”按〈Enter〉键确定。

2）单击“绘图”工具条上或面板上的“椭圆”的图标按钮。

3）选择菜单“绘图”→“椭圆”→“轴、端点”。

启动命令后，命令行提示：指定椭圆的轴端点或 [圆弧(A)/中心点(C)]。

（2）指定第一根轴的一个端点。

1）输入端点的坐标值按〈Enter〉键确定。

2）直接用光标在屏幕中拾取一点，命令行提示第一根轴的第二个端点：指定轴的另一个端点。

（3）指定第一根轴的第二个端点。

1）输入第二个端点相对于第一个端点的相对坐标值（如@100，0）按〈Enter〉键确定。

2）直接用光标在屏幕中拾取一点，命令行提示给定另一条轴的半径长度：指定另一条半轴长度或 [旋转(R)]。

（4）给定另一条半轴的长度。

1）输入第二根轴的半径值（如 20）按〈Enter〉键确定。

2）直接用光在屏幕中拾取一点，中心点与该点间的距离即为第二条半轴的长度。

3）输入第二根轴相对于中心点的相对坐标值（如@0，20），绘制完成的椭圆如图 3-24 所示。

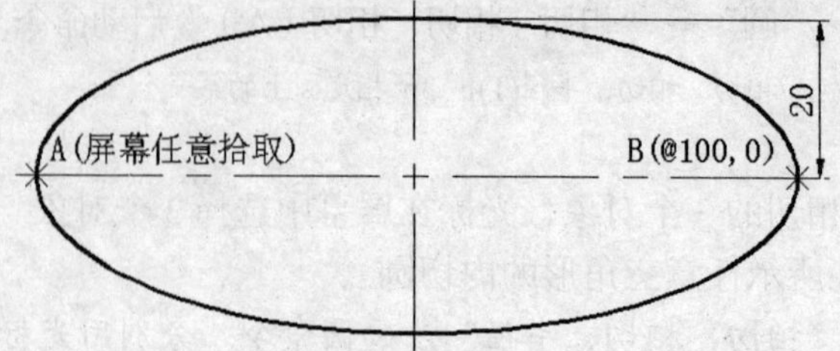

图 3-24 通过一轴的两端点与第二轴的半径绘制完成的椭圆

2. 指定椭圆的中心和第一根轴的一个端点（中心和端点决定椭圆的角度及第一根轴的半径）以及第二根轴的半径

（1）启动命令。

1）单击“绘图”工具条上的“椭圆”图标或输入“EL”按〈Enter〉键确定，从命令行提示中选择输入“C”选项按〈Enter〉键确定。

2）选择菜单“绘图”→“椭圆”→“中心点（C）”。

执行上述任意操作后，命令行提示指定椭圆的中心点位置：指定椭圆的中心点。

（2）指定中心点。

1）输入中心点的坐标值。

2）光标在屏幕中拾取一点作为中心点。

命令行提示指定第一根轴的一个端点：指定轴的端点。

（3）指定椭圆第一根轴的一个端点。

1）输入端点相对于中心点的相对坐标值（如@50，0）。

2）光标在屏幕中拾取第一根轴的一个端点。

命令行提示指定另一条轴的半径：指定另一条半轴长度或 [旋转(R)]。

（4）指定另一条轴的半径。

1）输入第二根轴的半径值（如 20）按〈Enter〉键确定。

2）直接用光标在屏幕中拾取一点，中心点与该点间的距离即为第二条半轴的长度。

3）输入第二根轴的一个端点相对于中心的相对坐标值（如@0，20），绘制完成的椭圆如图 3-25 所示。

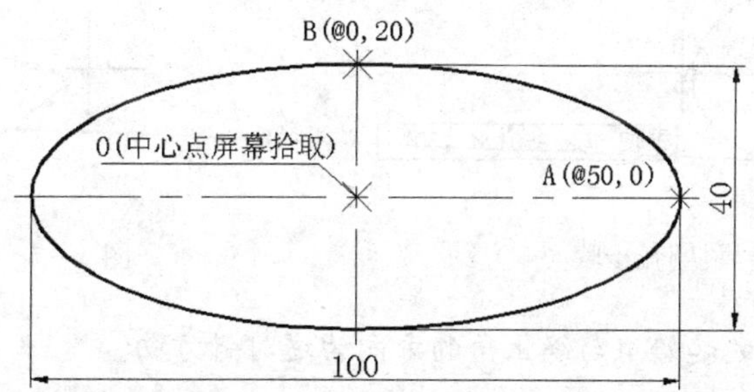

图 3-25　通过中心点与第一轴一个端点及第二轴半径绘制完成的椭圆

3. 通过圆旋转法画椭圆

先确定长轴（或长半轴），再由以长轴（或长半轴）为直径（或半径）的圆绕已确定的长轴（或长半轴）旋转一个角度，产生一个椭圆。此法可以理解为由圆绕其直径旋转一个角度后投影在平面上所产生的椭圆。

（1）启动命令。

1）输入“EL”按〈Enter〉键确定。

2）单击“绘图”工具条上或面板上的“椭圆”的图标按钮。

（2）确定第一根轴的两个端点（或中心与其中一个端点），命令行提示如下：指定另一条半轴长度或 [旋转(R)]。

（3）选择“R”选项，输入“R”按〈Enter〉键确定，命令行提示输入绕长轴旋转的角度：指定绕长轴旋转的角度。

1）输入旋转角值。

2）光标在屏幕上拾取一点，该点与原点连线跟水平向右方向的夹角即为旋转角。

注：① 当旋转角为 0°、180°、360° 等角度时，图形绘制出一正圆。

② 当旋转角度为 90°、270° 等角度时，不能绘制出图形。

3.3.2 椭圆弧的画法

椭圆弧命令跟椭圆命令基本相同，通过下列任意一种方式启动椭圆弧命令。

（1）单击“绘图”工具条或面板上的“椭圆弧”的图标按钮。

（2）输入“EL”按〈Enter〉键确定，根据命令行提示，选择“A”选项输入“A”按〈Enter〉键确定。

（3）选择下拉菜单“绘图”→“椭圆”→“圆弧（A）”。

启动命令后，命令行提示：指定椭圆弧的轴端点或 [中心点(C)]。

AutoCAD 提供了 3 种绘制椭圆弧的方法，这 3 种方法也就是画椭圆的 3 种方法，即根据命令行提示，先确定椭圆弧所在的椭圆，如图 3-26 所示。

再确定椭圆弧所在椭圆上的起止角度，命令行提示：指定起始角度或[参数（P）]，输入起始角度（如 180°），命令行提示指定终止角：指定终止角度或[参数（P）/包含角度（I）]。输入终止角度或用光标在屏幕中拾取，绘制的图形如图 3-27 所示。

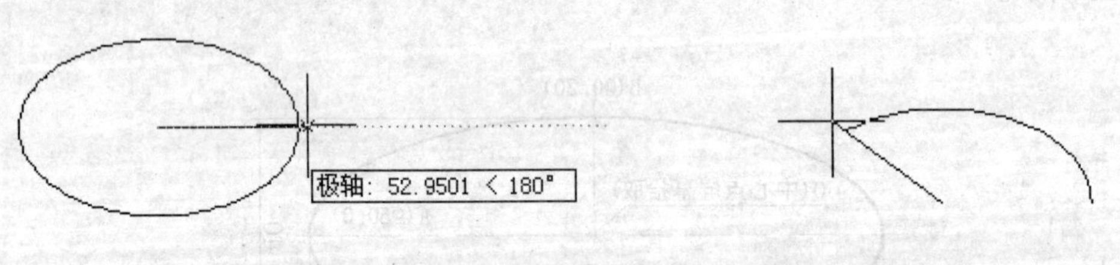

图 3-26　椭圆弧步骤（一）　　图 3-27　椭圆弧步骤（二）

注：绘制椭圆弧时的起始角与终止角的方向为逆时针方向。

3.4 选择对象的主要方式

在讲述如图 3-5 所示的绘制时，曾说到运用相对极坐标绘制 BC 与 CD，其长度是近似值。那么如何精确绘制呢？就需要用到图形编辑了。

学习图形编辑，需要掌握对象的选择。在前面的学习中，已经接触到一些选择对象的方法，如拾取、窗口选择等，本节将系统地进行讲解。

（1）拾取选择。将光标置于需要选择的对象上单击，如图 3-28 所示。选中的对象以虚线显示。

（2）窗口选择。如图 3-29 所示，将光标置于所选图形的左上角 A 点，单击鼠标左键，向右下角拖动光标，在 B 点处单击，矩形框之内的对象（多段线与直线）被选中，而两个椭圆不是全在窗口内，不被选中。

（3）窗交选择。将光标置于所选对象的右下角按下鼠标左键，向左上角拖动光标，矩形框为虚线，在矩形框内的对象以及与矩形框相交的对象全被选中，如图 3-30 所示。

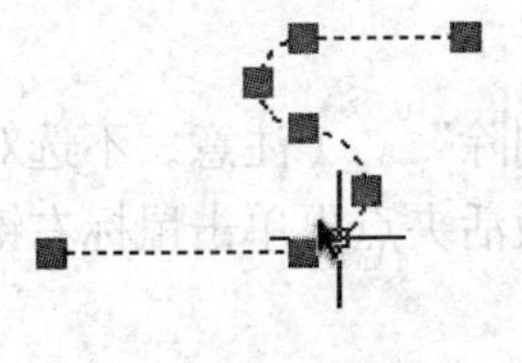
图 3-28　拾取选择

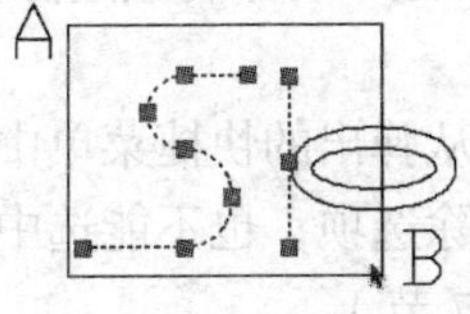

图 3-29　窗口选择

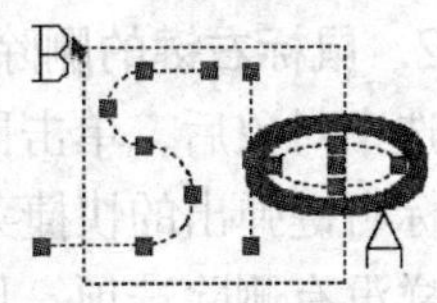

图 3-30　窗交选择

（4）围圈选择。启动编辑命令，当命令行提示“选择对象”的提示时，输入“wp”按〈Enter〉键确定，然后移动并单击鼠标左键，构造一任意封闭的多边形，在多边形内的对象全部被选中，选择完毕后单击鼠标右键确认，如图 3-31 所示。

（5）圈交选择。启动编辑命令，当命令行提示“选择对象”的提示时，输入“cp”按〈Enter〉键确定，然后移动并单击鼠标左键，构造一任意封闭的多边形，在多边形内的对象以及与多边形边界相交的对象全部被选中，选择完毕后单击鼠标右键确认，如图 3-32 所示。

（6）栏选方式。启动编辑命令，当命令行提示“选择对象”的提示时，输入“f”或“fe”后按〈Enter〉键确定，然后画一条或几条直线作为栅栏，凡与栅栏相交的对象均被选中，选择完毕后单击鼠标右键确认，如图 3-33 所示。

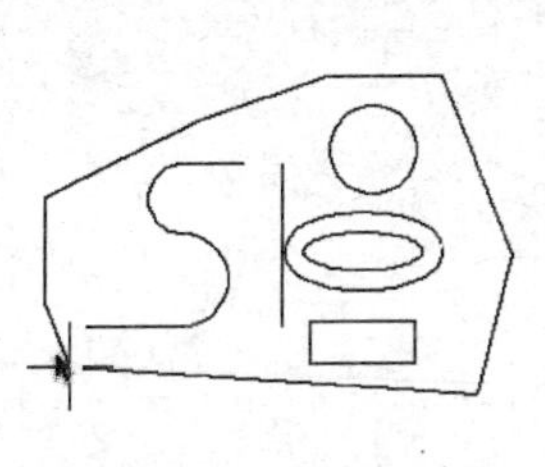
图 3-31　围圈选择

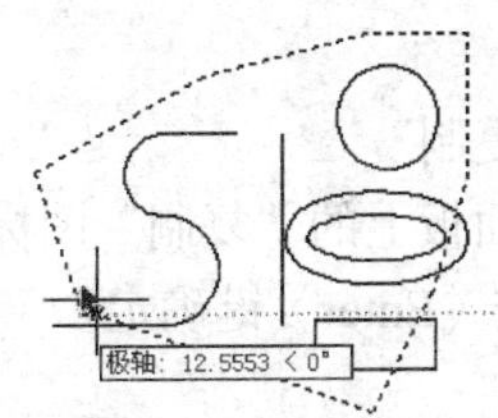

图 3-32　圈交选择

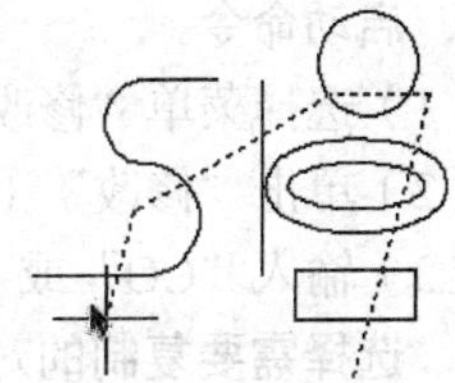
图 3-33　栏选

当对象已被选中，需要取消所选对象时，只需按下键盘上的〈Esc〉键即可。

3.5　各种编辑命令（一）

下面介绍部分编辑命令的使用，编辑工具条如图 3-34 所示。

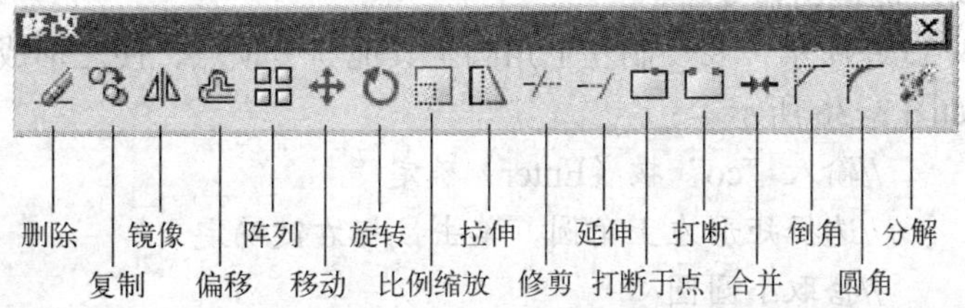

图 3-34　编辑工具条

3.5.1 删除对象

1. 〈Delete〉键的操作

选中对象，按下〈Delete〉键，选中对象将被删除。

2. 鼠标右键的删除操作

选中对象后，单击鼠标右键，从弹出的快捷菜单中选择“删除”。（注意，不选对象单击鼠标右键弹出的快捷菜单没有删除选项；也不能选中对象后激活夹点再单击鼠标右键，那样同样没有删除选项，见第1章1.7节）。

3. AutoCAD的删除命令

（1）启动命令。

1）选择菜单“修改”→“删除”。

2）单击“修改”工具条或面板上的“删除”的图标按钮。

3）输入“E”按〈Enter〉键确定。

（2）选择需要删除的对象，选择完毕后按〈Enter〉键确认，所选对象将被删除。

运用AutoCAD专用的删除命令时，可以按上述方法先启动命令后选择对象，也可以先选择对象再启动命令，同样可以执行删除。其他的AutoCAD编辑命令也与此相同。

3.5.2 复制对象

1. 启动命令

（1）选择菜单“修改”→“复制”。

（2）单击“修改”工具条或面板上的“复制”图标按钮。

（3）输入“CO”或“CP”按〈Enter〉键确定。

2. 选择需要复制的对象

在屏幕中选择对象，选择完毕后按〈Enter〉键确定。

3. 选择基点

光标在屏幕适当位置拾取基点。基点是在复制新对象过程中，放置新对象时光标所在的点。

4. 选择目标点

目标点是放置新对象的位置点。目标点可以直接用光标在屏幕中拾取，也可以输入目标点相对于基点的相对坐标值。若需复制多个，则选择多个目标点。

5. 按〈Enter〉键退出命令

例1：如图3-35左所示，要复制左上角圆至其他3个顶点，使之形成如右图所示图形。

操作如下（如图3-36所示）：

启动命令　　　//输入“co”按〈Enter〉确定

选择对象　　　//选择矩形左上角圆，单击鼠标右键确定

选择基点　　　//拾取小圆圆心

选择目标点　　//分别拾取矩形的其他3个顶点

退出命令　　　//按〈Enter〉确定退出命令

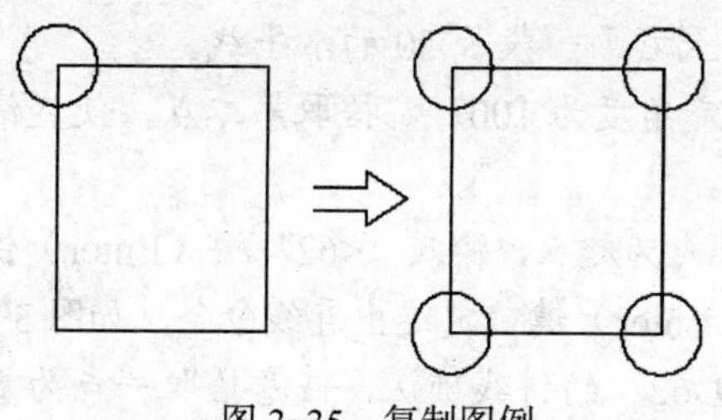
图 3-35　复制图例

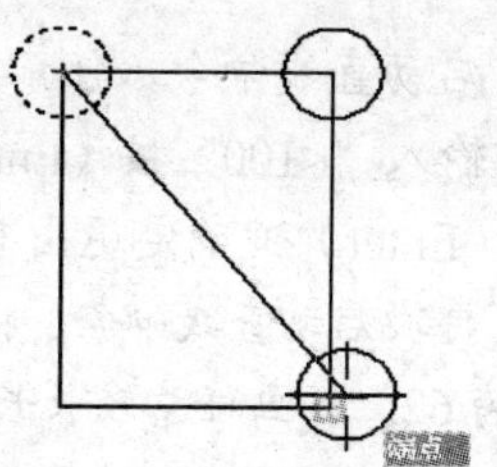
图 3-36　复制过程

例 2：如图 3-37 所示，复制正五边形，使五边形的中心点 O 位于 A 点处。操作如下所述（如图 3-38 所示）。

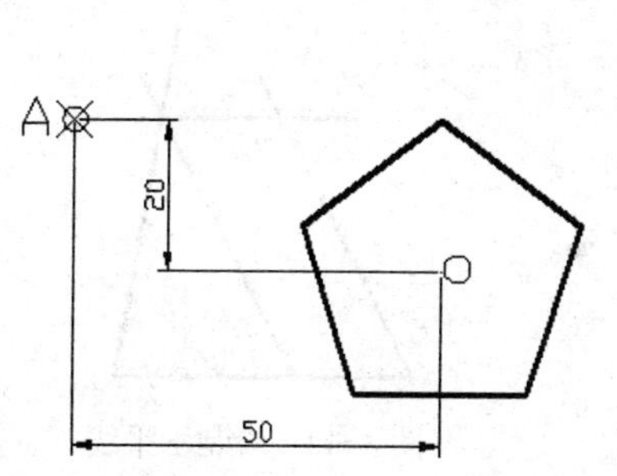

图 3-37　例 2 图例

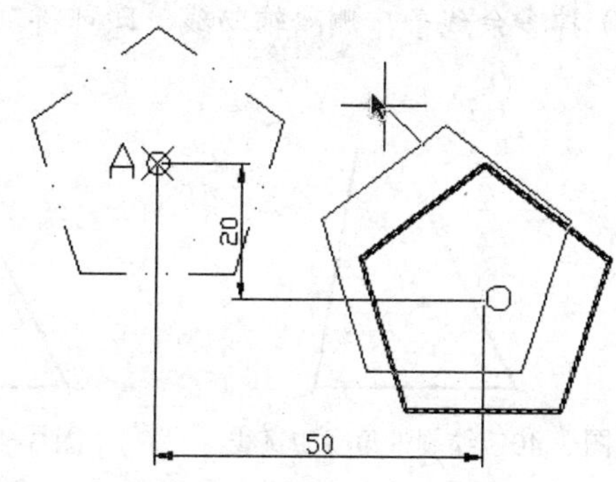

图 3-38　合理选取复制基点

启动命令　　　//输入“CO”按〈Enter〉键确定
选择对象　　　//选择正五边形，单击鼠标右键确定
选择基点　　　//任意选取一点为基点（此处用坐标控制，所以基点可以任意拾取）
选择目标点　　//输入“A”点相对于 O 点的相对坐标值“@–50，20”按〈Enter〉键确定
退出命令　　　//按〈Enter〉键确定退出命令

注：① 复制命令可以进行多重复制，此功能是 AutoCAD 2005 及其以上的版本才有的，AutoCAD 2004 及其以下的版本若要进行多重复制，需在启动命令选择对象后，输入“M”按〈Enter〉确定方可。

② 基点应选择便于定位的点。

③ 后面将要介绍的移动命令跟复制命令的操作方法相同。

例 3：绘制如图 3-39 所示。

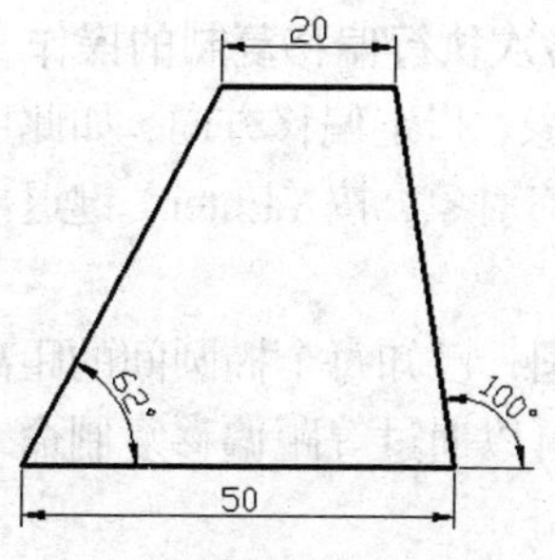

图 3-39　图例

1）启动直线命令，任意确定起点，从左至右画一段长 50 的水平线。

2）输入“<100”按〈Enter〉键确定，锁定角度为 100°，拾取第二点，使直线长度足够长，按〈Enter〉键确定退出直线命令。

3）再次启动直线命令，拾取水平线的左端点为起点，输入“<62”按〈Enter〉键确定，锁定角度为 62°，画任意较长长度的直线，按〈Enter〉键确定退出直线命令，如图 3-40 所示。

4）输入“CO”启动复制命令，选择左边 62°的斜线确认，任意拾取一点为基点，输入目标点的相对坐标为“@20,0”，向右复制该直线与右边 100°的斜线相交，按〈Enter〉键确定退出命令，如图 3-41 所示。

5）过交点作水平线，使之与左边 62°的斜线相交，如图 3-42 所示，修剪（修剪命令见 3.5.6）掉多余线条，删除辅助线，即可得到图 3-39 所示的图形。

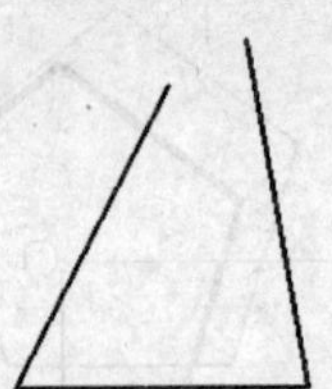

图 3-40 绘制带角度的直线

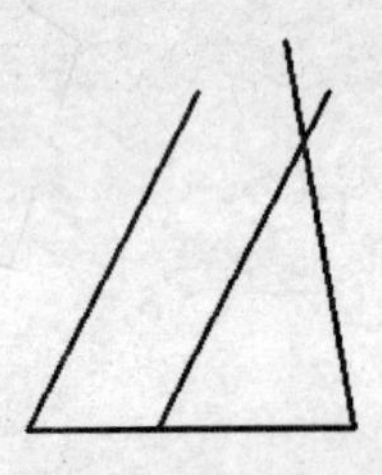

图 3-41 复制直线

图 3-42 绘制水平线

3.5.3 偏移对象

偏移命令的功能是等距偏移复制。

1．启动命令

（1）选择菜单“修改”→“偏移”。

（2）单击“修改”工具条或面板上的“偏移”图标按钮。

（3）输入“O”按〈Enter〉键确定。

2．确定偏移距离

输入等距偏移量，按〈Enter〉键确定；或者从屏幕上拾取两点，两点间距离即为偏移量。

3．选择需要偏移的对象

光标拾取对象。

4．指定偏移方向

偏移复制得到的新对象在源对象的哪一侧，就将光标在所在一侧空白处单击。

5．一次启动命令，可反复多次执行偏移复制的操作

再次选择其他需要偏移的对象，指定偏移方向，如此可以反复使用，直到不偏移复制任何对象，按〈Enter〉键退出命令。

例：如图 3-43 所示一组椭圆，已知每个椭圆间的距离为均为 12。假如先有椭圆 EL2，可以通过等距偏移复制命令得到 EL1 与 EL3。

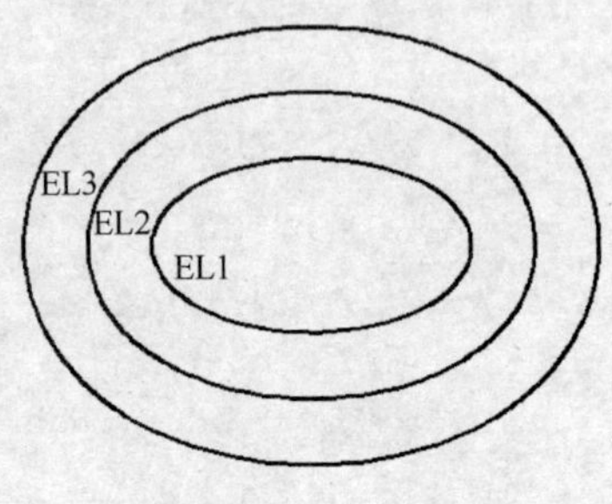

图 3-43 偏移

操作如下所述：

启动命令	//输入“O”按〈Enter〉键确定
输入偏移距离	//键盘输入 12 按〈Enter〉键确定
选择对象	//拾取椭圆 EL2
指定偏移侧	//在椭圆 EL2 的内侧单击鼠标左键，得椭圆 EL1
选择对象	//拾取椭圆 EL2
指定偏移侧	//在椭圆 EL2 的外侧单击鼠标左键，得椭圆 EL3
选择对象	//按〈Enter〉键确定退出命令

3.5.4　移动对象

1．启动命令

（1）选择菜单“修改”→“移动”。

（2）单击“修改”工具条或面板上的“移动”图标按钮。

（3）输入“M”按〈Enter〉键确定。

2．选择需要移动的对象

屏幕中选择对象，选择完毕后确认。

3．选择基点

在移动对象过程中，光标所在的点为基点。光标在屏幕适当位置拾取基点。

4．选择目标点

目标点是放置新位置的点。目标点可以直接用光标在屏幕中拾取，也可以输入目标点相对于基点的相对坐标值。目标点确定后，移动完成，自动退出命令。

移动对象与复制对象的操作相同，不同的是复制要在新的位置上产生新的相同对象，而移动则只是移动了原有对象的位置，不产生新的对象。本节不再作详细案例讲解。

注意，移动命令与第 1 章所讲的实时平移的本质区别：实时平移只是视觉变化，图中各对象的相对位置以及它们的绝对坐标均不发生改变，而移动命令则是坐标和相对位置发生了改变。

3.5.5　旋转对象

此命令为旋转移动命令，以旋转的方式将原有对象转动一个位置。

1．启动命令

（1）选择菜单“修改”→“旋转”。

（2）单击“修改”工具条或面板上的“旋转”图标按钮。

（3）输入“RO”按〈Enter〉键确定。

2．选择需要旋转的对象

屏幕中选择对象，选择完毕后确认。

3．选择旋转基点

旋转基点是旋转中心点，启动命令后，对象需要绕哪一点旋转，就选择该点为基点。

4．指定旋转角度

下面 3 种方法均可指定角度。

1）在输入旋转角度值后按〈Enter〉键确定，注意旋转方向与所输入旋转角度的正负号：

逆时针旋转的角度为正，顺时针旋转的角度为负。如图 3-44 所示，以 A 点为基点，旋转 45° 的效果（若选择 O 点为基点，则旋转会是另一种效果）。

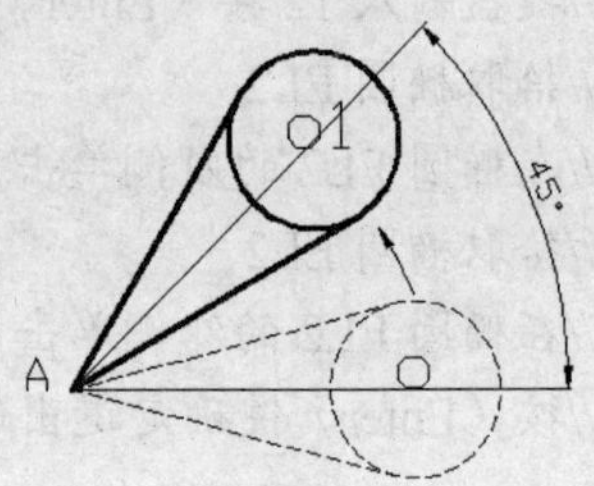

图 3-44　给定角度旋转

2）从屏幕上拾取一点，该点与基点的连线跟水平向右方向的夹角即为旋转角度。

3）通过参照确定旋转角度，输入“R”按〈Enter〉键确定，命令行提示输入参照角度，默认参照角度为 0°，用户可以直接从屏幕中输入新的参照角度值。参照角度是某点与旋转基点的连线跟水平向右方向的夹角。

参照角度也可以从屏幕上拾取两点，两点连线与水平向右方向的夹角就是参照角度（拾取的第一点相当于原点）。

指定了参照角，命令行提示指定新的角度，即对象旋转到新位置后的角度。

如再旋转如图 3-44 所示的粗实线的图形，使之与水平向右方向的夹角为 90°，启动旋转命令，选择对象，指定 A 点为基点，采用参照角度方法（当然也可以直接输入旋转角度为 45°），输入“R”按〈Enter〉键确定，指定参照角为 45°，再输入新角度为 90°，即可满足要求。

新角度也可以拾取，从屏幕中拾取一点，该点与基点的连线（或与前面拾取参照角时，拾取的第一点的连线）跟水平向右方向的夹角，就是新角度。

例 1：如图 3-45a 所示，旋转实线图形，使之与中心线方向一致。

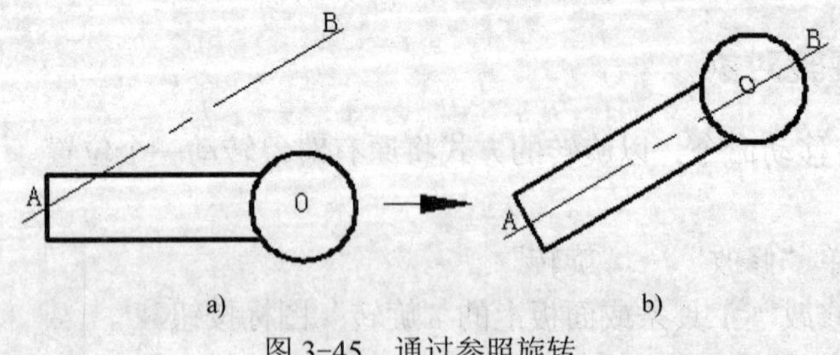

图 3-45　通过参照旋转

a) 旋转参照　b) 旋转结果

启动命令	//输入“RO”按〈Enter〉键确定
选择对象	//窗口选择粗实线部分
选择基点	//拾取 A 点
指定旋转角度[或参照（R）	//输入“R”按〈Enter〉键确定
指定参照角	//先后拾取 A 点与 O 点
指定新角度	//拾取 B 点

旋转完成的图形如图 3-45b 所示。

例 2：绘制如图 3-46 所示。

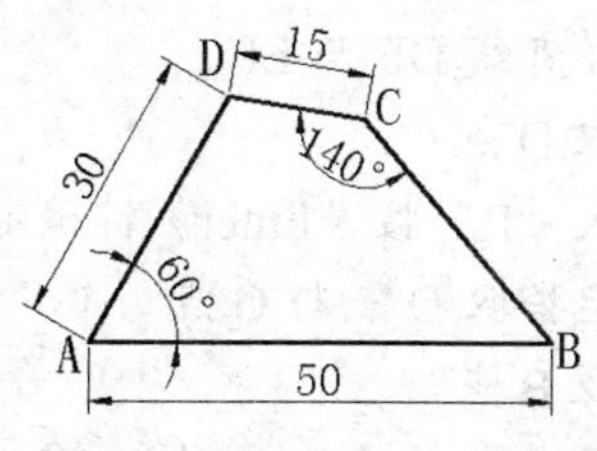

图 3-46　图例

分析，把能够画出的线条先画出来，本图主要由一些线条组成，所以用画直线命令。线段 AB 和 AD 完全已知，可以先画出来。

步骤一：画已知直线。

画线段 AB：启动直线命令，画长 50 的水平线，按〈Enter〉键确定，退出直线命令。

画线段 AD：启动直线命令，拾取 A 点为起点，输入 D 点相对于 A 点的相对坐标“@30<60”按〈Enter〉键确定，再次按〈Enter〉键确定退出直线命令。

步骤二：确定角度线。

以 D 点为圆心，画一半径为 15 的辅助圆，然后以 D 为起点，任意向圆周画一段水平直线，与圆相交于 E 点，如图 3-47a 所示。

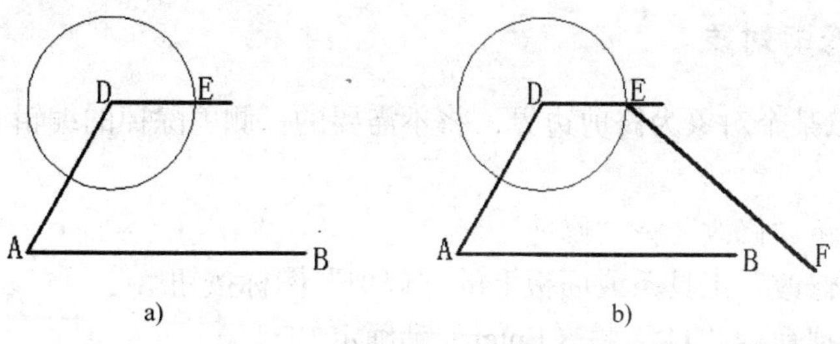

图 3-47　步骤二，确定角度线

a) 作 R15 的辅助圆　b) 画角度线 EF

以 E 为起点，任意绘制直线 EF，使 EF 与 ED 的夹角为 140°（启动直线命令，以 E 为起点，输入“<-40”锁定角度为-40°），如图 3-47b 所示。

步骤三：定位角度线。

以 D 点为圆心，DB 长为半径，画辅助圆，与 EF 相交于 G 点，如图 3-48a 所示。

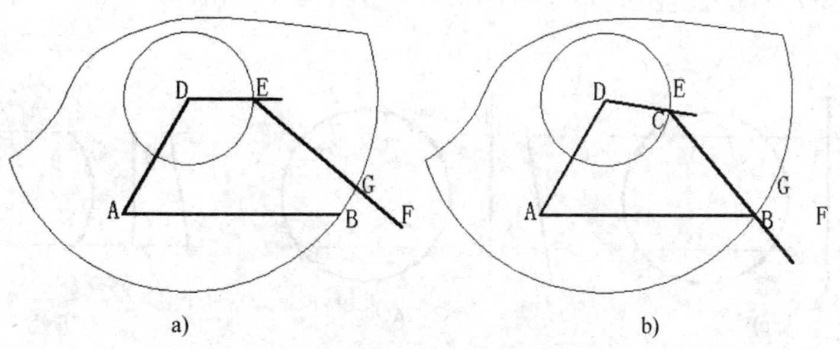

图 3-48　步骤三，定位角度线

a) 作辅助圆以定位 EG 长度　b) 旋转以定位角度线位置

到目前为止，只需以 D 为基点旋转 DE 与 EF，使 G 点与 B 点重合，图形就绘制完成了。

启动旋转命令　　　　//输入“RO”按〈Enter〉键确定

选择对象　　　　　　//选择直线 DE 与 EF

指定基点　　　　　　//拾取 D 点

输入旋转角度或参照　//输入“R”按〈Enter〉键确定

指定参照角度　　　　//先后拾取 D 点与 G 点

指定新角度　　　　　//拾取 B 点

旋转完成后，直线 DE 与小圆交于 C 点，如图 3-48b 所示。

现在只需删除两个辅助圆，修剪掉 DC 与 CB 的长出部分，完成图形如图 3-49 所示。

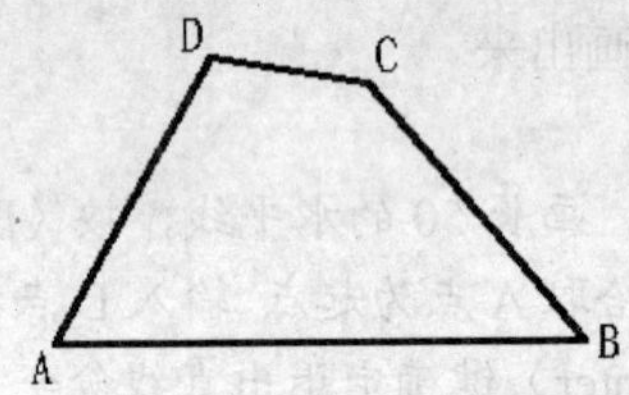

图 3-49　修剪完成绘图

如何修剪掉 DC 与 CB 的长出部分的呢？下一节还要详细地学习修剪命令的内容。

3.5.6　修剪对象

修剪命令是以某个对象为修剪边界，将不需要的一侧剪除掉的编辑方法。

1. 启动命令

（1）选择菜单“修改”→“修剪”。

（2）单击“修改”工具条或面板上的“修剪”图标按钮。

（3）输入简捷命令“TR”按〈Enter〉键确定。

2. 选择用来修剪的对象（即修剪边界）

在屏幕中选择对象，指定被修剪的对象的修剪位置，选择完毕后确认。

3. 选择被修剪的对象

光标拾取需要修剪掉的部分。如图 3-50a 所示，若需要修剪平行水平细实线两侧部分，则启动命令后，选择两条水平平行线为边界，单击鼠标右键确认，边界选中后呈虚线，再选择需要修剪掉的部分（水平线两侧的部分），如图 3-50b 所示。修剪完成后的图形如图 3-50c 所示。

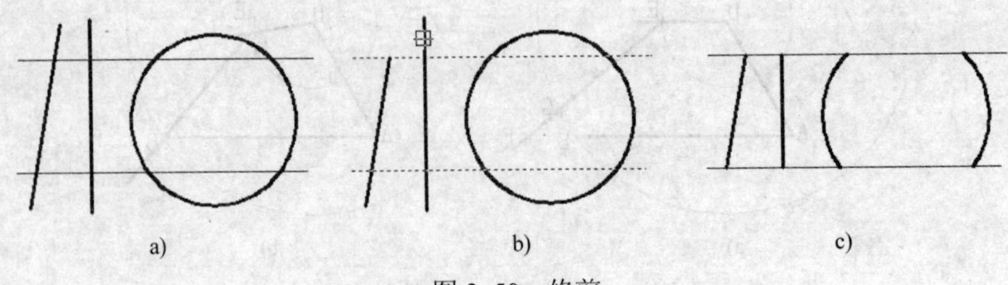

图 3-50　修剪

a) 图例　b) 选择修剪部分　c) 修剪完成

例：如图 3-51 所示，利用修剪命令，由 a 图变成 b 图。

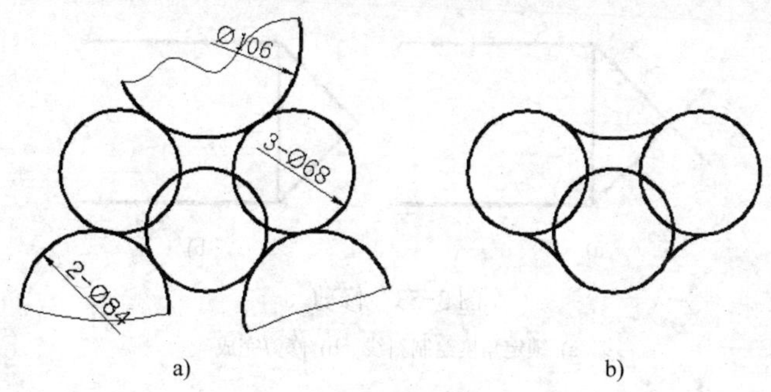

图 3-51　修剪例题

a) 修剪图例　b) 修剪结果

操作如下：

启动命令	//输入“TR”按〈Enter〉键确定
选择用来修剪的对象	//拾取 3 个 φ68 的圆，单击鼠标右键确认
选取被修剪的对象	//拾取 φ106 的圆与两个 φ84 的圆外侧不需要的部分
	//每拾取一段则修剪一条，完成后按〈Enter〉键退出命令，
	//如图 3-52a 所示

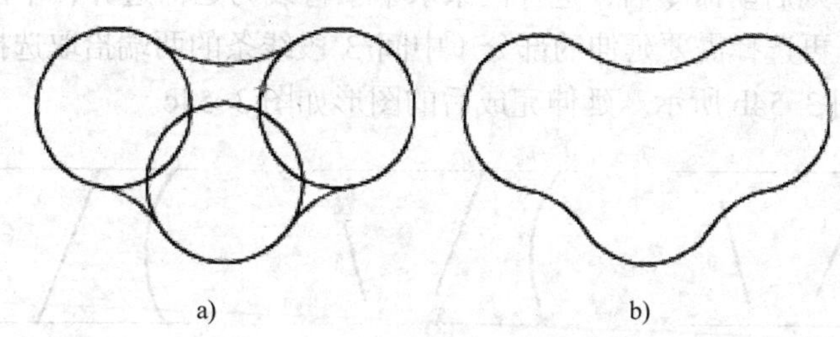

图 3-52　修剪操作

a) 选择 3 个圆为修剪对象　b)完成修剪

再次启动修剪命令	//输入“TR”按〈Enter〉键确定
选择用来修剪的对象	//拾取前一次修剪剩下的 3 段圆弧，单击鼠标右键确认
选取被修剪的对象	//拾取 3 个 φ68 的圆内侧不需要的部分，按〈Enter〉键完成
	//图形，如图 3-52b 所示

再来看看如图 3-5 所示的 BC 与 CD 线段，启动直线命令，以 B 点为起点，输入“<135”，锁定角度为 135° 绘制斜线，使得斜线有足够长度。退出并再次启动直线命令，以 D 点为起点，输入“<-45”，锁定角度为–45° 向左下方绘制斜线，使之与前面所画的斜线相交为 C 点。如图 3-53a 所示。

启动修剪命令，修剪掉图形外侧部分，如图 3-53b 所示。这样绘制比前的方法更精确。

3.5.7　延伸对象

延伸命令相当于修剪命令的逆命令。修剪是将对象沿某条边界剪掉，延伸则是将对象伸长至选定的边界。两个命令在使用操作方法上相同。

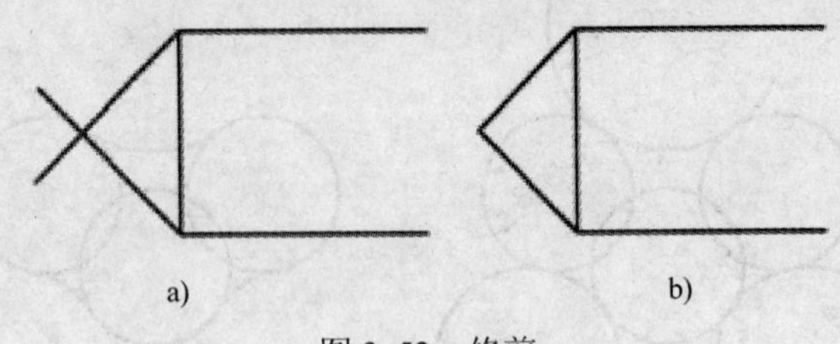

图 3-53　修剪

a) 锁定角度绘制斜线　b) 修剪完成

1．启动命令

（1）选择菜单“修改”→“延伸”。

（2）单击“修改”工具条或面板上的“延伸”图标按钮。

（3）输入简捷命令“EX”按〈Enter〉键确定。

2．选择延伸到的边界对象（即延伸边界）

在屏幕中选择对象，指定要延伸的对象的延伸边界，选择完毕后确认。

3．选择需要延伸的对象

光标拾取需要延伸的部分，如图 3-54a 所示，若需要延伸平行水平细实线间的 3 段线条至两条平线的位置，则启动命令后，选择两条水平平行线为延伸边界，单击鼠标右键确认，边界选中后呈虚线，再选择需要延伸的部分（中间 3 段线条的两端拾取选择，每拾取一段，就伸长一段），如图 3-54b 所示。延伸完成后的图形如图 3-54c。

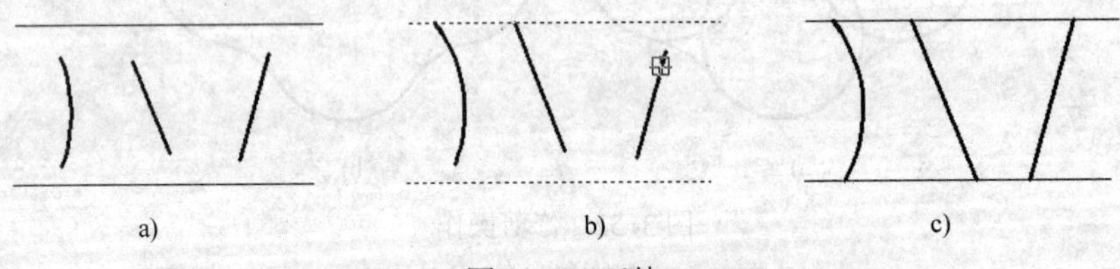

图 3-54　延伸

a) 选择两直线为延伸边界　b) 选择延伸对象　c) 延伸结果

可被延伸的对象包括圆弧、椭圆弧、直线、开放的二维多段线和三维多段线以及射线。样条曲线不能延伸。

可以被选作有效的边界对象包括二维多段线、三维多段线、圆弧、块、圆、椭圆、布局视口、直线、射线、面域、样条曲线和构造线。

如果选择有宽度的二维多段线作为边界对象，AutoCAD 将忽略其宽度并将对象延伸到多段线的中心线处。可以使用单个、交叉、栏选和隐含选项来选择包含块的边界。

3.5.8　圆角

1．启动命令

（1）选择菜单“修改”→“圆角”。

（2）单击“修改”工具条上的“圆角”图标按钮。

（3）输入“F”按〈Enter〉键确定。

2．操作与设置

启动命令后，命令行提示：选择第一个对象或 [放弃(U)/多段线(P)/半径(R)/修剪(T)/多个(M)]。

（1）选择对象。如果不需设置倒圆角样式（如倒圆角半径、是否修剪等），可直接拾取倒圆角的两边。倒圆角特征的默认样式为上一次所设置的样式。

（2）半径。设置圆角半径，输入“R”按〈Enter〉键确定，再输入半径值按〈Enter〉键确定。

（3）修剪。设置修剪模式，输入“T”按〈Enter〉键确定，命令行提示确定修剪模式：输入修剪模式选项 [修剪(T)/不修剪(N)] <修剪>。输入“T”选择修剪，输入“N”按〈Enter〉键确定，圆角不修剪，修剪模式的圆角效果如图 3-55 所示。

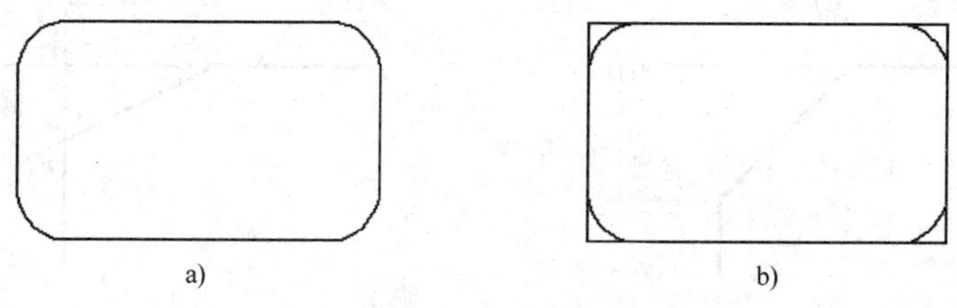

图 3-55　倒圆角时，修剪与不修剪的比较

a) 圆角修剪　b) 圆角不修剪

（4）多段线。需要倒圆角的对象是矩形、多边形、多段线等对象时，可以输入“P”按〈Enter〉键确定。AutoCAD 系统会对对象以多段线的形式处理，即只起动一次命令，一次选择对象，将每个角均圆角。对于以上对象也可以以一般的对象处理，但一次选择对象只能圆一个角。

（5）多个。输入“M”按〈Enter〉键确定，一次启动命令可以多次选择对象，倒圆角多个，直到按〈Enter〉键退出命令。

3.5.9　倒角

1．启动命令

（1）选择菜单“修改”→“倒角”。

（2）单击“修改”工具条或面板上的“倒角”图标按钮。

（3）输入“CHA”按〈Enter〉键确定。

2．操作与设置

启动命令后，命令行提示：选择第一条直线或 [放弃(U)/多段线(P)/距离(D)/角度(A)/修剪(T)/方式(E)/多个(M)]。

（1）选择对象。如不需设置倒角样式（如倒角距离、是否修剪等），可直接拾取倒角的两边完成倒角。倒角距离和修剪模式确定为默认情况（上一次倒角的值）。

（2）距离。设置倒角距离：启动命令后输入“D”按〈Enter〉键确定，设置倒角距离。倒角距离的默认值为上一次倒角所设置的距离。

命令行先后提示第一个倒角距离和第二个倒角距离。命令行中所提示的倒角距离是指倒角后两个打断点与原角度顶点的距离，而不是倒角形成的斜线长度，如图 3-56 所示。

两个倒角距离一般相等，因为一般倒角的角度都是 45°，如工程图中经常标注的 C2、C1.5 等，但也有时不相等。当两个倒角距离不相等时，先选择的一边形成的倒角距离为倒角距离 1，后选择的一边形成的倒角距离为倒角距离 2。

（3）修剪。设置修剪模式：输入“T”按〈Enter〉键确定，命令行提示：输入修剪模式选项 [修剪(T)/不修剪(N)] <修剪>。输入“T”选择修剪，输入“N”按〈Enter〉键确定，倒角不修剪，修剪模式的设置与效果与圆角命令的相似。

（4）角度。输入“A”按〈Enter〉键确定，通过指定第一个倒角边的倒角距离和倒角形成的斜线与第一条边的夹角来设定倒角。根据命令行提示先后输入第一个倒角边的距离和角度，如图 3-57 所示。

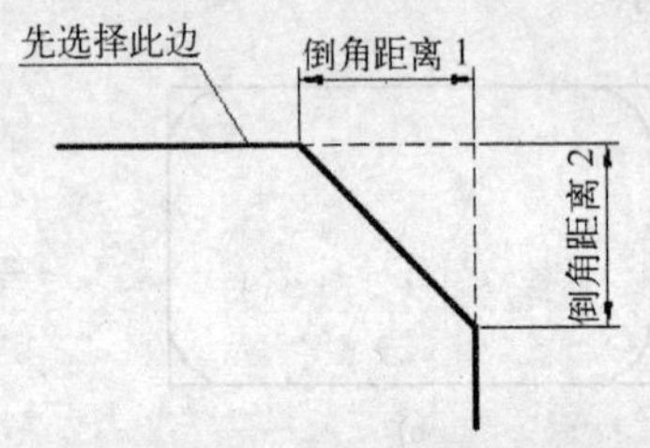

图 3-56 倒角距离的概念

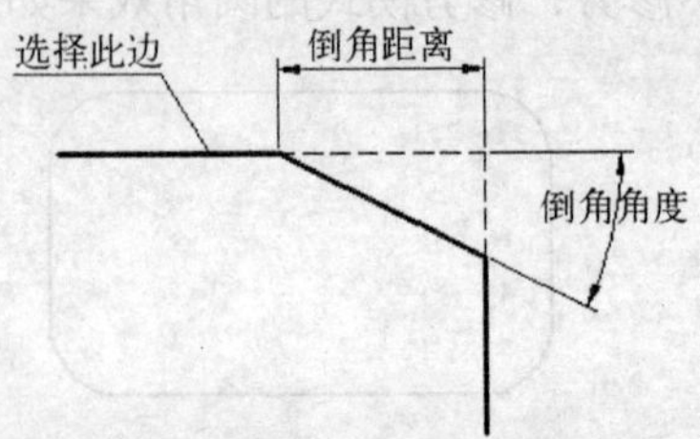

图 3-57 倒角距离与角度

（5）方式。输入“E”按〈Enter〉键确定，选择倒角的方式，是以指定倒角距离的方式（D 选项）还是以倒角角度（A 选项）的方式。

（6）多段线。倒角的对象是矩形、多边形、多段线等对象时，可以输入“P”按〈Enter〉键确定。AutoCAD 以多段线的形式处理对象，即只起动一次命令，一次选择对象，将每个角均倒角。当然，对于以上对象也可以以一般的对象处理，但一次选择对象只能倒一个角。

（7）多个。输入“M”按〈Enter〉键确定，一次启动命令可以多次选择对象，倒角多个，直到按〈Enter〉键退出命令。

注：（6）（7）项与倒圆角的意义相同。

3.6 绘图实例

本节以实例讲解来理解和练习绘图与编辑的操作。

3.6.1 实例（一）

绘制如图 3-58 所示。

此图主要用到圆的画法以及直线绘制捕捉到切点的方法，绘制时，先画 3 组小圆，以定位整个图形。

步骤一：绘制 ϕ14 与 ϕ26 的同心圆。

输入“C”按〈Enter〉键确定，启动圆命令，在屏幕中任意拾取一点为 ϕ14 圆的圆心，输入“7”为半径，按〈Enter〉键确定，画出 ϕ14 的圆。

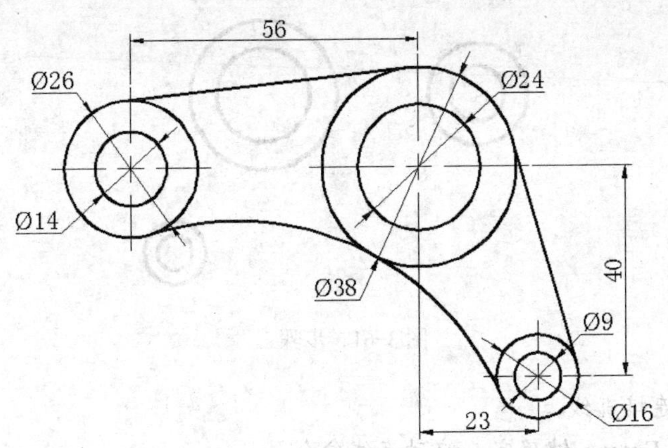

图 3-58　实例（一）

输入“C”按〈Enter〉键确定再次启动圆的命令，捕捉ϕ14 圆心为圆心，输入“13”为半径，画出ϕ26 的圆，完成第一组同心圆的绘制，如图 3-59 所示。

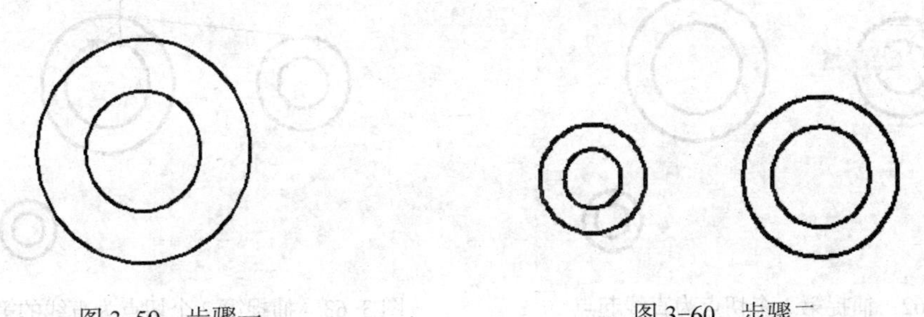

图 3-59　步骤一　　　　图 3-60　步骤二

步骤二：绘制ϕ24 与ϕ38 的同心圆。

输入“C”按〈Enter〉键确定，启动圆的命令。

输入“FRO”按〈Enter〉键确定，启动“捕捉自”的捕捉方式，再捕捉第一组同心圆的圆心为基点。

输入第 2 组同心圆圆心相对于第 1 组同心圆圆心的相对坐标“@56，0”。

输入“12”为半径，画出ϕ24 的圆。

再次启动圆的命令，捕捉ϕ24 的圆心为圆心，输入“19”为半径，绘制完成第二组同心圆，如图 3-60 所示。

步骤三：绘制第 3 组ϕ9 与ϕ16 的同心圆。

输入“C”按〈Enter〉键确定，启动圆的命令

输入“FRO”按〈Enter〉键确定，启动“捕捉自”的捕捉方式，再捕捉第 2 组同心圆的圆心为基点。

输入第 3 组同心圆圆心相对于第 2 组同心圆圆心的相对坐标“@23，–40”。

输入“4.5”为半径，画出ϕ9 的圆。

再次启动圆的命令，捕捉ϕ9 的圆心为圆心，输入“8”为半径，绘制完成第 2 组同心圆，如图 3-61 所示。

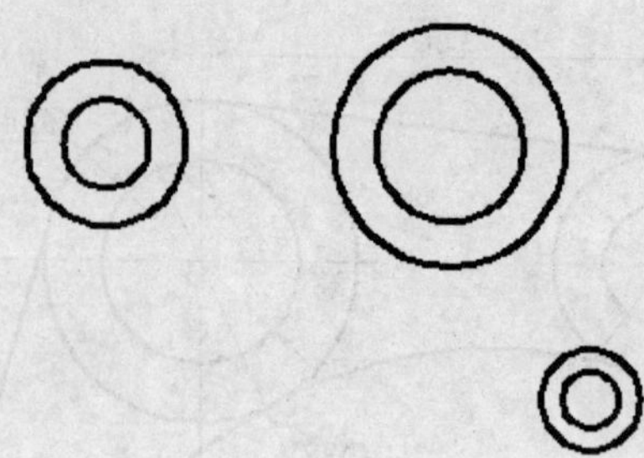

图 3-61 步骤三

步骤四：绘制连接直线。

输入“L”按〈Enter〉键确定，启动直线命令。

不直接确定直线起点，而是输入“TAN”按〈Enter〉键确定，激活切点的捕捉方式，将光标靠近φ26 的圆的上方，直到捕捉切点的符号出现，单击鼠标左键，捕捉到第一个切点，如图 3-62 所示。

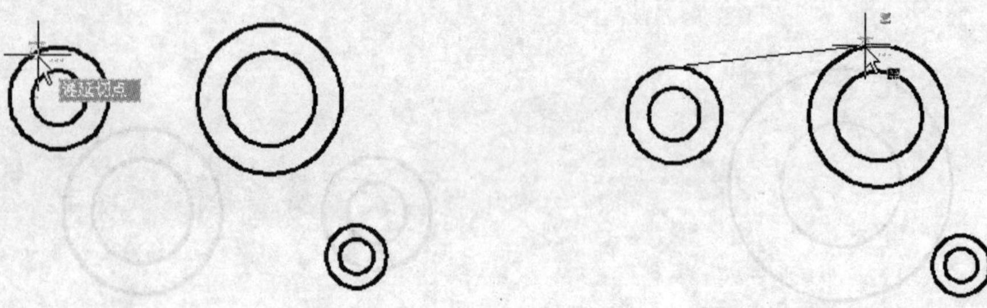

图 3-62 捕捉第 1 个切点为直线起点

图 3-63 捕捉第 2 个切点为直线的第 2 点

接着再次输入“TAN”按〈Enter〉键确定，激活切点的捕捉方式，将光标靠近φ39 外圆上方，直到捕捉切点的符号出现，单击鼠标左键，捕捉到第 2 个切点为直线的第 2 点，如图 3-63 所示。

按下〈Enter〉键，退出直线命令。

再次启动直线命令，按同样方法，绘制出φ38 与φ16 的公切线，完成直线的绘制，如图 3-64 所示。

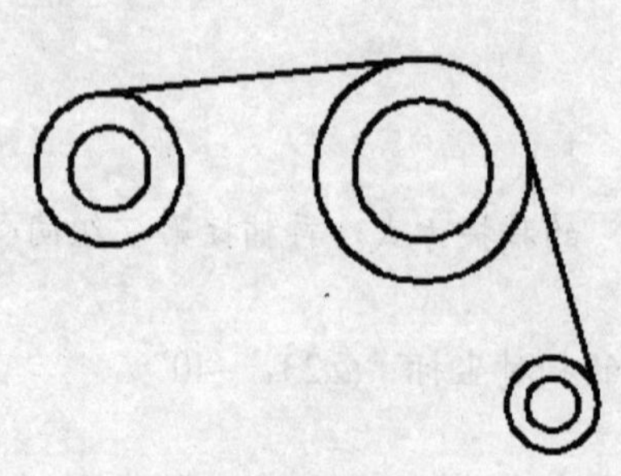

图 3-64 完成步骤四

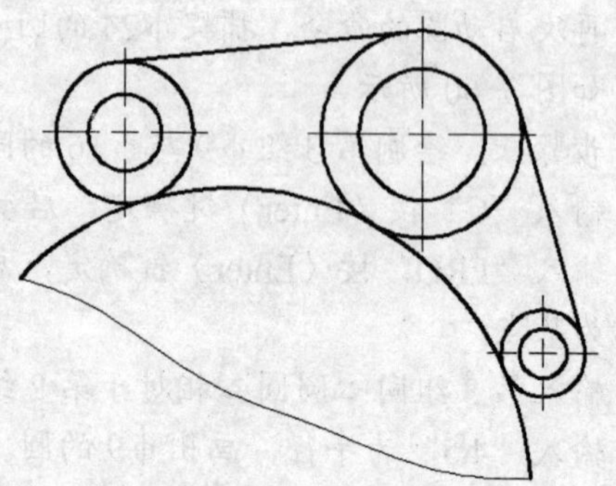

图 3-65 完成步骤五

步骤五：绘制连接圆。

这是一个同时与 3 个对象均相切的圆，所以用“相切、相切、相切”法绘制。

选择菜单“绘图”→“圆”→“相切、相切、相切”启动圆命令。

分别拾取ϕ26、ϕ38 与ϕ16 外圆，完成绘制连接圆，如图 3-65 所示。

步骤六：修剪连接圆。

启动修剪命令“TR”按〈Enter〉键确定。

选择用来修剪的对象：图 3-65 中的ϕ26 与ϕ16，选择完毕后按〈Enter〉键确定。

拾取需要修剪掉的部分：选择大圆外部部分，完成绘图。

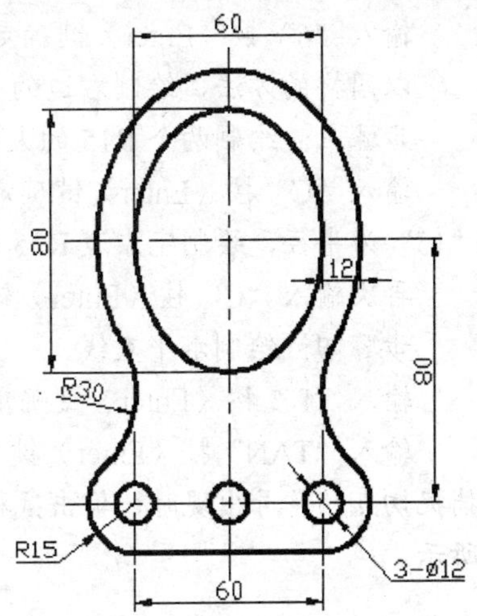

图 3-66　实例（二）

3.6.2　实例（二）

绘制如图 3-66 所示。

分析：此图主要用到椭圆与圆的画法，下面是详细步骤。

步骤一：绘制两个同心椭圆。

输入“El”按〈Enter〉键确定，启动椭圆命令，任意拾取一点为椭圆第一根轴的端点。

输入第一根轴另一端点相对于第一个端点的坐标值“@0,80 按〈Enter〉键确定。

输入另一半轴的长度“30”按〈Enter〉键确定，绘制完成小椭圆。

再次输入“El”按〈Enter〉键确定，启动椭圆命令，再输入“C”选项按〈Enter〉键确定，捕捉前一个椭圆的中心为中心，如图 3-67 所示。

输入第一根轴的一个端点相对于中心的坐标“@0，52”按〈Enter〉键确定，再输入另一半轴的长度“42”按〈Enter〉键确定，两个同心椭圆绘制完成。

步骤二：绘制 3 个ϕ12 的小圆。

先绘制中间一个小圆，输入“C”按〈Enter〉键确定，启动画圆命令。

不直接确定圆心，先输入“FRO”按〈Enter〉键确定，激活“捕捉自”的捕捉方式，将光标靠近椭圆中心，拾取同心椭圆的中心为基点，如图 3-68 所示。

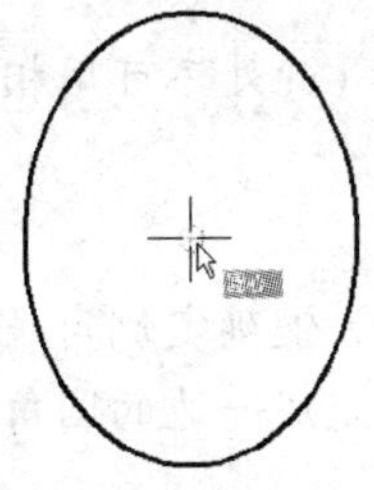

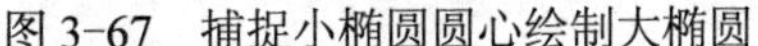

图 3-67　捕捉小椭圆圆心绘制大椭圆

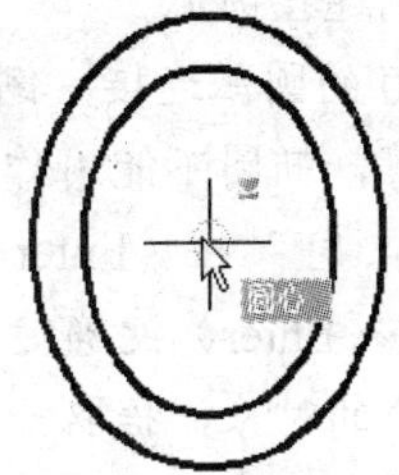

图 3-68　捕捉椭圆中心为中间小圆的偏移基点

再输入偏移为“@0，−80”按〈Enter〉键确定，确定中间小圆ϕ12 的圆心，输入圆的半径“6”按〈Enter〉键确定，绘制完成中间小圆ϕ12。

再次输入“C”按〈Enter〉键确定，启动画圆的命令，输入“FRO”激活捕捉自的方法，将光标靠近刚刚画的ϕ12 小圆的圆心，拾取圆心为基点。

输入左边φ12小圆圆心相对于中间小圆圆心的相对坐标值“@–30，0”按〈Enter〉键确定，确定左边φ12小圆的圆心。

输入“6”按〈Enter〉键确定，绘制完成左边φ12的小圆。

以同样的方法，绘制右边的小圆。

步骤三：绘制两个R15的大圆。

输入“C”按〈Enter〉键确定，启动画圆命令，捕捉左边φ12小圆的圆心为圆心，输入“15”为半径，绘制完左边R15的圆。

再次输入“C”按〈Enter〉键确定，以同样的方法，绘制完成右边R15的圆。

步骤四：绘制水平直线。

输入“L”按〈Enter〉键确定，启动直线命令。

输入“TAN”按〈Enter〉键确定，激活切点捕捉法，将光标靠近左边R15圆的下方，当捕捉切点的符号出现时，单击鼠标左键，确定直线的起点与左边 R15 的圆相切，如图 3-69所示。

图3-69 捕捉第一个切点为直线起点

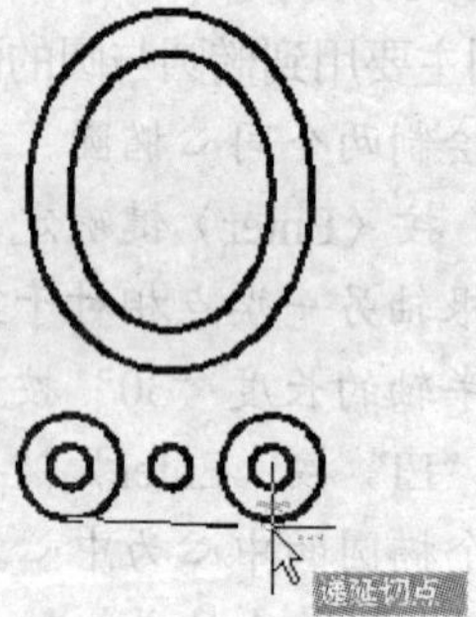

图3-70 捕捉第二个切点为直线的第二点

再次输入“TAN”按〈Enter〉键确定，激活捕捉切点，将光标靠近右边的R15外圆下方，当捕捉切点的符号出现时，单击鼠标左键，捕捉第2个切点为直线的第2点；如图3-70所示。

按下〈Enter〉键确定，退出直线命令，绘制完成如图3-71所示的图形。

步骤五：绘制连接圆弧。

此处两段R30的圆弧连接，倒圆角是最简单可行的命令（此处不可用相切、相切、半径法画圆，然后修剪，椭圆不能用作相切法画圆的相切对象）。

启动圆角命令“F”按〈Enter〉键确定。

输入“R”按〈Enter〉键确定，再输入“30”按〈Enter〉键确定倒角半径为30°。

拾取需要倒角的对象，拾取一边R15的外圆与大椭圆，完成一边的圆角连接，同样的方法完成另一边的圆角，完成圆弧连接，如图3-72所示。

步骤六：修剪。

启动修剪命令“TR”按〈Enter〉键确定。

拾取前一步的两段连接圆弧为修剪边界，选择完成后按〈Enter〉键确定。

选择需要修剪掉的对象，完成绘图。

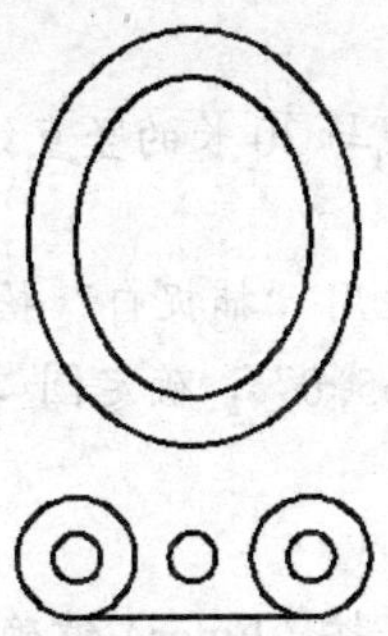

图 3-71　完成水平线绘制

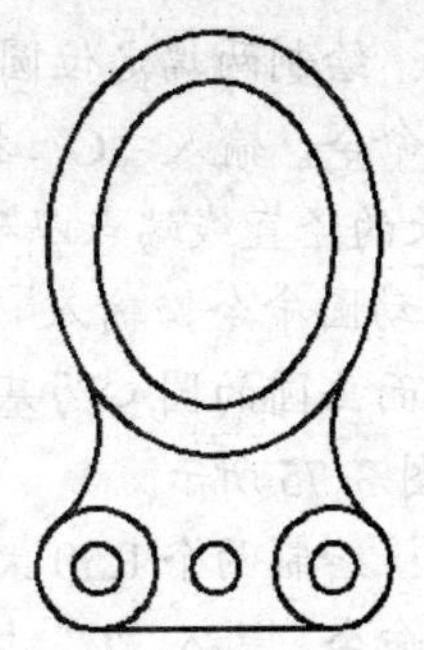

图 3-72　完成圆弧连接

3.6.3　实例（三）

绘制如图 3-73 所示。

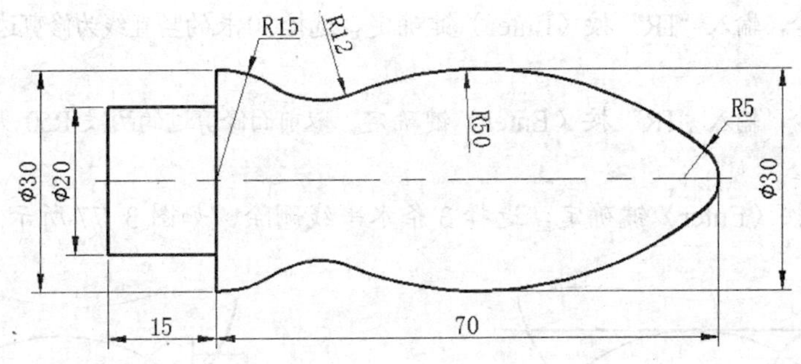

图 3-73　实例（三）

步骤一：绘制直线部分。

启动直线命令，输入“L”按〈Enter〉键确定，任意拾取起点。输入相对坐标“@0,30”，绘制一条长 30 的竖直线，按〈Enter〉键确定退出命令。

再次启动直线命令，输入“FRO”按〈Enter〉键确定，运用“捕捉自”拾取起点。光标选择前面画的竖直线下端为基点，输入偏移相对坐标为“@0, 5”，确定直线起点。

分别输入以后各点的相对坐标为“@–15,0”、“@0,20”和“@15,0”，按〈Enter〉键确定退出直线命令。

绘制中心线，启动直线命令，捕捉最左侧 20 的竖直线中点为起点，向右绘制一条水平直线作为中心线，并使直线有足够长度。

偏移中心线，输入“O”按〈Enter〉键确定，输入偏移距离为 15，选择中心线，在中心线上侧单击鼠标右键，再次选择中心线，在中心线下侧单击鼠标右键，从而得出两条辅助水平直线，如图 3-74 所示。

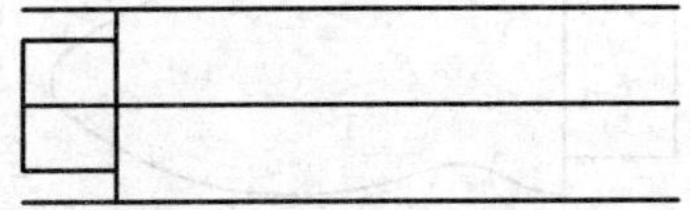

图 3-74　步骤一

图 3-75　步骤二

步骤二：绘制两端定位圆。

启动圆命令，输入“C”按〈Enter〉键确定，拾取中心线与 30 长的竖直线交点为圆心，再拾取 30 长的竖直线端点以确定半径，绘制一圆。

再次启动圆命令，输入“FRO”按〈Enter〉键确定，运用“捕捉自”拾取圆心。鼠标光标选择前面画圆的圆心为基点，输入偏移相对坐标为“@65, 0”，确定圆心，输入半径为“5”。如图 3-75 所示。

步骤三：绘制两个 R50 大圆。

启动圆命令，输入“C”按〈Enter〉键确定，再输入“T”按〈Enter〉键确定，用“相切、相切、半径”法画圆。鼠标光标分别拾取最上边一条水平线与 R5 小圆右侧，输入半径为“50”按〈Enter〉键确定。

再次启动圆命令，同样用“相切、相切、半径”法画圆。鼠标光标分别拾取最下边一条水平线与 R5 小圆右侧，输入半径为“50”按〈Enter〉键确定。如图 3-76 所示。

步骤四：修剪与删除。

启动修剪命令，输入“TR”按〈Enter〉键确定，选择30 长的竖直线为修剪边界，再选择R15 圆的左侧修剪。

启动修剪命令，输入“TR”按〈Enter〉键确定，以前面修剪过的两段 R50 大圆为边界，再选择小圆 R5 左侧修剪。

输入“E”按〈Enter〉键确定，选择 3 条水平线删除，如图 3-77 所示。

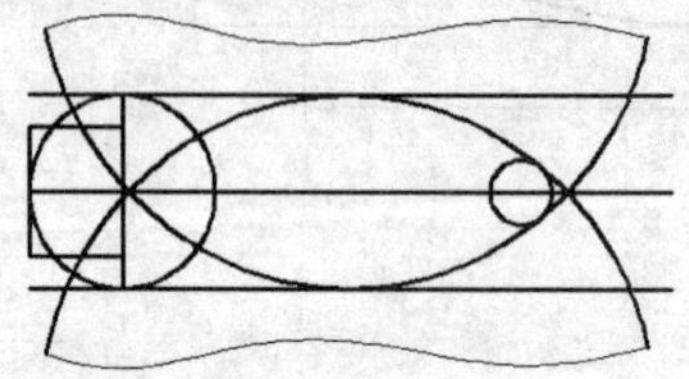

图 3-76 步骤三

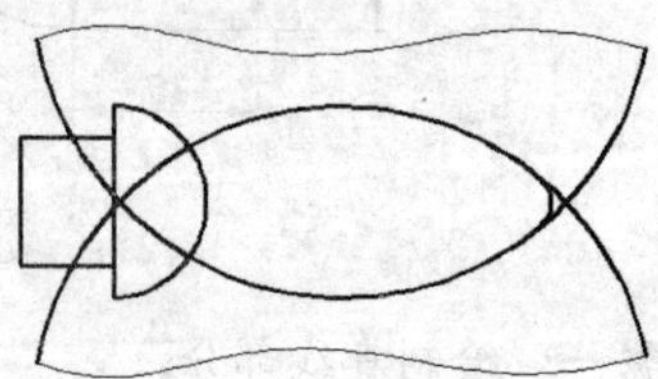

图 3-77 步骤四

步骤五：绘制 R12 的圆弧连接。

输入“F”按〈Enter〉键确定，启动倒圆角命令。

输入“T”按〈Enter〉键确定，再输入“N”，设置修剪模式为不修剪。

输入“R”按〈Enter〉键确定，再输入“12 按〈Enter〉键确定，设置圆角半径为 12。

输入“M”按〈Enter〉键确定，设置一次命令倒多个圆角。

分别选择 R15 的半圆与下侧 R50 的大圆，以及 R15 的半圆与上侧 R50 的大圆。完成绘图如图 3-78 所示。

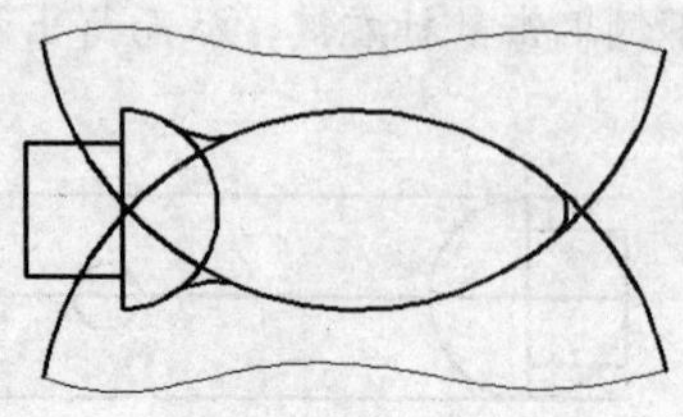

图 3-78 步骤五

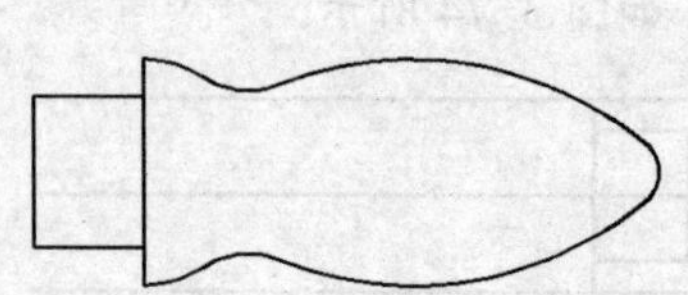

图 3-79 完成绘图

步骤六：修剪。

启动修剪命令，输入“TR”按〈Enter〉键确定，选择两段 R12 的小圆弧与 R5 小圆弧为边界，再选两段 R50 大圆的外侧及 R15 半圆内侧修剪，完成绘图如图 3-79 所示。

3.6.4 实例（四）

绘制如图 3-80 所示。

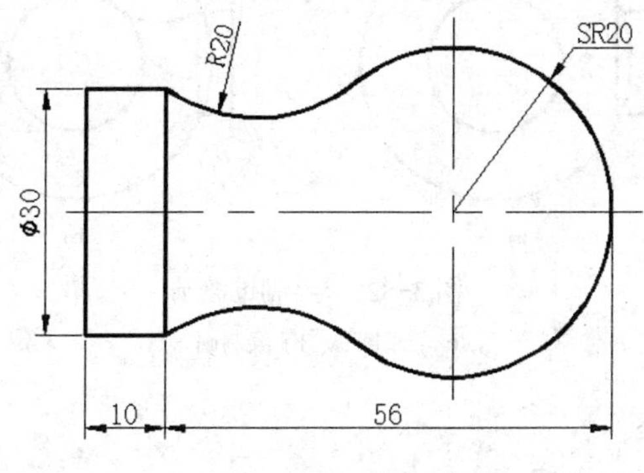

图 3-80　实例（四）

分析：本题比较简单，略需要思考的地方在于两侧 R20 圆弧的绘制。由于此处的圆弧只与 SR20 的圆弧相切，与另一侧的直线不相切，所以不能用倒圆角来绘制，只有找出圆心点方能绘制。类似的情况在设计中常见，必须熟练知道求圆心的方法。

步骤一：绘制左边矩形与 SR20 的圆（SR 表示右侧是一个球体，在二维图中只需画一个圆即可）。

输入“REC”启动矩形命令，任意拾取一角点，输入另一角点的相对坐标值为“@10,30”，绘制完成矩形 ABCD 的绘制（矩形绘制见 4.5 节，此处也可用四段直线绘制）。

输入“C”按〈Enter〉键确定，启动画圆命令；输入“FRO”按〈Enter〉键确定，激活“捕捉自”；捕捉 AD 的中点为基点，输入偏移量为“@46,0”确定圆心。

输入“20”为半径，完成第一步的绘制，如图 3-81 所示。

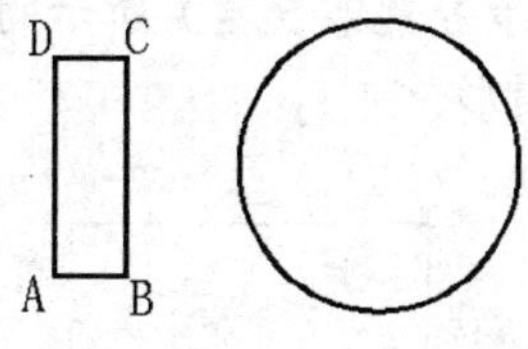

图 3-81　步骤一

步骤二：绘制过渡圆。

这里的圆弧只有先把它画成一个整圆，然后再修剪，而整圆的绘制只有通过找圆心的方法绘制。

输入“C”按〈Enter〉键确定，以 C 为圆心，20 为半径绘制一辅助圆，所求圆的圆必然在这个圆上。

输入“O”按〈Enter〉键确定，选择步骤一所绘制的圆，输入偏移距离为 20，在圆的外边任意拾取一点，由于相切的关系，所求的圆心也必然在这个偏移的圆上；既在这个圆上，也在前面画的圆上，所以必然在它们的交点上，设交点为 E，如图 3-82a 所示。

再一次启动圆命令，以 E 点为圆心，拾取 C 点确定半径，绘制圆如图 3-82b 所示。

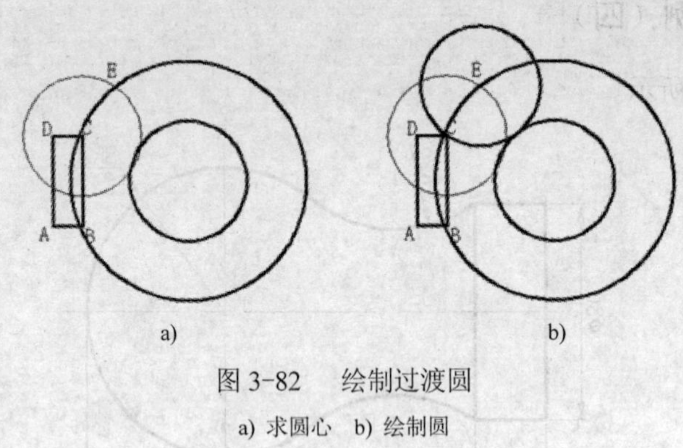

图 3-82 绘制过渡圆

a) 求圆心 b) 绘制圆

步骤三：修剪与删除。

按步骤二的方法绘制下半圆。

输入“E”按〈Enter〉键确定，删除 2 个辅助圆。

输入“TR”按〈Enter〉键确定，选择修剪边界为小矩形与 SR20 的圆，确认后，选择两过渡圆的外侧，得到所需圆弧。

输入“TR”按〈Enter〉键确定，选择两侧的过渡圆弧为修剪边界，修剪掉圆 R20 的中间部分，完成最终绘制。

3.7 习题

（1）根据自己的理解，阐述画圆的种种方法。

（2）记住绘制直线、圆、椭圆、删除、复制、偏移、移动、旋转、修剪、延伸、倒圆角与直角的简捷命令，并养成用简捷命令启动绘图的习惯。

（3）绘制如图 2-40（第 2.7 节习题第 5 题）所示的图形。

（4）绘制如图 3-83 所示的图形。

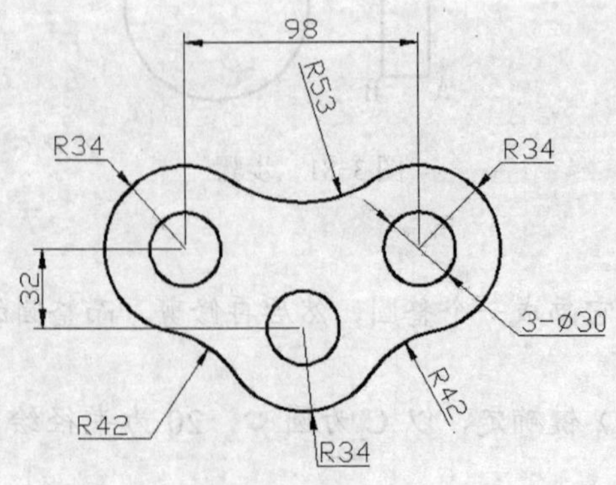

图 3-83 第 4 题

（5）尽可能绘制如图 3-84 所示的图形。

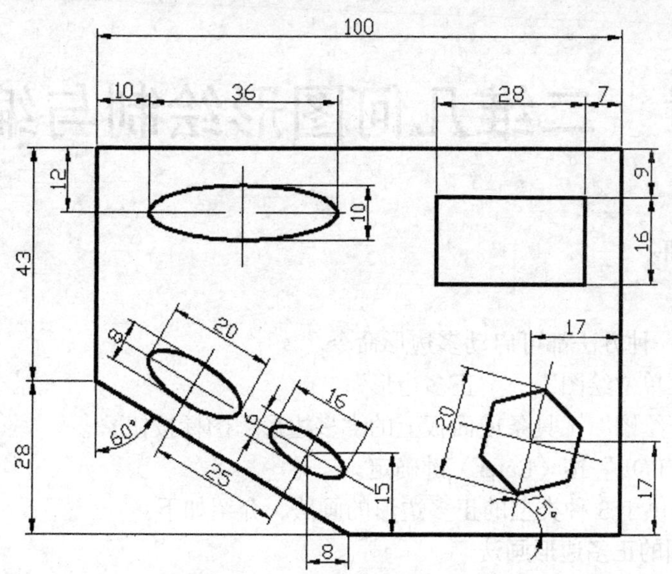

图 3-84　第 5 题

第 4 章　二维几何图形绘制与编辑(二)

4.1　正多边形

下面的任意一种方法都可启动多边形命令。

（1）选择菜单“绘图”→“正多边形”。

（2）单击“绘图”工具条或面板上的“多边形”图标按钮。

（3）输入“POL”按〈Enter〉键确定。

AutoCAD 提供了 3 种类型的正多边形的画法，介绍如下：

1．内接于圆的正多边形画法

（1）启动多边形的命令。

（2）输入多边形的边数（如 6，绘制正六边形）按〈Enter〉键确定。

（3）指定正多边形的中心点。

1）输入正多边形的中心点坐标值。

2）屏幕拾取一点作为多边形的中心点。

（4）输入“I”选项，选择多边形内接于圆的画法。

（5）确定多边形外接圆的半径（如 50）；或在屏幕中拾取两点，两点间的距离即为多边形外接圆的半径。绘制的图形如图 4-1 所示。

2．外切于圆的正多边形画法

（1）启动多边形的命令。

（2）输入多边形的边数（如 6，绘制正六边形）按〈Enter〉键确定。

（3）指定正多边形的中心点。

1）输入正多边形的中心点坐标值。

2）屏幕拾取一点作为多边形的中心点。

（4）输入“C”选项，选择多边形外切于圆的画法。

（5）确定多边形内切圆的半径（如 50）；或在屏幕中拾取两点，两点间的距离即为多边形内切圆的半径。绘制的图形如图 4-2 所示（注意与图 4-1 进行比较）。

3．根据边绘制正多边形

（1）启动多边形的命令。

（2）输入多边形的边数（如 6，绘制正六边形）按〈Enter〉键确定。

（3）当命令行提示指定多边形中心点[或边（E）]时，输入“E”按〈Enter〉键确定。

（4）指定多边形一条边长的一个端点：屏幕拾取一点（或输入一个点的坐标值）。

（5）指定多边形一条边的另一个端点：输入端点相对于前一端点的相对坐标值，如 @50<45（或光标在屏幕中拾取另一点）。绘制结果如图 4-3 所示。

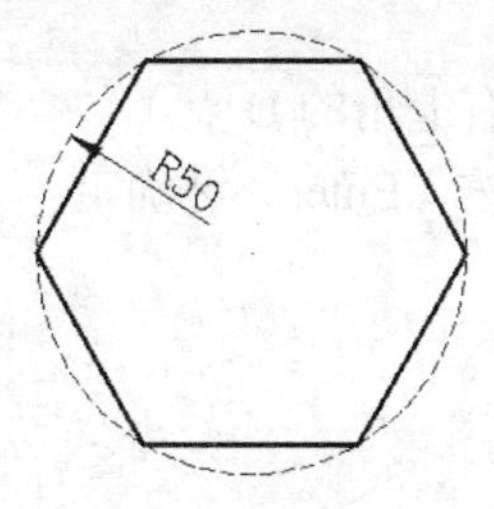

图 4-1　内接于圆的正多边形

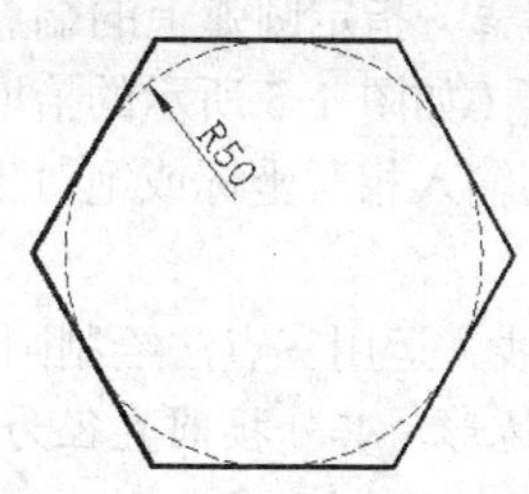

图 4-2　外切于圆的正多边形

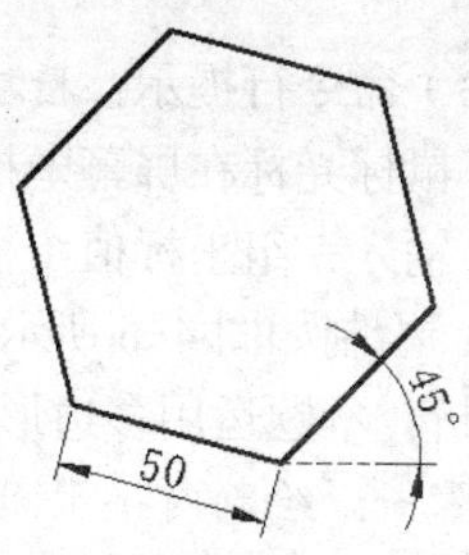

图 4-3　根据边绘制的正多边形

4.2 圆弧

圆弧的绘制具有方向性，逆时针旋转的角度为正，顺时针旋转的角度为负。AutoCAD 提供了 11 种绘制圆弧的方法。选择菜单“绘图”→“圆弧”，如图 4-4 所示的级联菜单，列出了所有画圆的方法，默认方法为三点法绘制圆弧。

三点(P)
起点、圆心、端点(S)
起点、圆心、角度(T)
起点、圆心、长度(A)
起点、端点、角度(N)
起点、端点、方向(D)
起点、端点、半径(R)
圆心、起点、端点(C)
圆心、起点、角度(E)
圆心、起点、长度(L)
继续(O)

图 4-4　圆弧级联菜单

4.2.1　三点法绘制圆弧

三点法是通过指定圆弧上的三点(起点、中间任意一点及终点)来确定一段圆弧的方法。

1．启动命令

下面 3 种方法中任意一种都是可以启动三点法绘制圆弧的命令。

（1）输入“A”按〈Enter〉键确定。

（2）单击“绘图”工具条或面板上的“圆弧”图标按钮。

（3）选择菜单“绘图”→“圆弧”→“三点（P）”。

2．操作

（1）启动命令后，命令行提示：ARC 指定圆弧的起点或 [圆心(C)]时，指定圆弧的起点。

1）鼠标光标在屏幕中拾取一点作为起点（如图 4-22 所示的拾取矩形 ABCD 左上角 A 点为起点）。

2）输入一组坐标值作为起点，按〈Enter〉键确定。

（2）命令行提示：指定圆弧的第 2 个点或 [圆心(C)/端点(E)]，指定圆弧上第 2 点。

1）鼠标光标在屏幕中拾取第 2 点。

2）输入一组坐标值（根据需要输入相对坐标或绝对坐标，如图 4-5 所示中 E 点坐标@50, 10），”按〈Enter〉键确定。

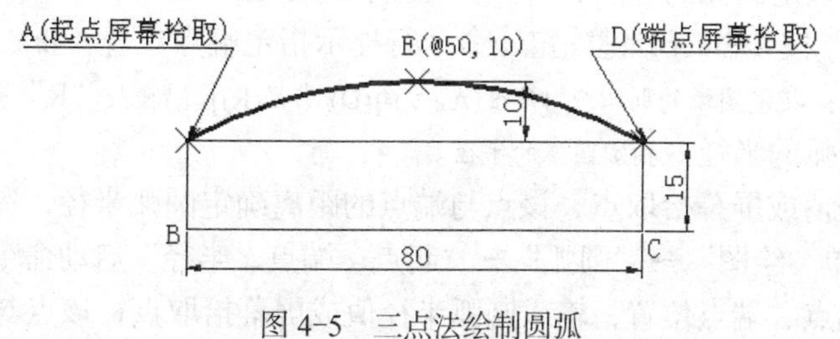

图 4-5　三点法绘制圆弧

（3）命令行提示：指定圆弧的端点，指定圆弧上的端点。

1）鼠标光标在屏幕中拾取端点（如图 4-5 所示的拾取矩形右上角的 D 点）。

2）输入一组坐标值（根据需要输入相对坐标或绝对坐标）按〈Enter〉键确定。

例：绘制如图 4-6 所示。

分析：本题运用多边形作辅助线，运用三点法绘制圆弧即可。

步骤一：绘制内接于圆的正六边形，其外接圆直径为 ϕ41。

输入“POL”按〈Enter〉键确定，绘制正多边形。

输入“6”按〈Enter〉键确定，绘制正六边形，从屏幕中任意拾取一点为正六边形的中心点。

输入“I”按〈Enter〉键确定，确定绘制内接于圆的正六边形。

输入“0，20.5”按〈Enter〉键确定，以确定六边形外接圆的圆的半径以及正六边形的摆放位置。

步骤二：绘制外接圆。

输入“C”按〈Enter〉键确定，再输入“3P”按〈Enter〉键确定，以三点法绘制圆。

任意拾取正六边形的 3 个顶点，完成外接圆的绘制。

步骤三：绘制圆弧（为便于描述，在多边形顶点上标上字母 A～F）。

输入“A”按〈Enter〉键确定，绘制圆弧。

依次拾取 A 点、圆心和 C 点，绘制完成一条圆弧，如图 4-7 所示。按同样的方法，绘制其他圆弧；删除辅助多边形，完成绘图。

图 4-6 图例

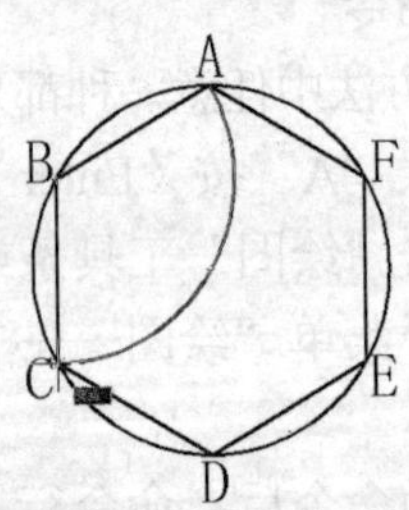

图 4-7 绘制圆弧

4.2.2 起点、端点、半径法绘制圆弧

指定圆弧的起点、端点和半径绘制圆弧，下面两种途径均可启动命令完成绘制。

（1）单击“绘图”工具条面板上的“圆弧”图标按钮；或输入“A”按〈Enter〉键确定。根据命令行提示，确定圆弧的起点，命令行提示：指定圆弧的第二个点或 [圆心(C)/端点(E)]。

选择输入“E”按〈Enter〉键确定，命令行提示指定端点位置：指定圆弧的端点。指定端点后，命令行提示：指定圆弧的圆心或 [角度(A)/方向(D)/半径(R)]。输入“R”按〈Enter〉键确定，命令行提示指定圆弧的半径：指定圆弧的半径。

输入圆弧半径值或屏幕拾取点，该点与端点的距离确定圆弧半径，完成圆弧。

（2）选择菜单“绘图”→“圆弧”→“起点、端点、半径”启动命令，根据命令行提示分别拾取或输入起点、端点位置，输入圆弧半径值或屏幕拾取点，该点与端点的距离确定圆弧半径，完成圆弧。

注：运用起点、端点、半径法绘制圆弧时，除了注意圆弧按逆时针旋转为正外，还得注意所画的圆弧是优弧还是劣弧，在输入半径时，输入正值的半径为劣弧，输入负值的半径为优弧。

例 1：用画圆弧的方法，绘制如图 4-8 所示的图形。

图形中，就是两段圆弧，3 个已知条件，给定的是弦长和半径，因此，可采用起点、端点、半径法绘制。

步骤一：绘制 R11 的优弧。

输入“A”按〈Enter〉键确定，启动圆弧命令，并从屏幕中任意拾取一点为圆弧的起点。

输入“E”按〈Enter〉键确定，以确定圆弧的端点。输入端点相对于起点的相对坐标值为“@-10，0”，因为 R11 是要逆时针旋转为正的，而圆弧在上方，所以圆弧的端点需要在起点的左边。

输入“R”按〈Enter〉键确定，以确定圆弧的半径，输入半径值为“-11”按〈Enter〉键确定，完成 R11 圆弧的绘制。

注意，此处圆弧为优弧，我们不知道角度，不能用角度来控制，而在“起点、端点、半径”法绘制圆弧的选项中，输入负的半值就可以画出优弧了。

步骤二：绘制 R20 的优弧。

输入“A”按〈Enter〉键确定，启动画圆弧的命令，拾取步骤一所画的 R11 圆弧左边端点为起点。

输入“E”按〈Enter〉键确定，拾取 R11 圆弧右边端点为端点。

输入“R”按〈Enter〉键确定，再输入半径值为“-20”按〈Enter〉键确定，完成绘制。

例 2：绘制如图 4-9 所示，由圆弧所围成的图形。

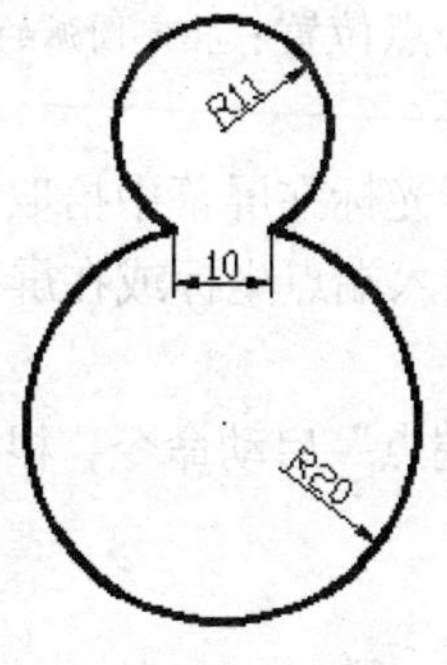

图 4-8　图例

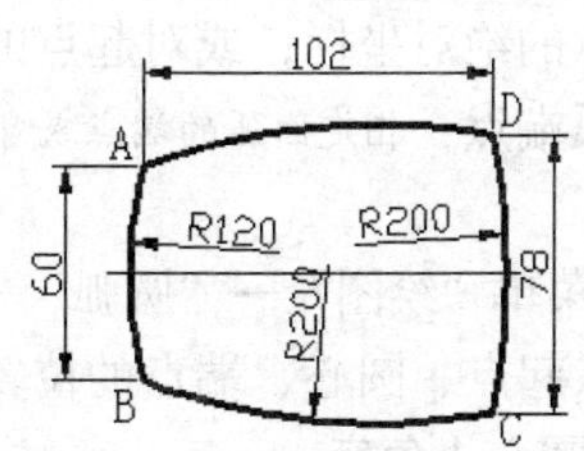

图 4-9　图例

根据图形特点和已知尺寸，采用起点、端点、半径法绘制 4 段圆弧，下面按照 AB、CD、BC、AD 的顺利画图。

步骤一：画圆弧 AB。

启动圆弧命令　　//选择菜单“绘图”→“圆弧”→“起点、端点、半径”

指定起点　　//以 A 点为起点，屏幕中任意拾取

指定圆弧端点　　//输入“B”点相对于 A 点的相对坐标值@0，-60,按〈Enter〉键确定

给定圆弧半径　　//输入“120”按〈Enter〉键确定,完成 AB 圆弧。

步骤二：画圆弧 CD。

启动圆弧命令　　　　//选择菜单“绘图”→“圆弧”→“起点、端点、半径”

指定起点　　　　　　//用捕捉至的方法，定位 C 点。输入“FRO”按〈Enter〉键确定，
//捕捉 B 点为基点
//再输入 C 点相对于 B 点的相对坐标值@102，-9,按〈Enter〉键确定

指定圆弧端点　　　　//输入“D”点相对于 C 点的相对坐标值@0，78,按〈Enter〉键确定

给定圆弧半径　　　　//输入“200”按〈Enter〉键确定,完成 CD 圆弧

步骤三：画圆弧 BC。

启动圆弧命令　　　　//选择菜单“绘图”→“圆弧”→“起点、端点、半径”

指定起点　　　　　　//捕捉拾取 B 点

指定圆弧端点　　　　//捕捉拾取 C 点

给定圆弧半径　　　　//输入“200”回车,完成 BC 圆弧

步骤四：按步骤三的方法画圆弧 AD（注意以 D 点为起点，A 点为端点），完成整个图形。

注：在绘制上图时，必须注意画圆弧的方向为逆时针方向，否则会使画出的圆弧与所需的相反。

4.2.3 其他绘制圆弧的方法

1．起点、圆心、端点

指定圆弧的起点、圆心和端点的方法绘制圆弧，下面的两种途径均可完成起点圆心端点法绘制圆弧。

（1）单击“绘图”工具条或面板上的“圆弧”图标按钮；或输入“A”按〈Enter〉键确定。根据命令行提示，确定圆弧的起点，命令行提示：指定圆弧的第二个点或 [圆心(C)/端点(E)]。

选择输入“C”按〈Enter〉键确定，命令行提示指定圆心点位置：指定圆弧的第二个点或 [圆心(C)/端点(E)]: c 指定圆弧的圆心。

输入圆心点的绝对坐标；或对起点的相对坐标；或鼠标光标在屏幕中拾取圆心点，命令行提示输入圆弧端点：指定圆弧的端点或 [角度(A)/弦长(L)]。输入端点坐标或在屏幕拾取端点，完成圆弧。

（2）选择菜单“绘图”→“圆弧”→“起点、圆心、端点”启动命令，根据命令行提示分别拾取或输入起点、圆心、端点的位置，完成圆弧绘制。

2．起点、圆心、角度

指定圆弧的起点、圆心和所包含角度的方法绘制圆弧，下面两种途径均可完成绘制。

（1）单击“绘图”工具条或面板上的“圆弧”图标按钮；或输入“A”按〈Enter〉键确定。根据命令行提示，拾取点或输入一组坐标值以确定圆弧的起点，再根据命令行提示，选择输入“C”按〈Enter〉键确定，确定圆心点的绝对坐标或对起点的相对坐标或光标屏幕拾取圆心点，命令行提示输入圆弧端点：指定圆弧的端点或 [角度(A)/弦长(L)]。

输入“A”选项，命令行提示输入角度：指定包含角。输入圆弧所包含的角度值或屏幕拾取点确定角度完成圆弧。

（2）选择菜单“绘图”→“圆弧”→“起点、圆心、角度”启动命令，根据命令行提示分别拾取或输入起点、圆心位置，输入圆弧所包含的角度值或屏幕拾取点确定角度完成圆弧。

3．起点、圆心、长度

指定圆弧的起点、圆心和弦长的方法绘制圆弧，下面两种途径均可完成绘制。

（1）单击“绘图”工具条或面板上的“圆弧”图标按钮；或输入“A”按〈Enter〉键确定。根据命令行提示，拾取或输入一组坐标值以确定圆弧的起点，再根据命令行提示，选择输入“C”按〈Enter〉键确定，确定圆心点的绝对坐标或对起点的相对坐标或光标屏幕拾取圆心点，命令行提示输入圆弧端点：指定圆弧的端点或 [角度(A)/弦长(L)]。

输入“L”选项，命令行提示输入弦长：指定弦长。输入圆弧的弦长度值或屏幕拾取点确定弦长完成圆弧。

（2）选择菜单“绘图”→“圆弧”→“起点、圆心、长度”启动命令，根据命令行提示分别拾取或输入起点、圆心位置，输入圆弧弦长值或屏幕拾取点确定弦长完成圆弧。

4．起点、端点、角度

指定圆弧的起点、端点和所包含角度的方法绘制圆弧，下面两种途径均可完成绘制。

（1）单击“绘图”工具条或面板上的“圆弧”图标按钮；或输入“A”按〈Enter〉键确定。根据命令行提示，确定圆弧的起点，命令行提示：指定圆弧的第 2 个点或 [圆心(C)/端点(E)]。

选择输入“E”按〈Enter〉键确定，命令行提示指定端点位置：指定圆弧的第 2 个点或 [圆心(C)/端点(E)]。指定圆弧端点后，命令行提示输入圆弧所包含的角度：指定圆弧的圆心或 [角度(A)/方向(D)/半径(R)]。

输入“A”按〈Enter〉键确定，命令行提示输入角度：指定包含角。输入圆弧所包含的角度值或屏幕拾取点确定角度完成圆弧。

（2）选择菜单“绘图”→“圆弧”→“起点、端点、角度”启动命令，根据命令行提示分别拾取或输入起点、端点位置，输入圆弧所包含的角度值或屏幕拾取点确定角度完成圆弧。

同样有两种方式可以完成起点、端点、方向法绘制圆弧，先确定起点和端点的位置，再通过指定圆弧在端点处的切线方向，完成圆弧的绘制，在此不作赘述。

5．圆心、起点、端点

指定圆弧的圆心、起点和端点绘制圆弧，下面两种方式均可完成绘制。

（1）单击“绘图”工具条或面板上的“圆弧”图标按钮；或输入“A”按〈Enter〉键确定。根据命令行提示选择“C”选项按〈Enter〉键确定，命令行提示指定圆心点：指定圆弧的圆心。

输入圆弧的圆心点坐标值按〈Enter〉键确定；或在屏幕中拾取点作为圆心点，命令行提示指定圆弧的起点：指定圆弧的起点。

输入起点坐标或屏幕拾取起点，命令行提示指定端点：指定圆弧的端点或 [角度(A)/弦长(L)]。

输入端点坐标或在屏幕拾取端点，完成圆弧。

（2）选择菜单“绘图”→“圆弧”→“圆心、起点、端点”，根据命令行提示分别输入圆心、起点、端点坐标值或拾取圆心起点端点，完成圆弧绘制。

6．圆心、起点、角度

指定圆心、起点、角度绘制圆弧，下面两种方式均可完成绘制。

（1）单击“绘图”工具条或面板上的“圆弧”图标按钮；或输入“A”按〈Enter〉键确定。根据命令行提示选择“C”选项按〈Enter〉键确定，先后确定圆心点和圆弧起点。命令行提示指定端点：指定圆弧的端点或 [角度(A)/弦长(L)]。

选择“A”选项按〈Enter〉键确定，命令行提示输入圆弧所包含的角度：指定包含角。输入角度值或屏幕拾取点确定角度，完成圆弧绘制。

（2）选择菜单“绘图”→“圆弧”→“圆心、起点、角度”，根据命令行提示分别输入圆心、起点坐标值或拾取圆心起点，输入角度值或屏幕拾取点确定角度，完成圆弧绘制。

7．圆心、起点、长度

指定圆心、起点和弦长绘制圆弧，下面两种途径均可完成绘制。

（1）单击“绘图”工具条或面板上的“圆弧”图标按钮；或输入“A”按〈Enter〉键确定。根据命令行提示选择“C”选项按〈Enter〉键确定，先后确定圆心点和圆弧起点。命令行提示指定端点：指定圆弧的端点或 [角度(A)/弦长(L)]。

选择“L”选项按〈Enter〉键确定，命令行提示给定圆弧的弦长：指定弦长。输入弦长值或屏幕拾取点确定弦长，完成圆弧绘制。

（2）选择菜单“绘图”→“圆弧”→“圆心、起点、长度”，根据命令行提示分别输入圆心、起点坐标值或拾取圆心起点，输入弦长值或屏幕拾取点确定弦长，完成圆弧绘制。

8．继续

只能通过菜单“绘图”→“圆弧”→“继续”启动命令。此选项严格来讲不是一种画圆弧的方法，是一种类似多段线的圆弧画法。它紧接上一个命令，以上一个命令的终点，作为圆弧的起点，且与上一个命令所产生的对象在圆弧起点处相切。

4.3 多段线

多段线是作为单个对象创建的相互连接的序列线段。可以创建直线段、弧线段或两者的组合线段。可以指定线条对象各点不同的切线方向和线宽。

1．命令的启动

（1）选择菜单“绘图”→“多段线”。

（2）单击“绘图”工具条或面板上的“多段线”图标按钮。

（3）输入“PLINE”或“PL”按〈Enter〉键确定。

2．绘图及选项操作

启动命令后，命令行提示指定起点。可以输入坐标值或直接用光标在屏幕拾取的方法指定多段线的起点。命令行接着提示如下：指定下一个点或 [圆弧(A)/半宽(H)/长度(L)/放弃(U)/宽度(W)]。

（1）接着指定下一点绘制直线，其方法与“LINE”命令绘制直线的方法相同，在绘制直线的过程中，可以输入“A”绘制圆弧，输入“W”指定不同的线宽。

（2）输入“A”按〈Enter〉键确定绘制圆弧，其方法与“ARC”命令绘制圆弧的某些方法相同，命令行提示为[角度(A)/圆心(CE)/方向(D)/半宽(H)/直线(L)/半径(R)/第二个点(S)/放弃(U)/宽度(W)]。

输入“A”按〈Enter〉键确定，为所画圆弧指定所包含的角度。

输入“CE”按〈Enter〉键确定，指定所画圆弧的圆心。

输入“D”按〈Enter〉键确定，光标在屏幕中拾取点，以确定圆弧的切线方向。

输入“L”按〈Enter〉键确定，绘制直线。

输入“W”指定不同的线宽。

（3）输入“W”按〈Enter〉键确定，指定宽度。命令行首先提示指定起点线宽，输入起点的线宽值后按〈Enter〉键确定，命令行接着提示指定端点线宽，系统默认端点与起点线宽相等。

例 1：用多段线绘制如下图 4-10 所示图形。

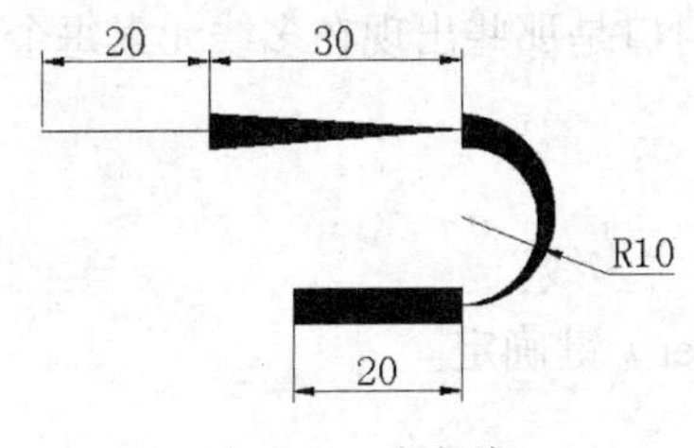

图 4-10　多段线

启动多段线命令　　//输入“PL”按〈Enter〉键确定
确定起点　　//屏幕中任意拾取一点
下一点　　//水平向右绘制长 20 的线段（相对坐标@20,0）
指定线宽　　//输入“W”按〈Enter〉键确定，设定起点线宽为 2，端点线宽为 0
下一点　　//水平向右绘制 30 长线段（相对坐标@30,0）
指定线宽　　//输入“W”按〈Enter〉键确定，起点线宽为 2。端点线宽为 0
下一点　　//输入“A”选项按〈Enter〉键确定画圆弧，下一点竖直向下 20（相对坐
　　//标@0,-20）
指定线宽　　//输入“W”按〈Enter〉键确定，起点线宽为 2，端点线宽也为 2
画直线　　//输入“L”选项按〈Enter〉键确定，水平向左绘制长 20 的直线（相对坐标
　　//@-20,0），按〈Enter〉键确定退出命令。

例 2：绘制如图 4-11 所示图形。

步骤一：绘制直线。

输入“L”按〈Enter〉键确定，绘制首尾相接的 4 段直线 AB、BC、CD、DE，线段长度均为 15。

步骤二：绘制多段线。

输入“PL”按〈Enter〉键确定，拾取 A 点为起点。

输入“W”按〈Enter〉键确定，给定起点、端点的线宽均为 1。

输入“A”按〈Enter〉键确定，绘制圆弧。

先后拾取 E 点、A 点、D 点与 E 点。

输入“D”按〈Enter〉键确定，将光标在 E 点正上方任意处单击，改变切线方向为自 E 点竖直向上的方向。

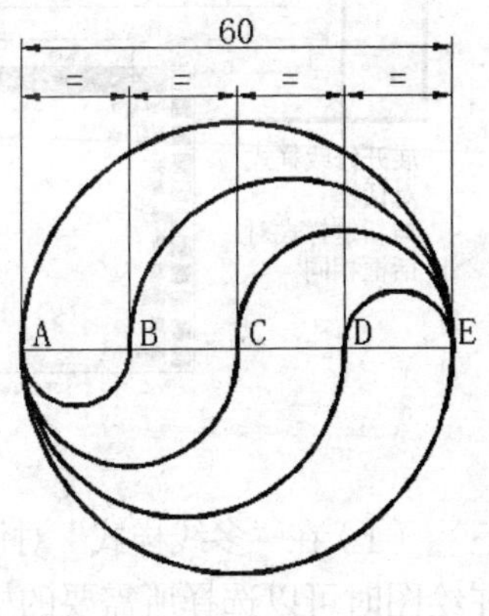

图 4-11　图例

先后拾取 B 点与 A 点。

输入“D”按〈Enter〉键确定，光标在 A 点正下方单击，改变切线方向为自 A 点竖直向下的方向。

先后拾取 C 点与 E 点，按〈Enter〉键确定退出命令，完成绘图。

4.4 多线

多线包含 1～16 条平行线，这些平行线称为图元。每个图元的颜色、线型，以及显示或隐藏多线的封口均可以设置。封口是那些出现在多线元素每个顶点处的线条。多线可以使用多种端点封口，如直线或圆弧。

1．启动多线的命令

（1）选择菜单“绘图”→“多线”。

（2）输入“ML”按〈Enter〉键确定。

2．创建多线样式

选择菜单“格式”→“多线样式”或输入“MLSTYLE”按〈Enter〉键确定均可以打开“多线样式”对话框，如图 4-12 所示。

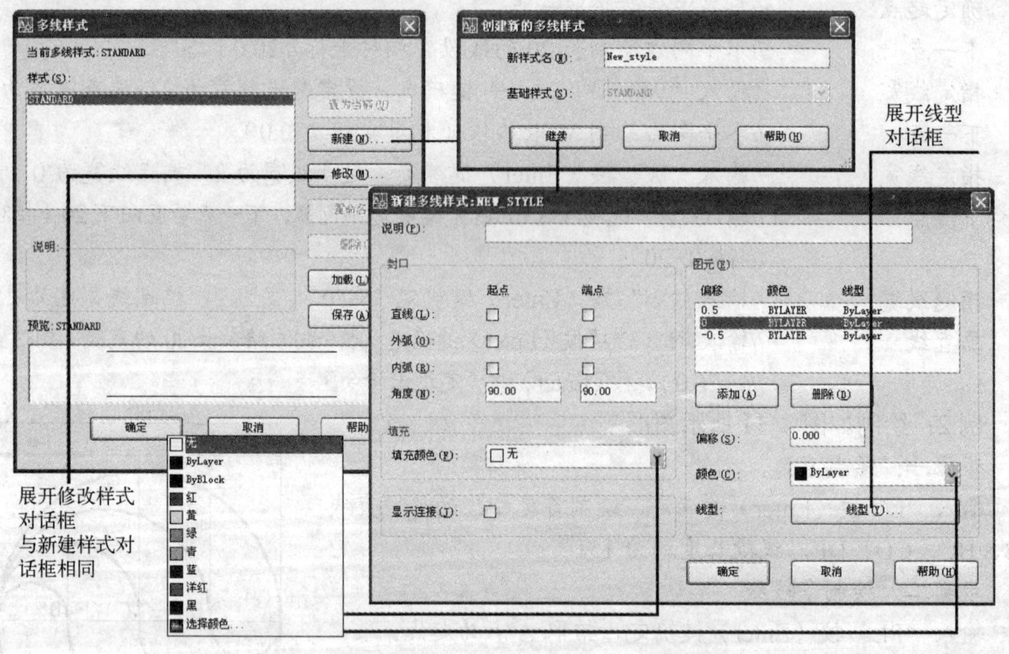

图 4-12 “新建多线样式”对话框

（1）在“多线样式”对话框中的“样式”文本框中，列出了所有样式，并显示当前样式。在绘图时可以选择所需要的样式确定，再单击“置为当前”按钮，更改当前样式。如果列表中没有所需的样式，可单击“新建”按钮，在“创建新的多线样式”对话框中输入新样式的名称，重创建新的多线样式。

在“创建新的多线样式”的对话框中，单击“继续”，弹出“新建多线样式”的对话框。

（2）样式特性的设置。在“多线样式”对话框中单击“修改”按钮，弹出“修改多线样式”对话框，“修改多线样式”对话框与“新建多线样式”对话框内容相同。

“修改多线样式”或“新建多线样式”对话框中，“说明”后面的空格用户可以对每种样式作简要注释，如“用于绘制墙体”等。

对话框中列出了所有图元的列表，图元的偏移量、颜色及线型特性均在列表中显示，选中图元可修改以上特性。单击添加按钮可增添新的图元。

在对话框中设置多线在起点和端点处是否封口以及封口形式、封口角度等。在“填充”选择区域中可控制多线内部是否填充以及填充特性。

设置完成后确定返回“多线样式”对话框，单击“保存”，可以将新创建的样式或对样式特性所作的修改保存下来。

3．多线绘制

启动多线命令后，命令行提示：指定起点或 [对正(J)/比例(S)/样式(ST)]。

指定起点直接绘制多线，对正 J 选项按〈Enter〉键确定，确定光标对正多线的对正类型，也即确定多线长度的基准元素；比例 S 选项按〈Enter〉键确定，给定多线各图元间相互宽度的比例；样式 ST 选项按〈Enter〉键确定，输入要选用样式名称，输入“？”按〈Enter〉键确定，弹出文本窗口，在文本窗口中显示所有样式，可从中选择。

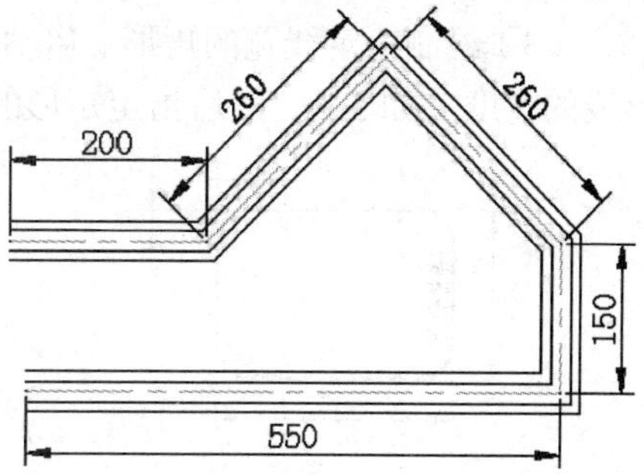

图 4-13　图例

例：绘制如图 4-13 所示的多线。

设置多线样式　　//设置 5 个元素，各元素的偏
　　　　　　　　//距分别为 1、0.5、0、-0.5、
　　　　　　　　//-1，中间一个元素（即偏距为 0 的元素），颜色设为青色，线型设为
　　　　　　　　//点画线。
启动多线命令　　//输入“ML”按〈Enter〉键确定
对正　　　　　　//输入“J”按〈Enter〉键确定，再选择“Z”选项，选择无对正
起点　　　　　　//任意拾取起点
下一点　　　　　//水平向右绘制长度为 550
下一点　　　　　//竖直向上绘制长度为 150
下一点　　　　　//输入“<135”，锁定角度为 135°，向左上方绘制，输入长度为 260
下一点　　　　　//输入“<-135”,锁定角度为 215°，向左下方绘制,输入长度为 260
下一点　　　　　//水平向左绘制 220 长,”按〈Enter〉键确定退出命令

4.5　矩形

AutoCAD 提供了通过指定两个对角点的相对位置来确定一个矩形的画法，即确定矩形的一个角点，输入另一个角点相对于第一个角点的相对坐标值。例如绘制一 60×40 的矩形，确定一个角点后，可输入另一角点的相对坐标值为@60，40（从左下向右上画）；@60，-40（从左上向右下画）；@-60，40（从右下向左上画）；@-60，-40（从右上向左下画）均可。

1．启动矩形命令

下面任一方法均可启动矩形命令。

（1）选择菜单“绘图”→“矩形”。

（2）单击“绘图”工具条上可面板上“矩形”的图标按钮。

（3）输入命令“REC”按〈Enter〉键确定。

2．矩形绘制选项

矩形命令除了能绘制基本的矩形外，还可以绘制一些带修饰的矩形，如带倒角、圆角、有一定线宽或有厚度的矩形。

（1）绘制带倒角的矩形。启动矩形命令，从命令行输入“C”选项按〈Enter〉键确定，输入第一个倒角距离（如5），再输入每二个倒角距离（如5，若两个倒角不同，则需输入不同的值），然后指定矩形两个角点的位置，绘制如图4-14所示的带倒角的矩形。

（2）绘制带圆角的矩形。启动矩形命令，从命令行输入“F”按〈Enter〉键确定，输入圆角半径（如5），然后指定矩形的两个角点，绘制如图4-15所示的圆角矩形。

（3）绘制一定线宽的矩形。启动矩形命令，从命令行输入“W”按〈Enter〉键确定，矩形线的宽度（如5），然后指定矩形的两个角点，绘制如图4-16所示的圆角矩形。

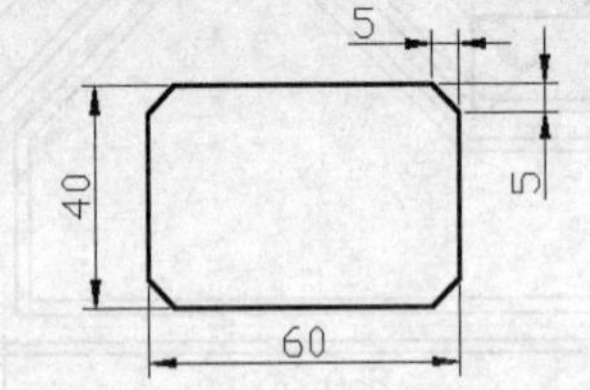

图4-14　带倒角的矩形

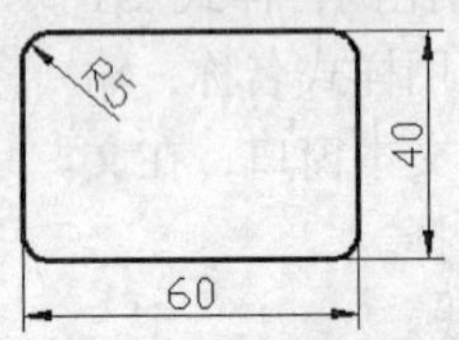

图4-15　带圆角的矩形

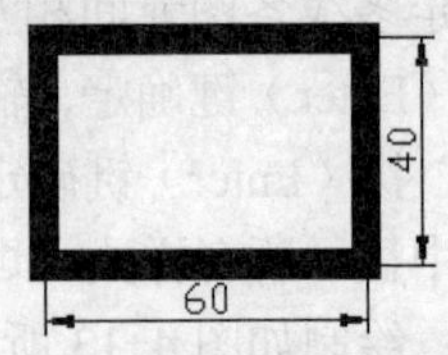

图4-16　有线宽的矩形

（4）绘制一定厚度的矩形。启动矩形命令，从命令行输入“T”按〈Enter〉键确定，输入圆角半径（如5），然后指定矩形的两个角点，选择菜单“视图”→“三维视图”→“东南视图”绘制如图4-17所示的圆角矩形。

如绘制一带圆角、线宽且有一定厚度的矩形如图4-18所示。

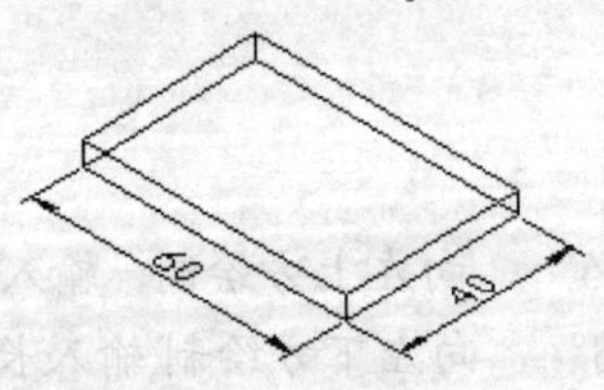

图4-17　带有厚度的矩形

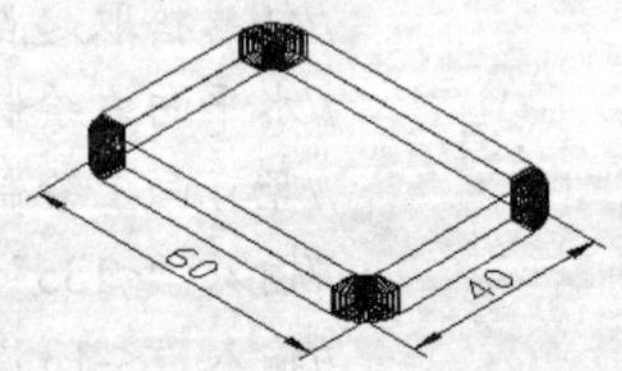

图4-18　带有圆角、宽度和厚度的矩形

4.6　样条线

样条线命令（SPLING）是通过一系列的点创建的光滑曲线。

1．启动命令

下列任一种方法均可启动指定点绘制样条线的命令。

（1）选择菜单“绘图”→“样条曲线”。

（2）单击“绘图”工具条或面板上的“样条线”图标按钮～。

（3）输入“SPL”按〈Enter〉键确定。

2．操作

（1）指定样条线的起点，如图 4-19 所示的点 2。

（2）指定样条线的以下其他各点，如图 4-19 所示的点 3 与 6。

（3）指定样条线起点与端点的切线方向点，如图 4-19 所示的点 1 与 7。

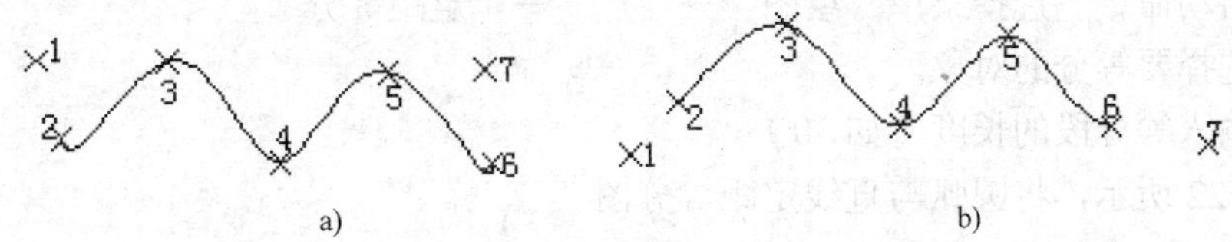

图 4-19　样条线

如图 4-19 所示得知，尽管样条线各点相同，但起点与端点切线方向不同，样条线的形状也不尽相同。

4.7　点与线段等分

图形中的点（节点）可以用对象捕捉精确定位，用于绘图或图形编辑。

1．设置点的样式与大小

输入“DDPTYPE”按〈Enter〉键确定或选择菜单“格式”→“点样式”，弹出“点样式”对话框，如图 4-20 所示。

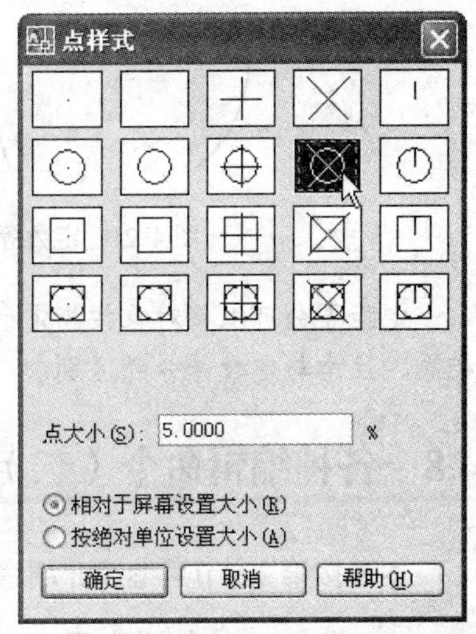

图 4-20　“点样式”对话框

在“点样式”对话框中显示当前点样式和大小，可以通过选择图标来修改点样式，设置点的大小。点的大小可以相对于屏幕设置，也可以用绝对单位设置。

选择“相对于屏幕设置大小”单选按钮，按屏幕尺寸的百分比设置点的显示大小。当进行缩放时，点的显示大小并不改变。

选择“按绝对单位设置大小”单选按钮，按“点大小”下指定的实际单位设置点显示的大小。当进行缩放时，AutoCAD 显示的点的大小随之改变。

点的样式修改后，需要使用 REGEN 重生成，使修改可见。

2．点的创建（或叫点的绘制）

（1）选择菜单“绘图”→“点”→“单点（多点）”；或单击“绘图”工具条或面板上的“点”图标按钮；或输入“PO”启动创建点的命令。

（2）光标在屏幕中拾取点的位置或输入点的坐标。

3．定数等分

将选定的对象用节点按一定数量等分。

（1）启动命令。

1）选择菜单“绘图”→“点”→“定数等分”。

2）输入“DIV”按〈Enter〉键确定。

（2）选择要等分的对象。

（3）输入需将对象等分成的段数后按〈Enter〉键确定。

如图 4-21 所示，分别将圆弧和直线等分成 5 段和 3 段，定数等分的各段均相等。

4．定距等分

将选定的对象用节点按一定距离等分。

（1）启动命令。选择菜单“绘图”→“点”→“定距等分”。

（2）选择要等分的对象。

（3）输入等分段的长度（如 30）。

如图 4-22 所示，将圆弧与直线定距等分图。

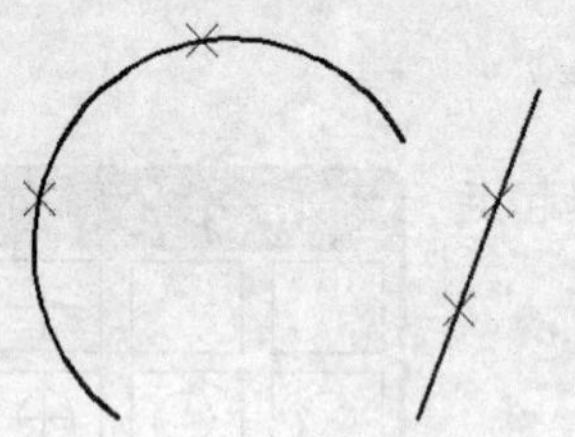

图 4-21　定数等分

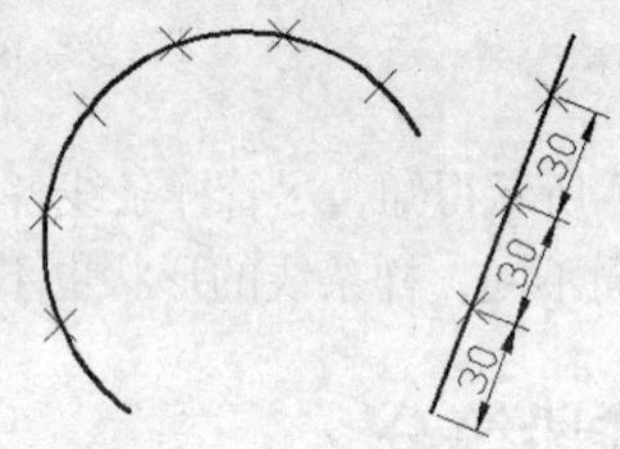

图 4-22　定距等分

定距等分可以将对象按指定的距离分成若干段，但最后一段距离与前面几段的距离不能相等，注意与定数等分的区别。

4.8　各种编辑命令（二）

本节接第 3.5 节后继续介绍镜像、阵列、比例缩放等各种编辑命令。

4.8.1　夹点的应用

夹点是选中对象后，对象上的一些特殊点，如圆心、象限点、端点、中点等。默认情况下，夹点总是打开的。当对象被选中后，夹点通常被加亮，默认情况以蓝色加亮。用户可以通过“选项”对话框中的“选择集”选项卡来设置夹点。选择菜单“工具”→“选项”，弹出“选项”对话框，在“选项”对话框中单击“选择集”选项卡，可以对夹点进行设置，如图 4-23 所示。

滑动“夹点大小”调节器，可以调整夹点的大小；夹点在各个状态的颜色可以通过颜色的下拉列表选择；勾选“启动夹点”前方的复选框，选择对象后可以启用夹点，若不勾选，则选择对象时不启动夹点。

对于不同的图形，用来控制其特征的夹点的位置和数量是不同的。见表 4-1 列出 AutoCAD 中常见对象的夹点特征。

夹点是一种集成的编辑模式，它有两种状态：冷点和热点。在不执行任何命令的情况下选择对象所显示的夹点为冷点；在一个对象上选择一个冷点，单击鼠标左键将冷点激活，则冷点变为热点，即当前选择进入夹点编辑状态。对于不同的图形特征，不同位置的夹点，在编辑图形时所起的作用也不同，通常，运用夹点用得较多的编辑方式是拉伸、移动、缩放、镜像、旋转等。

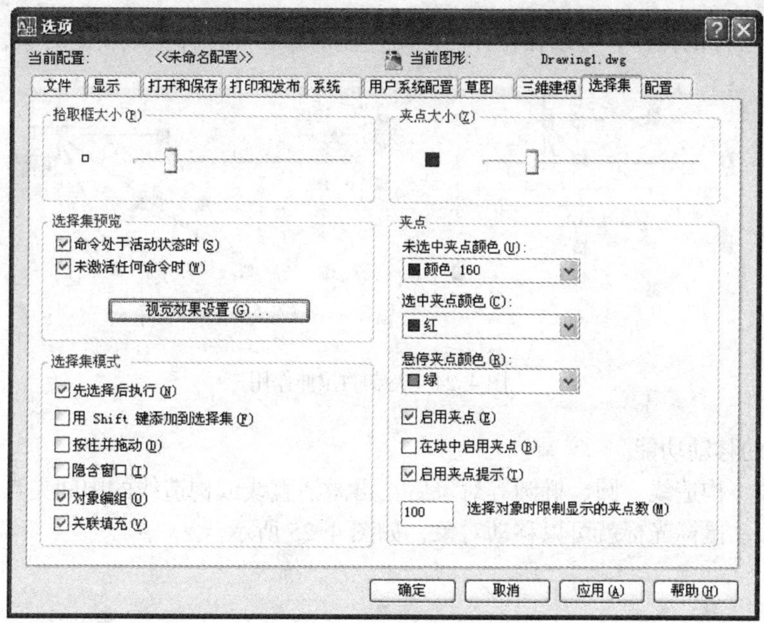

图 4-23　“选项”对话框选择集选项卡中设置夹点

表 4-1　AutoCAD 中常见对象的夹点特征

对象类型	夹点的数量及位置
直线	两个端点和中点
多段线	直线段的两个端点、圆弧的中心点和两端点
射线	起点以及射线上的一个点
多线	控制线上的两个端点
构造线	控制点以及线上的一个点
椭圆	4 个顶点和中心点
圆	4 个象限点和中心点
圆弧	两个端点和中点
三维面	周边顶点
三维网格	网格上的各个顶点
属性	插入点
段落文字	各顶点

1. 夹点的拉伸功能

选中直线、多边形、矩形、椭圆、多段线以及样条线等，激活直线两端夹点、矩形或多边形的顶点、多段线或样条线的端点或节点、椭圆上的 4 个顶点，移动鼠标光标，可以拉伸对象，如图 4-24 所示。

鼠标光标拾取终止点以确定拉伸对象的形状，也可以输入终止点相对于起点的相对坐标值，以精确控制拉伸对象的尺寸。

使用夹点拉伸同时具有复制的功能，选中对象激活夹点后，从命令行输入“C”按〈Enter〉

键确定，执行拉伸的操作，可以在拉伸的同时复制对象，即拉伸生成新的对象，原对象保留。

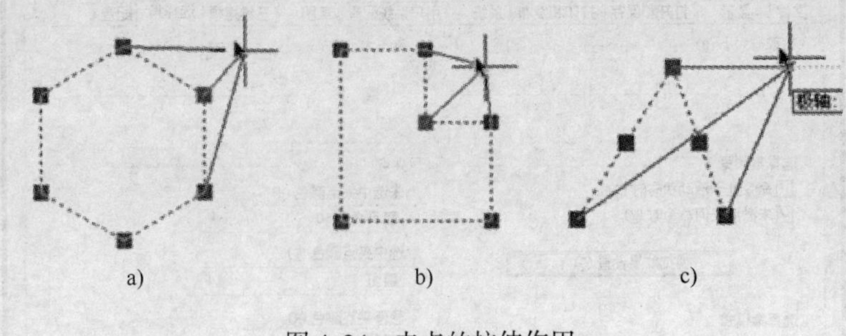

图 4-24 夹点的拉伸作用

2．夹点的移动功能

选中直线、构造线、圆、椭圆等对象后，再激活直线或构造线的中间夹点、圆或椭圆的中心夹点，移动鼠标光标就可以移动对象，如图 4-25 所示。

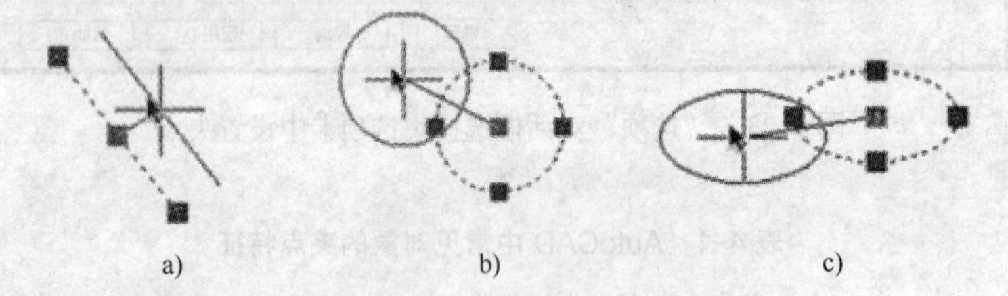

图 4-25 夹点的移动功能

鼠标光标拾取终止点以确定移动对象的位置，也可以输入终止点相对于起点的相对坐标值，以精确控制移动对象的位置。

使用夹点移动同时具有复制的功能，选中对象激活夹点后，从命令行输入“C”按〈Enter〉键确定，执行移动的操作，可以在移动的同时复制对象，即移动生成新的对象，原对象保留。

3．夹点的缩放功能

选中圆等对象后，激活象限点上的夹点，移动鼠标光标可缩小或放大对象，如图 4-26 所示。

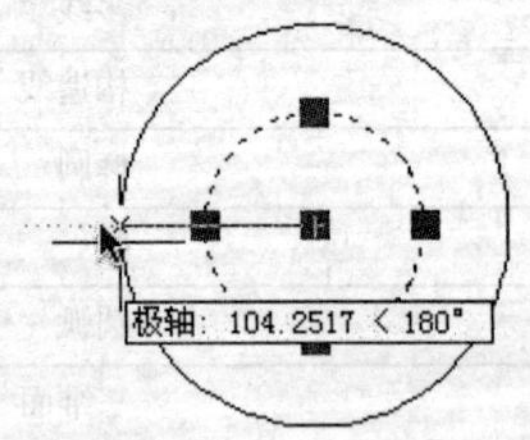

图 4-26 夹点的缩放功能

鼠标光标拾取终止点以确定缩放对象的大小，也可以输入终止点相对于起点的相对坐标值，可以精确控制缩放对象的尺寸。

使用夹点缩放同时具有复制的功能，选中对象激活夹点后，从命令行中输入“C”按〈Enter〉键确定，执行缩放的操作，可以在缩放的同时复制对象。

4．夹点的镜像功能

选中对象后，激活某个夹点使其处于热点状态，单击鼠标右键，弹出的快捷菜单中有很多选项，如 4-27 所示。

从快捷菜单中选择“镜像”选项，从屏幕中拾取第二点，所选的夹点与拾取的点连接的直线就是镜像线。可以实现对对象的镜像。

选择“镜像”选项后，如果直接拾取第二点，则镜像时不复制，源对象不存在；如果输入“C”按〈Enter〉键确定，可以在镜像同时复制对象，如图 4-28 所示。

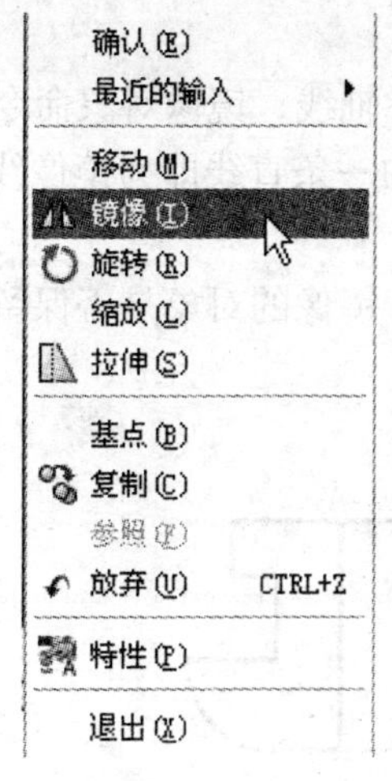

图 4-27　夹点的功能选项

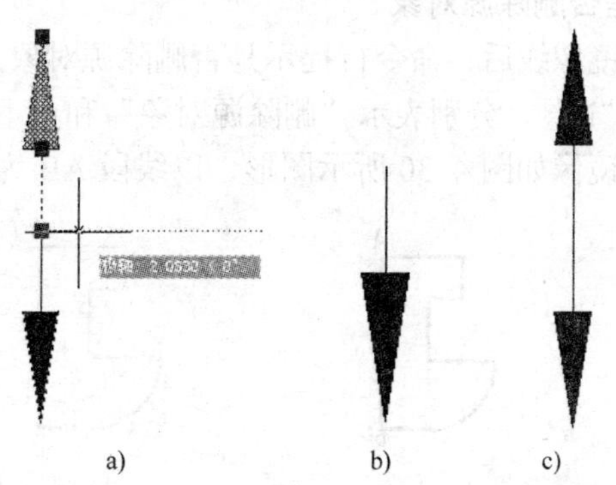

图 4-28　夹点的镜像功能

a) 拾取第二点确定镜像线　b) 镜像不复制　c) 镜像复制

完成一次镜像后，还可以继续拾取第二个，确定新的镜像线，作更多的镜像。

5. 夹点的旋转功能

选中对象后，激活某个夹点使其处于热点状态，再单击鼠标右键，从快捷菜单中选择"旋转"选项，输入旋转角度（如-30），或从屏幕中拾取另一点，两点连线与水平向右方向的夹角就为旋转角。

选择旋转选项后，如果直接输入旋转角度或拾取第二点，则旋转时不复制，源对象不存在；如果输入"C"按〈Enter〉键确定，可以在旋转时复制对象，如图 4-29 所示。

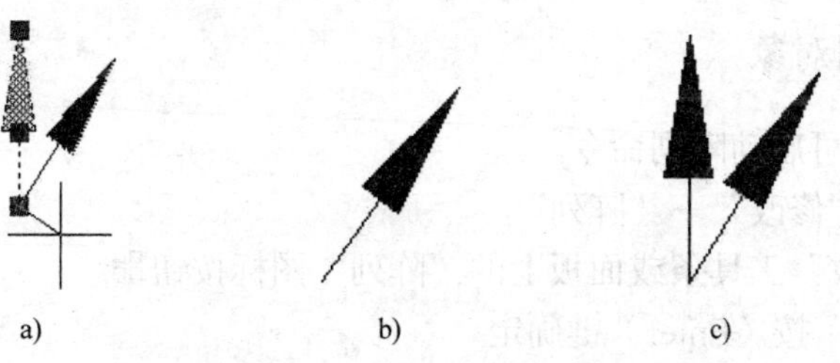

图 4-29　夹点的旋转功能

a) 确定旋转角度　b) 旋转不复制　c) 旋转角度

完成一次旋转后，可以继续指定第二个旋转角度，作更多的旋转复制。

4.8.2　镜像对象

1. 启动命令

（1）选择菜单"修改"→"镜像"。

（2）单击"修改"工具条或面板上的"镜像"图标按钮。

（3）输入"MI"按〈Enter〉键确定。

2. 选择镜像的对象

屏幕中选择对象，选择完毕后确认。

3．指定镜像线

二维镜像对象是根据对称的原理进行复制的，镜像线即对称轴线，镜像对象命令指定对称线是通过拾取对称线上的两点来确定的（即拾取的两点确定的一条直线即为镜像线）。

4．是否删除源对象

指定镜像线后，命令行提示是否删除源对象，用以确定用于镜像的对象是否保留。输入“Y”或“N”，分别表示“删除源对象”和“不删除源对象”。

例：镜像如图 4-30 所示图形，以线段 AB 为镜像线。

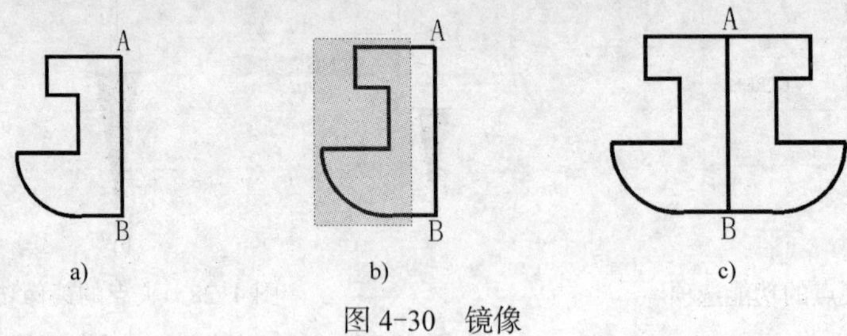

图 4-30 镜像

a) 待镜像的对象 b) 选择镜像对象 c) 完成镜像

操作如下所述：

启动命令　　　　　　　　//输入“MI”按〈Enter〉键确定

选择对象　　　　　　　　//用窗交方式选择（如图 4-30b 所示），单击鼠标右键确定

指定镜像线上一点　　　　//拾取 A 点

指定镜像线上第二点　　　//拾取 B 点

是否删除源对象　　　　　//直接按〈Enter〉键确定，不删除源对象，退出命令

完成的图形如图 4-30c 所示。

4.8.3 阵列对象

下面 3 种方法均可启动阵列命令。

（1）选择菜单“修改”→“阵列”。

（2）单击“修改”工具条或面板上的“阵列”图标按钮。

（3）输入“AR”按〈Enter〉键确定

启动命令打开阵列对象的对话框。二维阵列有矩形阵列与环形阵列两种形式。矩形阵列是将所选对象复制在一个矩阵上，环形阵列是将所选对象复制在一个圆环或圆弧上。阵列形式可以通过“阵列”对话框中第一行的单选按钮来选择，如图 4-31 所示。

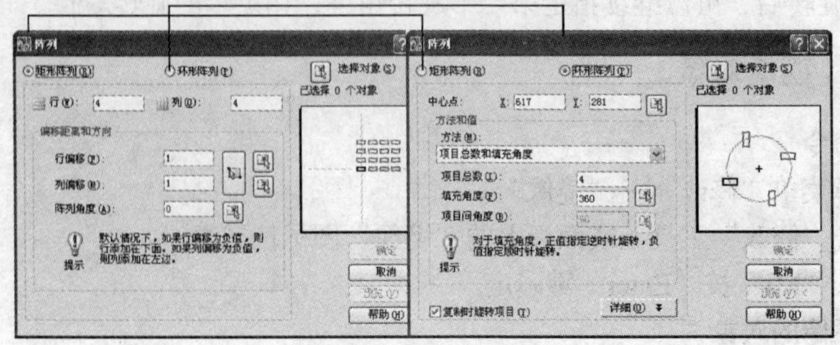

图 4-31 阵列对话框

1．矩形阵列

（1）选择对象。在矩形“阵列”对话框中，单击右上角“选择对象”按钮，对话框暂时隐藏，用户从绘图窗口中选择镜像的对象，选择完毕后确认，返回矩形“阵列”对话框。

（2）输入矩形阵列的行数与列数。在“行”与“列”后的文本框中输入。

（3）输入行间距与列间距。在“行偏距”后的文本框中输入每行间的距离，在“列偏距”后的文本框中输入每列间的距离。

在输入行间距与列间距时，注意阵列方向与间距值的正负符号。以源对象所在的位置为参照点，行向上排列时，行间距值为正，向下排列时，行间距值为负；列向右排列时，列间距为正，向左排列时，列间距为负。如图 4-32 所示，阵列右下角小圆孔，则在对话框中输入的行偏距为“-20”，列偏距为“20”。

“行偏距”与“列偏距”的文本框后各有一选择按钮，单击选择按钮，对话框暂时隐藏。出现绘图窗口，在绘图窗口中任意拾取两点，则两点间的距离即为行间距（单击行偏距后方的选择按钮时）或列间距（单击列偏距后方的选择按钮时）。

（4）阵列角度。此选项用于非水平（竖直）阵列的情况，阵列矩形与水平向右方向的夹角此处指定。

如图 4-33 所示，阵列左上角小圆孔，则在对话框中输入的行偏距为“20”，列偏距为“-20”，阵列角度为“30”。

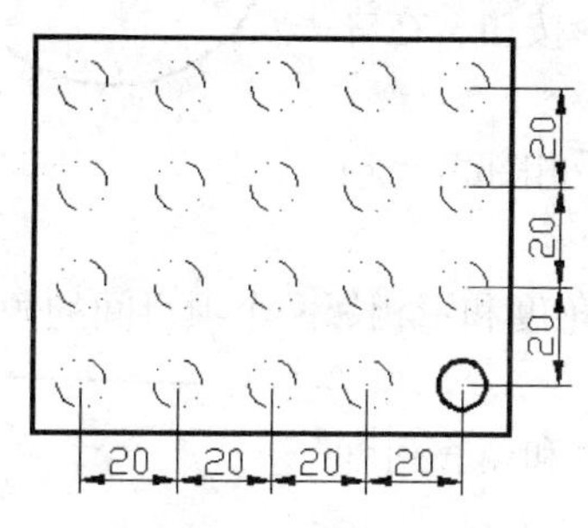

图 4-32　矩形阵列

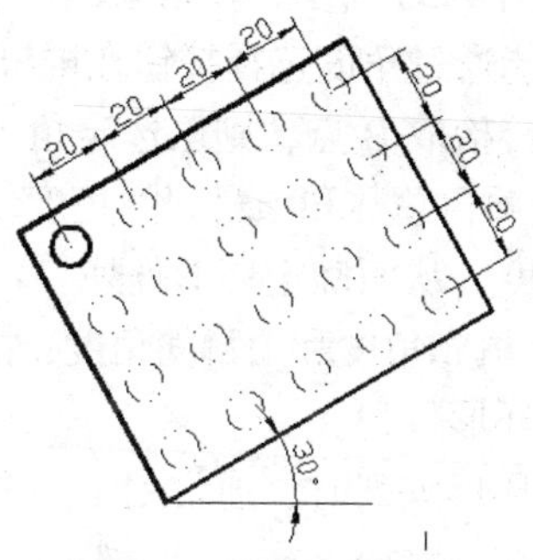

图 4-33　带角度的矩形阵列

阵列角度文本框后有一选择按钮，单击此按钮，对话框暂时隐藏，出现绘图窗口，在窗口中以参照的方式指定阵列角度。在屏幕中拾取两点，两点的连线与水平向右方向的夹角即为阵列角度。如图 4-33 所示，如果图中 30° 为未知，则只需单击角度后方的选择按钮，再在屏幕中先后单击斜置矩形左下角顶点和右下角顶点即可（若拾取两点的先后顺序反过来，则阵列又是另一形状）。

以上各项设置完毕后，在对话框右侧空白处有阵列效果的预览，确认后即可确定退出对话框，完成阵列。

2．环形阵列

（1）选择对象。在环形“阵列”对话框中，单击右上角“选择对象”按钮，对话框暂时隐藏，用户从绘图窗口中选择镜像的对象，选择完毕后确认，返回矩形“阵列”对话框。

（2）阵列中心点指定。环形阵列首先要确定环形中心点，在中心点选项 X、Y 文本框中可填入中心点的坐标值（X、Y 值）。单击文本框后的按钮，对话框暂时隐藏，出现绘图窗口，用鼠标光标在绘图窗口拾取环形阵列的中心点，指定后返回阵列对话框（在阵列操作时，一般采用在屏幕中拾取中心点的方法，因为中心点的 X、Y 坐标值一般不好确定）。

（3）方法和值选项。环形阵列的方法选项有 3 种形式：项目总数和填充角度、项目总数和项目间角度及填充角度和项目间角度，如图 4-34 所示。

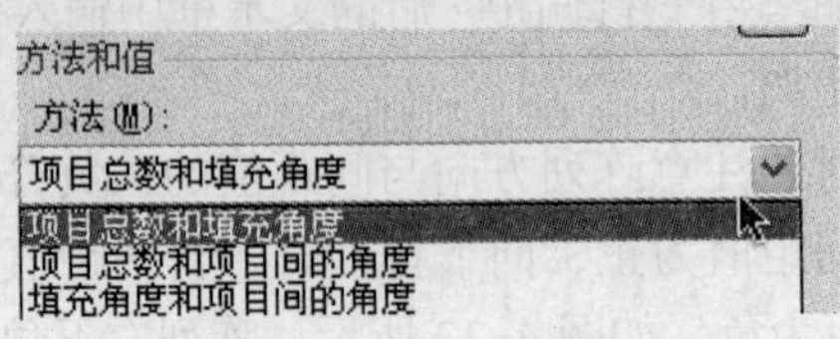

图 4-34　环形阵列选项

1）项目总数和填充角度：给定环形阵列的总个数和总个数在环形上的填充角度，在下方的文本框中填入总个数和填充角度（此选项时，项目间角度不可用）。输入填充角度时，注意阵列方向和输入角度的正负号，逆时针旋转的角度为正，顺时针旋转的角度为负。

填充角度文本框后的选择按钮用于从屏幕中以参照的方式指定填充角度。单击填充角度文本框后的选择按钮，对话框暂时隐藏，出现绘图窗口，在绘图窗口中拾取一点，则该点与阵列中心点的连线跟水平向右方向的夹角即为填充角度。

如图 4-35 所示，在角 AOB 上阵列的 4 个小圆，由于不知道角度值，只能通过角度选择按钮在屏幕中指定。单击角度选择按钮，在屏幕中直接拾取 B 点，则已选定角 AOB 为阵列填充角。

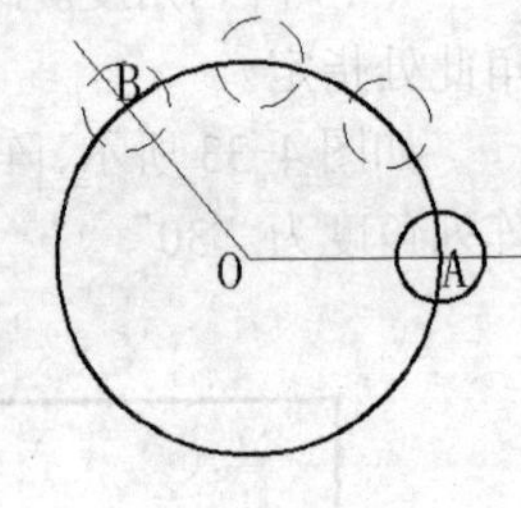

图 4-35　环形阵列

2）项目总数和项目间的角度：指环形阵列总个数以及相邻两个项目的角度，从而确定环形阵列。

3）填充角度和项目间角度：指定环形阵列填充的总角度和每相邻两个项目间的角度，从而确定环形阵列。

在环形阵列时，通常用 1）的形式来指定“项目总数和填充角度”。

4.8.4　对象的比例缩放

时实缩放只是视觉上的变化，并不能改变对象的尺寸，就如同隔着放大镜看物体一样，物体的大小本身并不变化，只是看起来像放大了。而比例缩放可以将一个对象按一定的比例缩小或放大。

1．启动命令

（1）选择菜单“修改”→“缩放”。

（2）单击“修改”工具条或面板上的“比例缩放”图标按钮。

（3）输入“SC”按〈Enter〉键确定。

2．选择需要进行比例缩放的对象

屏幕中选择对象，选择完毕后按〈Enter〉键确认

3．选择基点

比例缩放的基点是在缩放的过程中，位置不发生改变的点。光标在屏幕适当位置拾取基点。在画图操作中，注意基点位置的选择，基点位置选择不同，则缩放出来的效果是不一样的。

4．确定缩放比例

缩放比例是放大或缩小后的图形与原图形的比值。如图 4-36 所示，现需将粗实线的小正方形放大为原来的两倍。

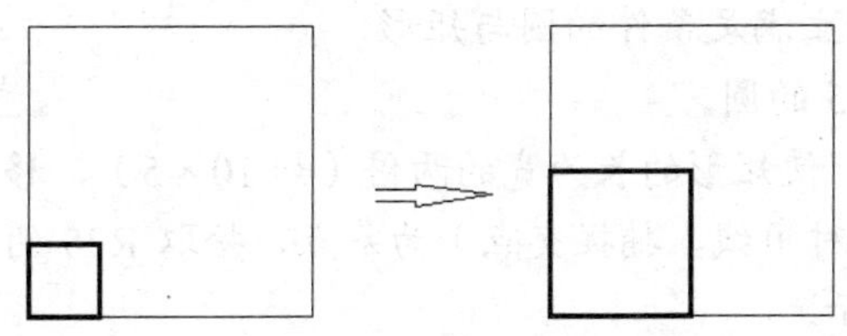

图 4-36　输入比例因子进行比例缩放

操作如下：

启动命令　　　　//输入“SC”按〈Enter〉键确定

选择对象　　　　//选择小正方形，选择完成后按〈Enter〉键确定

选择基点　　　　//光标拾取小正方形的左下角顶点

确定比例　　　　//输入 2 按〈Enter〉键确定

在进行比例缩放时，有时不知道具体比例值，只知道一些参照条件，也可以通过参照的方式来确定比例因子。如图 4-37 所示，C 点为小正方形对角线 AB 延长线上的任意一点，现在要求用比例缩放命令使得小正方形的顶点由 B 点变到 C 点。

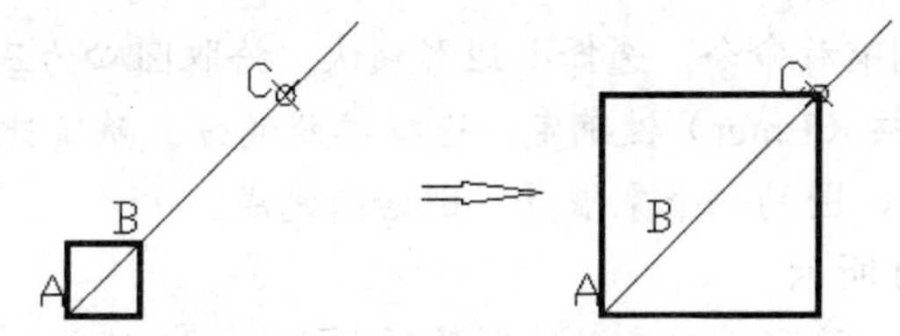

图 4-37　通过参照进行比例缩放

启动命令选择小正方形按〈Enter〉键确定，拾取 A 点为基点。当命令行提示输入比例因子时，输入“R”按〈Enter〉键确定，命令行提示“输入参照长度<1>”，默认的参照长度为 1，给定适当的参考长度按〈Enter〉键，命令行提示“输入新长度”，默认的新长度为 1，输入合适的新长度按〈Enter〉键确定，新长度的值与参照长度的值的比值，就是比例因子。

对于本例，命令行提示“输入参照长度<1>”时，也可以从屏幕上拾取两点，两点间的距离就是参照长度，那么新长度也从屏幕拾取另一点，此点与基点间的距离与参照长度所拾取的两点间距离的比值就是比例因子。对于本图操作如下：

启动命令　　　　//输入“SC”按〈Enter〉键确定

选择对象　　　　//选择小正方形，选择完成后按〈Enter〉键确定

选择基点　　　　//光标拾取小正方形的左下角顶点 A

确定比例[参照（R）]　　　　//输入“R”按〈Enter〉键确定

指定参照长度　　　　//拾取 A 点

拾取第二点　　　　//拾取 B 点

指定新长度 //激活对象捕捉到点的捕捉方式，拾取 C 点
//完成命令自动退出

例 1：绘制如图 4-38 所示。

步骤一：绘制任意独立满足条件的圆与矩形。

1）绘制一半径为 R25 的圆。

2）任意绘制一矩形，使矩形的长为宽的两倍（如 10×5），移动此矩形，采用对象追踪捕捉中心点（或绘制两条对角线，捕捉交点）为基点，拾取 R25 的圆心为目标点，将矩形移至圆中心，如图 4-39 所示。

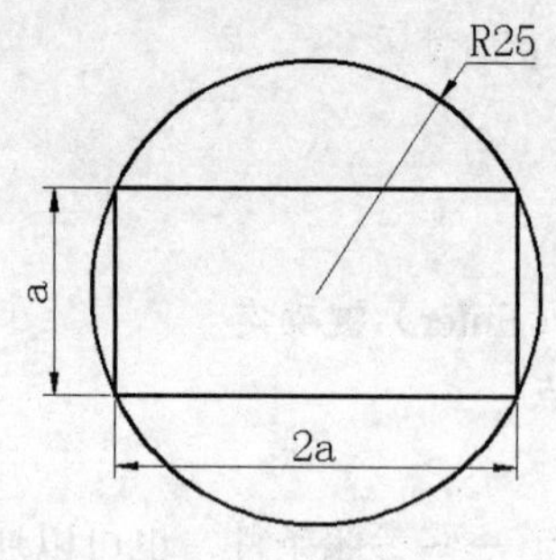

图 4-38 例 1

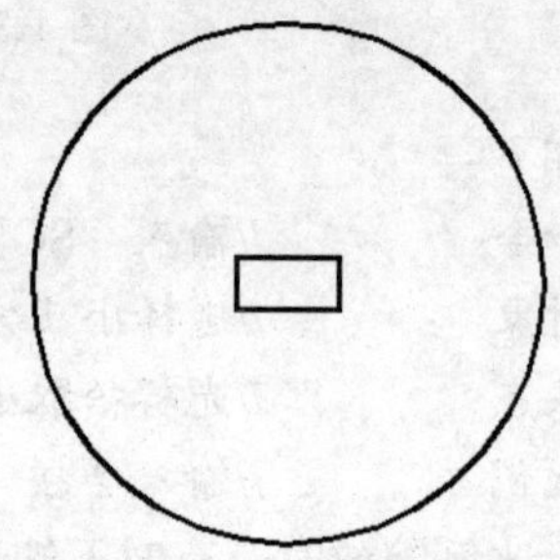

图 4-39 绘制任意独立满足条件的圆与矩形

步骤二：将矩形比例缩放。

输入“SC”启动比例缩放命令，选择小矩形确认，拾取圆心为基点，当命令行提示输入比例因子时，输入“R”按〈Enter〉键确定，选择参照的方式确定比例，先后分别捕捉拾取圆心点、矩形的一个顶点，圆的一个象限点，则绘图完成。

例 2：绘制如图 4-40 所示。

步骤一：绘制任意正八边形，以正八边形的顶点为圆心，边长为直径绘制 8 个圆，则此 8 个圆必然相互相切，如图 4-41 所示。

步骤二：选择菜单“圆”→“相切、相切、相切”法，任意在 8 个小圆内部拾取 3 个小圆，绘制一个与 8 个圆均相切的大圆，删除正八边形，如图 4-42 所示。

步骤三：输入“SC”按〈Enter〉键确定，启动比例缩放命令，选择所有圆确认，拾取中间大圆的圆心为基点。输入“R”采用参考的方式确定比例因子，拾取中间大圆的圆心及一个象限点为参考长度，再输入 20 为新长度。

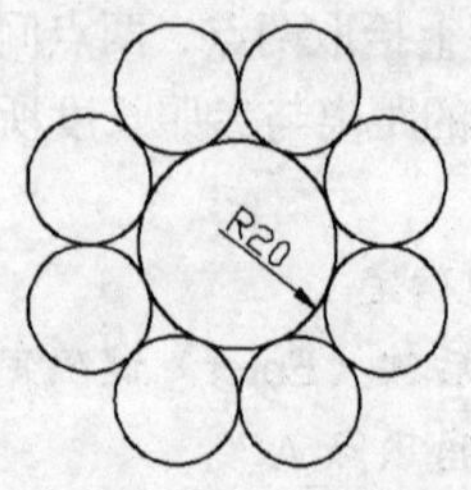

图 4-40 例 2 图

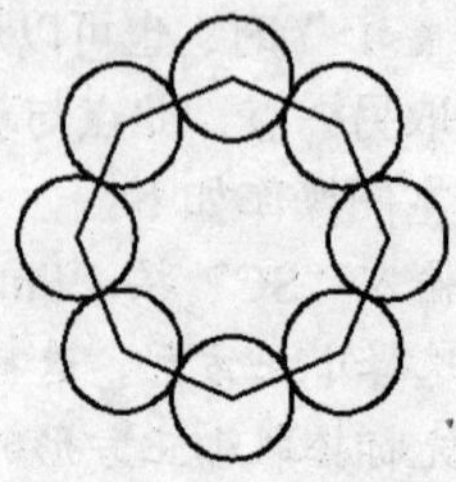

图 4-41 绘制小外圆

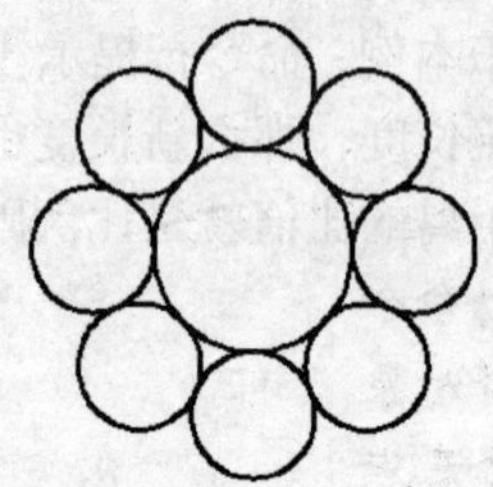

图 4-42 相切法绘制相切内圆

将整个图形以中心为基点，旋转 22.5° 即如图 4-40 所示的图形。

例 3：绘制如图 4-43 所示。

解法（一）：

步骤一：启动“REC”绘制一 50×50 的矩形，以矩形下边中点 A 为起点，画任意长度（如 10）的竖直线 AB，以 B 点为圆心，以两倍 AB 长为半径画圆，连接 A 点与矩形右上角的顶点，与圆相交于 C 点，连接 BC，如图 4-44 所示。

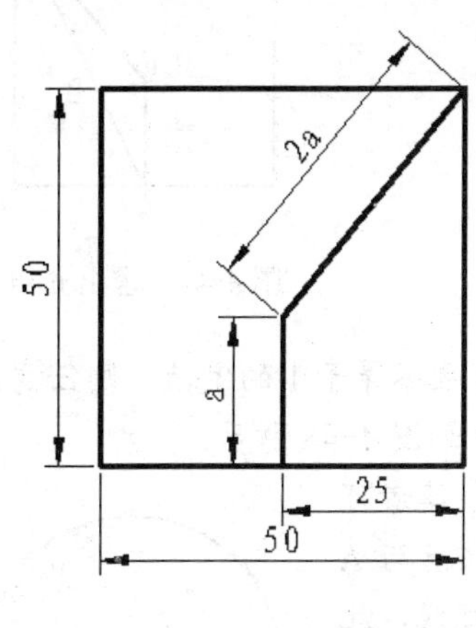

图 4-43　例 3 图

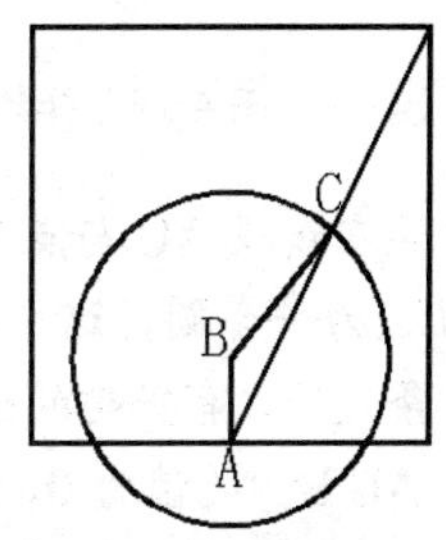

图 4-44　通过辅助圆解题

步骤二：启动“SC”命令，选择线段 AB 与 BC 确认，以 A 点为基点，输入“R”以参照方式确定比例因子，参照长度先后拾取 A、C 两点，新长度拾取矩形右上角顶点，删除辅助圆和辅助线即绘图完成。

上面运用比例缩放法是其中一种解法，有兴趣的读者还可以尝试下一种解法：阿波罗尼斯圆法。

解法（二）：

步骤一：启动“REC”绘制一 50×50 的矩形，连接矩形下边中点 A 点与矩形右上角的顶点 C 点。输入“DIV”启动等分线段的命令，将线段 AC 等分为 3 段，设第一个等分点为 B 点，如图 4-45 所示。

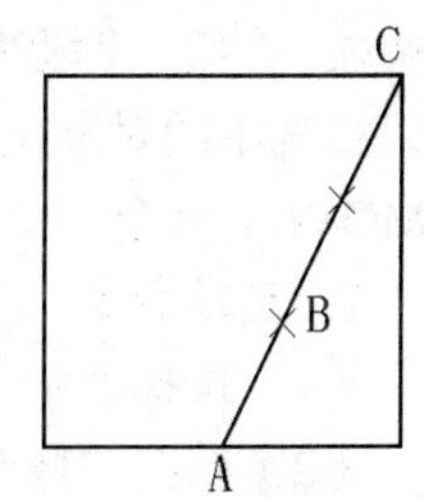

图 4-45　分解辅助线段

步骤二：以 A 为圆心，以任意足够的长度为半径（如 20）画圆，再以 C 为圆心，以圆 A 半径的两倍为半径画另一圆，使圆 A 与圆 C 有交点（第一个圆 A 的半径足够长，目的就是保证两个圆要有交点）。设其中一个交点为 D 点，过 D、B 与矩形右下角的顶点，用三点法画圆（我们发现圆 A 与圆 C 的另一个交点也在三点法所画的圆上），如图 4-46 所示。

步骤三：删除圆 A 与圆 C，以 A 点为起点，向上画竖直线与前面三点法所画的圆交于 E 点，连接 CE，则 AE 与 CE 就是我们要求的线段，如图 4-47 所示。

步骤四：删除三点法画的辅助圆和辅助线，清除不必要的点和字母，即得如图 6-43 所示的图形。

前面在做第二步时，我们发现圆 A 与圆 C 的另一个交点也在三点法所画的圆上。其实只要求证圆 C 的半径为圆 A 的两倍，且两圆有交点，则任意画圆，他们的交点都必然在这个三点法画出的圆上，这个圆就叫“阿波罗尼斯圆”。这个规律推广开来，得下面的阿波罗尼斯圆的一般性描述。

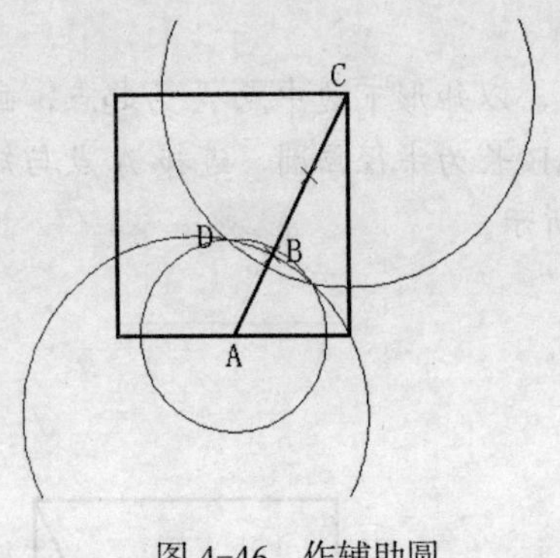

图 4-46 作辅助圆

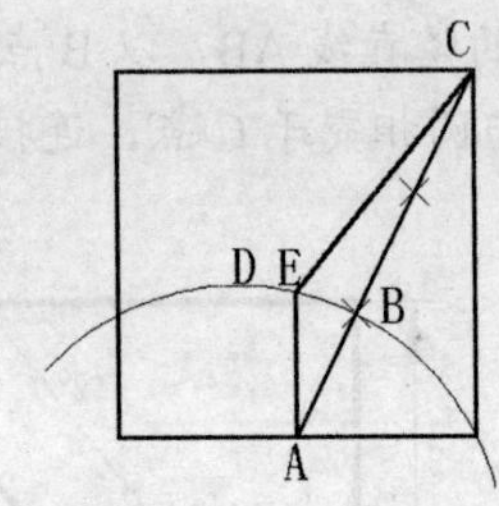

图 4-47 求出 E 点

平面中存在线段 AC 与点 B，若 AB/BC 为大于 0 且不等于 1 的定值，则任意满足此条件的 B 点的轨迹为一个圆，这个圆称作阿波罗尼斯圆，如图 4-48 所示。

这是一条定理，有兴趣的读者可以用解析法证明。读者可以想象，若 AB/BC 的值为 0，则 B 点就是一个点，该点与 A 点重合；若 AB/BC 的值为 1，则 B 点的轨迹为一条直线，此直线就是线段 AC 的垂直平分线。

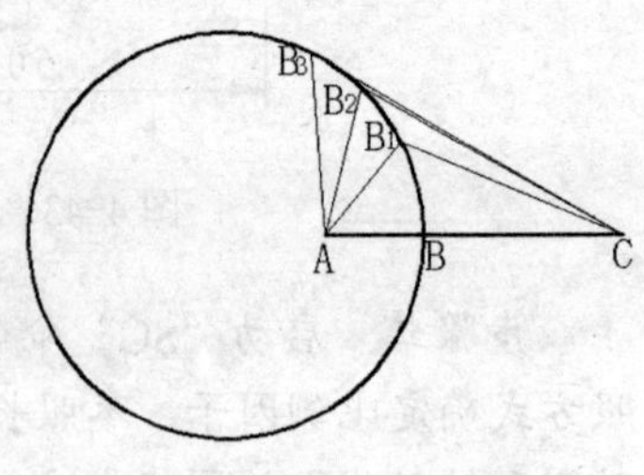

图 4-48 阿波罗尼斯圆的作图

4.8.5 拉伸对象

拉伸命令（STRETCH）可拉伸与选择窗口相交的圆弧、椭圆弧、直线、多段线、宽线和样条曲线等非连续封闭的对象，可以将选中的对象拉成异形，也可移动窗口内的端点，而不改变窗口外的端点，类似于移动（MOVE）命令。

1．启动命令

（1）选择菜单“修改”→“拉伸”。

（2）单击“修改”工具条或面板上的“拉伸”图标按钮。

（3）输入“S”按〈Enter〉键确定。

2．选择需要拉伸的对象

屏幕中选择对象，一次只能选择拉伸一个对象。拉伸对象时，只能选择对象中需要拉伸的部分，不能将对象全部选择，若全部选择，则成移动对象，因此，需要采用窗交的选择方式。如图 4-49 所示，若需拉伸矩形右下角，则用窗交方式选择矩形右下角，若需拉伸左半部分，则用窗交方式选择矩形左侧。

3．选择基点

屏幕中拾取基点。拉伸基点是拉伸位置的参照点。

4．指定第二点或用第一点做位移

选择基点后，系统提示指定第二点，从屏幕中拾取点，第二点与基点的相对位置确定拉伸的位置；或者输入第二点相对于基点的相对坐标值。

如图 4-50 所示，拉伸操作过程及拉伸前后的效果。

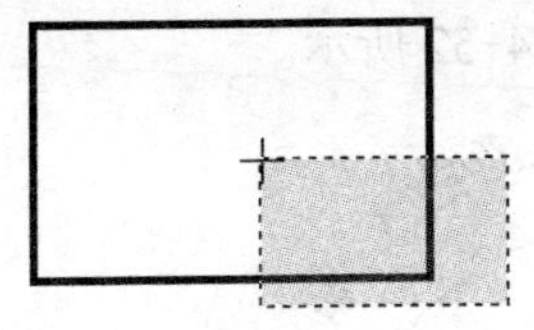

图 4-49　拉伸的选择方式

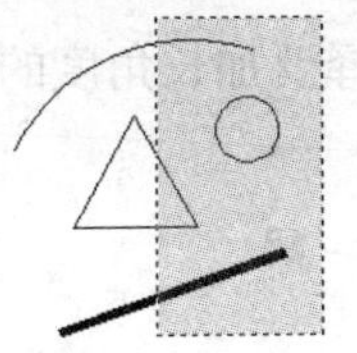
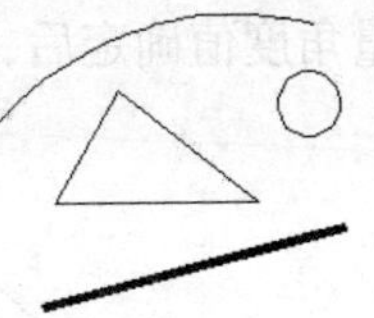

图 4-50　拉伸效果

4.8.6　拉长对象

拉长对象可以调整非封闭对象大小，使其在一个方向上是按比例增大或缩小；也可以通过移动端点、顶点或控制点来拉伸某些对象；还可以更改圆弧的包含角和某些对象的长度；并且还能修改开放直线、圆弧、开放多段线、椭圆弧和开放样条曲线的长度。

拉长结果与延伸和修剪相似，在处理上述类型的对象上的，又与拉伸对象或者使用夹点拉伸较为相似。拉长命令不能对单独的封闭对象（如圆、椭圆、矩形、多边形、封闭多段线等）进行处理。

拉长命令提供了 4 种方式选项对选定的对象进行拉长或缩短，分别是动态拖动对象的端点、按总长度或角度的百分比指定新长度或角度、指定从端点开始测量的增量长度或角度、指定对象的总绝对长度或包含角。

1．启动命令

（1）选择菜单“修改”→“拉长”。

（2）输入“LEN”按〈Enter〉键确定。

2．选择对象

启动命令后，有 5 个选项，命令行提示如下：选择对象或 [增量(DE)/百分数(P)/全部(T)/动态(DY)]。光标拾取对象。鼠标在选择对象时，命令行显示了拉长的对象的一些信息，如长度、角度等，可供拉长方式的选择作参考。

拉长命令有 4 种拉长对象的方式。

（1）增量。输入“DE”按〈Enter〉键确定，此时有两个选项，长度增量值和角度增量值。

1）长度增量值：直接输入长度增量值，如将原对象的长度增加 50，则直接输入“50”按〈Enter〉键确定，对象长度在原来长度基础上增长 50，可输入负值，减短长度；或从屏幕中拾取两点，两点间的距离为对象增加的长度。

增量值确定后，选择要加长的对象，直线或曲线长度在原基础上加长给定的长度，如图 4-51 所示。

2）角度增量值：输入“A”按〈Enter〉键确定，再输入角度增量值；或从屏幕中拾取两点，两点连线跟第一点水平向右方向的夹角就是增量角。

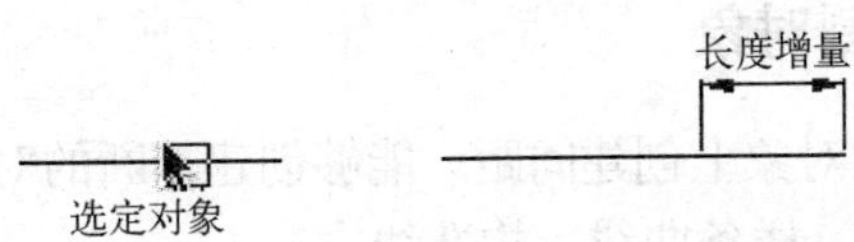

图 4-51　用长度增量加长直线

增量角度值确定后，选择要加长角度的弧形对象，如图 4-52 所示。

图 4-52 用角度增量加长圆弧

（2）百分数。输入“P”按〈Enter〉键确定，通过指定对象增加后的总长度为原长度的百分数来设置对象长度。百分数也按照圆弧总包含角的指定百分比修改圆弧角度。百分数小于 100 为缩短对象，大于 100 为加大对象。输入百分数后按〈Enter〉键确定，选择要加长的对象。

（3）全部。输入“T”按〈Enter〉键确定，通过指定编辑完成后，对象的长度或角度值来设定拉长的方法，即不论拉长前的长度或角度是多少，只在操作中输入加长后的值。此时有两个选项：指定总长度和指定总角度。

1）指定总长度：直接输入总长度值，如 50，则选择对象后，对象的总长度变为 50；或从屏幕中拾取两点，两点间的距离为编辑后对象的总长度。

总长度确定后，选择要加长的对象，直线或曲线长度变为指定的新长度，如图 4-53 所示。

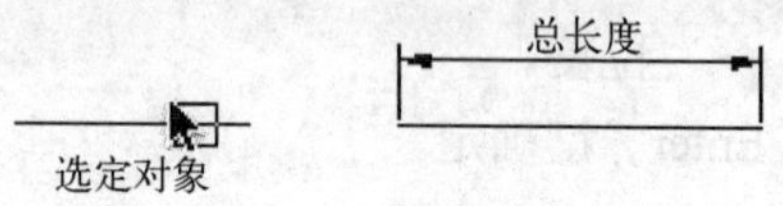

图 4-53 用全部选项加长直线

2）指定总角度：输入“A”按〈Enter〉键确定，再输入总角度值；或从屏幕中拾取两点，两点连线跟第一点水平向右方向的夹角就是编辑后的角度值。

编辑后的角度值确定后，选择要加长角度的弧形对象，如图 4-54 所示。

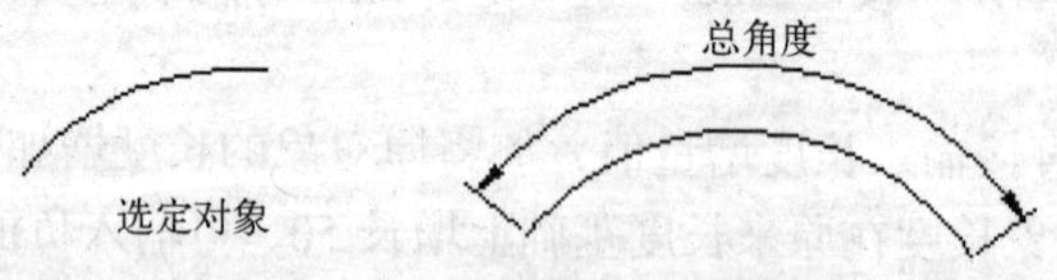

图 4-54 用全部选项加长圆弧

（4）动态。输入“DY”按〈Enter〉键确定，打开动态拖动模式。通过拖动选定对象的端点之一来改变其长度。其他端点保持不变。

启动一次拉长命令可以重复多次选择对象，直到按〈Enter〉结束命令。

4.8.7 打断与分割对象

打断命令 BREAK 是在对象上创建间距。能够创建打断的对象包括圆弧、圆、椭圆和椭圆弧、直线、多段线、射线、样条曲线、构造线。

打断对象有两种选项方式供选择：① 在第一个打断点选择对象并指定第二个打断点；②

选择整个对象，然后指定两个打断点。

1．启动命令

（1）选择菜单“修改”→“打断”。

（2）单击“修改”工具条或面板上的“打断”图标按钮。

（3）输入“BR”按〈Enter〉键确定。

2．选择需要打断的对象

在屏幕中选择对象。

3．选择打断点

1）直接选择第二个打断点。默认情况下，选择对象时拾取的点为第一个打断点，选择对象后，系统提示指定第二个打断点。从选择的对象上再拾取一点，则选择对象时拾取的点和这一点间的部分被打断，若对象是圆弧线，则两点先后会按逆时针方向打断。

2）输入“F”按〈Enter〉键确定，重新指定第一个打断点。如果系统不把选择对象时拾取的点作为打断对象的第一点，需另外指定第一点，然后再指定第二点。

打断直线对象的效果如图 4-55 所示。

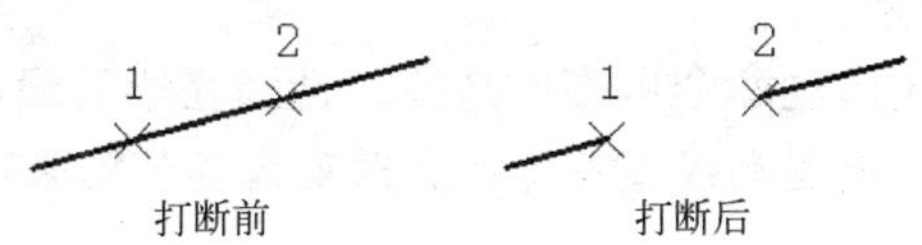

图 4-55　拾取两点打断

打断命令将删除在两个指定点之间的部分。如果第二个点不在对象上，则 AutoCAD 将选择对象上与之最接近的点，打断中间部分。

如果要将对象一分为二并且不删除某个部分，指定的两个打断点应在同一位置上。通过输入“@0，0”指定第二个点即可实现分割。

此外，单击“分割命令”工具条上的图标按钮也可以实现将对象分割，用法是：① 单击图标启动命令；② 选择要分割的对象；③ 从对象上拾取分割断点。分割效果如图 4-56 所示。

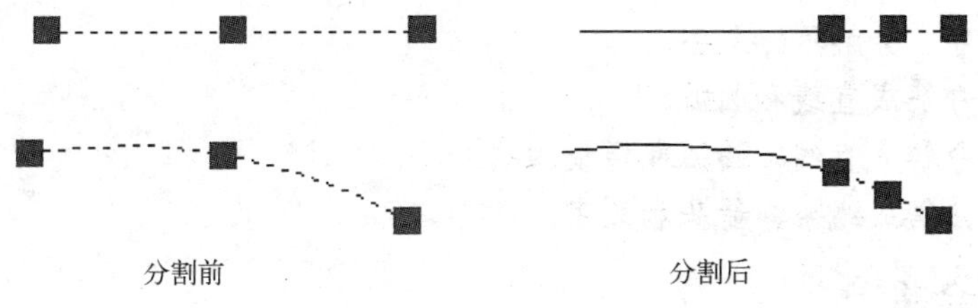

图 4-56　单点打断（即分割）

直线、圆弧、圆、多段线、椭圆、样条曲线、圆环以及其他几种对象类型都可以拆分为两个对象或将其中的一端删除。

AutoCAD 按逆时针方向删除圆上第一个打断点到第二个打断点之间的部分，从而将圆转换成圆弧，如图 4-57 所示。

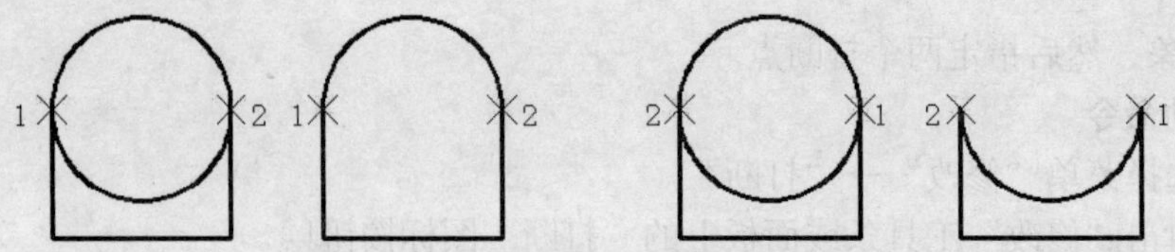

图 4-57　打断圆弧时选择点的顺序

4.8.8　分解对象

分解命令 EXPLODE 可以将一个单一的整体对象打散成一些单独的对象，如矩形分解后为单独的直线等。

1．启动命令

（1）选择菜单“修改”→“分解”。

（2）单击“修改”工具条或面板上的“分解”图标按钮。

（3）输入“X”按〈Enter〉键确定。

2．选择需要分解的对象

屏幕中选择对象，一次启动命令可多次选择，选择完毕后确认退出命令。

任何分解对象的颜色、线型和线宽都可能会改变。其他结果取决于所分解的合成对象的类型。

对于矩形、多边形等，分解成单条的线条。

对于有宽度的多段线，AutoCAD 沿多段线中心放置所得的直线和圆弧，如图 4-58 所示。

图 4-58　分解有宽度的线条

对于块，一次删除一个编组级。如果一个块包含一个多段线或嵌套块，那么对该块的分解就首先显露出该多段线或嵌套块，然后再分别分解该块中的各个对象。

对于多行文字，分解单行文字。

对于多线，分解成直线和圆弧。

对于面域，分解成直线、圆弧或样条曲线。

对于尺寸，分解成线条、箭头和文字。

4.8.9　合并

1．启动命令

（1）选择菜单“修改”→“合并”。

（2）单击“修改”工具条或面板上的“合并”图标按钮。

（3）输入“J”按〈Enter〉键确定。

2．选择源对象

源对象只有一个，可以是一条直线、多段线、圆弧、椭圆弧、样条曲线或螺旋。

3. 选择要将其合并到源的对象

选择一个或多个对象，完成后确认，会发现合并后多个对象合并成为一个对象。要合并到源的对象根据前面所选的源对象确定对象的属性。

（1）如果源对象是直线，则要合并到源的对象也是直线，直线对象必须共线（位于同一无限长的直线上），但是它们之间可以有间隙，如图 4-59 所示。

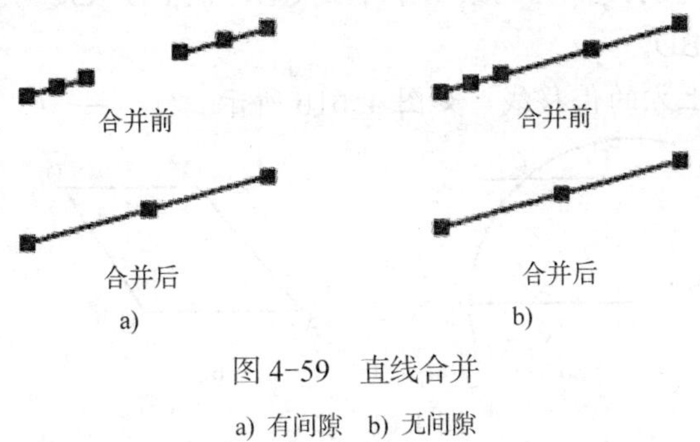

图 4-59　直线合并

a) 有间隙　b) 无间隙

（2）如果所选的源对象是多段线，合并对象可以是直线、多段线或圆弧。对象之间不能有间隙，并且必须位于与 UCS 的 XY 平面平行的同一平面上。

（3）如果所选的源对象是圆弧，合并对象也只是圆弧。圆弧对象必须位于同一假想的圆上，但是它们之间可以有间隙。“闭合”选项可将源圆弧转换成圆。圆弧合并时，将按逆时针方向连接。

（4）如果所选的源对象是椭圆弧，则合并对象也是椭圆弧。椭圆弧必须位于同一假想的椭圆上，但是它们之间可以有间隙。“闭合”选项可将源椭圆弧闭合成完整的椭圆。椭圆弧的合并也按逆时针方向连接。

（5）如果所选的源对象是样条线或者螺旋线时，则合并对象可以是样条线或螺旋线。样条曲线和螺旋对象必须相接（端点对端点）。结果对象是单个样条曲线。

4.9　绘图实例

本节通过实例综合讲述二维绘图与编辑的运用。

4.9.1　实例（一）

绘制如图 4-60 所示。

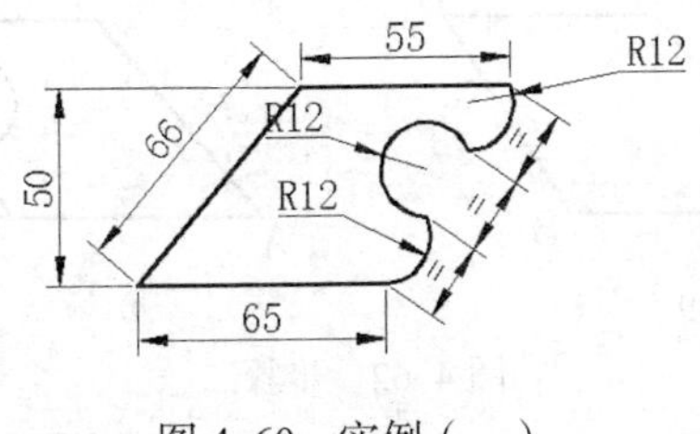

图 4-60　实例（一）

分析：共分两大步，先绘制直线，再绘制圆弧。

步骤一：绘制直线。

启动直线命令，在屏幕中任意拾取起点，沿水平方向画长为 65，得出直线 AB。

输入“O”按〈Enter〉键确定，启动偏移命令，输入偏移距离为 50，选择直线 AB，在直线 AB 上方任意拾取一点，以确定偏移方向向上，得出与水平线 AB 距离为 50 的平行直线。

以 A 点为圆心，66 为半径画圆，圆与 AB 的上方偏移线相交于 C 点，如图 4-61a 所示。

启动直线命令，以 C 为起点，向右画水平线 CD，使 CD 长度为 55。

用直线连接 AC 与 BD。

删除辅助圆及 AB 上方的偏移线，如图 4-61b 所示。

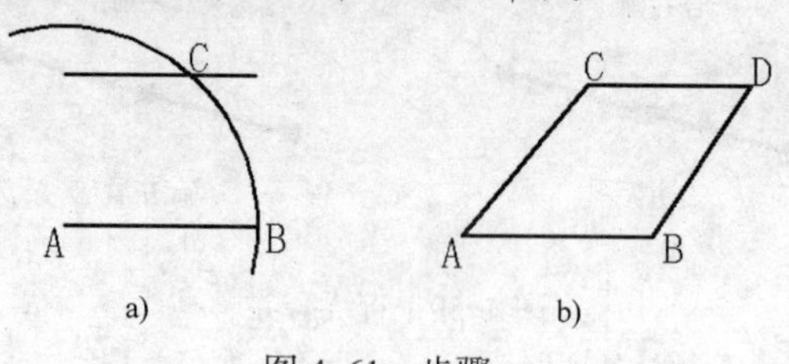

图 4-61 步骤一

a) 求 C 点 b) 求直线 CD、AC 与 BD

步骤二：绘制圆弧。

选择菜单“格式”→“点样式”，打开“点样式”对话框，从中选择一种可见的点样式。

输入“DIV”按〈Enter〉键确定，选择直线 BD，再输入“3”按〈Enter〉键确定，将直线 BD 等分成三段，如图 4-62a 所示。

在状态栏的“对象捕捉”按钮上单击鼠标右键，选择“草图设置”选项，打开“草图设置”对话框，在“对象捕捉”选项卡上勾选“节点”。

输入“A”按〈Enter〉键确定启动画圆弧命令，拾取 B 点为起点；输入“E”按〈Enter〉键确定，拾取自下而上的第一个节点为端点；输入“R”按〈Enter〉键确定，输入“12”按〈Enter〉键确定，画出第一段圆弧。

再次输入“A”按〈Enter〉键确定启动画圆弧命令，拾取自下而上的第二个节点为起点；输入“E”按〈Enter〉键确定，拾取自下而上的第一个节点为端点；输入“R”按〈Enter〉键确定，输入“-12”按〈Enter〉键确定，画出第二段圆弧。

第三次输入“A”按〈Enter〉键确定启动画圆弧命令，拾取自下而上的第二个节点为起点；输入“E”按〈Enter〉键确定，拾取 D 点为端点；输入“R”按〈Enter〉键确定，输入“12”按〈Enter〉键确定，画出第三段圆弧，如图 4-62b 所示。

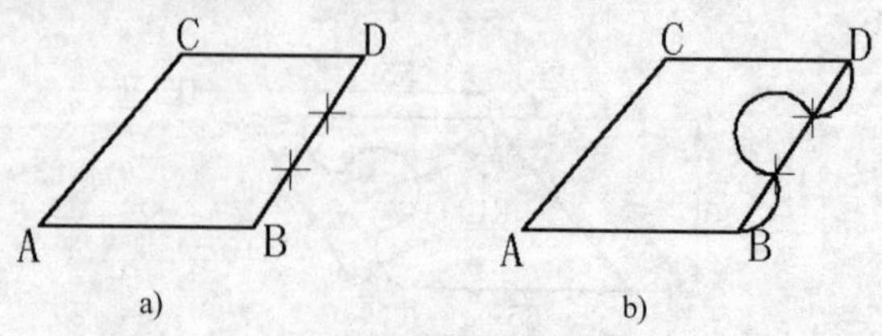

图 4-62 步骤二

a) 三等分直线 BD b) 画圆弧

删除字母、点及直线 BD，完成绘图。

4.9.2　实例（二）

绘制如图 4-63 所示。

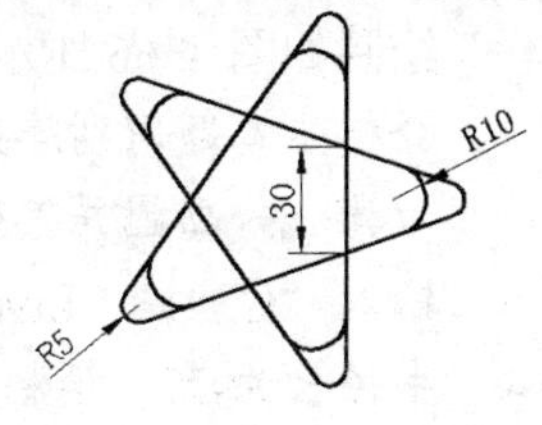

图 4-63　实例（二）图

分析：这一图虽然规则，好象并不简单，如果倒圆角运用较好，做起来是十分简单的。

步骤一：绘制正五边形。

输入“POL”按〈Enter〉键确定，输入多边形的边数为“5”按〈Enter〉键确定。

输入“E”按〈Enter〉键确定，用确定边的方法绘制正五边形。

在屏幕中任意拾取一点为正五边形边上的一点，输入边上另一点相对于第一点的坐标值为“0, 30”按〈Enter〉键确定，绘制完成正五边形。

步骤二：倒圆角 R10。

输入“X”按〈Enter〉键确定，选择正五边形，将其分解。

输入“F”按〈Enter〉键确定，启动倒圆角命令。

输入“R”按〈Enter〉键确定，输入圆角半径为“10”按〈Enter〉键确定。

输入“M”按〈Enter〉键确定，进行多个圆角。

拾取前面所画的正五边形的边，注意边的相对位置，如图 4-64a 所示，圆角效果如图 4-64b 所示。

同样的方法，拾取其他边倒圆角，完成的圆角如图 4-64c 所示。

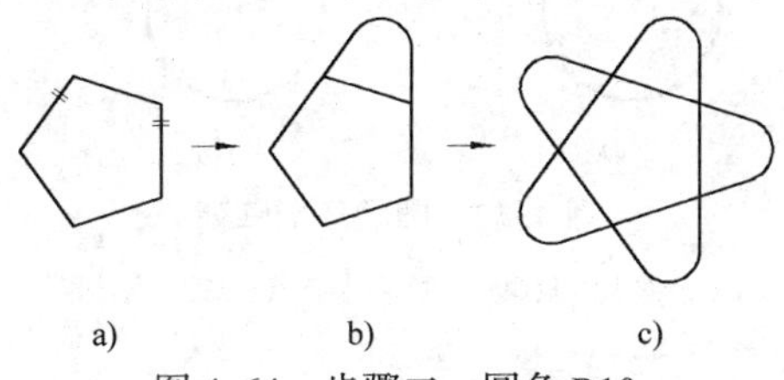

a)　　b)　　c)

图 4-64　步骤二，圆角 R10

a) 拾取对边圆角　b) 完成一个圆角的效果　c) 完成全部圆角 R10 结果

步骤三：圆角 R5。

输入“F”按〈Enter〉键确定，启动倒圆角命令。

输入“R”按〈Enter〉键确定，输入圆角半径为“5”按〈Enter〉键确定。

输入“M”按〈Enter〉键确定，进行多个圆角。

拾取前面前面倒角所得的图形的边，注意边的相对位置，如图 4-65a 所示，圆角效果如图 4-65b 所示。

同样的方法，拾取其他的对边，即可完成绘图，如图 4-65c 所示。

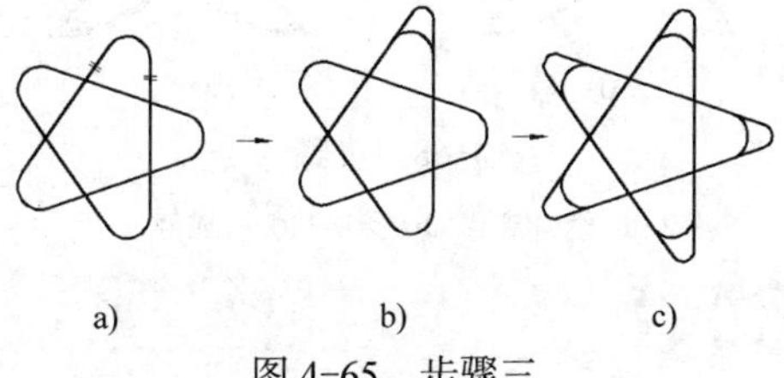

a)　　b)　　c)

图 4-65　步骤三

a) 拾取对边圆角　b) 完成一个圆角的效果　c) 完成全部圆角 R5 结果

4.9.3 实例（三）

绘制如图 4-66 所示。

分析：本题用到阵列与倒圆角的方法。

步骤一：画圆并阵列。

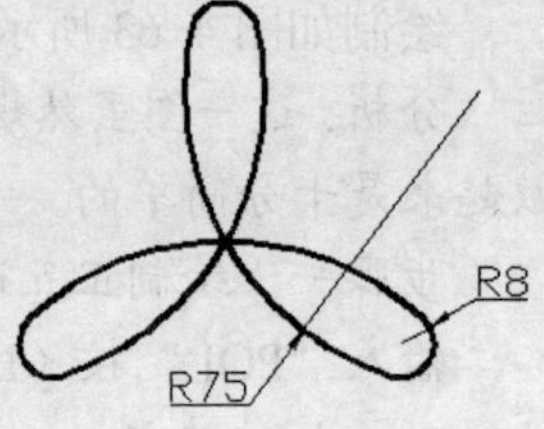

图 4-66 实例（三）图

输入“C”按〈Enter〉键确定，在屏幕上任意拾取一点为圆心，半径长为 75，绘制一圆。

输入“AR”按〈Enter〉键确定，启动阵列命令，在“阵列”对话框中选择环形阵列选项，阵列个数为 3 个，在 360° 圆周内旋转。

单击阵列中心点后的按钮，对话框暂时隐藏，在屏幕中指定阵列中心点：捕捉拾取 R75 圆的最上方象限点为阵列中心点（如图 4-67a 所示），返回对话框。

单击阵列对象后面的按钮，在屏幕中拾取 R75 的圆为阵列对象，返回对话框单击“确定”，阵列的结果如图 4-67b 所示。

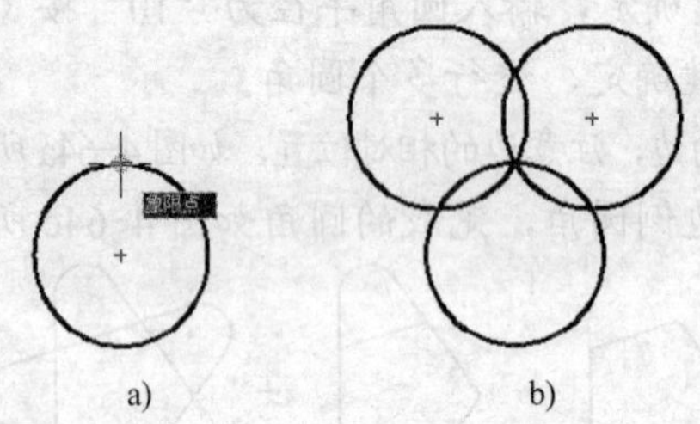

图 4-67 圆的环形阵列

a) 拾取上方限象点为阵列中心点 b) 阵列结果

步骤二：修剪与圆角。

输入“TR”按〈Enter〉键确定，启动修剪命令，选择阵列得到的 3 个圆为边界，确认后再选择 3 个圆的外部（需要修剪的部分），修剪结果如图 4-68a 所示。

输入“F”按〈Enter〉键确定，启动圆角命令，输入“R”按〈Enter〉键确定，输入半径为“8”按〈Enter〉键确定，输入“M”按〈Enter〉键确定，倒多个圆角。

分别拾取修剪所得到的各圆弧边，如图 4-68b 所示，完成圆角完成绘图。

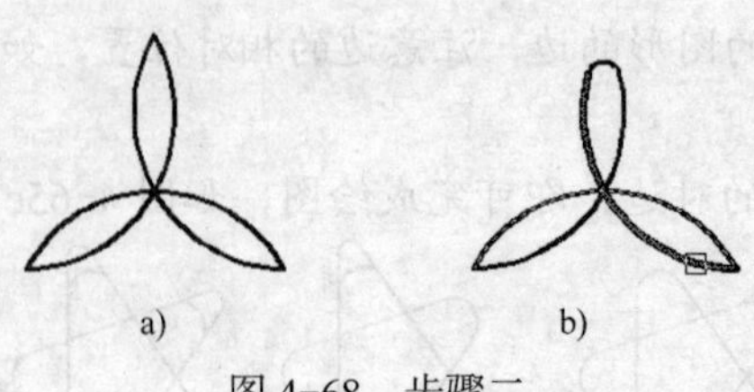

图 4-68 步骤二

a) 修剪结果 b) 拾取圆弧边圆角

4.9.4 实例（四）

绘制如图 4-69 所示。

分析：本题具有一定的难度，综合运用到了一些编辑命令，而且还用到了平面几何中一个原理：圆周角相等的原理。

步骤一：绘制水平与竖直线部分。

输入“L”按〈Enter〉键确定，启动直线命令，在屏幕中任意拾取起点，分别输入相对坐标值“@0,-30”、“@80,0”和“@0,30”，绘制完成水平与竖直线部分，如图 4-70 所示。

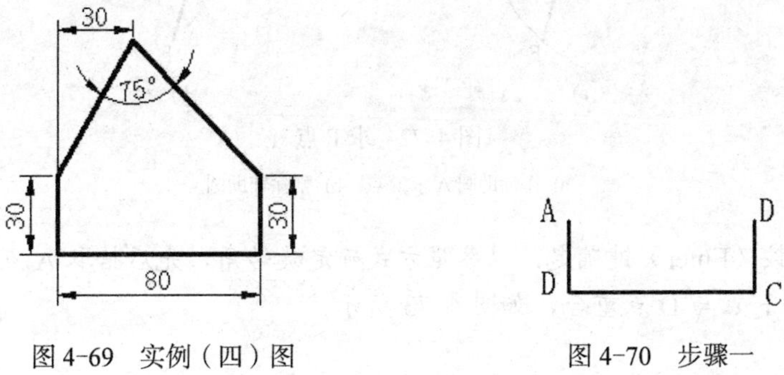

图 4-69　实例（四）图　　　　图 4-70　步骤一

步骤二：保证 75° 任意绘制斜直线。

输入“O”按〈Enter〉键确定，输入偏移距离为“30”，拾取直线 AD，在 AD 的右边任意拾取一点。

选中偏移线，分别激活上下两端的夹点，将偏移线在上下方向拉长，再展开“特性”工具条的“线宽”下拉列表，从中选择“0.00”，使偏移线变为细线。

再输入“L”按〈Enter〉键确定，以 A 点起点，向右上角方向任意画斜线，与偏移的竖直线交于 E 点。

选中直线 AE，激活夹点 E 点，单击鼠标右键，从快捷菜单中选择“旋转”选项，从命令行中输入“C”按〈Enter〉键确定，再输入旋转角度为“75”，旋转复制，如图 4-71 所示。

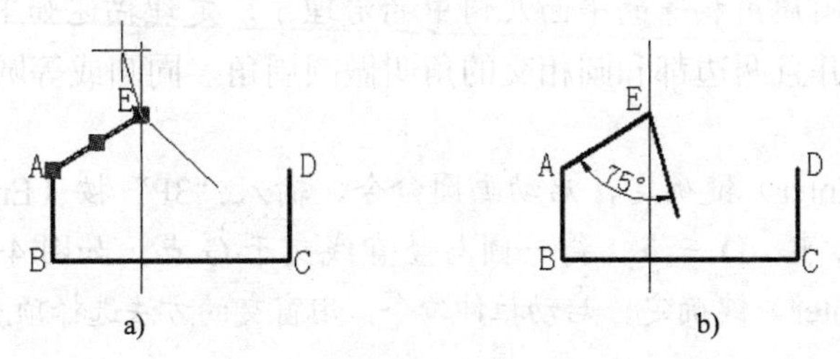

图 4-71　步骤二

a) 激活 E 夹点，旋转复制 EA　b) 旋转复制的结果

步骤三：通过辅助圆与旋转命令，将图形闭合。

如图 4-71b 所示的图形是一个开放的图形，需要想办法将其封闭。

输入“C”按〈Enter〉键确定，以 A 为圆心，以 AC 长为半径，绘制一辅助圆。

输入“EX”按〈Enter〉键确定，选择圆为延长边界确认，拾取 EA 的旋转复制线，将其延长，与前面所画的圆交于 F 点；如图 4-72a 所示。

删除辅助圆，如图 4-72b 所示。

输入“RO”按〈Enter〉键确定，启动旋转命令，选择线段 AE 与 EF 为旋转对象确认，拾取 A 点为旋转中心点。

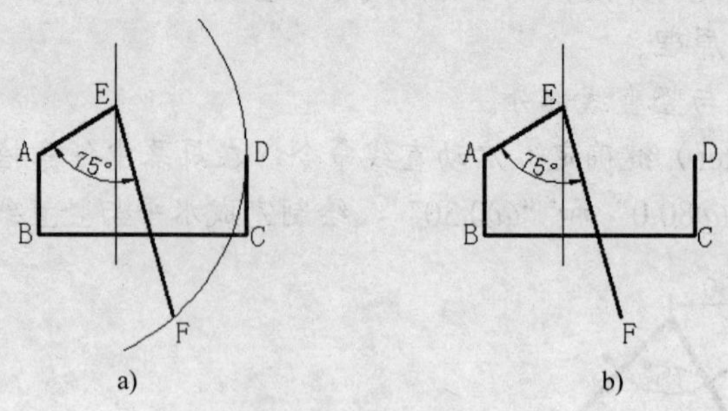

图 4-72 求 F 点

a) 作辅助圆 A 求 F 点 b) 删除辅助圆

输入“R”按〈Enter〉键确定，以参照方式确定旋转角，先后拾取 A 点、F 点和 D 点，完成旋转，使得 F 点与 D 点重合，如图 4-73 所示。

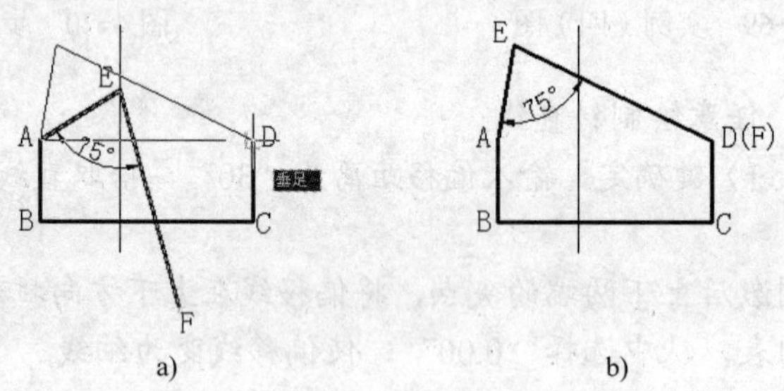

图 4-73 旋转斜线以封闭图形

a) 旋转操作 b) 旋转结果

步骤四：通过辅助圆拉伸 E 点以定位。

在这里，就要用圆周角相等的平面几何中的定理了，定理描述如下：

顶点在圆周上，并且两边都和圆相交的角叫做圆周角。同圆或等圆中，同弧或等弧所对的圆周角相等。

输入“C”按〈Enter〉键确定，启动画圆命令，输入“3P”按〈Enter〉键确定，以三点法画圆，分别拾取 A、E、D 三点，得一圆与竖直线交于 G 点，如图 4-74a 所示。

输入“S”按〈Enter〉键确定，启动拉伸命令，用窗交的方法选择顶点 E 及其附近的线条，如图 4-74b 所示。

以 E 点为基点拉伸至 G 点，使 E 点与 G 点重合，按下鼠标左键，如图 4-74c 所示。

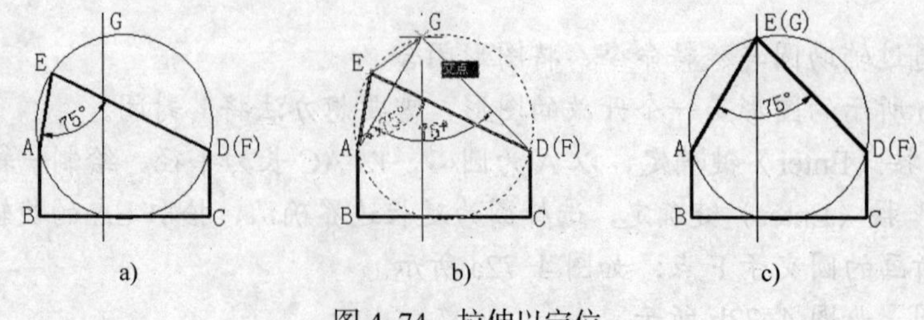

图 4-74 拉伸以定位

a) 作辅助圆 b) 拉伸 c) 拉伸结果

删除辅助圆，清理掉不必要的点，完成绘图。

4.9.5　实例（五）

绘制如图 4-75 所示图形。

分析：本题用到多段线画外边轮廓，定数等分直线以及两点画圆法。

步骤一：绘制直线并作定数等分。

输入“L”启动直线命令，从屏幕任意拾取一点为起点，输入第二点相对于第一点的坐标值“@41，0”按〈Enter〉键确定，绘制一条直线。

选择菜单“格式”→“点样式”，打开“点样式”对话框，选择一种点的样式，如图 4-76 所示。

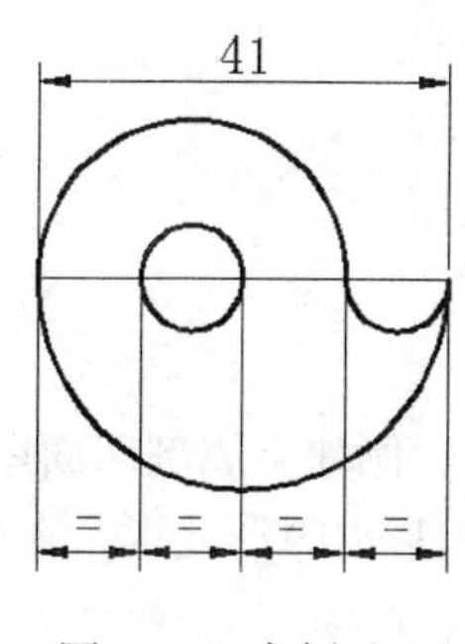

图 4-75　实例（五）

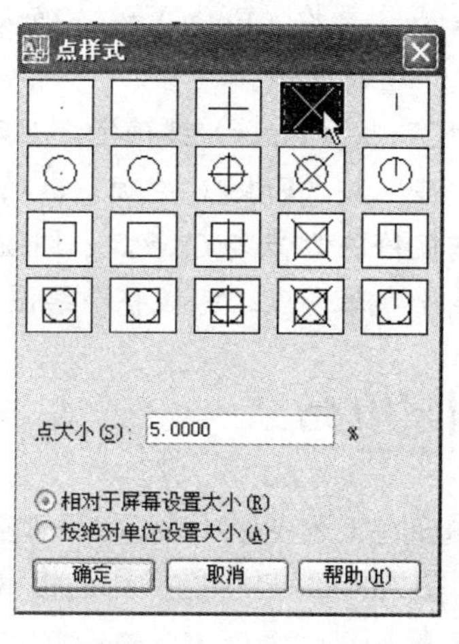

图 4-76　选择点样式

输入“DIV”按〈Enter〉键确定，定数等分刚刚画的直线，选择直线，输入“4”按〈Enter〉键确定，将直线等分成 4 段，完成等分后图为  。

在状态栏的“对象捕捉”按钮上单击鼠标右键，打开“草图设置”对话框，打开“对象捕捉”选项卡，确定“捕捉到节点”前的复选框勾选，处于自动捕捉状态，单击“确定”按钮关闭“草图设置”对话框。

步骤二：用多段线绘制外轮廓（为讲述方便，作者在每个点上标上字母，分别为 A、B、C、D 和 E）。

打开“特性”工具条，展开线宽列表，从中选择线宽为 0.3。

输入“PL”按〈Enter〉键确定，启动多段线命令。

捕捉 A 点为多段线起点，输入“A”按〈Enter〉键确定，绘制多段圆弧。

输入“D”按〈Enter〉键确定，然后在 A 点正上方拾取一点，以确定圆弧的切线方向向上，如图 4-77 所示。

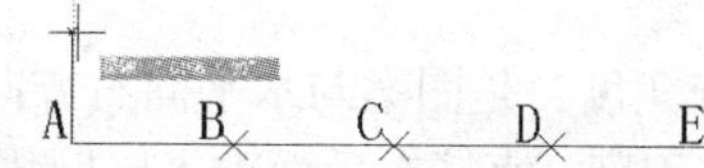

图 4-77　绘制多段圆弧，确定切线方向

依次拾取 D、E 两点，再输入“D”按〈Enter〉键确定，在 E 点的正下方拾取一点，以确定多段圆弧的切线方向向下，如图 4-78 所示。

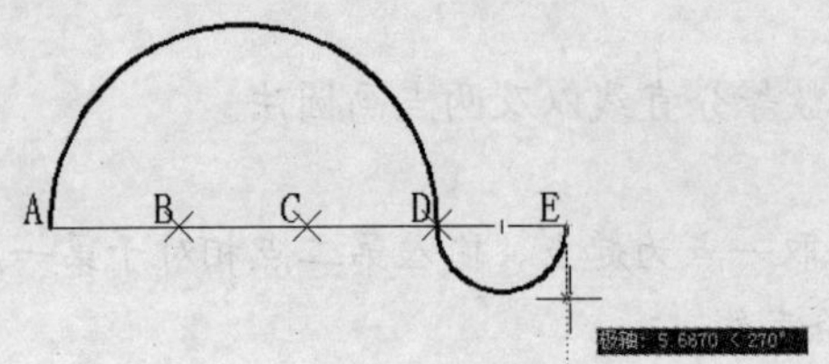

图 4-78 绘制圆弧多段线改变切线方向

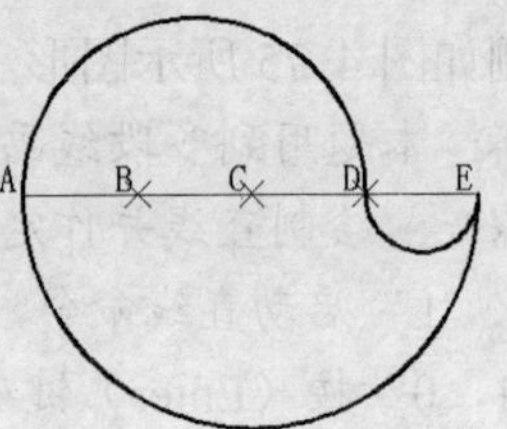

图 4-79 完成步骤二

拾取 A 点，再按〈Enter〉键，确认并退出多段线，完成外轮廓如图 4-79 所示。

步骤三：绘制小圆。

输入“C”按〈Enter〉键确定，启动圆的命令。

输入“2P”按〈Enter〉键确定，确定用两点法画圆。

分别捕捉拾取 B 点与 C 点，小圆绘制完成。

最后删除字母和点，完成整个绘图。

4.10 图案填充

图案填充在工程图纸中表达了一些特殊质地的剖切层面，例如金属剖切面用 45° 的细实斜线表示。在 AutoCAD 中的操作是将事先设好的封闭图形作基本图形元素，填入一种表达一定意义的图案。

4.10.1 图案填充的操作

1. 启动命令打开“图案填充”对话框

（1）选择菜单“绘图”→“图案填充”。

（2）输入“H”或“BH”按〈Enter〉键确定。

（3）单击“绘图”工具条上的“图案填充”图标按钮。

以上任一方法都可打开“图案填充”对话框如图 4-80 所示。

2. 图案填充的设置

在如图 4-80 所示的“图案填充和渐变色”对话框中，选择“图案填充”选项卡，设置图案填充的属性。

单击“样例”后的图案或单击“图案”后的按钮，打开“填充图案选项板”对话框。从“填充图案选项板”中选择合适的填充图案，如填充金属剖面，可单击“ANSI”选项卡，选择第一个图案“ANSI31”。选择图案后确定，返回“图案填充和渐变色”对话框。可见样例后面的图案已变成我们所选择的图案。

角度：用于设置图案的填充角度，是图案与水平向右方向的夹角。

比例：用于设置图案的疏密程度，直接在后面输入比例数值，比例值越大，图案越稀疏，比例值越小，图案越稠密。

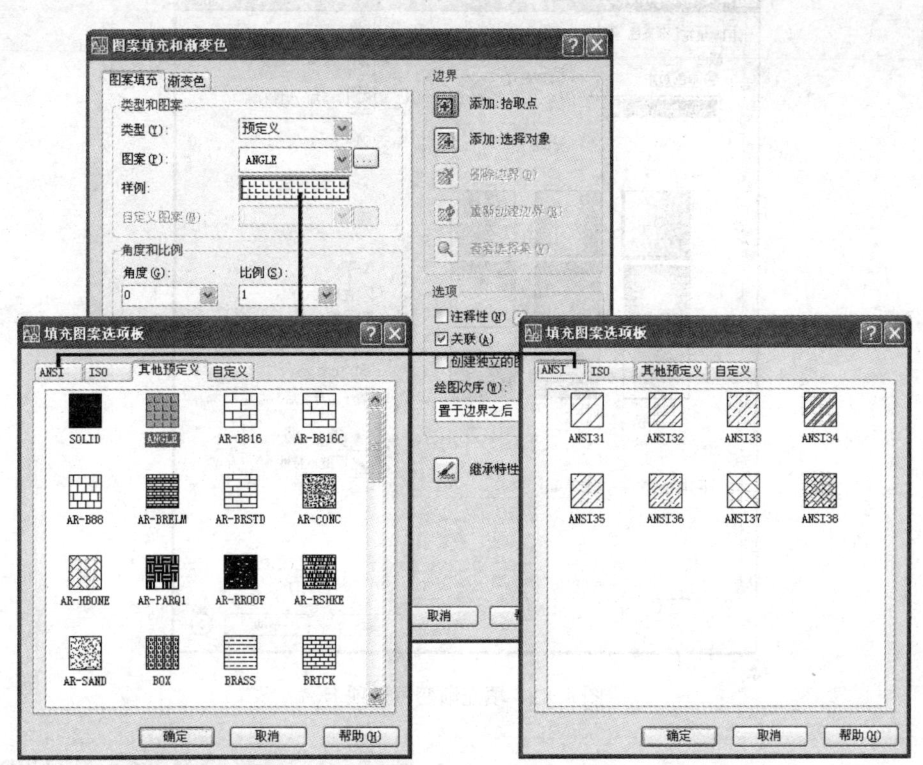

图 4-80　图案填充对话框

对话框右下角组合下方有“关联”和“不关联”选项，一般选择关联。选择关联，图案可随边界图形的编辑一同受到影响（如比例缩放、拉伸等命令）；选择不关联，则二维图形的编辑不会影响到填充的图案。

设置完毕后，单击“拾取点”按钮或“选择对象”按钮，对话框暂时消失，出现绘图窗口，从需要填充的区域内拾取或选择要填充的封闭对象，选择完毕后单击鼠标右键确认，返回对话框，单击“确定”按钮即可。

注：“拾取点”与“选择对象”之间的区别。

选择对象，拾取图中的单一封闭对象，如圆、多边形、矩形、封闭多段线等，选择时，光标需要拾取到对象上；拾取点，光标在封闭的区域内单击，不论对象是否是单一的，只要是封闭的，都可以用这种方法选择。

3．填充渐变色的操作

在“图案填充和渐变色”对话框中单击“渐变色”选项卡，可以打开渐变色的对话框，如图 4-81 所示。

颜色下方有“单色”与“双色”两个选项，以确定单一颜色填充还是两种颜色填充，比较如图 4-82 所示。

如图 4-81 所示的颜色后方的按钮 [...] 用于选择填充颜色，单击该按钮，弹出“颜色选择”对话框，如图 4-83 所示。

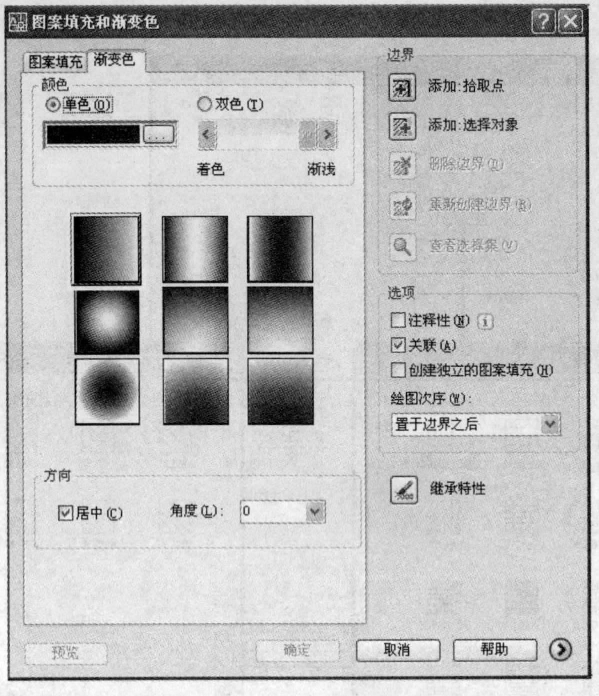

图 4-81 填充渐变色选项卡

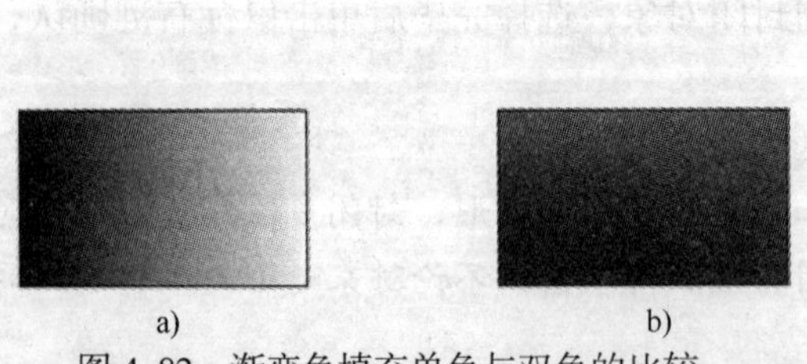

图 4-82 渐变色填充单色与双色的比较

a) 单色 b) 双色

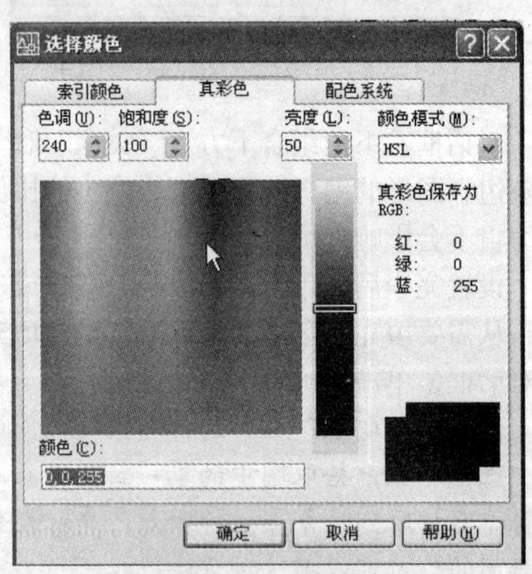

图 4-83 选择颜色

如图 4-81 所示的下方是 9 种渐变样式，从中选择；方向下方用以控制渐变的方位，“居中”是指居中渐变；“角度”是指设定渐变角度。

4.10.2 图案填充的应用

现举例说明图案填充的应用。

例：如图 4-84 所示，在图 4-84a 中填入金属剖面，在图 4-84b 中填入橡胶剖面。

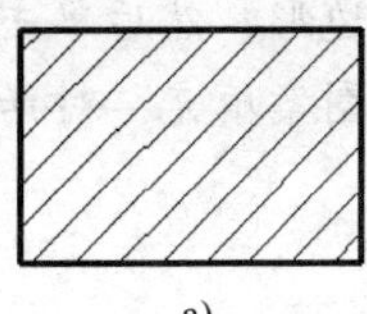
a)

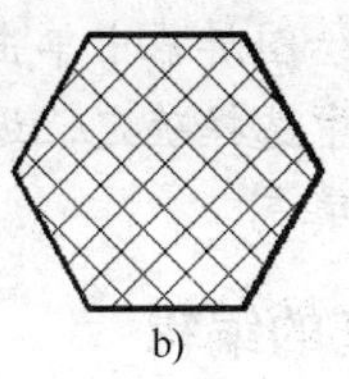
b)

图 4-84　图案填充

解（a）

启动命令　　　//选择菜单“绘图”→“图案填充”，打开“图案填充”对话框

选择图案　　　//单击“样例”后方的图案或单击“图案”后方的按钮，打“填充
　　　　　　　//图案选项板”对话框，单击“ANSI”选项卡，如图 4-85 所示

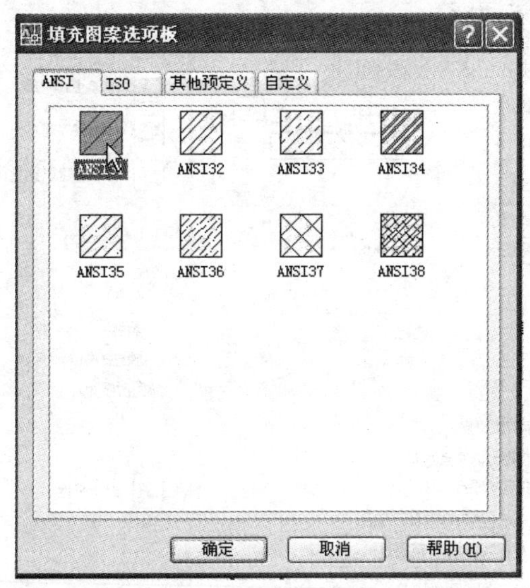

图 4-85　选择图案

在图 4-85 对话框中选择“ANSI31”，单击“确定“按钮，返回“图案填充”对话框，设置角度为 0，比例为 0.5。因为图 4-84a 为多个单一对象围成的封闭图形，所以需用拾取点按钮。

选择填充区域　　//在绘图屏幕中矩形框内部单击选择，然后单击右键，从弹出的快捷
　　　　　　　　//菜单中选择确定，返回“图案填充”对话框，单击“确定”按钮，
　　　　　　　　//完成填充

解（b）

启动命令　　　//选择菜单“绘图”→“图案填充”，打开图案填充对话框

选择图案　　　//单击“样例”后方的图案或单击“图案”后方的按钮，打“填充图
　　　　　　　//案选项板”对话框
　　　　　　　//单击“ANSI”选项卡按钮（见图 4-85 所示）

在如图 4-85 对话框中选择“ANSI37”，单击“确定”按钮，返回“图案填充”对话框，设置角度为 0，比例为 0.5。因为如图 4-84b 所示为单一对象围成的封闭图形，所以可以用“选择对象”按钮。

选择填充区域　　　//在绘图屏幕中单击正六边形，然后单击鼠标右键，从弹出的快捷菜
//单中选择确定，返回“图案填充”对话框，单击“确定”按钮，完
//成填充

4.10.3 图案填充的编辑

选择菜单“修改”→“对象”→“图案填充”，启动图案填充编辑命令，选择需要修改的图案填充，弹出“图案填充编辑”对话框，如图 4-86 所示。可见图案的编辑对话框与填充对话框基本相同，只是有些功能不能显示而已。读者可以在编辑对话框中修改已经填充的图案、比例、角度等。

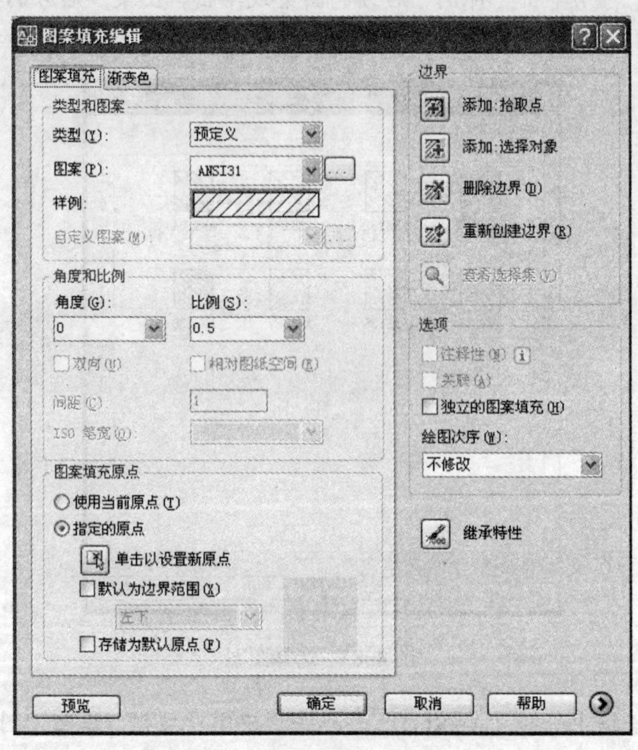

图 4-86　“图案填充编辑”对话框

如图 4-87 所示，编辑图 4-87a 的填充，使之成图 4-87b 的模式。

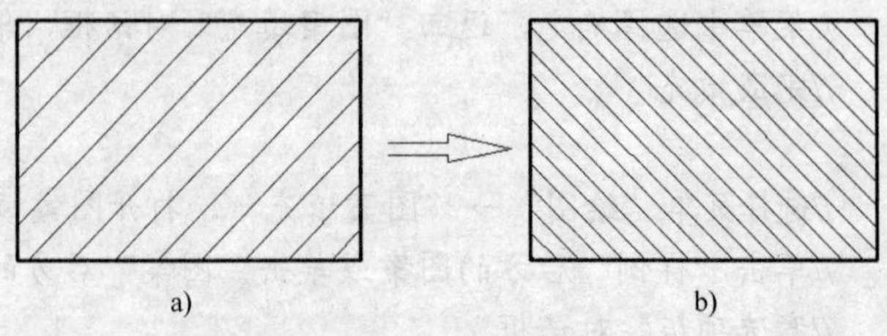

图 4-87　图案填充的编辑

启动图案填充编辑命令　　　//选择菜单“修改”→“对象”→“图案填充”

修改角度　　　　　　//在角度选项后文本框中将原 0 改成 90
修改比例　　　　　　//在比例选项后文本框中将原 0.5 改成 0.25
单击“确定”按钮，即可变成图 4-87b 所示。
使用同样的命令，选择渐变色填充，也可以对渐变色填充进行修改。

4.11　习题

说明：第 2～9 题按尺寸绘图，可不标注尺寸。

（1）记住正多边形（POL）、圆弧 A、多段线（PL）、多线（ML）、矩形（REC）、镜像(MI)、阵列(AR)、比例缩放(SC)、拉长(LEN)、打断(BR)、分解(X)及合并(J)的简捷命令，并在绘图中练习熟练使用它们。

（2）运用多段线与图案填充绘制图 4-88 所示。

（3）绘制如图 4-89 所示，注意体会偏移、修剪与阵列绘制技巧。

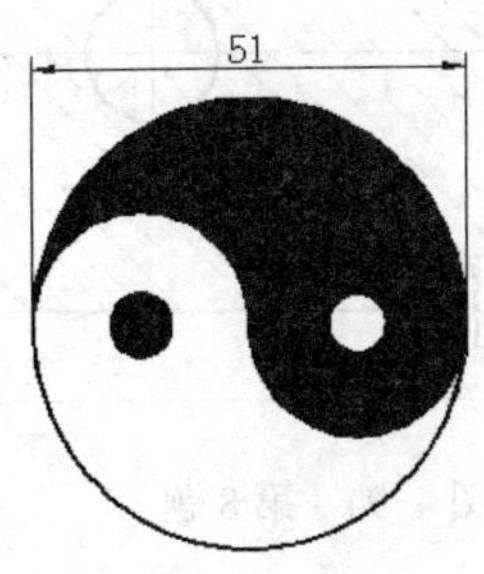

图 4-88　第 2 题

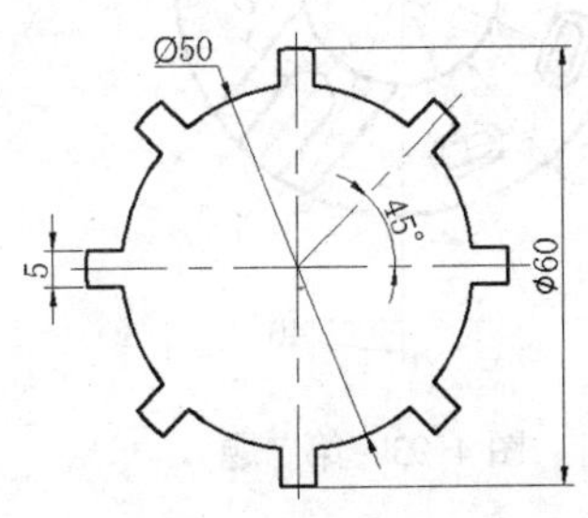

图 4-89　第 3 题

（4）绘图如 4-90 所示。

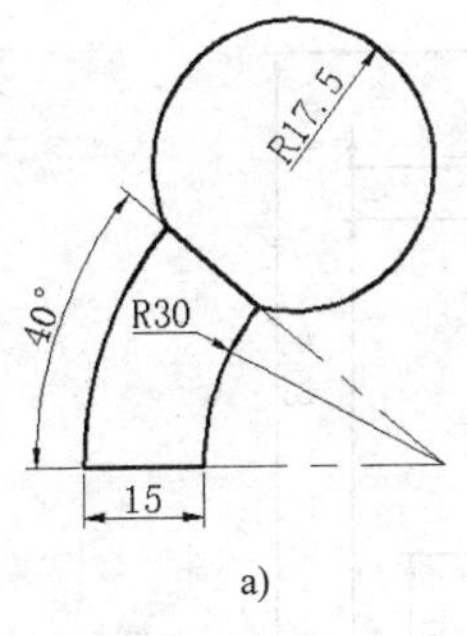

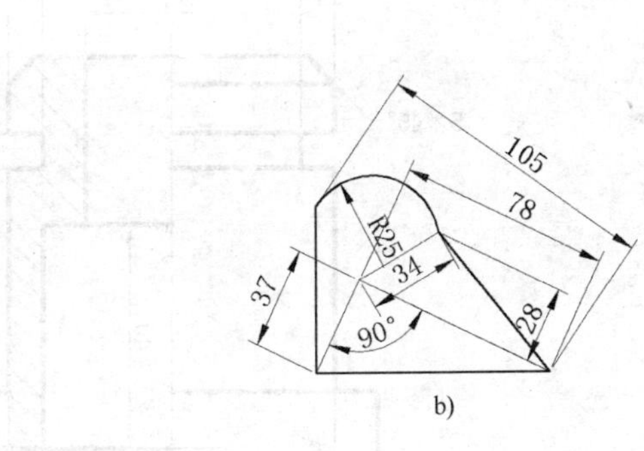

图 4-90　第 4 题

（5）绘制如图 4-91 所示。

（6）绘制如图 4-92 所示。

（7）绘制如图 4-93 所示。

（8）绘制如图 4-94 所示。

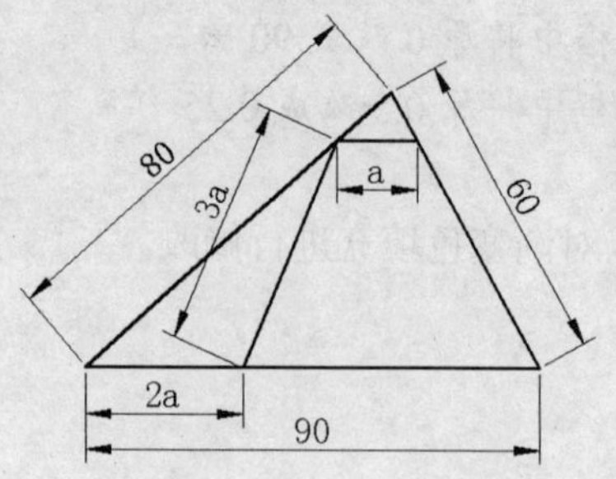

图 4-91　第 5 题

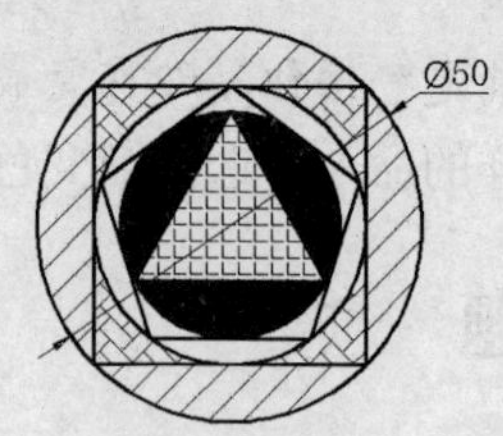

图 4-92　第 6 题

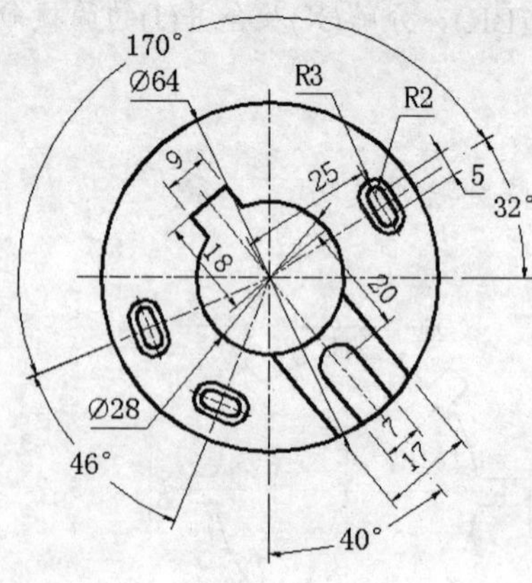

图 4-93　第 7 题

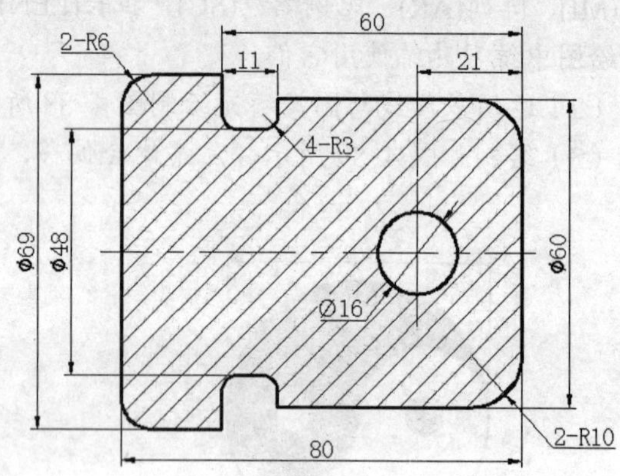

图 4-94　第 8 题

（9）绘制如图 4-95 所示。

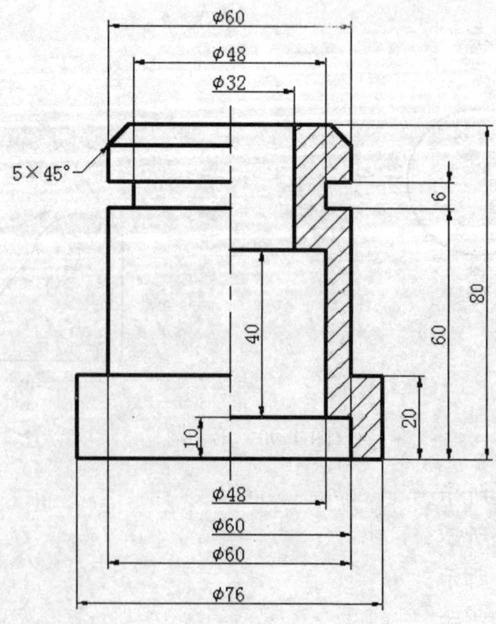

图 4-95　第 9 题

第 5 章　文本与表格

文本是工程图的一部分，是线条图形的有效补充和必要说明，它可以用作图形的注释说明、工程技术要求的规定、图形图号与零件名称、标题、BOM 表格中的内容，等等。

AutoCAD 中的文本写入有单行文字和多行文字两种形式。单行文字以按〈Enter〉键换行，每行是一个对象；多行文字则整个文本是一个对象。

5.1　单行文字

1．启动命令

（1）选择菜单“绘图”→“文字”→“单行文字”。

（2）输入“DT”按〈Enter〉键确定。

2．操作

启动命令后，命令行提示：指定文字的起点或 [对正(J)/样式(S)]。

（1）默认选项。指定单行文字的输入的起点，按下列顺序操作输入文字。

1）从屏幕中拾取点作为单行文字的起点。

2）指定文字高度：可以输入文字的高度值，也可以从屏幕中拾取两点，两点间的距离就是文字的高度；如下面所示的文字，是字高 2.5 与字高 5 的比较。

计算机辅助设计软件AutoCAD，仿宋字体，字高2.5

计算机辅助设计软件

AutoCAD，仿宋字体，字高5

3）指定文字书写的旋转角度：输入角度值，如以下所示的文字，倾斜角度为 20°。

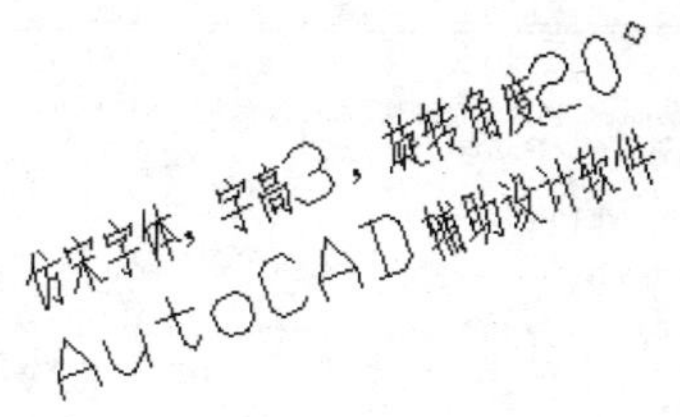

4）在命令行中输入文字，按〈Enter〉键换行，全部文字输入完毕后，按两次〈Enter〉键退出命令。

（2）对正选项。输入“J”按〈Enter〉键确定，命令提示：[对齐(A)/调整(F)/中心(C)/中间(M)/右(R)/左上(TL)/中上(TC)/右上(TR)/左中(ML)/正中(MC)/右中(MR)/左下(BL)/中下(BC)/右下(BR)]。从中选择单行文字的对齐方式。

1）对齐。输入“A”按〈Enter〉键确定，分别在屏幕中拾取两个点，作为单行文字基线的第一个端点和第二个端点。注意拾取两个端点需按照从左至右，从下至上的顺序拾取，否则文字将呈倒立状态。如果拾取的两点不在一条水平线上，则文字自动沿拾取的方向旋转角度。输入文字不提示字体的高度，系统自动根据两个基线端点的距离和文字样式中设置的高宽比调整字的大小。如以下所示的文字，“1、2”表示先后拾取的两个基线端点。

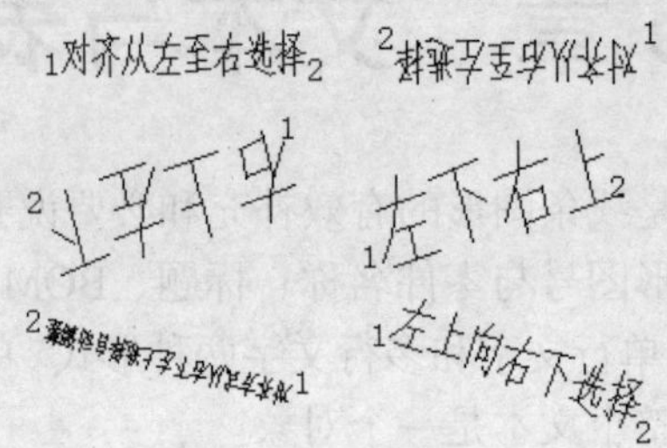

2）调整。输入“F”按〈Enter〉键确定，分别在屏幕中拾取两个点，作为单行文字基线的第一个端点和第二个端点。注意，拾取两个端点时需按照从左至右，从下至上的顺序拾取，否则文字将呈倒立状态。如果拾取的两点不在一条水平线上，则文字自动沿拾取的方向旋转角度。与对齐选项不同的是，在输入文字时，系统提示文字高度，输入文字高度不变，系统自动根据两个基线端点间的距离调整高宽比例。如以下所示的文字，“1、2”表示先后拾取的两个基线端点。

1字高3.5调整对齐方式2

3）中心。单行文字以指定的点作为每行中心点，各行文字以此点作为中心对称对齐，中间与中心相似。

4）其他。选择其他各选项，指定点均是单行文字对齐点。

对齐方式设置后，再按（1）所述的操作输入文字。

（3）样式。输入“S”按〈Enter〉键确定，选择单行文字的文字样式，在屏幕中输入所需样式的名称，默认的样式为当前样式（如“Standard”）：输入样式名或 [?] <Standard>。如果不清楚当前文件中有哪些文字样式，则可输入“？”，命令行提示输入要列出的文字样式名：输入要列出的文字样式 <*>。直接按〈Enter〉键确定，在文本窗口中列出所有样式，如图 5-1 所示。

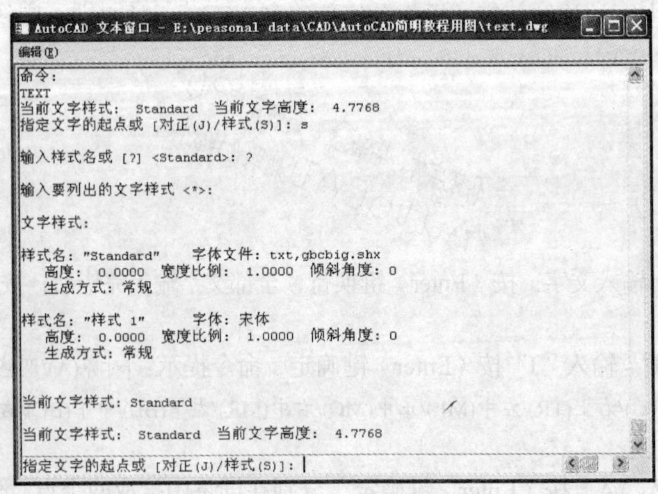
AutoCAD 文本窗口 - E:\peasonal data\CAD\AutoCAD简明教程用图\text.dwg

编辑(E)

命令:
TEXT
当前文字样式: Standard 当前文字高度: 4.7768
指定文字的起点或 [对正(J)/样式(S)]: s

输入样式名或 [?] <Standard>: ?

输入要列出的文字样式 <*>:

文字样式:

样式名: "Standard" 字体文件: txt,gbcbig.shx
高度: 0.0000 宽度比例: 1.0000 倾斜角度: 0
生成方式: 常规

样式名: "样式 1" 字体: 宋体
高度: 0.0000 宽度比例: 1.0000 倾斜角度: 0
生成方式: 常规

当前文字样式: Standard

当前文字样式: Standard 当前文字高度: 4.7768

指定文字的起点或 [对正(J)/样式(S)]:

图 5-1 文本窗口

从文本窗口中可以看到当前文件中所有的文字样式以及每一种样式的特性。从文本窗口中输入“S”按〈Enter〉键确定，再输入所需要的样式名按〈Enter〉键确定，在绘图窗口中按前文（1）所述进行输入文字的操作。

5.2　文字样式

文字样式用于设置文字的字体、字的大小、高宽比例等。

1. 启动命令

（1）选择菜单“格式”→“文字样式”。

（2）输入“ST”按〈Enter〉键确定。

启动命令打开“文字样式”对话框，如图 5-2 所示。

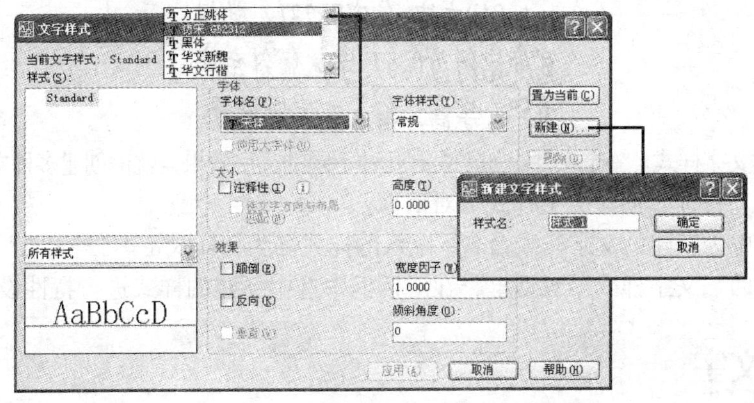

图 5-2　“文字样式”对话框及其操作

2. “文字样式”对话框操作

在“文字样式”对话框“样式”列表区域中列出所有的文字样式，没有新建文字样式时，系统有默认的样式“Standard”。

（1）样式特性的修改。在字体下方的“使用大字体”前，将复选框中的勾去掉，从样式名列表中选中样式名，可以更改其字体、宽度比例、倾斜角等特性。

字体名：展开字体的下拉列表，从中选择当前样式的新字体（如仿宋体）。列表中有很多文字，可以通过下拉列表框的滚动条来选择。

大字体：勾选字体名下方的“使用大字体”复选框，字体样式选项变为“大字体”，用于选择大字体文件，指定亚洲语言的大字体文件。只有在“字体名”中指定 SHX 文件，才能使用“大字体”。

字体样式：当字体名选择非“SHX”文件时，下方使用大字体不可用，或者选择“SHX”文件，而不勾选“使用大字体”，可以设置字体样式，如斜体、粗体或者常规字体。

高度：根据输入的值设置文字高度。如果输入 0，每次用该样式输入文字时，AutoCAD 都将提示输入文字高度。输入大于 0 的高度则设置该样式的文字高度。如果该文字样式要用于标注，而在标注中需要更改文字高度的话，则在此处不可设置高度，否则在标注样式中不能更改。

效果：修改字体的特性，如高度、宽度比例、倾斜角以及是否颠倒显示、反向或垂直对齐。

颠倒：颠倒显示字符。

反向：反向显示字符。

垂直：显示垂直对齐的字符，只有在字体为 txt.shx 方可用。

宽度比例：设置字符间距。输入小于 1.0 的值将压缩文字。输入大于 1.0 的值则扩大文字。根据国家标准规定，工程字的宽度比例为 0.67。

倾斜角度：设置文字的倾斜角。输入一个-85～85 之间的值将使文字倾斜。

重命名：选定非默认样式，可以重新为其命名。

删除：选定非默认且未用过的样式，可以将其删除。

设置完毕后，先后单击“应用”“关闭”，返回绘图窗口。如按以下要求设置单行文字的效果。

AutoCAD文字，仿宋GB2312，常规，
宽度比例为0.67，字体倾斜角度
为5°，字高5，输入文字时设置

（2）新建文字样式。一个文件中如需要有几种不同的文字效果，就得创建多种文字样式。单击“新建”按钮，打开“创建文字样式”对话框。

在样式名中为新建的文字样式命名，默认的样式名为“样式 1”“样式 2”等。单击“确定”按钮，返回“文字样式”对话框，在对话框中选中新建的样式进行特性设置。

5.3 多行文字

1．启动命令

（1）选择菜单“绘图”→“文字”→“多行文字”。

（2）输入“T”按〈Enter〉键确定。

（3）单击“绘图”工具条中的“多行文字”图标按钮 A 。

2．确定文字区域

从屏幕中拾取两点，文字将绘制在两点围成的矩形框中。在拾取第二点前，命令行提示：

指定对角点或 [高度(H)/对正(J)/行距(L)/旋转(R)/样式(S)/宽度(W)/栏(C)]。

高度：输入“H”按〈Enter〉键确定，指定文字的高度。

对正：输入“J”按〈Enter〉键确定，选择文字的对正方式。

行距：输入“L”按〈Enter〉键确定，确定多行文字的行间距离。

旋转：输入“R”按〈Enter〉键确定，确定多行文字的旋转角度。

样式：输入“S”按〈Enter〉键确定，选择文字样式。

宽度：输入“W”按〈Enter〉键确定，确定多行文字书写区域范围的宽度，输入宽度后，则不需再从屏幕拾取第二点。

以上选项中，高度、对正、旋转与样式的操作跟单行文字相同。

区域选定后，系统自动弹出文本输入的对话框，如图 5-3 所示。

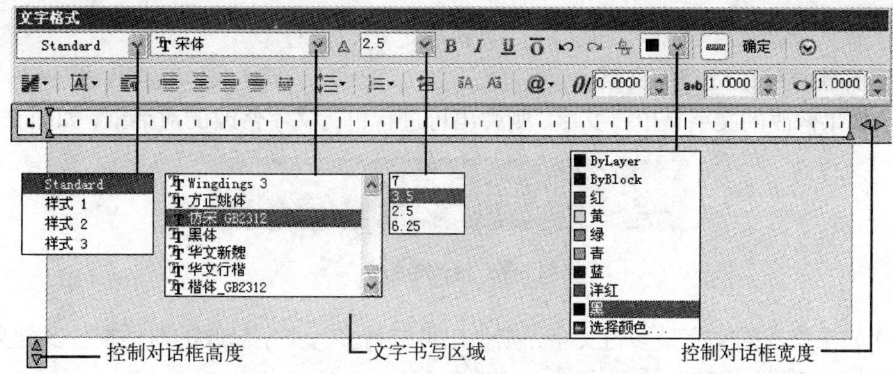

图 5-3　输入多行文本窗口

在对话框中，可以单击“Standard”的下拉列表框，展开文字样式，从中选择文字样式。

单击“字体”下拉列表框，可以选择字体。

单击“颜色”下拉列表框，可以选择颜色。

在字高栏中输入文字的高度值。

3．输入文字

在对话框中输入文字，按〈Enter〉键换行。选中文字，然后单击下画线按钮，可以设置选中文字下画线的特性。选中文字，单击加粗、斜体按钮，可以设置文字的粗体、斜体特性，如图 5-4 所示。

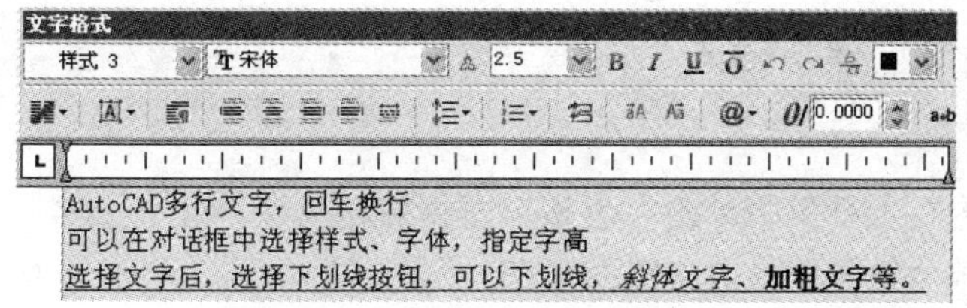

图 5-4　选中文字设置下画线

在多行文字对话框中，还可以设置文字的堆叠格式，如图 5-5 所示。

图 5-5　文字堆叠

先按如图 5-5 所示的输入，在需要堆叠的文字间输入符号“^”，然后选中需要堆叠的文字，单击堆叠按钮，形成堆叠的文字效果。堆叠文字可以用来标尺寸偏差等。堆叠按钮通常不可用，必须如图 5-5 所示的操作，方可用。

文字输入完毕后单击“确定”按钮退出命令。

5.4　文字编辑

1．通过下列方式之一可以启动文字编辑命令

（1）选择菜单“修改”→“对象”→“文字”→“编辑”。

（2）输入简捷命令“ED”按〈Enter〉键确定。

2．选择需要修改处理的文字

（1）如果修改的文字是单行文字，则弹出可进行单行文字修改的对话框，如图 5-6 所示。

计算机辅助设计软件

图 5-6　修改单行文字

（2）如果修改的文字是多行文字，则弹出可进行多行文字修改的对话框。多行文字编辑对话框与输入多行文字的对话框相同，如图 5-4 所示。

3．直接在对话框中修改文字

单行文字只能修改文字的内容，多行文字不仅可以修改文字的内容，而且可以修改文字的特性，如字高、样式、颜色、下画线、加粗及斜体等，操作与多行文字输入时的操作相同。

对于尺寸上的文字，也可以通过文字编辑命令进行修改，系统视尺寸文本为多行文字。

5.5　表格

表格是二维工程图的一项不可缺少的工作，例如工程图中的标题栏、明细表（BOM 清单）以及许多表格图等。

5.5.1　表格创建与插入

1．启动命令

（1）在“绘图”工具条中单击“表格”图标按钮。

（2）选择菜单“绘图”→“表格”。

（3）输入“TABLE”按〈Enter〉键确定。

2．表格对话框

启动命令后，弹出“插入表格”的对话框，如图 5-7 所示。

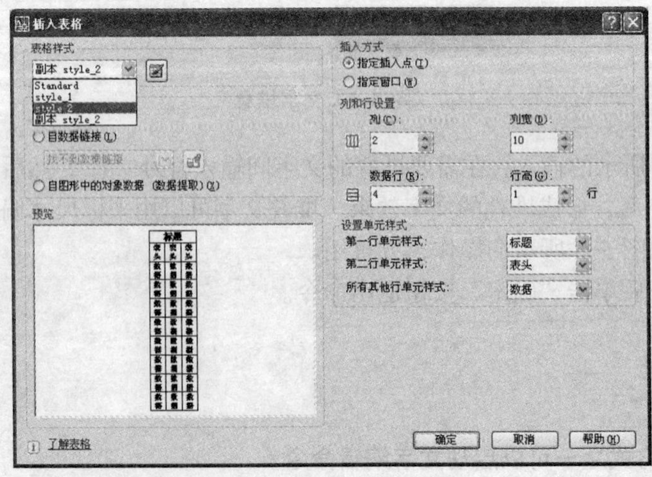

图 5-7　“插入表格”对话框

单击“表格样式”下拉列表框，展开列表，从中选择插入到图中所需要的表格样式。如果没有所需样式，可单击样式按钮，创建表格的样式。

在“插入选项”选项区域中，可以选择插入空表格或者链接到 EXCEL。

（1）插入方式。

指定插入点。定义好表格后，以一角点为插入点（降序表格插入点在表格的左上角；升序的表格插入点在表格的左下角），插入到图中。

指定窗口。从屏幕中沿一矩形拾取两点，表格就插入在两点所确定的窗口内。

（2）列和行设置。分别在相应的文本框中输入列数、列宽、数据行数和行高。

列宽中数字表示每列的宽度，如 20，则在屏幕中显示每列宽度为 20；数据行下方的数字表示除去标题和表头后，用于填写数据的行数，不是指表格的所有行数；行高下方的数字并不是指每行的高度为多少个单位长度，而是指包括多少个文字高度，例如 1，并不表示表格的行高为 1 个尺寸单位，而是为一个文字高度。那么一个文字高度为多少尺寸呢，这可以在表格样式中设置，一个文字高度加两个垂直方向的页边距，即为表格的行高。

如果选择“指定窗口”的插入方式，则“列”与“列宽”、“数据行”与“行高”两组数字，每组只能确定一个数字，另一个数由插入表格的窗口来确定。

（3）设置单元样式。分别在“第一行单元样式”、“第二行单元样式”及“所有其他单元样式”后展开下拉列表框，从中选择标题、表头或数据。

设置的表格在对话框的左下方有预览，设置完成后单击“确定”按钮，从屏幕中拾取插入目标点（“指定插入点”的插入方式），或者拾取两点确定一个窗口（指定窗口的插入方式），即可将表格插入到图中。

3. 表格工具选项板上快速插入表格

在面板上单击“表格”按钮，弹出“表格工具选项板”，如图 5-8 所示。

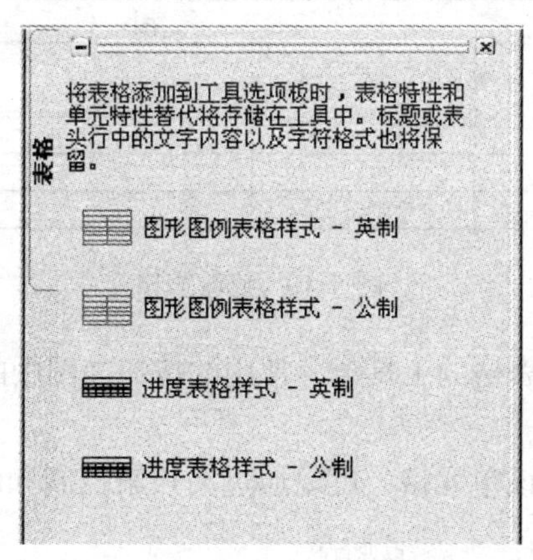

图 5-8　表格工具选项板

在“表格工具选项板”中，单击“表格”按钮，可以快速实现在屏幕中插入表格。

5.5.2　表格操作

1. 输入文字

插入表格完成后，即可立即在表格中填入文字，也可以在插入表格后，双击单元格输入文字，如图 5-9 所示。

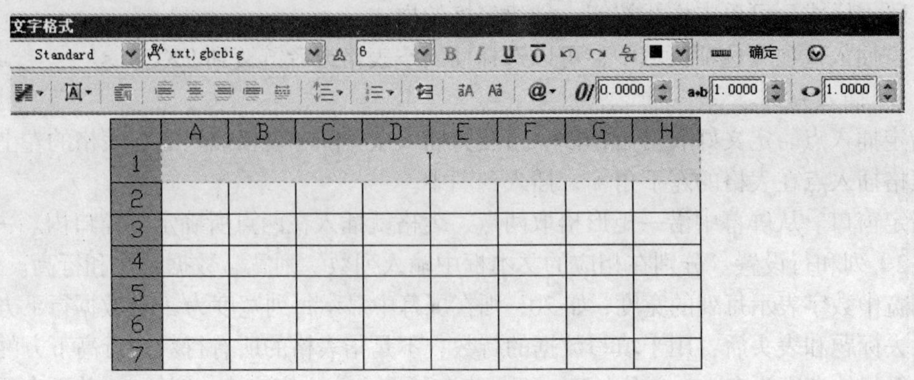

图 5-9　插入表格输入文字

可以在表格中输入中西文字符、阿拉伯数字、特殊符号等。

输入文字时，表格上方自动弹出文字格式，可以在输入过程中，更改文字格式。

2．单元格的修改

选中任意一个或多个单元格，进入单元格修改的环境，可以对单元格进行修改，如图 5-10 所示。

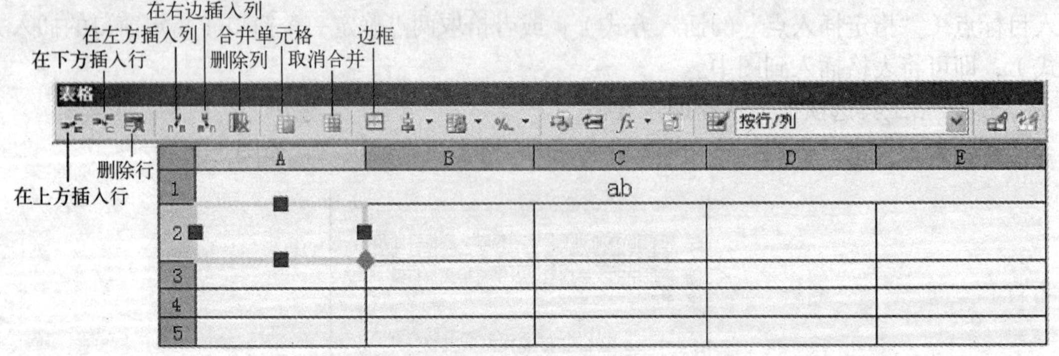

图 5-10　修改表格

表格上方自动弹出修改表格的工具条，常用的按钮如图中的标识，单击相应的按钮可以进行相应的修改。

在单元格中单击，选中该单元格，可以通过夹点来控制和调整它，如图 5-11 所示。

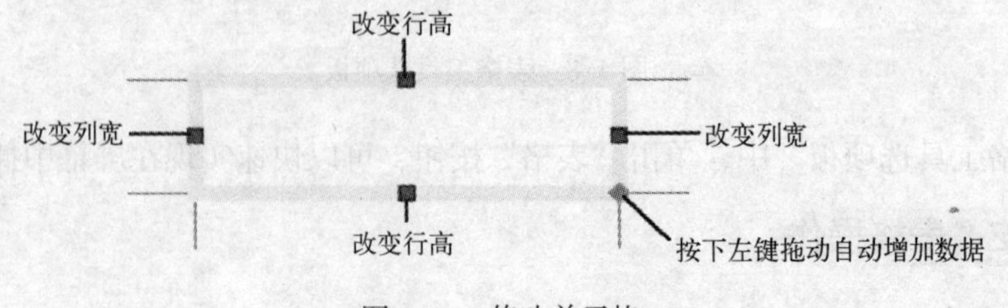

图 5-11　修改单元格

单击该表格上的任意网格线以选中该表格，可以通过夹点及“特性”选项板来修改表格，如图 5-12 所示。

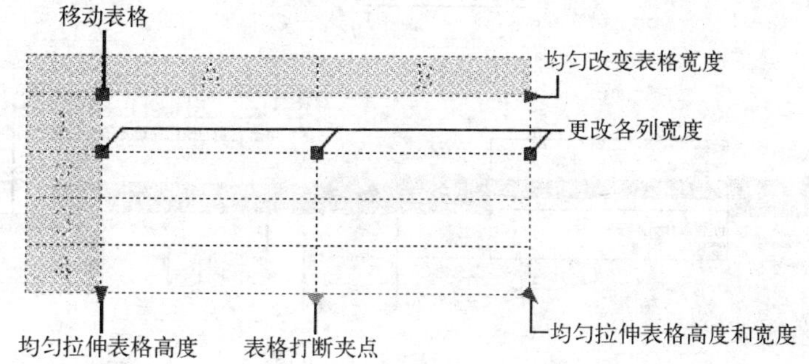

图 5-12 选中表格后夹点的作用

5.5.3 表格样式

选择菜单“格式”→“表格样式”或在插入表格的对话框（图 5-7 所示）中单击样式列表后方的按钮，可以打开“表格样式”对话框，如图 5-13 所示。

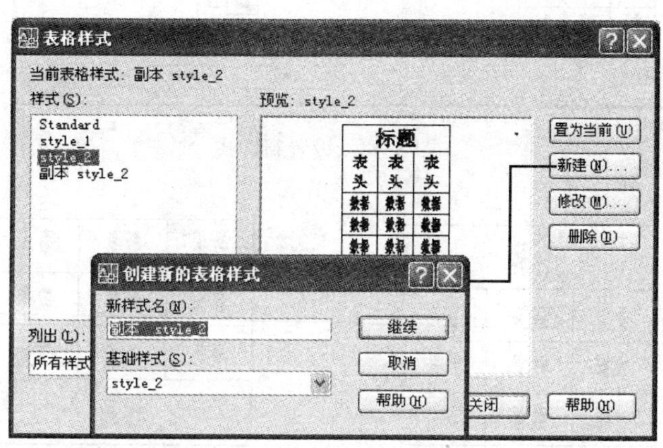

图 5-13 表格样式

样式的选项区域列表中，列出了所有的样式，用户可以选中一种样式，单击“置为当前”按钮，将所选样式置为当前。

如果列表中没有所需的样式，可单击“新建”按钮，创建新的表格样式。

在“创建新的表格样式”对话框中，为新创建的样式命名，选择基础样式。基础样式是在已经存在的某种样式的基础上，通过更改而得到新样式的那种已经存在的样式。单击“继续”按钮，打开“新建表格样式”的对话框，如图 5-14 所示。

“基本”选项区域中的“表格方向”下拉列表框中可选择向上或向下，即升序或降序。方向向上（升序）的表格，其标题与表头在下方，数据行自下而上排列；方向向下（降序）的表格，其标题与表头在上方，数据行自上而下地排列，如图 5-15 所示。

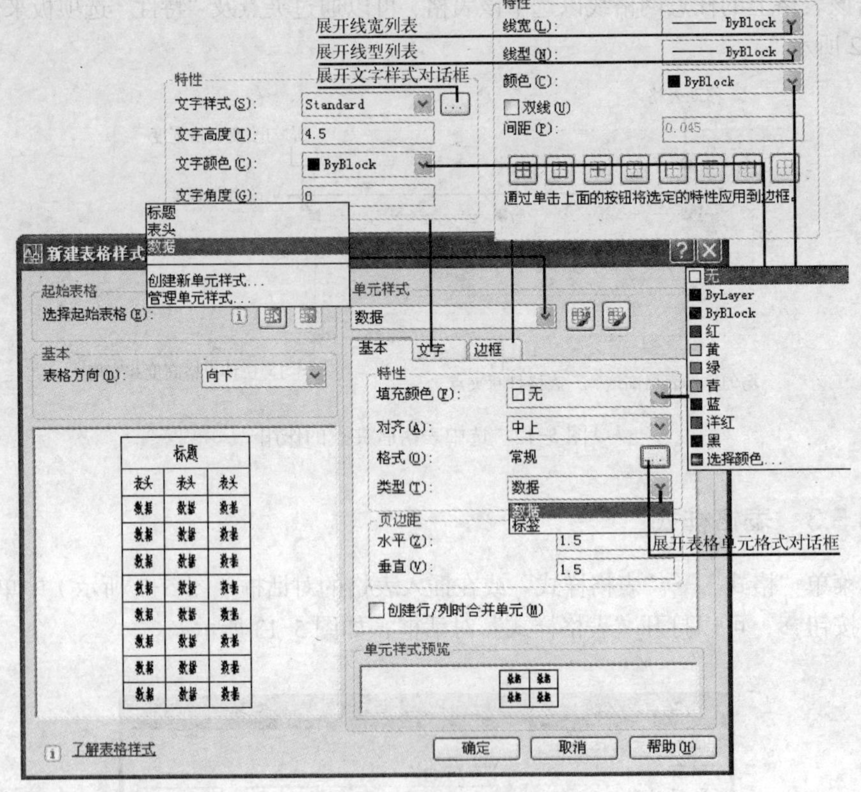

图 5-14 设置新样式

a)

标题		
表头	表头	表头
数据	数据	数据
数据	数据	数据

b)

数据	数据	数据
数据	数据	数据
表头	表头	表头
标题		

图 5-15 表格方向的比较

a) 表格方向向下 b) 表格方向向上

在如图 5-14 所示的设置新样式的对话框中设置单元样式：展开单元样式的下拉列表，从中选择进行设置的项目（如数据、表头、标题等），在下面设置选中项目的特性等。

（1）基本选项。单击右边的“基本”选项卡。①特性：展开填充颜色下拉列表，可以设置填充颜色；展开对齐后方的下拉列表，选择文字在表格中的对齐方式；展开类型后方的下拉列表，选择表格类型为数据型还是标签型；单击格式后方的按钮，弹出“表格单元格”对话框，设置数据类型的样式。②页边距：设置文字在单元格中的边距。

（2）文字选项。单击“文字”按钮，打开“文字”选项卡，可以设置文字的样式、高度、颜色等特性。

（3）边框选项。单击“边框”按钮，可以设置表格的边框特性。

设置完毕后，单击“确定”按钮，返回到“插入表格”对话框（如图 5-7 所示）。选中表格，将其置为当前。

如果表格样式需要修改，可以选中要修改的样式，单击右边“修改”按钮，打开修改对话框，修改对话框与新样式设置对话框相同。

5.6　习题

（1）绘图完成，在标注技术要求时，由于文字用仿宋体，所以新建了一个文字样式，接着进行多行文字输入，却发现文字仍然不是仿宋体，请问是什么原因造成？应如何解决这一问题？

（2）练习文字样式的设置、选择与文字的输入与修改。

（3）制作图 5-16 所示的表格。（提示：此表格可分左右两段，制作两个表格组合而成。）

						（材料标记）				（单位名称）
标记	处数	分区	更改文件号	签名	年月日					（图样名称）
设计			标准化			阶段标记		重量	比例	
审核										（图样代号）
工艺			批准			共　页		第　页		

图 5-16　第 3 题

（4）在同一文件中按下列要求书写下列文字及内容。

仿宋体

技术要求(字高 5)

正文字高 3.5,宽度比例 0.67

1.毛坯应经时效处理;

2.铸件不得有气孔,夹渣,疏松等缺陷.

楷体

技术要求(字高 5)

正文字高 3.5,宽度比例 1

1.毛坯应经时效处理;

2.铸件不得有气孔,夹渣,疏松等缺陷.

宋体

技术要求(字高 5)

正文字高 3.5,宽度比例 1

1.毛坯应经时效处理;

2. 铸件不得有气孔, 夹渣, 疏松等缺陷.

华文新魏

技术要求(字高 5)

正文字高 3.5,宽度比例 1

1.毛坯应经时效处理;

2.铸件不得有气孔,夹渣,疏松等缺陷.

第 6 章　尺 寸 标 注

工程图的尺寸反应出零件的大小、位置关系、加工精度、配合情况等信息，是设计绘图的重要组成部分。在本章，我们将学习尺寸标注的样式，各种类型的尺寸标注。

一个完整的基本线性尺寸标注由尺寸线、尺寸界线、尺寸文本和箭头构成，如图 6-1 所示。

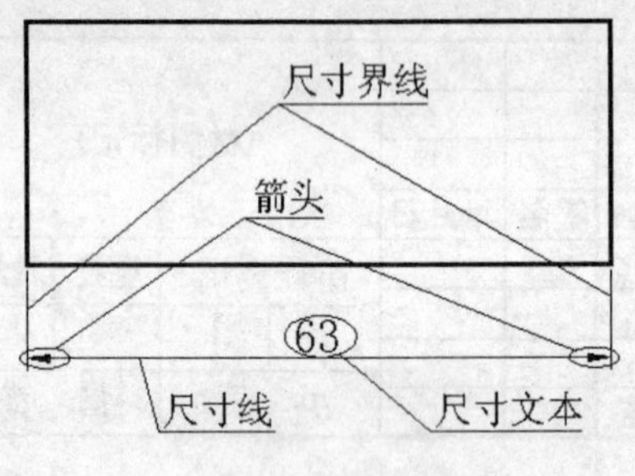

图 6-1　尺寸的组成

6.1　线性标注与标注样式

"标注"工具条如图 6-2 所示。

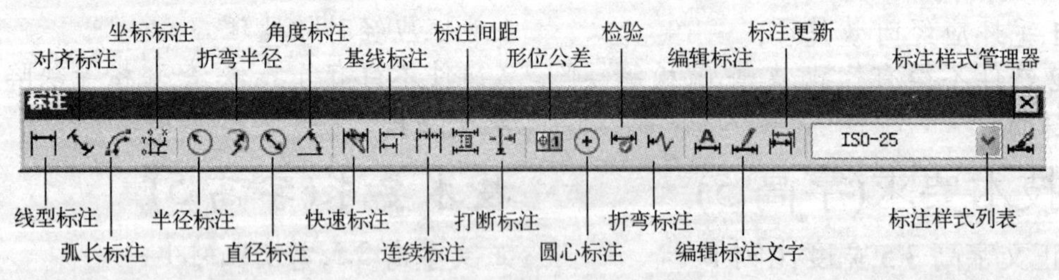

图 6-2　"标注"工具条

6.1.1　线性标注

线性标注很方便地提供了水平方向和竖直方向的尺寸标注。

1．启动线性标注命令

（1）选择菜单"标注"→"线性"。

（2）单击"标注"工具条上或面板上的"线性标注"图标按钮。

（3）输入"DLI"按〈Enter〉键确定。

2．线性标注的操作

启动命令后，命令行提示：指定第一条尺寸界线原点或 <选择对象>。

（1）拾取点的操作方式。先后从屏幕中拾取两点，所标注的就是所拾取的两点间的水平或竖直距离的尺寸。如图 6-1 所示，标注 63 的水平尺寸，启动命令，先后拾取矩形左下与右下角顶点。

（2）选择对象的操作方式。启动命令后按〈Enter〉键，选择要标注的对象。如图 6-1 所示，标注 63 的水平尺寸，启动线性标注命令，按〈Enter〉键确定，当光标变成小方框时，直接拾取矩形下边的水平边。

执行上述任意操作后，命令行提示：[多行文字(M)/文字(T)/角度(A)/水平(H)/垂直(V)/旋转(R)]。移动光标，在距离轮廓线的适当位置单击鼠标左键放置尺寸，标注完成。

多行文字、文字和角度等 3 个选项与直径标注中的 3 个选项意义相同，请见后面直径标注。

水平：输入“H”按〈Enter〉键确定，锁定当前标注的尺寸仅能标水平尺寸，不能标竖直尺寸。

垂直：输入“V”按〈Enter〉键确定，锁定当前标注的尺寸仅能标注竖直尺寸，不能标注水平尺寸。

旋转：输入“R”按〈Enter〉键确定，将当前标注的尺寸旋转一定的角度，即尺寸不竖直也不水平，如图 6-3 所示尺寸。

例：标注如图 6-4 所示的简单轴类零件。

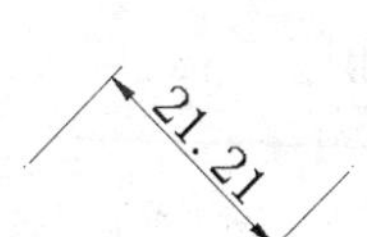

图 6-3　线性标注旋转选项的效果

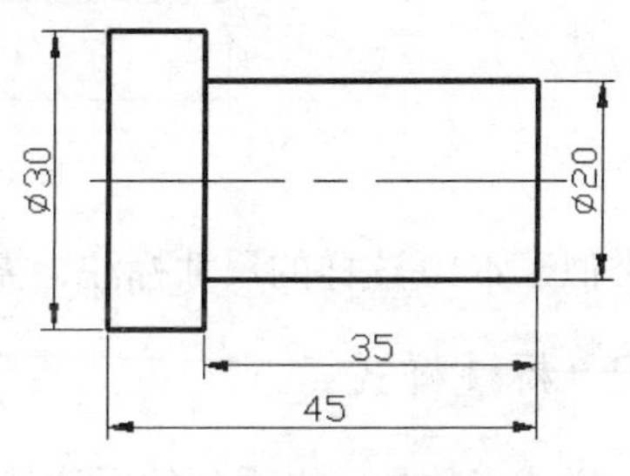

图 6-4　图例

标注 35 水平尺寸。

启动标注命令　　　//输入“DLI”按〈Enter〉键确定

指定尺寸界线原点　//按〈Enter〉键

选择标注对象　　　//按如图 6-5 所示拾取对象

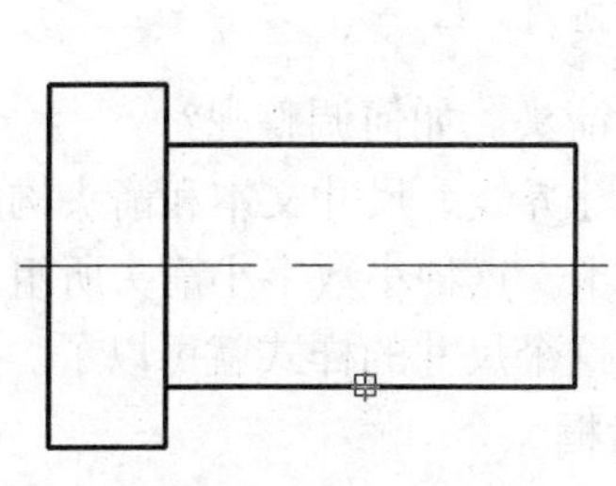

图 6-5　拾取对象进行线性标注

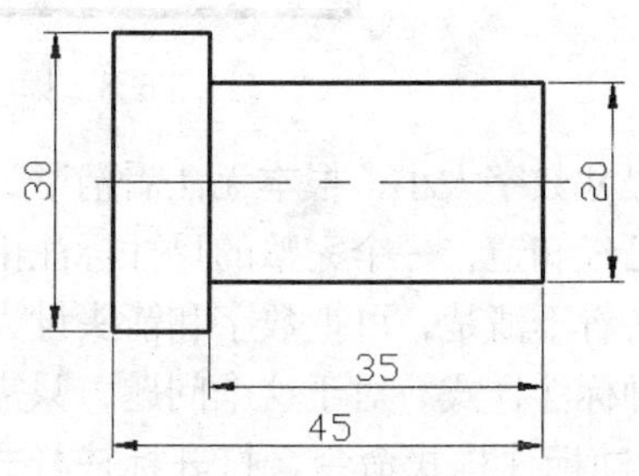

图 6-6　标注完成的效果

移动光标，在适当位置放置。

标注 45 的水平尺寸。

启动标注命令　　　　　//按〈Enter〉键重复上一次命令

指定尺寸界线原点　　　//分别拾取左下角与右下角两点；移动光标，在适当位置放置

标注 φ30 竖直线（此处 φ 可暂不标注出来）。

启动标注命令　　　　　//按〈Enter〉键重复上一次命令

指定尺寸界线原点　　　//按〈Enter〉键

选择标注对象　　　　　//用方框形光标拾取选择最左边，移动光标，在适当位置放置

标注 φ20 竖直线（此处 φ 可暂不标注出来）。

启动标注命令　　　　　//按〈Enter〉键重复上一次命令

指定尺寸界线原点　　　//按〈Enter〉键

选择标注对象　　　　　//用方框形光标拾取选择最右边，移动光标，在适当位置放置

标注完成的结果如图 6-6 所示。

这个简单的标注就这样完成了，但标注并不完美，“φ”是怎么标注的？还有，如图 6-7 所示的线性标注，是如何完成的？

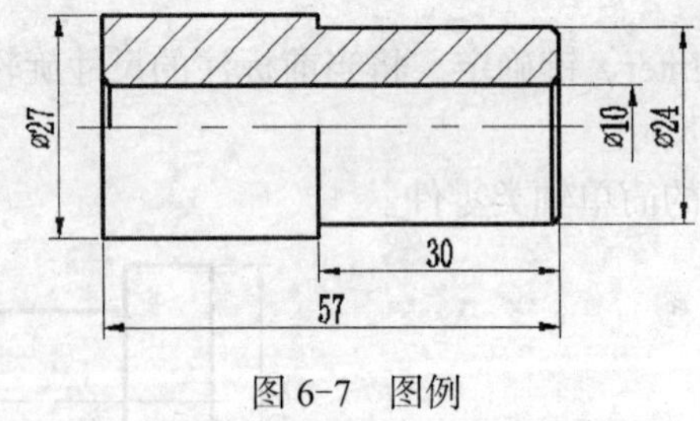

图 6-7　图例

要完成类似于 φ10 这样的尺寸标注，需要学习标注样式的知识。

6.1.2　标注样式

尺寸标注样式指的是一组系列的标注特征的总合，如标注尺寸线、尺寸界线、箭头、文字、比例、颜色、公差模式等。

前面学习了简单的线性标注，然而在刚刚接触标注的时候，都可能有这样的经验：一个尺寸上的数字（或箭头）太小或太大，与轮廓不协调，出现类似如图 6-8 所示的效果。

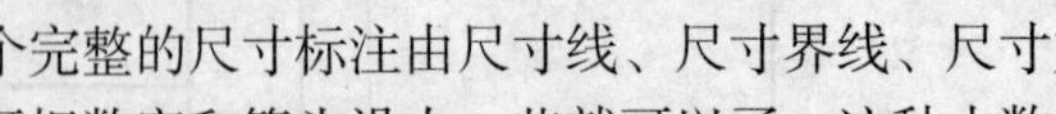

图 6-8　标注数字与轮廓不协调

这个尺寸数字太小，根本无法看清楚，好象还没有箭头。如何调整呢？

我们已经知道，一个完整的尺寸标注由尺寸线、尺寸界线、尺寸文本和箭头构成。如果数字和箭头看不清楚，可把数字和箭头设大一些就可以了。这种小数字小箭头所组合成的标注就是一种标注样式。对于这个问题，只需要修改标注这个尺寸的样式就可以了。

1．启动标注样式命令，打开标注样式管理器对话框

“标注样式管理器”对话框如图 6-9 所示。

（1）选择菜单“格式”→“标注样式”。

（2）输入“D”按〈Enter〉键确定。

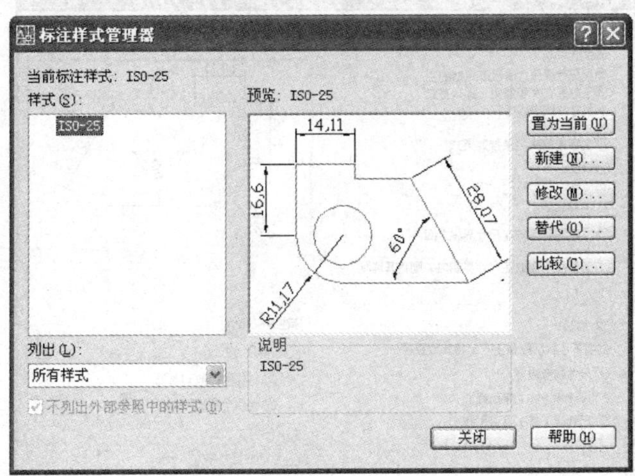

图 6-9　标注样式管理器

在“样式”选项区域中的是标注样式的列表，AutoCAD 系统存在一个默认样式，样式名为“ISO-25”，如果有多种样式的话，都可以在列表中列出来。右边空白是左边选中样式（图中只有 ISO-25 一种样式）的预览，选中的样式的各种特性都在可以在预览中看见（如标注各要素的颜色、尺寸线、尺寸界线的线宽、箭头大小，等等）。如果这些特征不能满足标注的要求，可以单击“修改”按钮，打开“修改标注样式”对话框进行修改。“修改标注样式”对话框如图 6-10 所示。

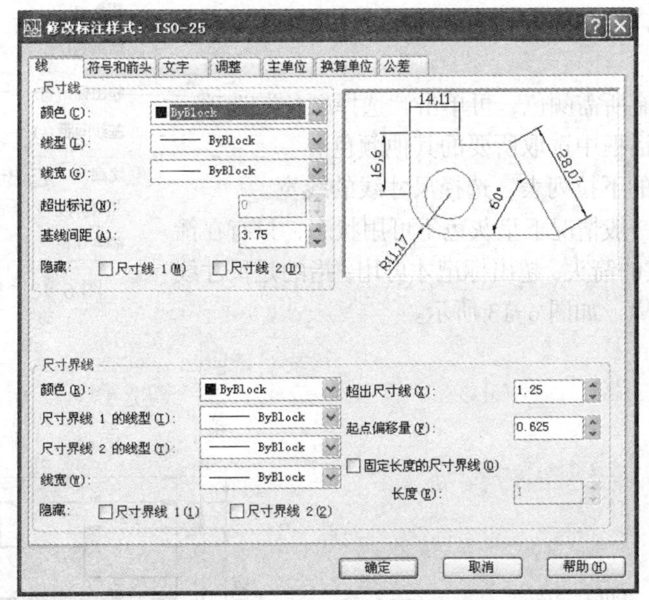

图 6-10　“修改标注样式”对话框

如果需要解决如图 6-8 所示的问题，只需要在“修改标注样式”对话框中单击“调整”

选项卡，如图 6-11 所示，将“使用全局比例”的比例值改大即可。

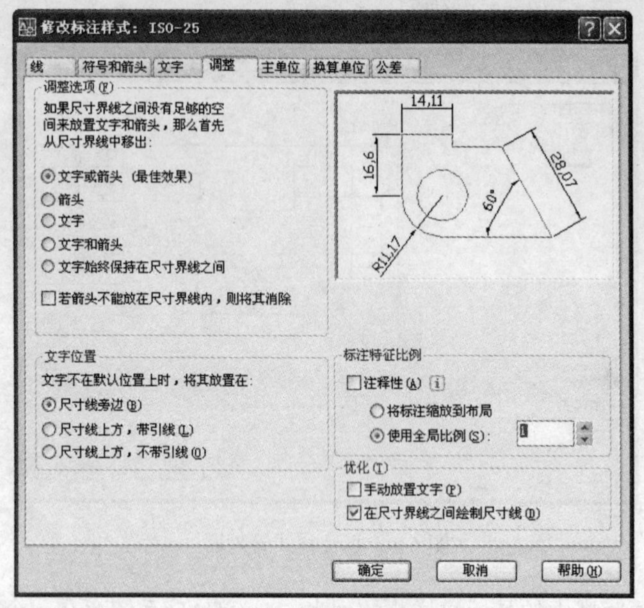

图 6-11 修改全局比例

2.“修改标注样式”对话框

（1）线。在对话框中有 7 个选项卡，单击第一个“线”选项卡，如图 6-10 所示。在这一选项里面，可以设置尺寸线和尺寸界线的特性，对话框的右上方是标注样式效果的预览。

“尺寸线”区域内设置尺寸线的颜色和线宽等。单击颜色后面的下拉列表，展开颜色列表，从中选择尺寸线的颜色，如图 6-12 所示。

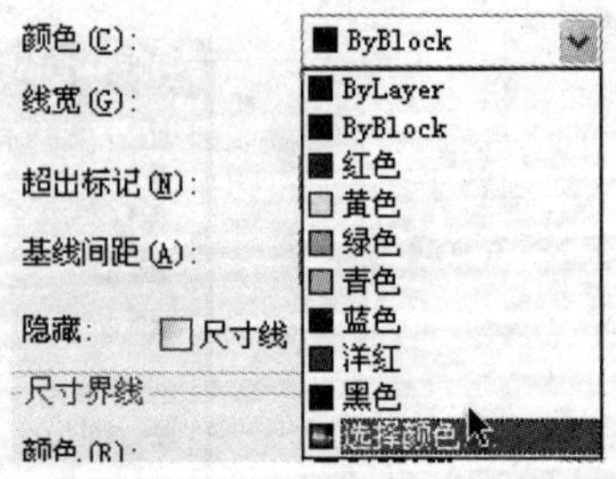

图 6-12 尺寸线的颜色选项

如果列表中没有所需颜色，可单击“选择颜色”选项，从“选择颜色”对话框中选取所要的其他颜色。

单击“线宽”的下拉列表，选择尺寸线的线宽。

“超出标记”一般情况下呈灰色不可用状态，只有在箭头选择 ⁄ 这种形式的箭头，超出标记才可用，指的是尺寸线超出尺寸界线的距离，如图 6-13 所示。

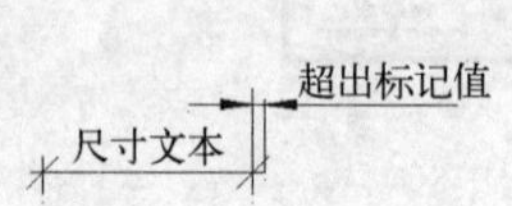

图 6-13 超出标记的意义

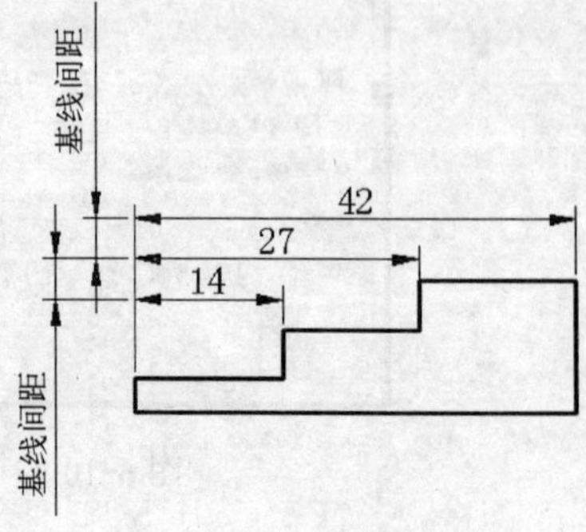

图 6-14 基线间距的意义

“基线间距”是指基线标注时，每相邻两个尺寸线间的距离，关于基线标注，后面还有详细讲解，基线间距如图 6-14 所示。

“隐藏”后有“尺寸线 1”和“尺寸线 2”两个选项，若选择了其中一项，一条尺寸线被隐藏了一半（包括箭头），只能看见另一半；若两项都选择，则尺寸线不可见。尺寸线 1 与尺寸线 2 分别是根据线性标注时，拾取两点的选择顺序来确定的，先选择的一端为尺寸线 1，后选择的一端为尺寸线 2。如图 6-7 所示的 ϕ10 的内孔标注就是隐藏尺寸线的效果。

“尺寸界线”的颜色和线宽的设置方法与尺寸线的颜色和线宽的设置方法相同，不作赘述。

“超出尺寸线”指的是尺寸界线超出尺寸线的距离，如图 6-15a 所示，超出尺寸线的默认值为 1.25。

“超点偏移量”是指尺寸界线起点与轮廓端点的距离，如图 6-15b 所示，默认值为 0.625。

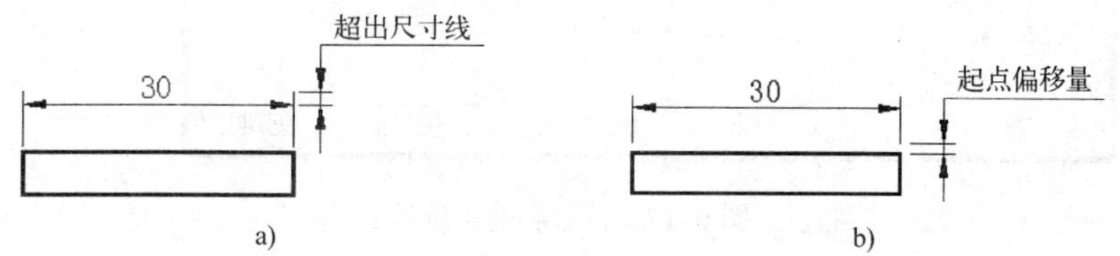

图 6-15　超出尺寸线与起点偏移量

隐藏尺寸界线 1 与尺寸界线 2 的意义与隐藏尺寸线相同，如图 6-16 所示是隐藏尺寸线 1 与尺寸界线 1 的标注效果（标注选择轮廓线端点时，先拾取左边虚线）。

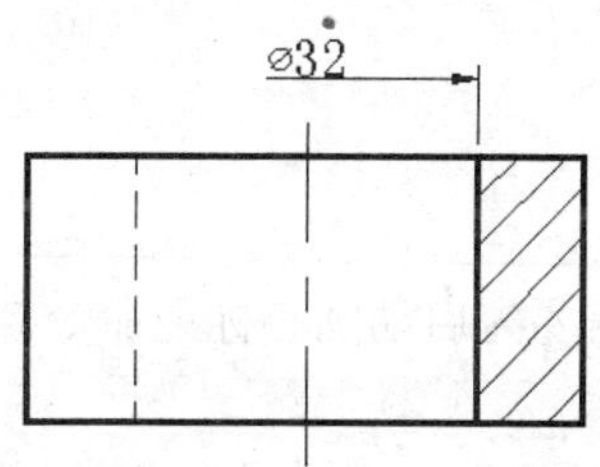

图 6-16　隐藏尺寸线的效果

（2）符号和箭头。

在“修改标注样式”对话框中单击“符号和箭头”选项卡，弹出如图 6-17 所示的选项对话框。

单击“箭头”选项区域中的“第一个”、“第二个”和“引线”等下拉列表框。

选择箭头的样式，默认情况下为实心闭合箭头。第二个箭头的默认形式与第一个相同。箭头大小的默认值为 2.5，如果认为值过小，可以改大这个数字。然而在实际标注中，不提倡改动这个值，应该调整全局比例为好（如图 6-11 所示）。

圆心标记类型有 3 个选项，如图 6-18 所示，分别是无、标记和直线。

3 种圆心标记类型的标注效果如图 6-19 所示。

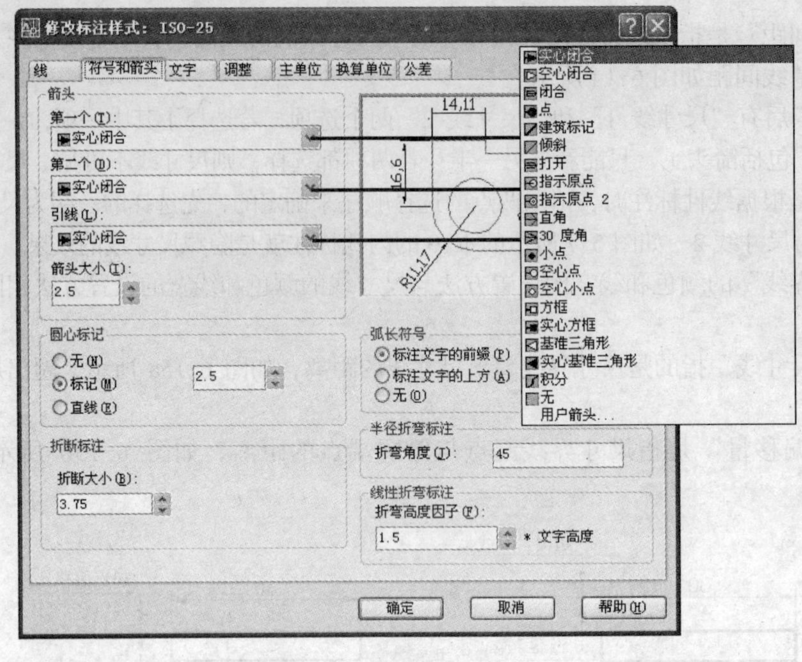

图 6-17　符号和箭头选项

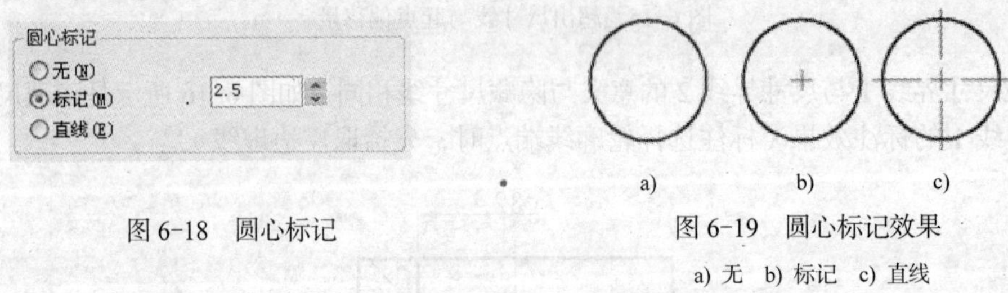

图 6-18　圆心标记

图 6-19　圆心标记效果

a) 无　b) 标记　c) 直线

圆心标记的操作很简单，只需要先启动圆心标记命令，然后拾取圆即可。启动圆心标记命令的方法有以下两种。

（1）选择菜单“标注”→“圆心”。

（2）单击“标注”工具条上的“圆心标记”图标按钮⊙。

折断标注是控制折断标注的间距宽度，如图 6-20 所示。

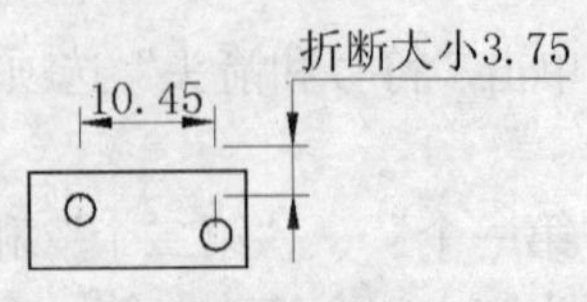

图 6-20　折断大小

弧长符号是指控制弧长标注中圆弧符号的显示。① 标注文字的前缀：表示将弧长符号放置在标注文字之前；② 标注文字的上方：表示将弧长符号放置在标注文字的上方；③ 无：表示不显示弧长符号，如图 6-21 所示。

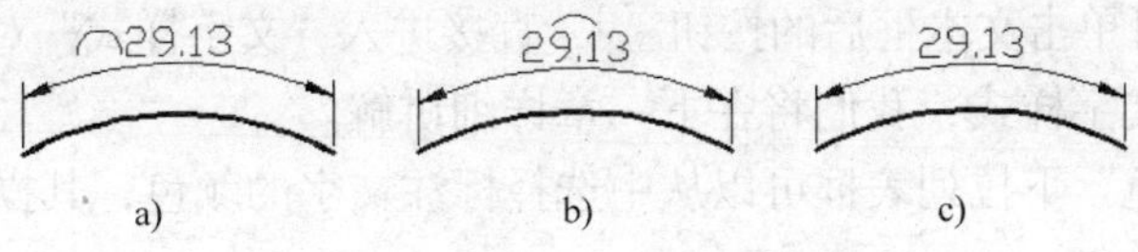

图 6-21　弧长标注符号显示效果

a) 标注文字前缀　b) 标注文字上方　c) 无

半径折弯标注是指在标注半径时，有时不便于标注出圆心，可采用半径折弯标注，折弯角是指半径尺寸线与折弯线的角度，如图 6-22 所示。

线性折弯标注选项区域中的折弯高度因子是折弯线高度与文字高度的倍数，如图 6-23 所示，设置的文字高度为 2.5，设置的折弯高度系数为 1.5（即文字高度的 1.5 倍），其高度值为 3.75。

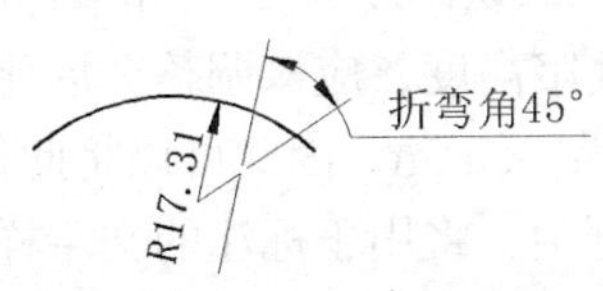

图 6-22　折弯角度

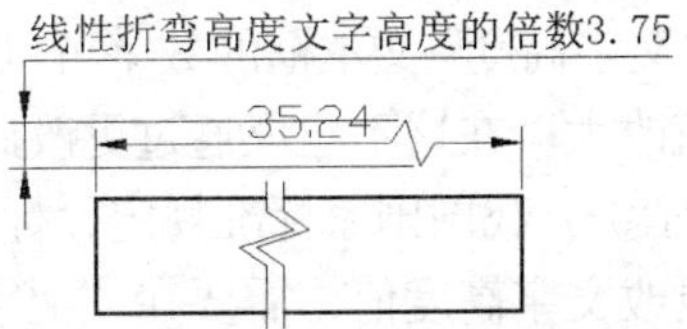

图 6-23　线性折弯高度

（3）文字在“修改标注样式”对话框中单击“文字”选项卡，可以设置标注的文本，如图 6-24 所示。

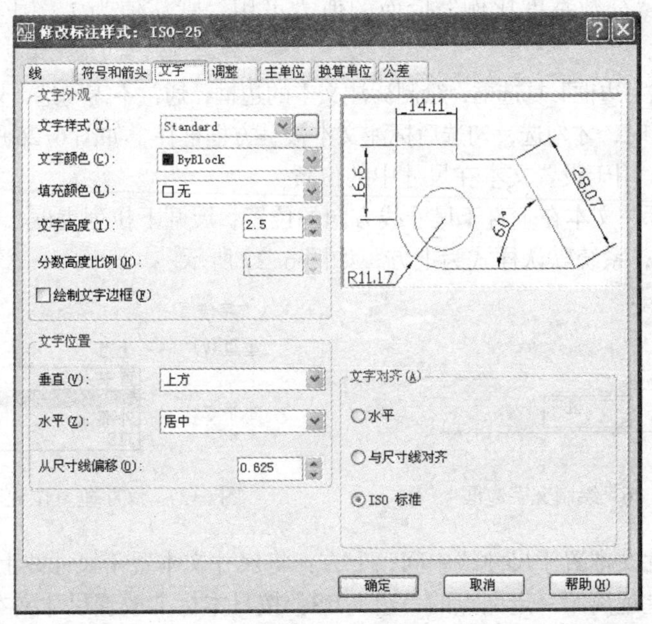

图 6-24　文字选项

文字外观设置包括文字样式、文字颜色、高度、填充颜色等。

单击“文字样式”下拉列表框，展开文字样式列表，当前文件所设置的所有文字样式均在列表中，如果当前文件没创建文字样式，系统默认文字样式为“Standard”。如果没有符合要求的文字样式，可单击文本框后的按钮，直接进入“文字样式”对话框，重新创建需要的文字样式。关于文字样式，我们将在下一章详细讲解。

单击“文字颜色”下拉列表框可以从中选择标注文字的颜色，其操作与文字样式设置相同。

标注文本一般不需要填充颜色，如果需要填充颜色，可单击“填充颜色”下拉列表框，从中选择填充颜色。如图 6-25ab 所示分别是无填充颜色与填充颜色的标注文字效果。

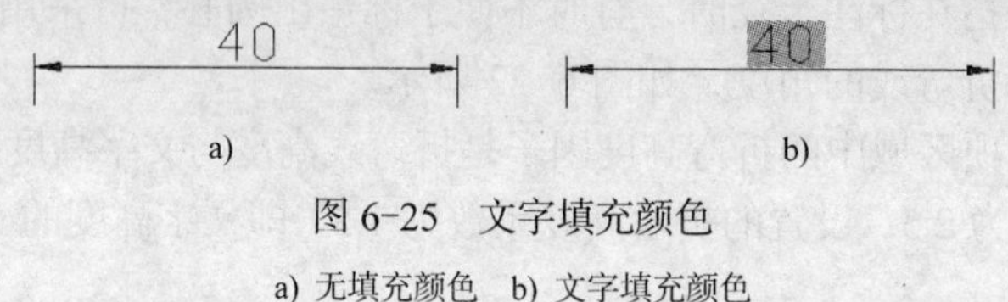

图 6-25　文字填充颜色

a) 无填充颜色　b) 文字填充颜色

修改“文字高度”文本框的数字可以更改文字高度，默认高度为 2.5，如果标注文字过小，可以将此值改大。在这不建议通过更改此处值来更改文字高度，应该调整全局比例为好（如图 6-11 所示）。我国国家标准规定，标注文字高度值为 3.5mm，因此可以将此值定为 3.5。要在此处更改文字高度值，需要在“文字样式”对话框中，将用于标注的文字样式的高度值设为 0 方可。如果在“文字样式”对话框中设置了文字高度，则在标注样式中，文字高度项呈灰色不可再设置。

当“主单位”选项卡下方的“单位格式”不为“分数”时（默认为小数），“分数高度比例”后面的值呈灰色，不可用状态。当“主单位”选项卡下方的“单位格式”为“分数”时，“分数高度比例”后面的值方可用，默认值为 1，国家标准规定此值应为 0.67。

勾选“绘制文字边框”复选框，绘制标注文本的边框，通常不需勾选，只有当标注尺寸需要具有一定特殊意义时，才勾选，勾选后标注文本被一方框框住，如图 6-26 所示。

“文字位置”用于设置文本在尺寸中的位置。

“垂直”指标注文本在垂直于尺寸线方向的位置，展开下拉列表框，有 4 个选项：置中、上方、外部与 JIS，系统默认样式为上方，如图 6-27 所示。

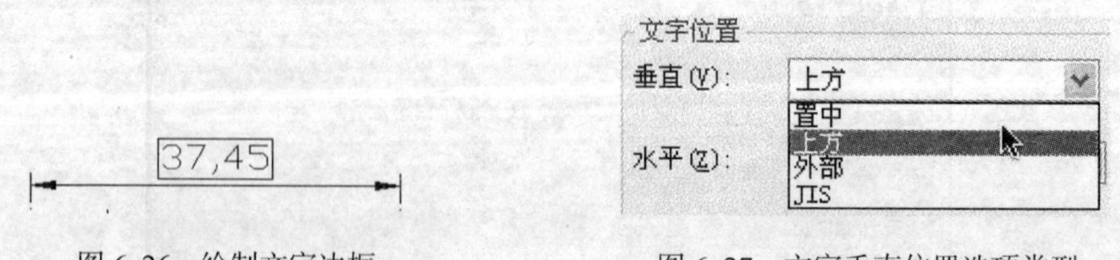

图 6-26　绘制文字边框　　图 6-27　文字垂直位置选项类型

置中：将尺寸文本置于尺寸线中间；上方：将尺寸文本置于尺寸线上方；外部：将标注文字放在尺寸线上远离第一定义点的一边；JIS：按日本标准放置尺寸文本。

以上各选项的标注样例效果如图 6-28 所示。

“水平”指标注文本在平行于尺寸线方向的位置，展开下拉列表框，有 5 个选项：置中、第一条尺寸界线、第二条尺寸界线、第一条尺寸界线上方和第二条尺寸界线上方，系统默认样式为置中，如图 6-29 所示。系统默认样式为置中。

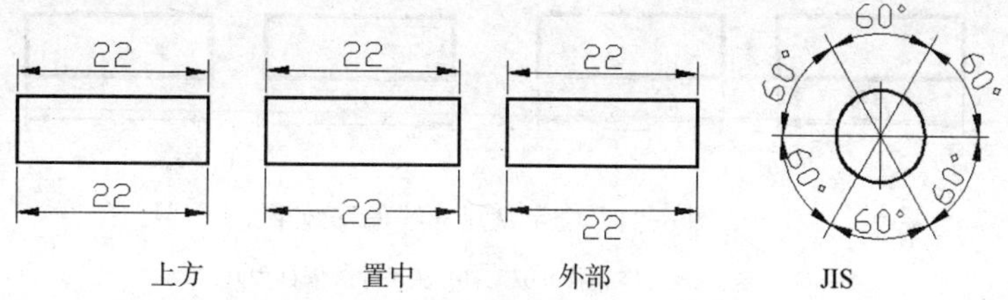

图 6-28　文字垂直位置各类型效果

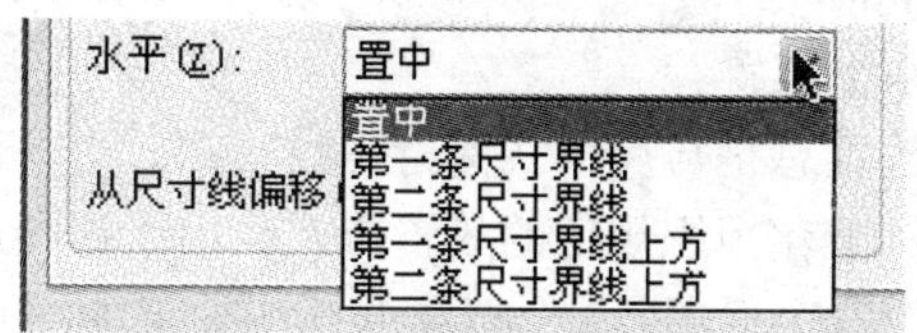

图 6-29　文字水平位置选项类型

置中：把标注文字沿尺寸线方向放在两条尺寸界线的中间。

第一条尺寸界线：沿尺寸线方向与第一条尺寸界线左对正。尺寸界线与标注文字的距离是箭头大小加上文字间距之和的两倍。

第二条尺寸界线：沿尺寸线方向与第二条尺寸界线右对正。尺寸界线与标注文字的距离是箭头大小加上文字间距之和的两倍。

第一条尺寸界线上方：沿着第一条尺寸界线方向放置标注文字或把标注文字放在第一条尺寸界线之上。

第二条尺寸界线上方：沿着第二条尺寸界线方向放置标注文字或把标注文字放在第二条尺寸界线之上。

以上各选项的标注样例效果如图 6-30 所示。

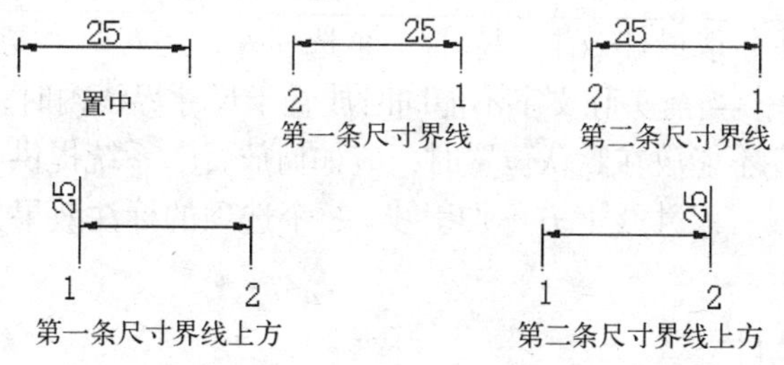

图 6-30　文字水平位置各类型效果

上面所说的“第一条尺寸界线”及“第一条尺寸界线上方”，是指在标尺寸时先拾取的一点，后拾取的一个点所在一端称为“第二条尺寸界线”及“第二条尺寸界线上方”，如图 6-25 所示的数字“1”、“2”即指拾取的先后顺序。

从尺寸线偏移：当文字位置垂直方向为“上方”时，从尺寸线偏移指文字最低部至尺寸线的距离；当文字位置垂直方向为“置中”时，从尺寸线偏移指文字两侧至尺寸线的距离。“从尺寸线偏移”默认值为 0.625，如图 6-31 所示。

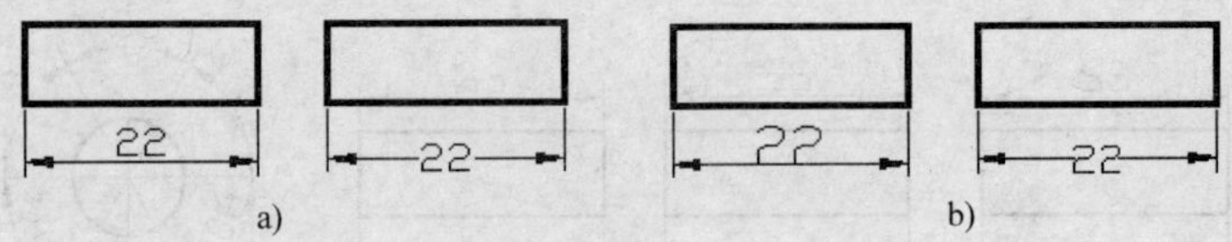

图 6-31 文字从尺寸线偏移效果

a) 从尺寸线偏移 0.625 b) 从尺寸线偏移为 0

文字对齐有 3 种形式：水平、与尺寸线对齐和 ISO 标准，默认状态为“与尺寸线对齐”，本书编者推荐使用“ISO 标准”。

水平：文字总是保持水平放置。

与尺寸线对齐：文字放置总是与尺寸线保持一致。

ISO 标准：采用国际标准化组织规定的放置方式，由于这种放置方式与我国国家标准的规定比较接近，故推荐使用这个选项。3 个选项的标注效果如图 6-32 所示。

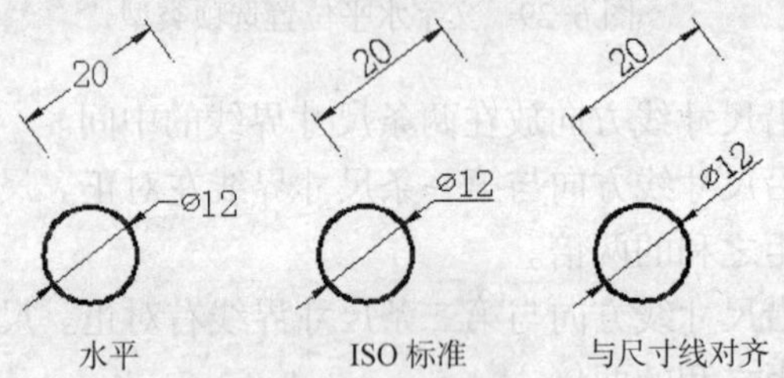

图 6-32 文字对齐方式

（4）调整。在“修改标注样式”对话框中，单击“调整”按钮，打开调整选项对话框如图 6-11 所示。

调整选项是用于确定当尺寸界线之间的空间不够大，不能够同时放置文字和箭头时，那么文字和箭头如何放置。下面有 5 个选项，从中选择首先从尺寸界线中移出的项，系统默认为第一项：文字和箭头，取最佳效果。除了 5 个选项外，还有一个复选框：若不能放置在尺寸界线内，则消除箭头。当箭头和文字不能同时放置于尺寸界线内时，勾选此项可消除箭头。

文字位置是指文字不能放在默认位置时，应如何放置。系统提供了 3 个选项：尺寸线旁边；尺寸线上方加引线；尺寸线上方不加引线。3 个选项的标注效果如图 6-33 所示。

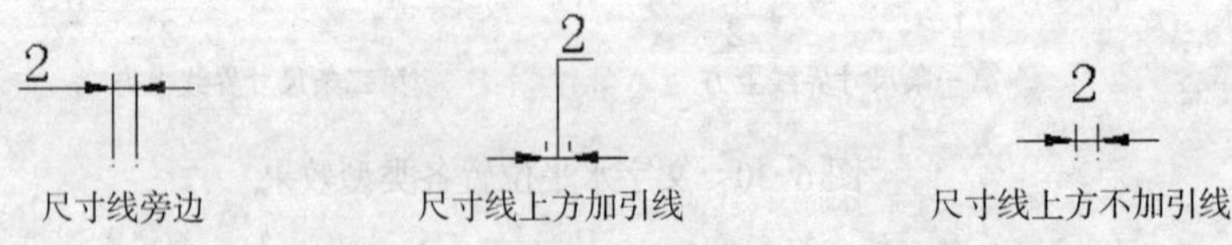

图 6-33 调整文字位置

标注特征比例是指调整文字、箭头等的比例效果，下方有两个选项：使用全局比例和按布局缩放比例。

使用全局比例：用于在模型空间中调整整体比例，如图 6-8 所示的问题，当箭头或文字太大或太小时，建议调整全局比例值，而不是去更改文字和箭头的大小。

按布局缩放比例：在图纸空间里缩放比例，即当在模型空间里箭头或文字等太大或太小而不协调时，可以不去理会它，只需在图纸空间设置比例。这些特征会在图纸空间中按适当的比例缩放。关于图纸空间，我们会在第 8 章中详细学到。

调整：用于在标注时，文字是通过手动定位还是自动放置于尺寸界线之间。

（5）主单位。在“修改标注样式”对话框中单击“主单位”选项卡，打开“主单位”选项，如图 6-34 所示。

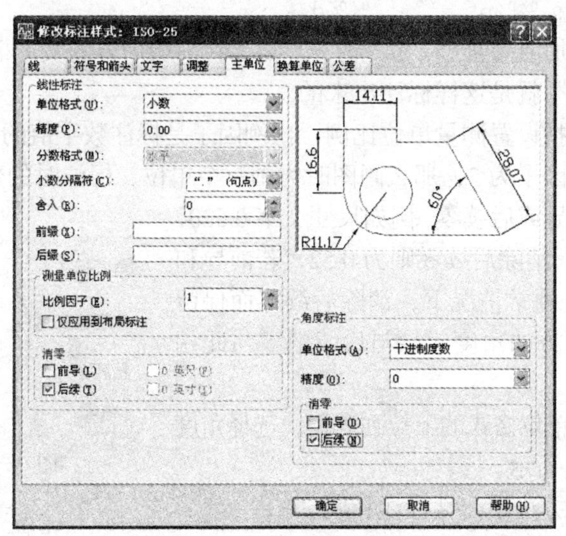

图 6-34　主单位选项

展开“单位格式”后方的下拉列表框，共有 6 种单位格式，如图 6-35 所示，默认为小数格式，推荐使用小数格式。

展开“精度”下拉列表框，选择尺寸文字的精度，如图 6-36 所示，设置文字精确到多小位小数，系统将根据精确的小数位数，按下面设置的“舍入”处理数据，若舍入值为 0，则系统按四舍五入处理数据。

当单位格式不是选用分数时，“分数格式”呈灰色不可用，只有当单位格式选择分数时，分数格式才可用，分数格式有 3 种：水平、对角与非堆叠，如图 6-37 所示。

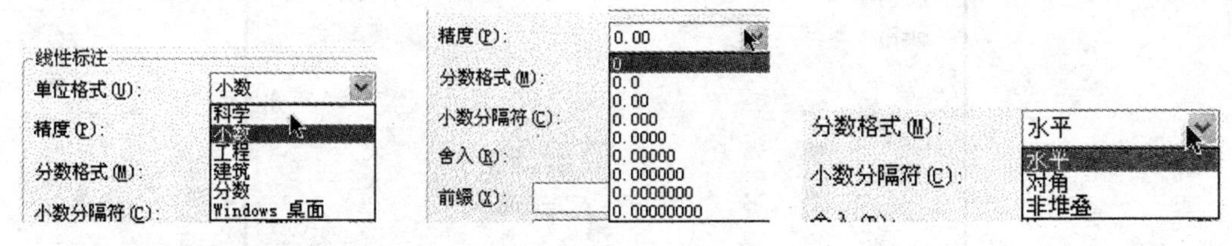

图 6-35　单位格式　　图 6-36　精度下拉列表　　图 6-37　分数格式

3 种格式的标注效果如图 6-38 所示。

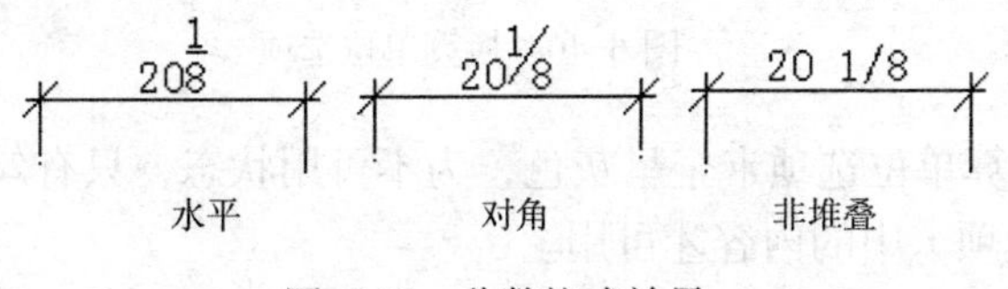

图 6-38　分数格式效果

当“单位格式”选择小数时，“小数分隔符”可用，小数分隔符默认为逗号，推荐选用句号。

舍入后面数字设置尺寸文字的舍入值，通常将舍入值设为0。若舍入值不为0，则系统按舍入值处理数据，类似于四舍五入。

“前缀”和“后缀”用于在文字前面或后面添加一定的符号，如“ϕ”等，当采用线性标注直径时就需要“ϕ”。请读者记住几个常用的前缀符号如下。

ϕ：%%c;　　±：%%p;　　°：%%d

例如当我们要添加前缀符号“±”时，只需要在前缀后方的文本框中输入“%%p”那可，如图6-4所示的“ϕ”就是这样标注出来的。

测量单位比例是指设置测量单位比例，比例因子是标注数字值的大小与所画图形单位的比值。例如设置比例因子为2，那么画图时为画一个单位，标注时的数字显示为两个单位。

消零用于消除前导或后续零，例如尺寸文字0.520，消除前导零则为.520，消除后续零则为0.52，若前导和后续均消除则为.52。通常情况下，消除后续零而保留前导零。对话框右下方的角度前导与后续消零与此相同，不再作讲解。

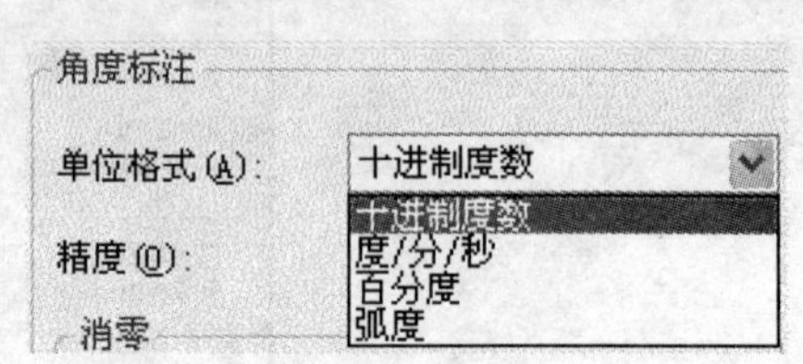

图6-39　角度单位格式

展开角度标注的单位格式的下拉列表框，选择角度单位格式，如图6-39所示。

精度与消零设置方法跟线性标注相同。

（6）换算单位。在“修改标注样式”对话框中，单击“换算单位”选项卡，如图6-40所示。

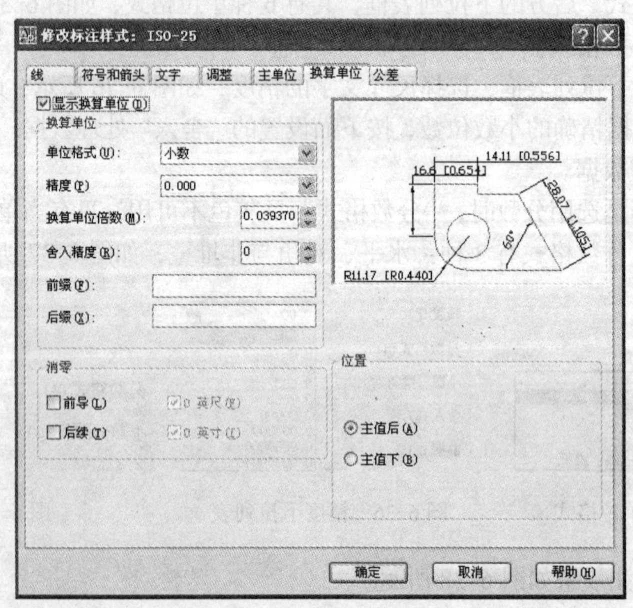

图6-40　换算单位选项

默认情况下，换算单位选项卡全呈灰色，为不可用状态，只有勾选“显示换算单位”前方的复选框，整个选项卡中的内容才可用。

显示换算单位后，标注中尺寸会出现两个文字。例如，有些图形尺寸需要显示公制与英制两组数字，则需要显示换算单位。两个文字之间的关系统通过“换算单位乘数”转换，默认的换算单位乘数就是公制与英制的转换倍数 0.03937007874…（1 inch=25.4 mm）。如果不是公制和英制的转换，这个值用户还可以根据需要自行设定。

位置用于设置换算单位与主单位的位置关系，分别是主值下或主值后，即换算单位在主单位的后方还是下方，标注样例效果如图 6-41 所示。

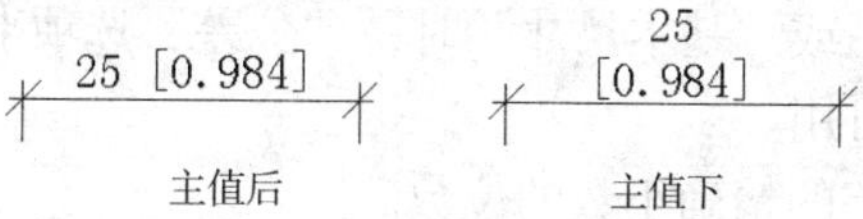

25 [0.984]　　25 [0.984]

主值后　　主值下

图 6-41　换算单位相对于主单位的位置

图中尺寸表示 25mm，同时标明了 0.984 inch。换算单位的其他设置与主单位相同，不再作太多讲述。

（7）公差。单击“修改标注样式”对话框中的“公差”选项卡，如图 6-42 所示。

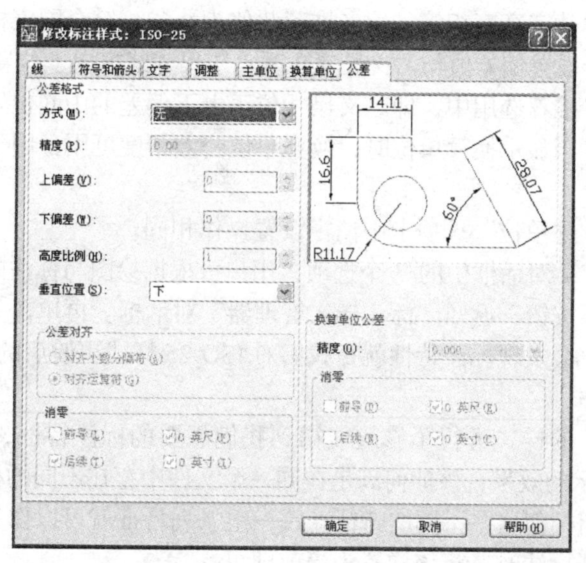

图 6-42　“公差”选项卡

展开“公差格式”选项区域中的“方式”下拉列表框，显示了方式的 5 个选项如图 9-43 所示。

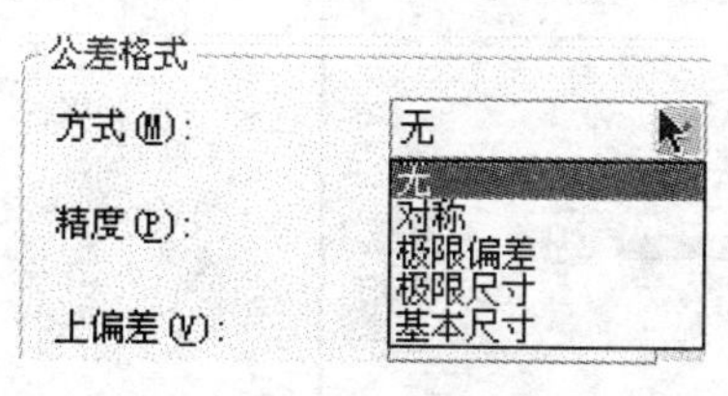

图 6-43　公差格式类型

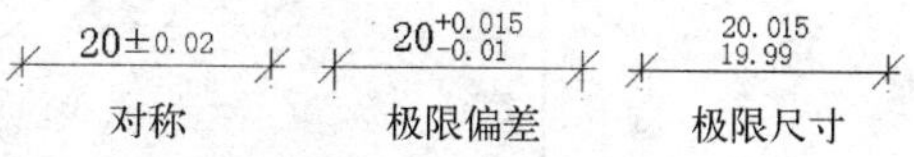

20 ± 0.02　　$20^{+0.015}_{-0.01}$　　20.015 19.99

对称　　极限偏差　　极限尺寸

图 6-44　公差格式效果

无：不标注公差。

对称：对称公差。

极限偏差：标注非对称公差。

极限尺寸：标注不显示公差，显示极限尺寸。

基本尺寸：只显示基本尺寸。

“对称”、“极限偏差”和“极限尺寸”的公差标注效果如图 6-44 所示。

当公差方式选择“无”或“基本尺寸”时，“公差”选项卡以下的各项均不可用；当选择其他 3 项时，以下各项可用。

“精度”用于设置公差的精确小数的位数。

“上偏差”和“下偏差”用于设置上下偏差值，当方式为“对称”时，只有上偏差可用，就是公差值。因为对称方式的公差，上下偏差相等。非对称的公差方式时，如果在下偏差值前面加上负号“-”，则在标注中，下偏差的值就负负为正了，所以，**如果下偏差在标注中为负值，则在设置下偏差时，不可以再加负号。**

高度比例：用于设置偏差数字的高度与名义尺寸数字高度的比例，默认值为 1，即偏差值数字高度与名义尺寸数字高度相等，编者推荐此值为 0.67，符合国家标准的规定。

垂直位置：用于设置偏差值与名义尺寸在垂直于尺寸线方向上位置关系，有 3 个选项，分别是下、中、上，推荐选用中，即名义尺寸位于上下偏差的中间位置。

换算单位公差：当显示换算单位时，换算单位公差精度可用，用于设置换算单位公差的小数点精确位数。

消零的设置与“主单位”选项卡中消零设置操作相同。

“修改标注样式”对话框中的 7 个选项，用户可根据绘图与标注的需要进行修改，修改完毕后单击“确定”按钮，返回“标注样式管理器”对话框。再单击关闭，返回绘图窗口。在绘图窗口中标注，会发现标注特性就是我们对 ISO-25 样式更改后的特性。

3. 新建标注样式

上面对 ISO-25 的样式进行了修改能得到我们想要的标注特性，再回过头来看一看如图 6-4 和图 6-7 所示的效果，该如何满足在同一个文件中存在不同的标注特性呢？读者可以根据需要设置很多组类似这些不同的特征，每一组系列特征就可以作为一个标注样式。当需要用哪一组系列特征标注时，将该样置为当前即可。

输入“D”按〈Enter〉键确定，打开“标注样式管理器”对话框，单击“新建”按钮，打开“创建新标注样式”对话框，如图 6-45 所示。

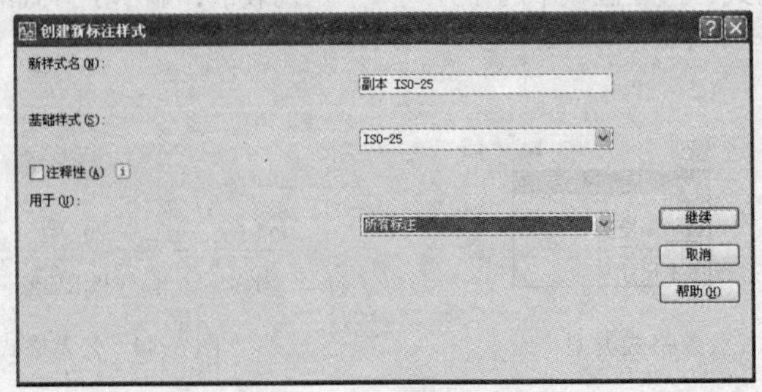

图 6-45　创建新样式

在新样式后文本框中输入新样式的名称，用户可以根据需要，结合所创建的样式的标注用途，为新样式命名，如线性直径。

基础样式：指新样式在哪一样式的基础上进行创建的，也就是说，正在创建的样式是在哪一样式的基础上修改得来的。基础样式后方有个下拉列表，当前如果没有创建样式，只有 ISO-25 一个样式。如果创建了样式，则展开下拉列表框会有很多样式可供选择。

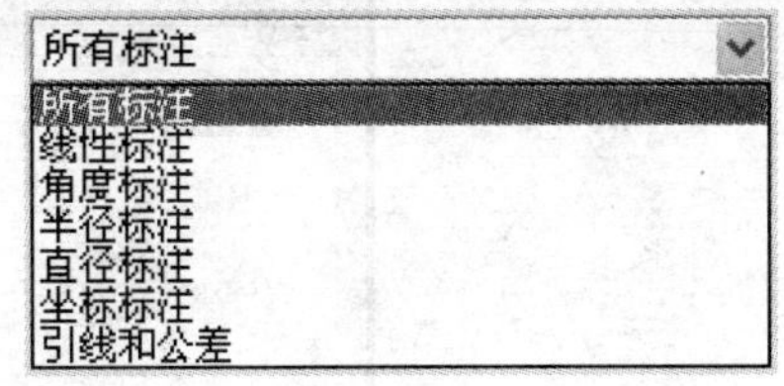

图 6-46　“用于”下拉列表

展开“用于”后方的下拉列表，从中选择所创建样式的用途，如图 6-46 所示。默认情况是用于所有标注。

设置完成后，单击“继续”按钮，打开“新建标注样式”的对话框，如图 6-47 所示。

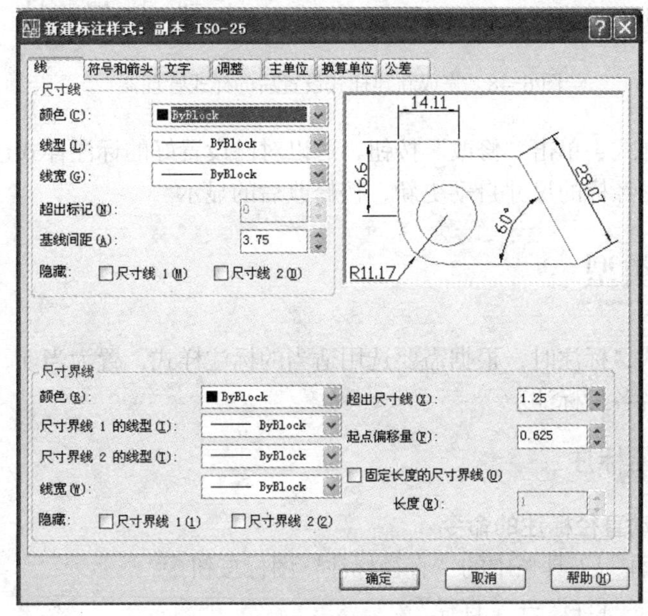

图 6-47　“新建标注样式”对话框

“新建标注样式”对话框与“修改标注样式”对话框相同，读者只需按前面所讲的修改标注样式的方法设置新样式的特性即可。其实，“新建标注新式”对话框就是对基础样式的修改，修改基础样式而得到新的样式。例如需要用这个样式来标注线性直径尺寸，只需要在“主单位”选项卡前方加上前缀“%%c”，那么标注的线性尺寸就会在文字前有一个“φ”。

设置完毕后单击“确定”按钮，返回到“标注样式管理器”对话框，可以发现，现在在标注样式列表中，除了 ISO-25 外，还多了一种标注样式，就是刚刚设置的这一种，如图 6-48 所示。

现在有了这两种标注样式，若需要标注如图 6-4 所示的φ20 和φ30 之类的尺寸，只需选中线性直径，然后单击右边“置为当前”按钮，关闭对话框，返回绘图窗口进行标注即可。

如果要标注如图 6-7 所示的尺寸，也可以再新建一个标注样式，设置其尺寸线和尺寸界线隐藏一条即可。

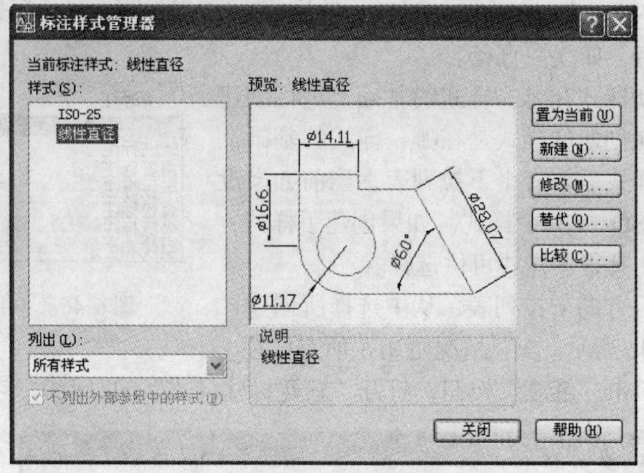

图 6-48　完成新建样式设置后的样式管理器

选中列表中的样式，单击“修改”按钮，可以对已设置好的标注样式进行重新修改。修改后，绘图窗口中已经标的尺寸自动更新，按修改后的显示。

6.2　各种标注类型

创建了标注样式，标注时，根据需要选用适当的标注样式，置为当前，然后启动相应的标注命令即可以实现各种标注。

 6.2.1　直径标注

1．3 种方法启动直径标注的命令

（1）单击“标注”工具条中的“直径标注”图标按钮。

（2）选择菜单“标注”→“直径”。

（3）输入简捷命令“DDI”按〈Enter〉键确定。

2．操作

启动命令后，用光标拾取需要标注直径的圆周，命令行提示：指定尺寸线位置或 [多行文字(M)/文字(T)/角度(A)]。

（1）光标在适当的位置单击，以确定尺寸的位置。

（2）输入“M”按〈Enter〉键确定，弹出多行文字对话框，可以根据需要在标注文字上输入多行文字，标注文字的默认值为当前的直径值在文字对话框中显示为“<>”，用户可以删除这个默认值的符号，输入自定义的值或其他文本。不过，除非特殊情况，否则不建议这样做，因为自定义的文字不会随着尺寸线的拉伸或比例缩放的放大缩小而跟着放大缩小，不能自动地显示出尺寸的真实值。

（3）输入“T”按〈Enter〉键确定，也可以编辑标注文字，用法与输入“M”相似。

（4）输入“A”按〈Enter〉键确定，指定标注文字书写的角度。

例：直径标注如图 6-49 所示的圆。

启动命令　　　　　//输入“DDI”按〈Enter〉键确定

选择对象　　　　　//光标选择拾取圆周
指定尺寸线位置　　//移动光标在适当位置单击鼠标左键，确定尺寸线位置

6.2.2　半径标注

1．以下 3 种方法启动半径标注的命令

（1）单击“标注”工具条中的“半径标注”图标按钮。

（2）选择菜单“标注”→“半径”。

（3）命令行输入“DRA”按〈Enter〉键确定。

2．操作

启动命令后，用光标拾取需要标注半径的圆弧或圆，然后在适当的位置单击，以确定尺寸的位置。半径标注也另外有 3 个选项，意义与操作跟直径标注的选项相同。

例：半径标注如图 6-50 所示的圆。

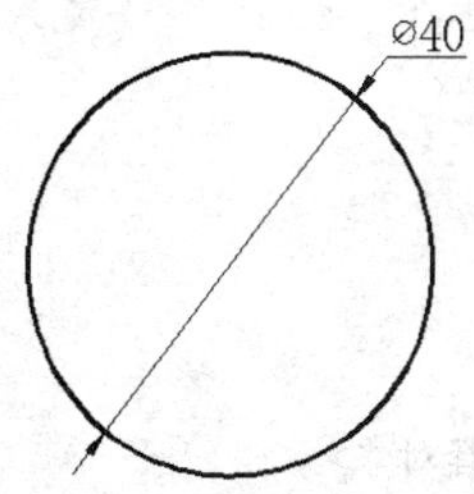

图 6-49　直径标注图例

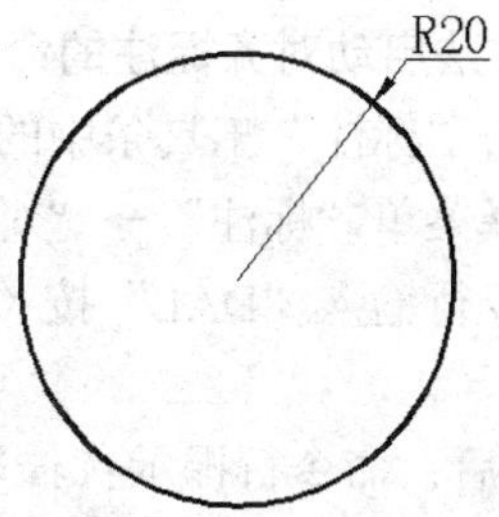

图 6-50　半径标注图例

启动命令　　　　　//单击菜单“标注”→“半径”
选择对象　　　　　//光标选择拾取圆周
指定尺寸线位置　　//移动光标在适当位置单击鼠标左键，确定尺寸线位置

6.2.3　角度标注

1．3 种方法启动角度标注的命令

（1）单击“标注”工具条中的“角度标注”图标按钮。

（2）选择菜单“标注”→“角度”。

（3）命令行输入“DAN”按〈Enter〉键确定。

2．操作

启动角度标注命令后，命令行提示：选择圆弧、圆、直线或 <指定顶点>。

（1）对于圆弧对象，可直接拾取圆弧，然后在适当位置确定尺寸的位置，如图 6-51a 所示。

（2）对于两条边的角度，可以直接先后拾取两条边，在适当位置确定尺寸位置，如图 6-51b 所示。

（3）对于圆对象，先拾取圆周，再指定圆周上另一点，标注的角度为拾取圆周上的一点与另一点之间的角度，如图 6-52a 所示。

（4）按〈Enter〉键，先拾取角度顶点，再分别拾取两条边的另一顶点，或在两条边上各拾取一点，如图 6-52b 所示。

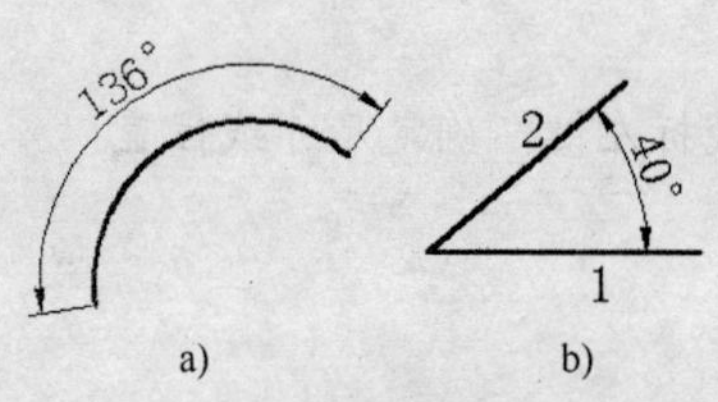

图 6-51 角度标注图例(一)

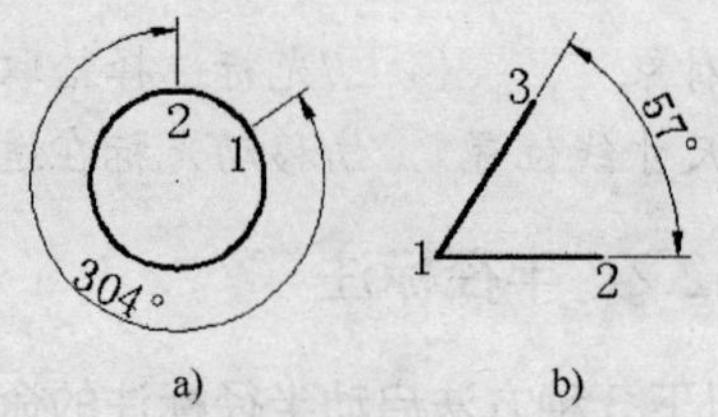

图 6-52 角度标注图例(二)

注：1．上图中的 1、2、3 等数字，为标注选择对象时拾取的点数。

2．角度标注拾取圆时，若两次拾取同一点，则角度值为 0。

6.2.4 对齐标注

对齐标注是一种特殊的线性标注，用来标注非正交直线（即不是水平和竖直线）长度的尺寸，其操作与线性标注类似。

1．3 种方法启动对齐标注的命令

（1）单击“标注”工具条中的“对齐标注”图标按钮。

（2）选择菜单“标注”→“对齐”。

（3）命令行输入“DAL”按〈Enter〉键确定。

2．操作

启动命令后，命令行提示：指定第一条尺寸界线原点或 <选择对象>。

（1）用光标分别拾取需要标注的斜线的两个端点，然后在适当的位置单击，以确定尺寸的位置。

（2）直接按〈Enter〉键确定，光标变成小方框形状，拾取需要标注的斜线，然后在适当的位置单击，确定尺寸的位置。

选择对象完毕，在指定尺寸位置前，另外还有 3 个选项，其用法操作与直径标注的 3 个选项相同。

例：标注如图 6-53 所示的图形尺寸。

启动对齐标注命令　　//单击“标注”工具条中的“对齐标注”图标按钮
选择对象　　//按〈Enter〉键，拾取三角形的底边，在适当位置单击鼠标
　　//左键放置尺寸位置
再次启动对齐标注命令　　//按〈Enter〉键重复上一次命令
选择对象　　//按〈Enter〉键，拾取三角形的左侧边，在适当位置单击鼠
　　//标左键放置尺寸位置
第三次启动对齐标注命令　　//按〈Enter〉键重复上一次命令
选择对象　　//按〈Enter〉键，拾取三角形的右侧边，在适当位置单击左
　　//键放置尺寸位置

6.2.5 引线标注

引线标注可用于标注倒直角，形位公差等。

1．两种方法启动引线标注的命令

（1）选择菜单“标注”→“引线”。

（2）输入简捷命令“LE”按〈Enter〉键确定。

2．操作与设置

启动命令后，命令行提示：指定第一个引线点或 [设置(S)] <设置>。

（1）指定 3 个点（最少两个点）并输入注释。第一点是指定第一个引线点，即指定引线起点，引线箭头的端点所在；第二个点确定引线的引出长度；第三个点确定注释相对于引线的位置，如图 6-54 所示。

图 6-53　图例　　图 6-54　引线标注

（2）启动命令后，输入“S”按〈Enter〉键确定，打开“引线设置”对话框，如图 6-55 所示，在对话框中，对引线标注进行“注释、引线和箭头、附着”3 个方面的设置。

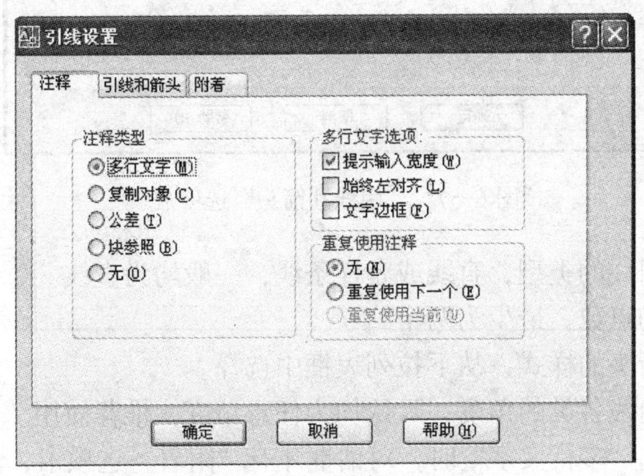

图 6-55　“引线设置”对话框

单击“注释”选项卡，注释类型下有 5 个选项。

多行文字：标注时，注释由多行文字写成。

复制对象：注释不是直接写成，而是通过复制其他文本得到的，如图 6-56a 所示，引线标注上的注释是通过复制倒角矩形框内的文字得到的。

公差：注释是用来标示形位公差的，如图 6-56b 所示，引线标注时，设置注释类型选为公差，则注释可直接弹出形位公差标注的对话框，关于形位公差，我们将在第 6.3 再作讲解。

块参照：注释是通过插入块参照得到的。

无：引线不标示注释。

只有当注释类型选“多行文字”时，对话框右上方的“多行文字选项”才可用，用于设置多行文字注释是否提示宽度、对齐、是否绘制多行文字边框。

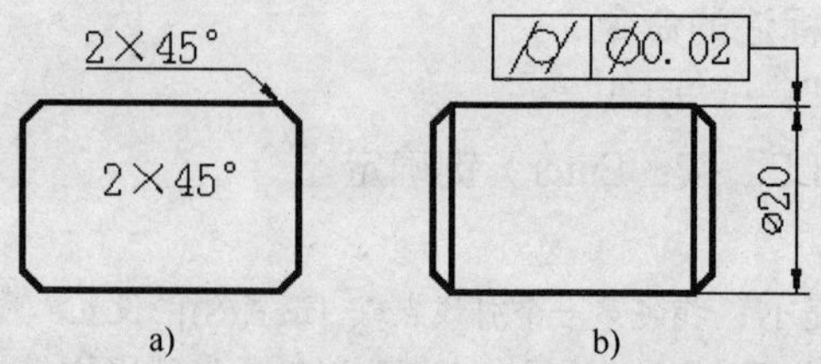

图 6-56　引线注释复制文本及标注形位公差

当几个引线标注具相同的注释时，可勾选“重复使用注释”下方的重复使用选项，否则勾选“无”。

单击“引线和箭头”选项卡，如图 6-57 所示。

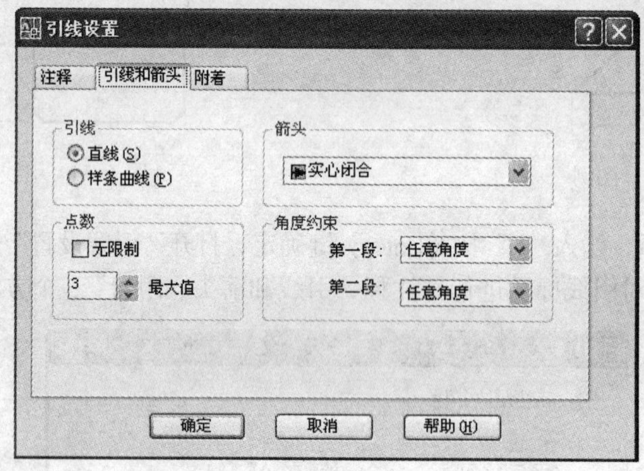

图 6-57　“引线和箭头”选项卡

引线：用于设置引线的类型，直线或者样条线，一般均为直线。

点数：设置引线的点数，最少为两个。

箭头：设置引线箭头的样式，从下拉列表框中选择。

角度约束：设置引线各类的角度，默认均为任意角度，推荐使用。

只有当注释类型选“多行文字”时，对话框才有“附着”选项卡，单击“附着”选项卡如图 6-58 所示。

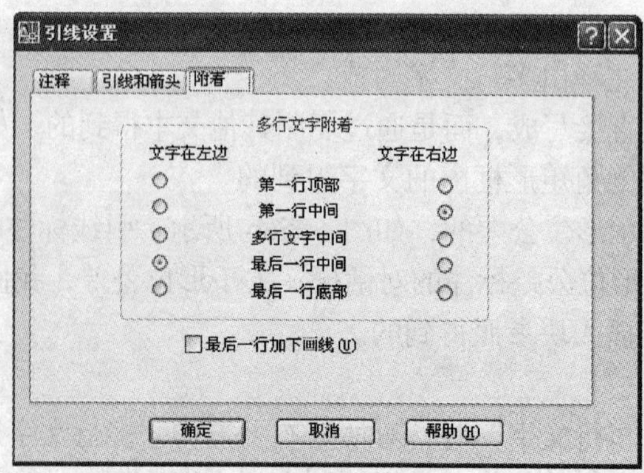

图 6-58　“附着”选项卡

附着用于设置文字与引线的位置关系，不论文字在左边还是右边，都有 5 个选项，下面还有一个复选框“最后一行加下画线”，勾选此复选框，则以上各选项均不可用，根据个人习惯，建议使用“最后一行加下画线”，这样比较符合传统的制图习惯。

设置完毕后确定，返回绘图窗口，接着按前文“操作”所述进行标注。

6.2.6 基线标注

当图中存在线性尺寸、对齐标注的尺寸、基线标注的尺寸或连续标注的尺寸时，如果必要可以用基线标注，基线标注的样例如图 6-59 所示。

1．3 种方法启动基线标注的命令

（1）单击“标注”工具条中的“基线标注”图标按钮。

（2）选择菜单“标注”→“基线”。

（3）命令行输入“DBA”按〈Enter〉键确定。

2．操作与设置

启动命令后，命令行提示：指定第二条尺寸界线原点或 [放弃(U)/选择(S)] <选择>。

（1）如果上次是线性标注、对齐标注、角度尺寸、基线标注或连续标注，则系统自动捕捉标注的第一个尺寸界线原点，用户只需指定基线标注的第二个尺寸界线原点即可。

（2）按〈Enter〉或输入“S”按〈Enter〉键确定，选择基线，再指定第二个尺寸界线原点。基线标注可以连续操作，一次启动命令，标注很多组基线尺寸。

基线间距可以通过修改标样式对话框中的“直线和箭头”选项卡中的“基线间距”来调整。

例：标注如图 6-59 所示的基线尺寸。

在进行基线标注前，需先有一个线性尺寸，可先标注最左边一个尺寸，如图 6-60 所示。

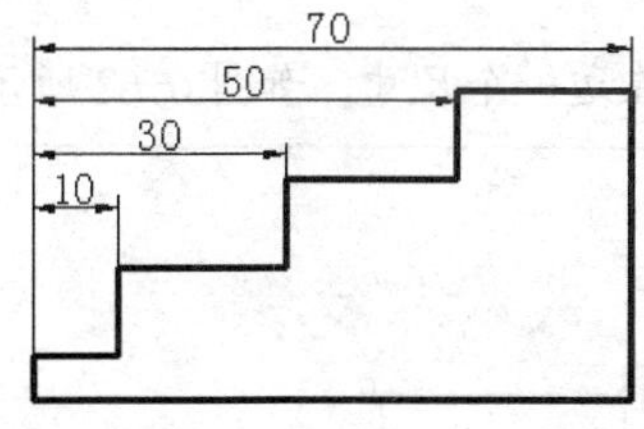

图 6-59　基线标注样例

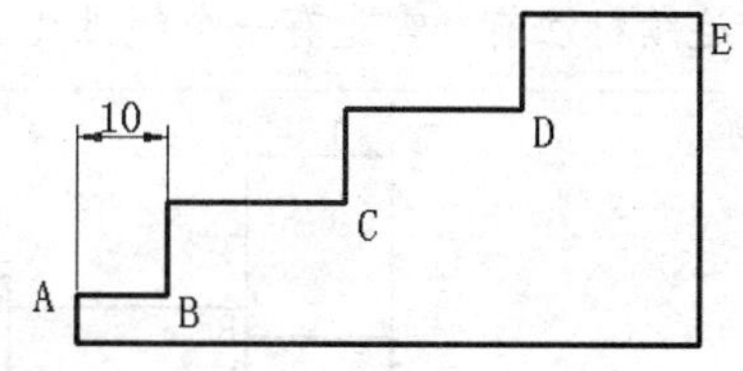

图 6-60　选择基线标注的基础尺寸

启动基线标注命令　　//单击“标注”工具条中的“基线标注”图标按钮

选择对象　　//按〈Enter〉键，选择基线标注，拾取 A 点所在侧尺寸界线

选择第二条尺寸界线原点　　//选择“B”点，光标向下移动适当位置放置尺寸

选择第二条尺寸界线原点　　//选择“C”点，光标向下移动适当位置旋转尺寸

选择第二条尺寸界线原点　　//选择“D”点，光标向下移动适当位置旋转尺寸

选择第二条尺寸界线原点　　//选择“E”点，光标向下移动适当位置旋转尺寸

选择第二条尺寸界线原点　　//按“Enter”键

选择基线标注　　//按“Enter”键退出命令

6.2.7　连续标注

连续标注也是在存在线性标注、对齐标注、基线标注或连续标注的基础上，才能操作的标注类型。连续标注的样例如图 6-61 所示。

1．3 种方法启动连续标注的命令

（1）单击“标注”工具条中的“连续标注”图标按钮。

（2）选择菜单“标注”→“连续”。

（3）命令行输入“DCO”按〈Enter〉键确定。

2．操作与设置

启动命令后，命令行提示：指定第二条尺寸界线原点或 [放弃(U)/选择(S)] <选择>。

（1）如果上次是线性标注、对齐标注、角度尺寸、基线标注或连续标注等，则系统自动捕捉标注的第一个尺寸界线原点，用户只需指定连续标注的第二个尺寸界线原点即可。

（2）按“Enter”或输入“S”按〈Enter〉键确定，选择连续标注的第一个尺寸界线，再指定第二个尺寸界线点。连续标注可以连续操作，一次启动命令，标注很多组连续尺寸。

例：标注如图 6-61 所示的连续尺寸。

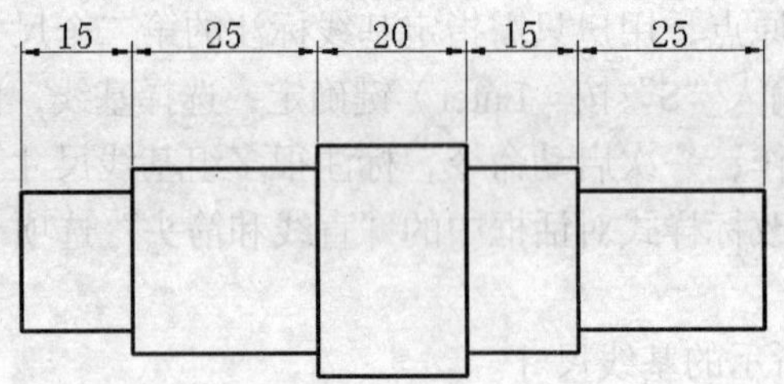

图 6-61　连续标注样例

在进行连续标注前，需先有一个线性尺寸，先标注最左边一个尺寸，如图 6-62 所示。

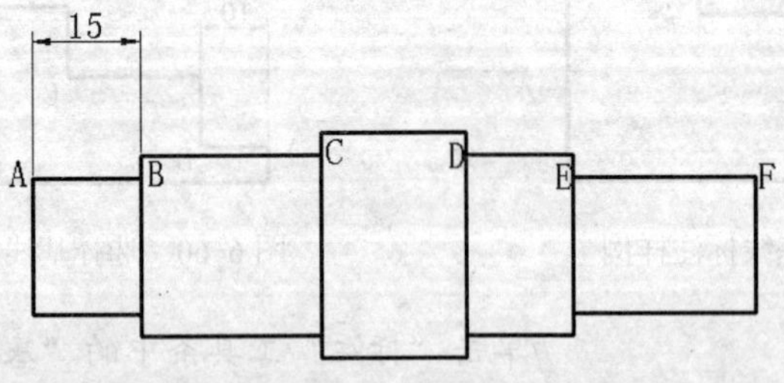

图 6-62　选择连续标注的基础尺寸

启动连续标注命令　　//单击“标注”工具条中的“连续标注”图标按钮。

选择对象　　//按〈Enter〉键，选择连续标注，拾取 B 点所在侧尺寸

//界线

选择第二条尺寸界线原点　　//选择“C”点

选择第二条尺寸界线原点　　//选择“D”点

选择第二条尺寸界线原点　　//选择“E”点

选择第二条尺寸界线原点　　　　　//选择“F”点
选择第二条尺寸界线原点　　　　　//按〈Enter〉键
选择连续标注　　　　　　　　　　//按〈Enter〉键退出命令

6.2.8　弧长标注

1．启动命令

（1）单击“标注”工具条中的“弧长标注”图标按钮。

（2）选择菜单“标注”→“弧长”。

（3）命令行输入“DAR”按〈Enter〉键确定。

2．操作

启动命令后，光标从屏幕上选择要标注的圆弧线，在适当的位置放置光标，即可完成弧长的标注，如图 6-63 所示。

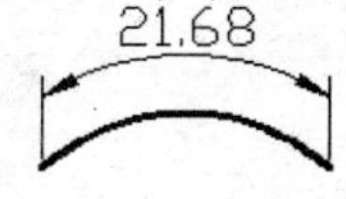

图 6-63　弧长标注

数字上方的弧长符号可以在“标注样式”对话框中的“符号和箭头”选项卡下的“弧长符号”来设置其位置，可以在数字前方、上方或不标示弧长符号，如图 6-21 所示。

6.2.9　折弯半径

折弯半径标注是半径标注的一种特例，在机械工程图中，有的圆弧半径标注不便于标出圆心位置，常用这种折弯半径的标注方法。

1．启动命令

（1）单击“标注”工具条中的“折弯半径标注”图标按钮。

（2）选择菜单“标注”→“折弯”。

（3）命令行输入“DJO”按〈Enter〉键确定。

2．操作

启动命令后，选择标注的圆或圆弧对象，指定图示中心点，即标尺寸线的中心端点。此时命令行提示：指定尺寸线位置或 [多行文字(M)/文字(T)/角度(A)]。指定尺寸线的位置，再指定折弯位置，即可标注完成。

图 6-64　折弯半径标注

多行文字（M）、文字（T）、角度（A）选项分别可以输入多行文字，文字或者文字旋转角度的操作。标注完成如图 6-64 所示。

6.2.10　标注间距

标注间距的意义用于调整多个无序的标注，让每相邻两个尺寸的间距依据对话框设定的“基线间距”值重新排列。

1．启动命令

（1）单击“标注”工具条中的“标注间距”图标按钮。

（2）选择菜单“标注”→“标注间距”。

2．操作

（1）启动命令后，选择基准尺寸，类似于基线标注的标准尺寸，如图 6-65a 中的线性尺寸 24。

（2）选择需要产生间距的其他尺寸，如图 6-65a 中的其他线性尺寸。选择完成后需确认。

（3）输入尺寸间的间距值，如果不输入间距值直接按〈Enter〉键确定，则系统以自动的方式产生间距，其值为对话框中设定的基线间距值。完成的标注如图 6-65 所示。

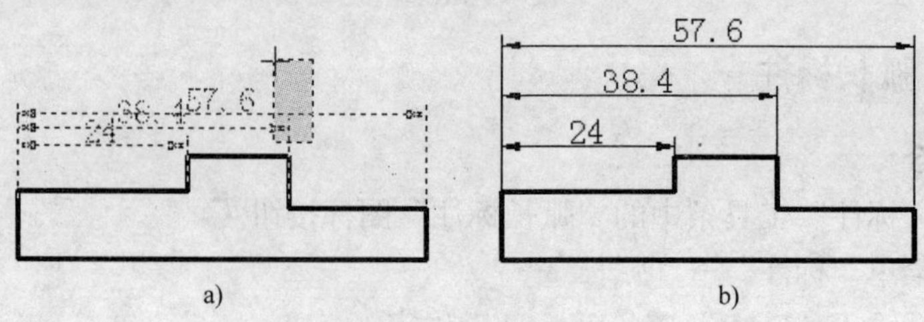

图 6-65 标注间距

a) 选择基准尺寸及间距尺寸 b) 安完标注间距结果

6.2.11 折断标注

当尺寸线与其他的线条发生干涉，致使数字或线条看不清楚或发生误解时，可以将其中一条尺寸线折断，如图 6-66 所示。

1. 启动命令

（1）单击“标注”工具条中的“折断标注”图标按钮。

（2）选择菜单“标注”→“标注打断”。

2. 操作

启动命令后，命令行提示选择需要打断的尺寸：选择标注或 [多个(M)]。

（1）选择单个标注对象。

1）直接拾取要打断的尺寸。

2）选择用来打断标注的对象或 [自动(A)/恢复(R)/手动(M)] <自动>光标拾取用来打断的对象，直接按〈Enter〉键确定，并按自动的方式打断。

（2）输入“M”按〈Enter〉键确定，选择多个打断的对象。选择完毕后按两次〈Enter〉键，打断所选对象。

打断标注的操作如图 6-66 所示。

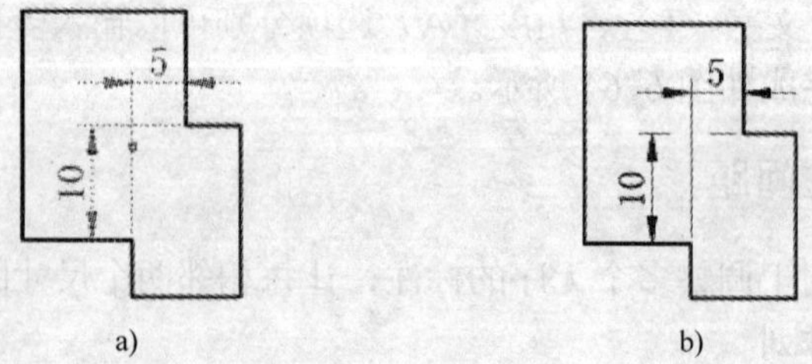

图 6-66 折断标注

a) 选择折断尺寸及用来折断的对象 b) 折断标注的结果

6.3 形位公差标注

形位公差用来标注零件或装配的形状或位置关系的偏差。

1．启动命令

（1）单击“标注”工具条中的“公差标注”图标按钮 。

（2）选择菜单“标注”→“公差”。

（3）命令行中输入“TOL”按〈Enter〉键确定。

此外，还可以通过引线标注来启动命令，将引线标注的注释类型高为“公差”，就可以在引线标注中弹出“形位公差”对话框，利用引线标注来标形位公差。形位公关标注命令的启动建议用引线标注启动更方便，见 6.2.5 引线标注。

2．“形位公差”对话框

启动命令后，弹出“形位公差”对话框，如图 6-67 所示。

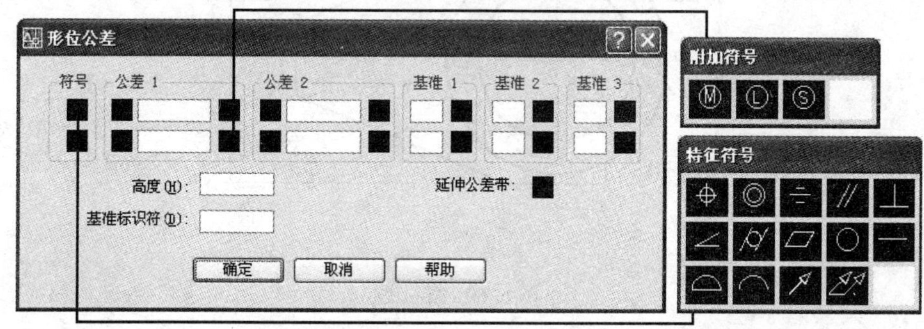

图 6-67　形位公差对话框

一次启动命令可同时标注两组 4 个形位公差。单击“符号”下方黑色小方框，可弹出“符号特征”对话框，从中选择符号，以标注形位公差的类型，例如选择同轴度 。对于如图 6-67 所示的符号，读者可参考有关公差配合的资料。

在“形位公差”对话框中，单击“公差 1（或公差 2）”前方的黑色小方框，可以确定是否在形位公差中标注“ϕ”。

在文本框中填入形位公差值，例如 0.02，公差值的大小，需根据名义尺寸大小和公差等级查表填入，参考公差与配合的有关资料。

单击公差值后方的黑色小方框，弹出“附加符号”对话框，用以选择形位公差的包容条件。

“基准”下方的文本框用以填入基准符号，如 A（基准需在图中标明，填入的基准符号需与图中一致，关于基准也需参看公差与配合的有关资料）。基准后方的小黑方框用于选择基准的包容条件。

对话框设置填写完毕后，单击“确定”按钮，返回绘图窗口，在适当位置放置形位公差即可。标注完成的形位公差如图 6-68 所示。

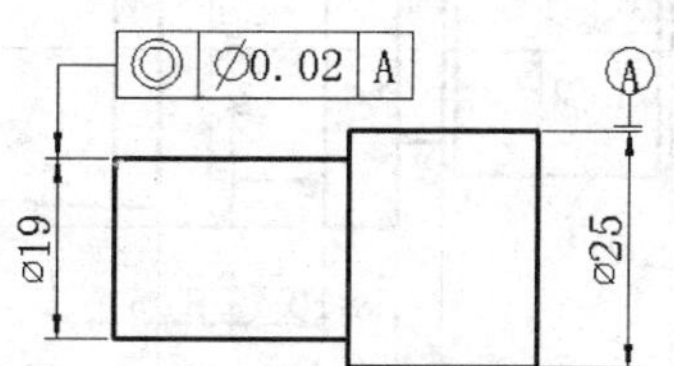

图 6-68　形位公差（同轴度）标注结果

6.4 习题

请按要求绘图与标注 1～4 题。

（1）如图 6-69 所示。

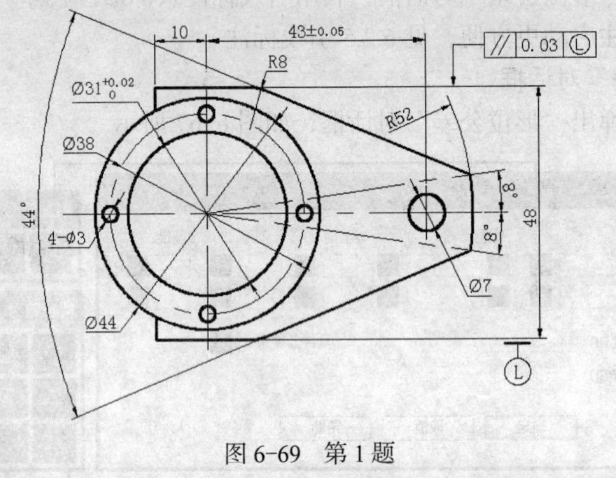

图 6-69 第 1 题

（2）如图 6-70 所示。

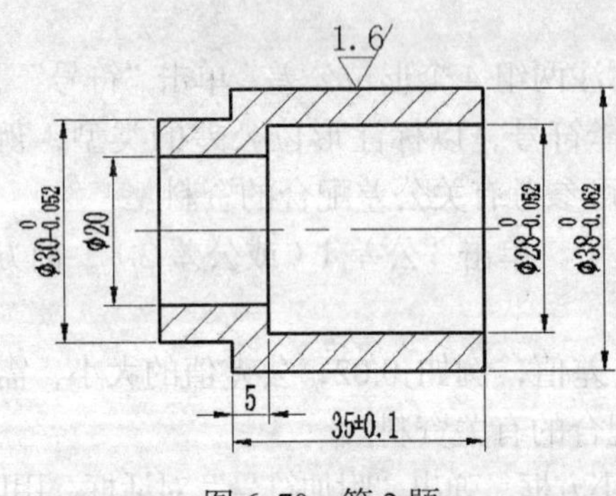

图 6-70 第 2 题

（3）如图 6-71 所示。

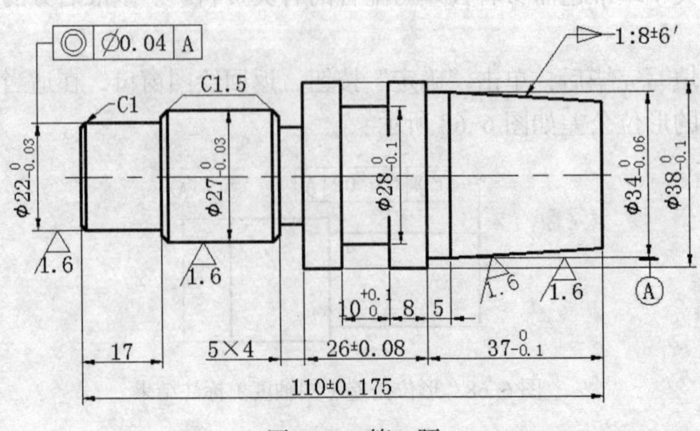

图 6-71 第 3 题

（4）如图6-72所示。

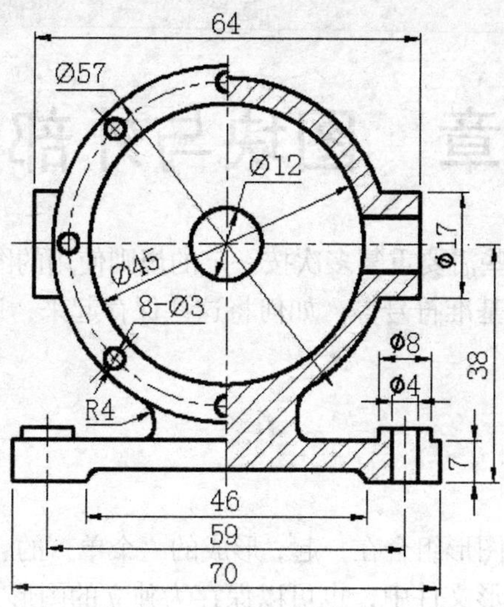

图6-72　第4题

第 7 章　图块与外部参照

在机械设计绘图时，有些需要重复多次按一定的规则使用的图形对象，例如螺钉、螺母、表面粗糙度符号、形位公差基准符号等。如何将这些保存起来，以便重复使用？本章将从这个问题开始进行讲解。

7.1　块的操作

块是将若干相关的几何图形组合在一起，形成的一个单一的、能够重复多次引用的对象。块可以是仅仅存在于当前图形文件中，也可以保存为独立的图形文件。块的操作包括块的创建、块的插入等。

7.1.1　块的创建

块的创建有两种命令：通过“Block”定义块和通过“WBlock”写块。

1. 通过“Block”定义块

下面 3 种方法均可启动定义块的命令。

（1）选择菜单“绘图”→“块”→“创建”。

（2）输入“B”按〈Enter〉键确定。

（3）单击“绘图”工具条中的“创建块”图标按钮。

启动命令后，弹出创建块的“块定义”对话框如图 7-1 所示。

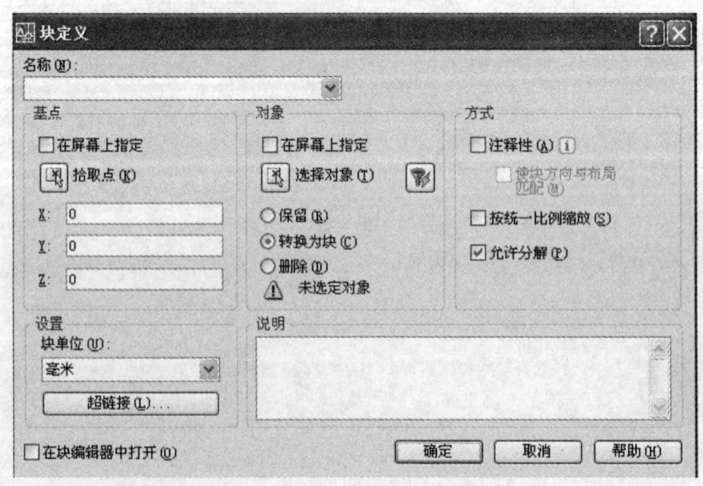

图 7-1　“块定义”对话框

在“名称”下方的文本框中输入正在定义的块的名称，用户可根据块的特征和用途为块命名，例如：表面粗糙度。

基点是指定块的插入基点，即在插入块时，光标所在与块的相对位置。下方的 X、Y、Z 后面分别是基点在 3 个方向的坐标值。单击“拾取点”按钮，对话框暂时消失，返回绘图窗口，在图中拾取块的基点。拾取基点后，返回对话框。

单击“选择对象”按钮，对话框暂时消失，返回绘图窗口，在图中选择需要创建为块的几何对象，如图 7-2 所示。

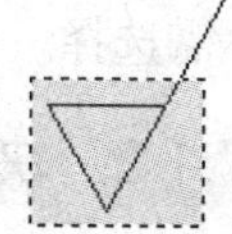

图 7-2　选择创建为块的对象

选择完毕后，单击鼠标右键，返回对话框。选择对象下方有 3 个单选项，其意义如下：

保留：将需要创建为块的几何对象仍然保留为现在图形。

转换为块：将需要创建为块的几何对象也转化为块，形成一个整体的单一对象。

删除：将需要创建为块的几何对象从绘图窗口中删除。

以上 3 个选项默认为“转换为块”选项。

设置完毕后，单击“确定”按钮完成块的创建。

通过“Block”命令定义的块只能存在于当前图形文件中，也就是说只能在当前图形文件中插入引用，如果换一个文件，则不能引用到此块。若需要在新的文件中也能引用到块，就需要将块作为一个单独的图形文件保存起来，需要用写块命令“WBlock”。

2．写块

输入“W”来启动写块命令，弹出“写块”对话框，如图 7-3 所示。

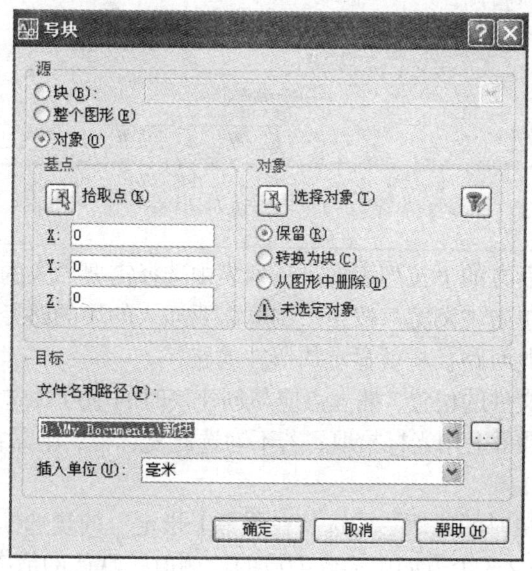

图 7-3　写块对话框

源是确定写块命令创建的块的来源，包括下面 3 个单选项。

块：表示写块创建的块的来源本身也是一个或多个块，若当前文件中没有块，则此选项呈灰色，不可用。

整个图形：表示写块创建的块的来源是当前文件的整个图形。

对象：表示写块创建的块的来源是从当前图形中选择的对象。默认状态为“对象”选项。

基点是指定块的插入基点，操作与“块定义”中的基点操作相同。

单击“选择对象”按钮，从绘图窗口中选择需要创建为块的对象，下方三个选项，其意义和操作与“块定义”中的选择对象操作相同。需要注意的是，如果“源”下方选项选择的是“整个图形”选项，则“对象”下方选项全呈灰色，不可用。因为整个图形就是当前全部图形，不需选择。

7.1.2 块的插入

1. 启动命令

（1）选择菜单“插入”→“块”。

（2）输入“I”按〈Enter〉键确定。

（3）单击“绘图”工具条中的“插入块”图标按钮。

2. 对话框操作

启动命令后可以打开“插入”对话框，如图 7-4 所示。

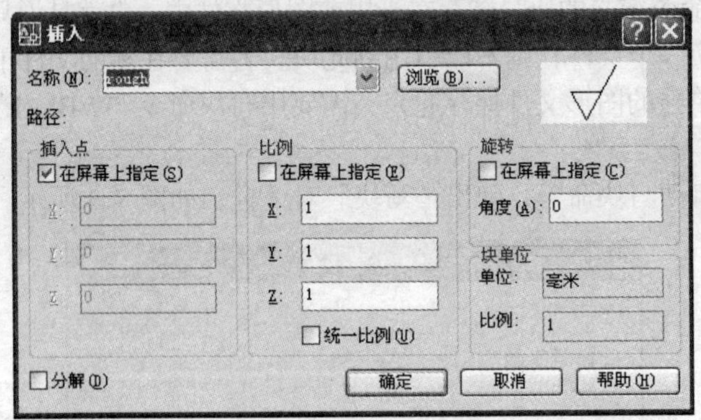

图 7-4 插入块对话框

名称是指展开名称后方的下拉列表框，从列表中选择需要插入的块名称。如果插入的块不是当前文件中的，则单击“浏览”按钮，浏览需要插入的块的路径，找到块选中后打开，返回“插入”对话框。此时路径栏就显示块所在的路径。

确定块插入到当前文件的位置，插入点应与创建块时的基点对应。勾选“在屏幕上指定”复选框，插入点直接在屏幕上用光标拾取；若不勾选此复选框，则需在下方指定插入点在 X、Y、Z 3 个方向的坐标值。

比例是指确定插入块时的比例。勾选“在屏幕上指定”的复选框，比例在屏幕上指定；不勾选，则需在 X、Y、Z 3 个方向中输入缩放的比例值，默认的值为 1。

统一比例是指插入块在 X、Y、Z 3 个方向上的比例统一为一个方向的比例值。因此，勾选此项后，Y、Z 均呈灰色。

旋转是指确定插入块后的旋转角度。勾选“在屏幕上指定”复选框，旋转角度在屏幕上指定；不勾选，则在“角度”文本框中输入旋转角度值，默认为 0。

勾选“分解”复选框，插入块后自动被分解成多个单一的对象。

设置好上述各种插入特性，单击“确定”按钮，在屏幕中插入块。

块是由多个单一对象组合成的一个多元素的单一对象。如果在引用块，插入到当前文件中后,仍希望这些组成块的多个元素还原成多个单一对象,则可以运用Explore命令将块分解。

7.2 块的属性

块的属性是与块相关联的文字信息，例如，机械工程图上面的表面粗糙度标注中，表面粗糙度的值1.6、3.2、12.5等。属性定义是创建属性的样板，它指定属性的特性及插入块时将显示的提示信息。块定义了属性后，就是一个带有属性的块，在插入块时，属性就会根据提示，自动赋予到块所在的当前图形中。

7.2.1 属性定义

要创建一个带有属性的块，在创建块之前，需要先为块定义一个属性。

1. 启动命令

（1）在命令行中输入简捷命令“ATT”按〈Enter〉键确定。

（2）选择菜单“绘图”→“块”→“定义属性”。

2.“属性定义”对话框

启动命令后，弹出“属性定义”对话框，如图7-5所示

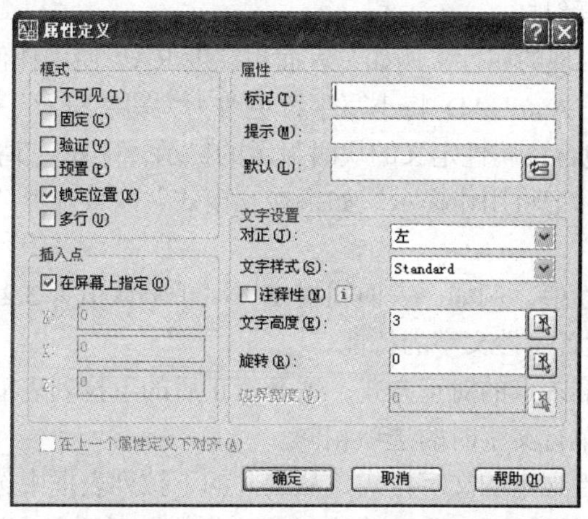

图7-5 定义属性对话框

（1）模式。设置块属性的模式，有下面6个选项。

不可见：指定插入块时不显示或打印属性值。ATTDISP将替代“不可见”模式，如图7-6所示。

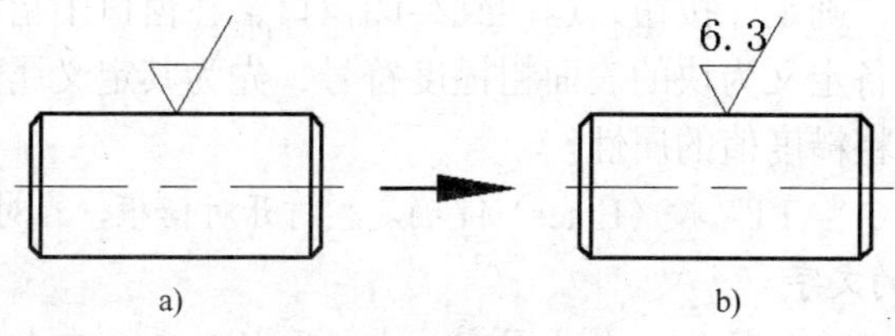

图7-6 属性可见性

a) 属性不可见 b) 属性变为可见

轴上面的表面粗糙度是一个带属性的块，属性模式设置为不可见，因此在插入块时，属性的值不可见，如图 7-6a。从命令行输入“ATTDISP”后按〈Enter〉键，命令行提示：输入属性的可见性设置 [普通(N)/开(ON)/关(OFF)]。

输入“ON”选项按〈Enter〉键确定，则块中属性的值立即可见，如图 7-6b 所示。

固定：属性的值固定不变，插入块时不提示输入属性的值，直接赋予属性定义时的固定值。

验证：插入块时提示验证属性值是否正确，会有两次提示，第一次提示输入属性值，第二次提示输入值是否正确。

预置：插入包含预置属性值的块时，将属性设置为默认值。

锁定位置：锁定块参照中属性的位置。 解锁后，属性可以相对于使用夹点编辑的块的其他部分移动，并且可以调整多行属性的大小。在动态块中，由于属性的位置包括在动作的选择集中，因此必须将其锁定。

多行：指定属性值可以包含多行文字。

（2）插入点。属性在绘图窗口中的位置，与块的相对关系。勾选“在屏幕上指定”复选框，插入点在屏幕上拾取，否则指定 X、Y、Z 3 个方向的坐标值。

（3）属性。设置属性数据，最多可以选择 256 个字符。如果属性提示或默认值中需要以按〈Space〉键开始，必须在字符串前面加一个反斜杠“\”。要使第一个字符为反斜杠，请在字符串前面加上两个反斜杠。

标识：图形中每次出现的属性，例如，表面粗糙度 RA。使用任何字符组合（按〈Space〉键除外）输入属性标记。AutoCAD 将小写字符更改为大写字符。

提示：指定在插入包含该属性定义的块时显示的提示，例如，“请输入表面粗糙度的值”。如果不输入提示，属性标记将用作提示。如果在“模式”区域选择“常数”模式，“属性提示”选项将不可用。

值：设置默认的属性值，例如，表面粗糙度可赋予默认值为 3.2。

（4）文字设置。设置属性文字的特性。

对正：设置文字与插入点的对正方式，展开对正后的下拉列表框，从中选择对正方式。对正方式的选项与输入单行文字时的选项相同。

文字样式：设置属性文本的文字样式，从展开的下拉列表框中选择选择文字样式，如果没有想要的文字样式，需通过“ST”命令在“文字样式”对话框中设置。

高度：设置属性文本的字高。

旋转：设置属性文本的旋转角度。

在上一个属性定义下对齐：将属性标记直接置于定义的上一个属性的下面。如果之前没有创建属性定义，则此选项不可用。

设置完毕后，单击“确定”按钮，返回到绘图窗口，在窗口中指定插入点。

如图 7-7 所示，准备定义为块的表面粗糙度符号，先为其定义属性 RA。

例：定义一个表面粗糙度值的属性。

启动命令　　//输入“ATT”按〈Enter〉键确定。打开对话框，在对话框中输入如图 7-7 所
　　　　　　//示的文字

设置完毕，单击“确定”按钮，在绘图窗口中拾取插入点：在表面粗糙度符号上方适当位置拾取一点，完成属性定义，如图 7-8 所示。

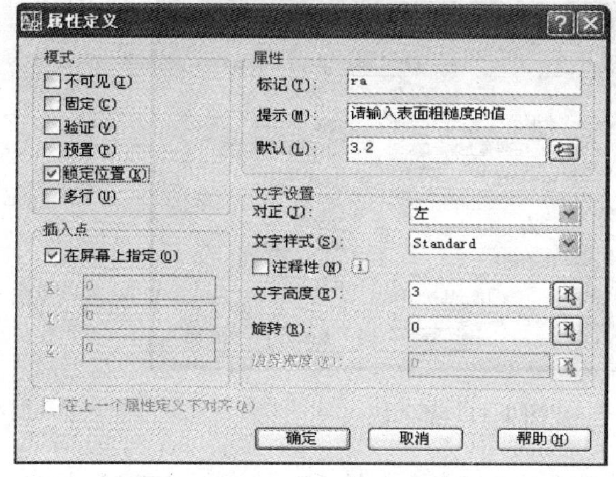

图 7-7　定义块的属性

图 7-8　完成属性定义的块

7.2.2　属性块的应用

属性定义完成后，需要在创建块的时候，与构成块的对象一起选择，才能成为块的一部分。

例：将如图 7-8 所示的对象创建为一个带有属性 RA 的块。

启动命令　　//输入“B”，打开“块定义”对话框，对话框设置如图 7-9 所示

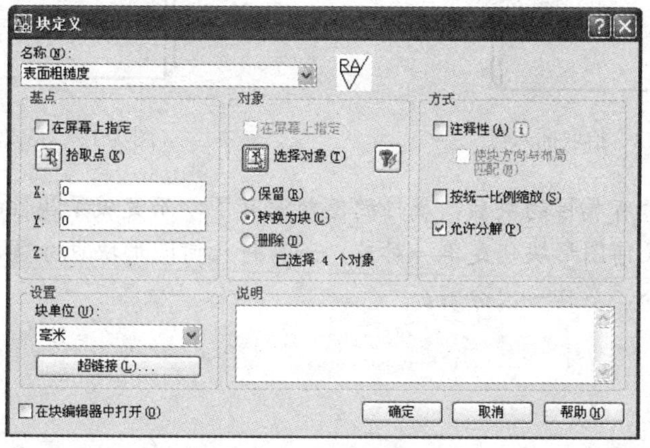

图 7-9　定义块

拾取基点　//基点拾取为表面粗糙度符号最下端点

选择对象　//按如图 7-10 所示，选择构成块的对象以及块的属性

在对话框中单击“确定”按钮，完成块的创建。因为在创建块的对话框中，“对象”下方选择的是“转化为块”选项，即绘图窗口中的图形也转化成为块了，所以，我们会发现图在原来的“RA”已变成了其默认值 3.2。

图 7-10　选择对象

插入带有属性的块，命令行会提示输入属性的值，现在以插入如图 7-10 所示的块为例讲述块属性的处理。

启动命令　//输入“I”，按〈Enter〉键，弹出“插入”对话框，如图 7-11 所示

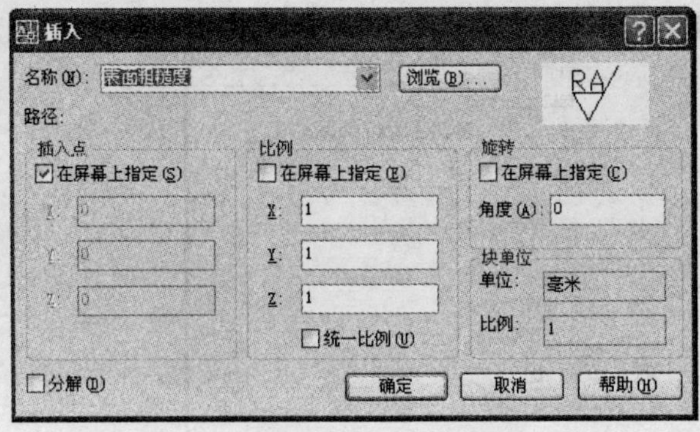

图 7-11　插入块

从对话框中选择前面创建的块的名称为“表面粗糙度”，单击“确定”按钮，对话框消失，在绘图窗口中拾取插入点：在图中适当位置拾取插入点，如图 7-12 所示。

拾取点后，命令行提示输入表面粗糙度的值：请输入表面粗糙度的值<3.2>：6.3（默认值为 3.2，我们可以输入其值，如 6.3，按〈Enter〉键确定），得到表面粗糙度的标注如图 7-13 所示。

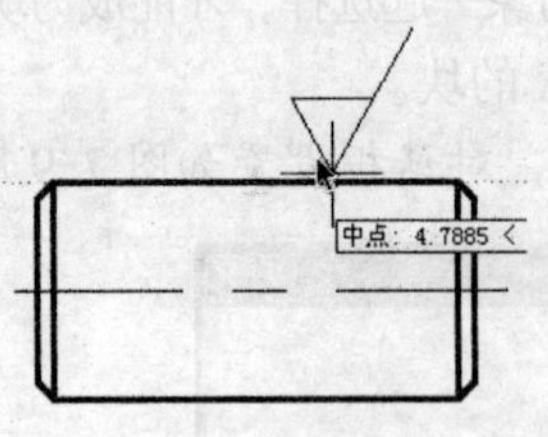

图 7-12　拾取插入点

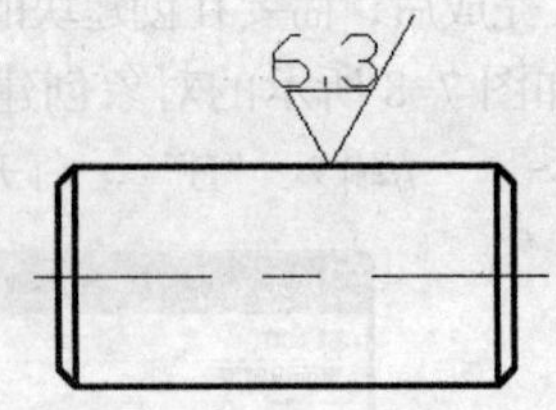

图 7-13　完成块的插入

注：分解插入带有属性的块后，属性的值就没有了，而变成了属性的标记；一次分解不能完全分解块，即几何图形块仍是单一对象，若需将几何图形块也分解成多个单一对象，需再启动一次分解命令，多作一次分解。

7.3 块的编辑

1. 块的编辑

对于块几何图形的编辑，可先将其分解，再用二维几何编辑命令进行编辑。对于带属性的块，可以对其属性值进行编辑。两种方法可以启动编辑属性值的命令。

（1）选择菜单“修改”→“对象”→“属性”→“单个”。

（2）输入“ED”按〈Enter〉键确定。

启动命令后，选择需要修改的属性值，弹出“增强属性编辑器”对话框，如图 7-14 所示。

对话框的“属性”选项卡中列出了属性的标记、提示和值，修改“值”后面的数字，即可修改属性的值。

单击“文字选项”选项卡，可以对属性文字进行修改，如图 7-15 所示。可以修改文字样式、对正方式、高度、旋转角度、宽度比例、倾斜角度等。

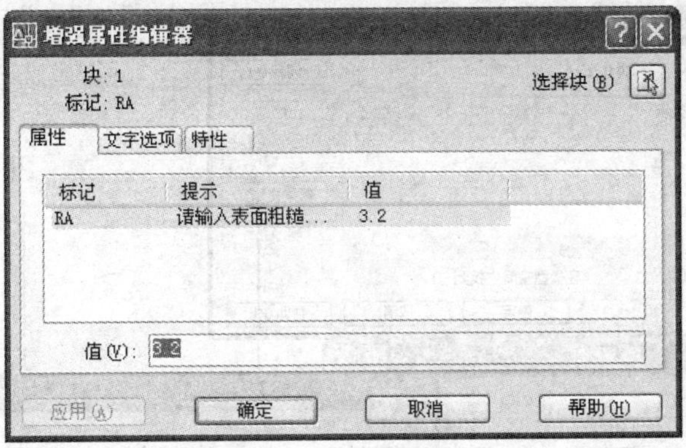

图 7-14　增强属性编辑器

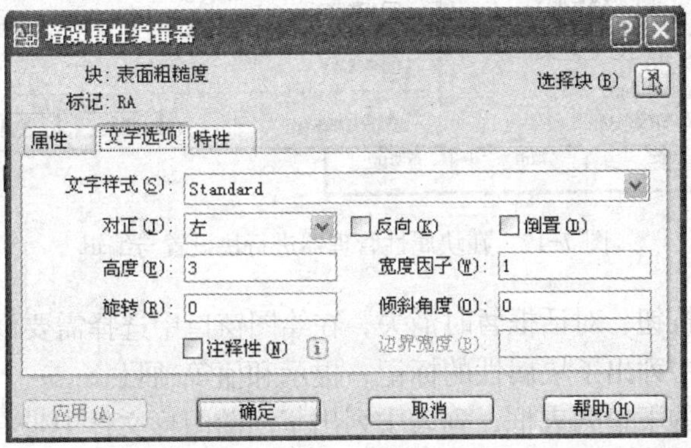

图 7-15　文字选项

单击“特性”选项卡，可以修改块属性的特性，如图 7-16 所示。修改属性所在的图层、线型、线宽、颜色等。

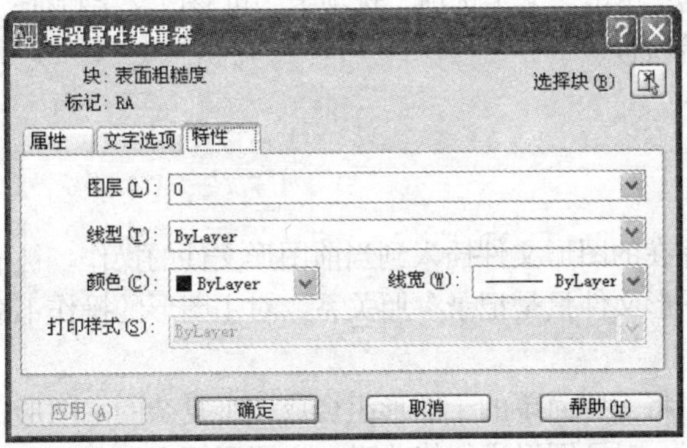

图 7-16　特性选项

2. 块属性的编辑

选择菜单“修改”→“对象”→“属性”→“块属性管理器”，可以弹出“块属性管理器”对话框，如图 7-17 所示。

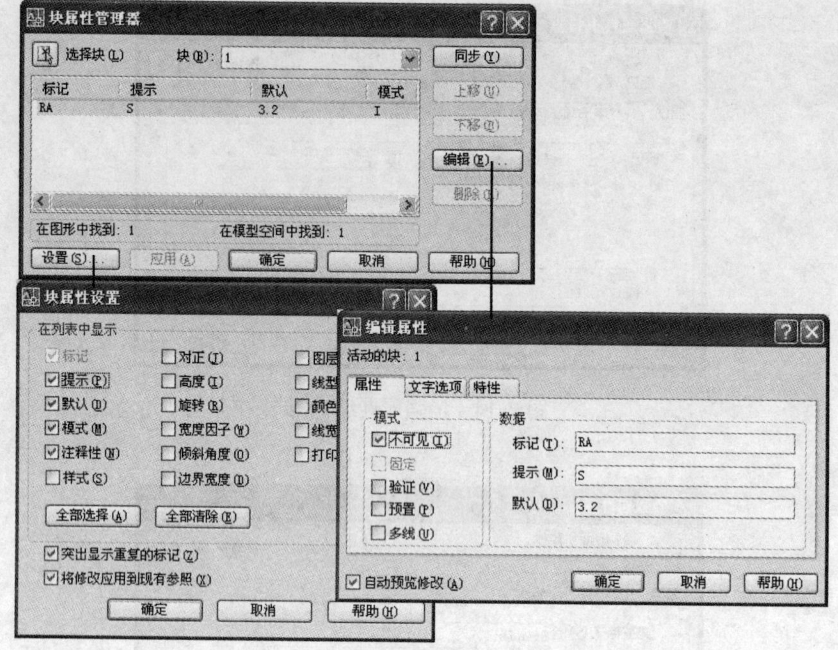

图 7-17 在块属性管理器进行块设置与编辑

单击“选择块”按钮，对话框暂时消失，在绘图窗口中选择需要修改属性的块，返回对话框，在下方的列表中列出了块属性的标记、提示和值等项目。

展开“块”后面的下拉列表框，列表中列出了当前图形文件中带有属性的块的名称。

单击“设置”按钮，弹出“块属性设置”对话框。在对话框中选择需要在“块属性管理器”对话框的列表中显示的项目。当前只有 4 项：提示、默认、模式和注释性。如果再勾选“高度”、“旋转”等选项，则在前面的对话框的列表中将增加这些选项的显示。

在“块属性管理器”中单击“编辑”按钮，弹出“编辑属性”对话框。可以从对话框中修改属性的模式、数据；单击“文字选项”选项卡，可修改文字特征；单击“特性”选项卡，可修改块属性的图层等特性。

7.4 外部参照

外部参照是把已存在的图形文件插入到当前图形文件的操作。被插入图形的信息并不被插入到主图形中，主图形文件只是记录参照关系，对主图形的操作不会改变外部参照图形文件的内容。

使用外部参照可以将一些简单的子图形组合成一个复杂的主图形；也可以用多个零件图形拼装成一个装配图形。对子图形进行修改时，主图形不会发生改变，只有在主图形被重新打开后才会发生改变。

7.4.1 插入外部参照

参照工具条如图 7-18 所示。

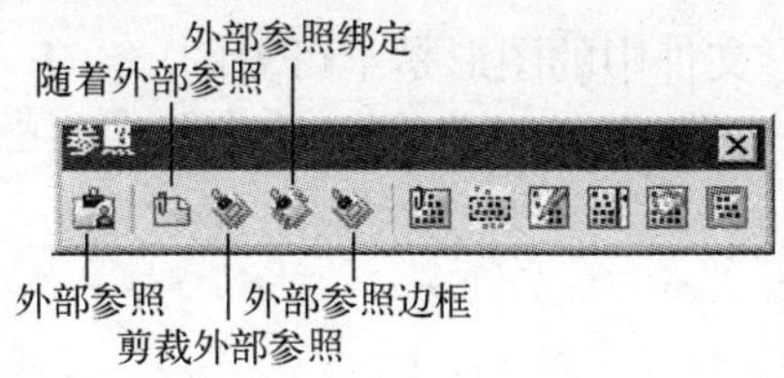

图 7-18　参照工具条

1. 选择参照文件

下面两种方法可以打开参照文件。

（1）通过启动“附着外部参照”的命令打开“选择参照文件”对话框。

1）选择菜单“插入”→“外部参照”。

2）单击“参照”工具条上的“附着外部参照”图标按钮。

启动命令后，打开“选择参照文件”的对话框，如图 7-19 所示，从对话框中选择参照文件。

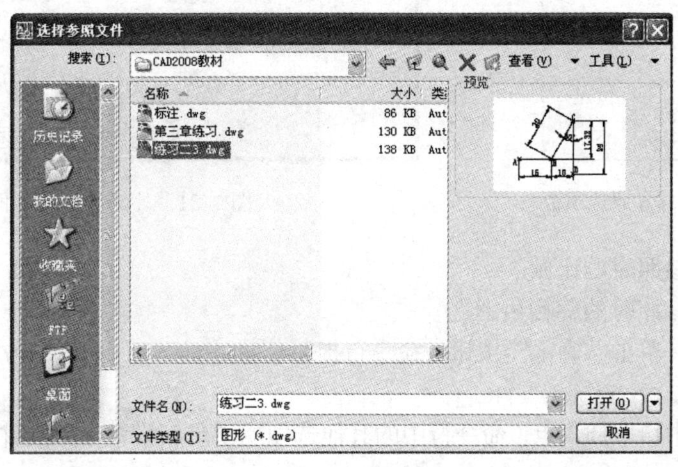

图 7-19　选择参照文件

（2）通过“外部参照选项板”打开“选择参照文件”对话框：单击“参照”工具条上“外部参照”图标按钮，打开“外部参照选项板”，如图 7-20 所示。展开“附着”按钮旁边的下拉列表框，选中外部参照的类型，确定后可以打开如图 7-19 所示的“选择参照文件”对话框。

2.“外部参照”对话框

从“选择参照文件”对话框中选定参照文件，单击“打开”按钮，系统弹出“外部参照”对话框，如图 7-21 所示。

名称：外部参照文件的名称。

浏览：单击“浏览”按钮可重新选择参照文件。

参照类型：设置参照文件的类型。

附着型：显示出嵌套参照中的嵌套内容。参照一个已附加了外参照的外部图形时，所有外部图形中的文件都可见。

覆盖型：不显示出嵌套参照中的嵌套内容。经覆盖方式参照一个已覆盖了外部参照的图形文件时，则第一个外部图形文件中的图形是不可见的。

插入点：在当前文件中的插入点。

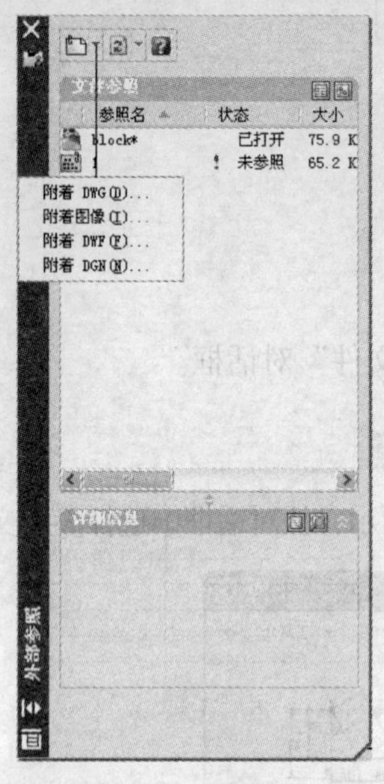

图 7-20　外部参照选项板

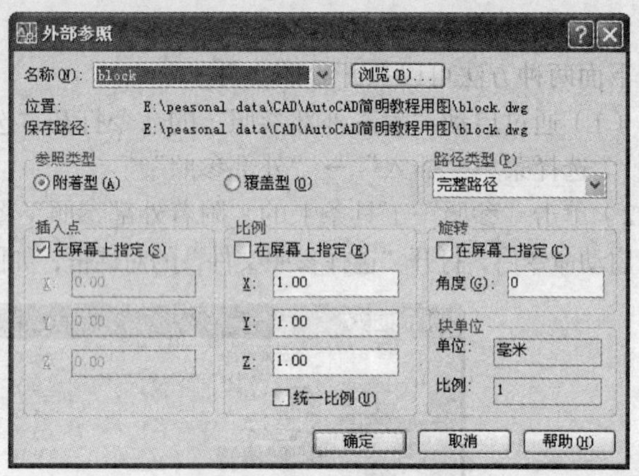

图 7-21　外部参照对话框

比例：插入参照时的比例。

旋转：插入参照时的旋转角度。

设置完毕后，单击“确定”按钮，命令行提示：指定插入点或[比例（S）/X/Y/Z/旋转（R）/预览比例（PS）/PX/PY/PZ/预览旋转（PR）]。

在绘图窗口中拾取插入点。命令行中的其他选项用于重新设置参照文件的属性，如比例、旋转角度等。

7.4.2　编辑外部参照

附着外部参照文件由于不能算是当前文件的一部分，所以不能用二维图形的编辑命令来编辑主图形中的参照文件部分，而且也不能用来分解参照部分。

修改附着外部参照可以单独打开参照图形，在图形中修改，修改后保存，修改的信息可传递到插入了以此图形文件为参照文件的主件中。

此外，还有下列方式可以通外部环境参照进行操作。

1．绑定外部参照

单击“绑定”图标按钮，弹出“外部参照绑定”对话框，如图 7-22 所示。

单击“确定”按钮即可。

绑定外部参照后，相当于外部参照文件形成为主图形文件的一部分，所以可以将其进行分解，然后可以用二维图形编辑命令进行编辑。

2．剪裁外部参照

外部参照可以通过剪裁命令，将其剪成所需要的形状。

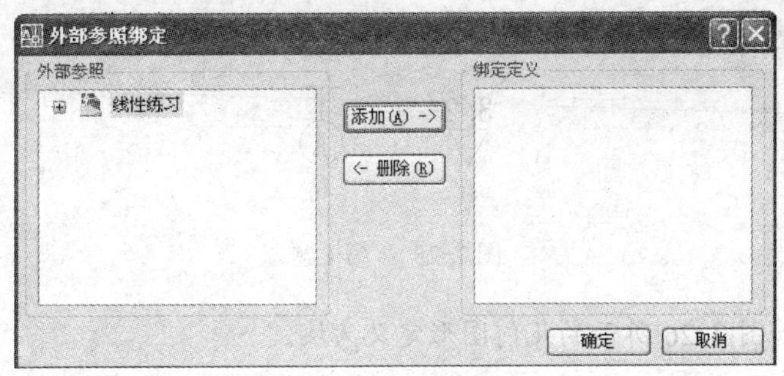

图 7-22　“外部参照绑定”对话框

（1）启动命令。

1）调用菜单“修改”→“剪裁”→“外部参照”。

2）单击“参照”工具条上的“剪裁”图标按钮。

（2）启动命令后，选择要剪裁的外部参照，选择后单击鼠标右键确认。

（3）新建边界。命令行提示新建边界：[开（ON）/关（OFF）/剪裁深度（C）/删除（D）/生成多段线（P）/新建边界（N）]<新建边界>。直接按〈Enter〉键，新建边界。

（4）选择边界形状。命令行提示选择边界形状：[选择多段线（S）/多边形（P）/矩形（R）]<矩形>。

输入“S”按〈Enter〉键确定，用多段线的方式划定边界；输入“P”按〈Enter〉键确定，用多边形的方式划定边界；默认状况为矩形，直接按〈Enter〉键确定。从屏幕中拾取两点，两点生成矩形，矩形框内的部分为剪裁后要保留的部分，如图 7-23 所示，图形与文字为一个外部参照，框选保留图形部分。

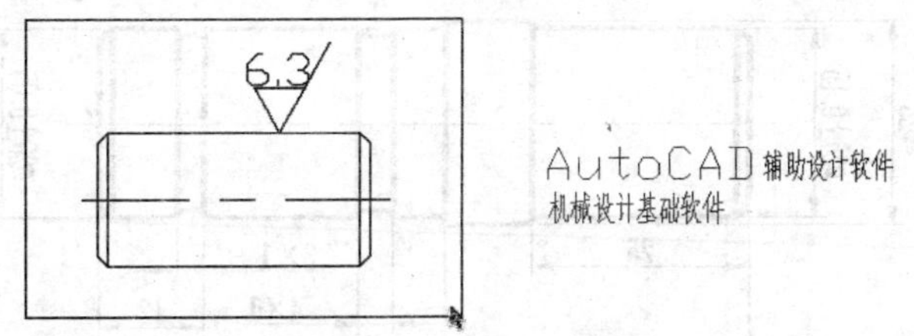

图 7-23　剪裁外部参照

完成操作后，得到的剪裁效果如图 7-24 所示。

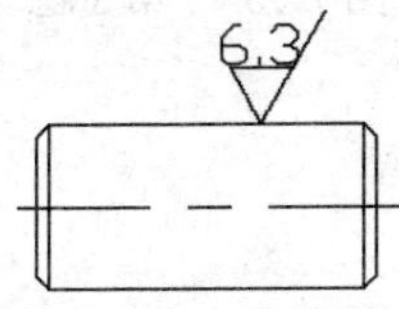

图 7-24　完成剪裁的外部参照

7.5　习题

（1）将下列如图 7-25 所示的几何图形定义为块，图中的文字为块的属性，表面粗糙度属性标记为 RA，基准属性标记为 P。

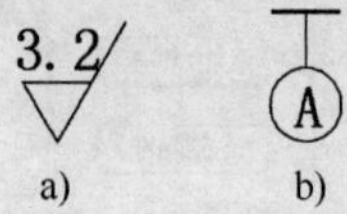

图 7-25　第 1 题

（2）将下列如图 7-26 所示的几何图形定义为块。

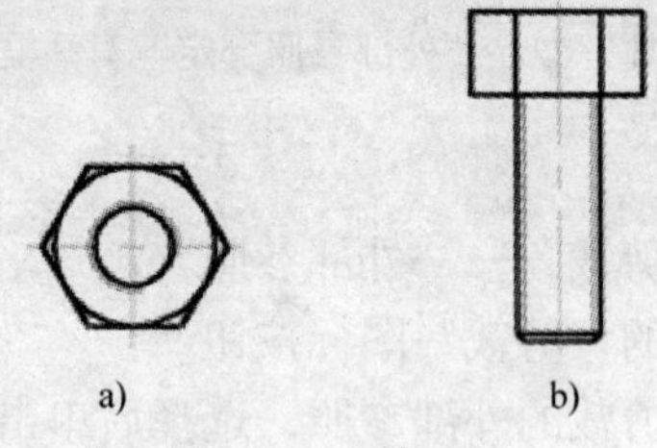

图 7-26　第 2 题

a) M12 螺母　b) M12 × 20 螺栓

（3）按下列要求操作。

1）绘制如图 7-27 所示，并将下图作为外部参照插入到一新的图形文件中去。

2）修改下图，修改完毕后保存，打开插入了此图的新图形文件，看其变化效果。

3）在新图形文件中运用裁剪外部参照命令将其裁剪。

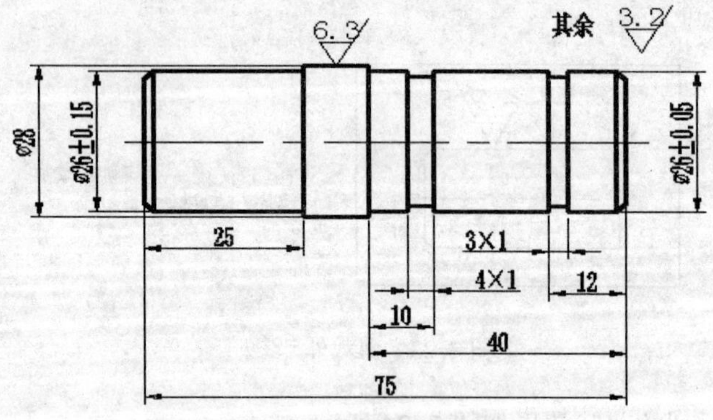

图 7-27　第 3 题

第 8 章　绘图布局与图形输出

绘图布局与图形输出是运用 AutoCAD 辅助设计与制图时，进行图纸打印与管理的重要内容之一。布局是指运用软件将所画的工程图纸科学地布置。图形输出是通过打印机将图纸打印出来。

8.1　图纸空间与模型空间

模型空间是 AutoCAD 建模的空间，图纸空间是图形输出时排版的空间，即布局。在绘图窗口下方，有模型和布局选项卡 模型 / 布局1 / 布局2，模型空间和图纸空间可以通过此选项卡进行切换。模型和布局选项卡在绘图窗口下方显示与否，可以在选项对话框里控制（见第 1 章 1.2.4 的介绍）。

一个模型可以有几个不同的布局，默认有两个布局，单击任意一个布局选项卡均可进入布局图纸空间。图纸空间的显示如图 8-1 所示。

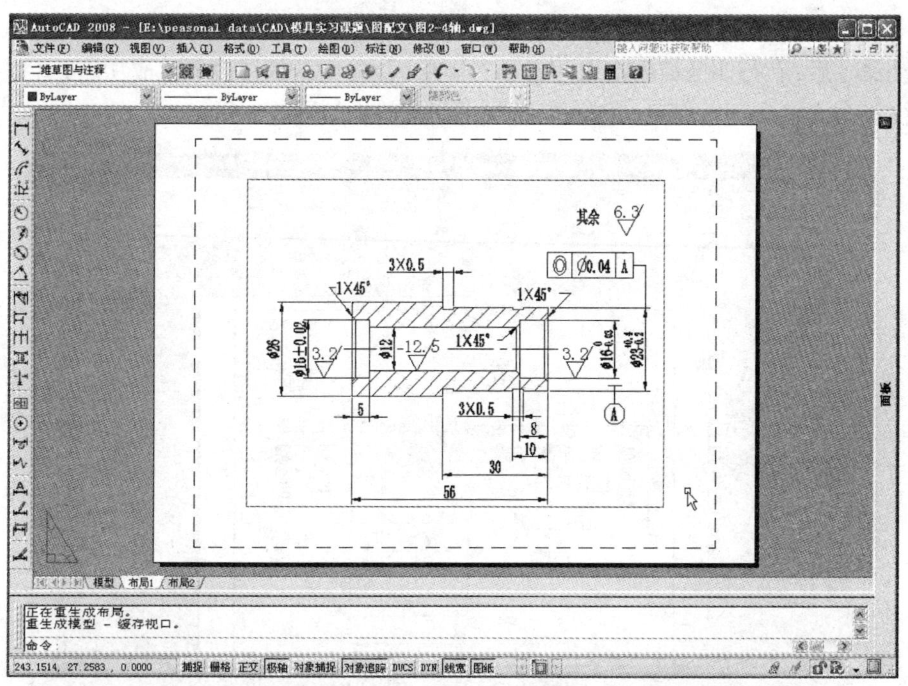

图 8-1　图纸空间

图纸空间默认的背景颜色为白色，好像一张纸，虚线框以内的部分为可打印的范围，打印范围内部的细线框称为视口（关于视口，在 1.6 节接触到过），是工程图形能够显示的范围，工程图的显示不能超出这个范围。

在图纸空间中，进行的时实平移、时实缩放及窗口缩放的操作都是对整个图纸的操作。如果需要在图纸空间中调整图形的位置，需要在视口内双击鼠标左键，视口范围线变成粗线，激活视口后，就转换成了模型空间，视口内的图纸部分可以进行编辑。在视口外双击鼠标左键，界面返回图纸空间。

如图 8-1 所示，打印区范围比视口范围大很多，这样就会造成图纸的浪费，如何将视口范围定得大些呢？用户可以将原有的视口删掉，重新创建一视口，使新创建的视口在打印区域内，但不比打印区域小得太多。

删除视口的操作是在图纸空间中（在视口线外双击鼠标左键，使得视口线呈细线，处于非激活状态），选择视口线，运用 AutoCAD 的任意一种方法删除。

新建视口可以通过以下两种方法启动命令操作。

（1）选择菜单“视图”→“视口”→“新建视口”打开“视口”对话框，从对话框中选择视口个数，如图 8-1 所示的简单零图中只需建一单个视口；或“视图”→“视口”→“一个视口（或选择多个视口）”。

（2）单击“视口”工具条上的“矩形视口”图标按钮。“视口”工具条如图 8-2 所示。

图 8-2 视口工具条

启动命令后，在打印区域内拾取两点画一矩形区域，则新的视口创建成功。或者按〈Enter〉键，则视口充满整个打印范围。新建视口后得到的效果如图 8-3 所示。

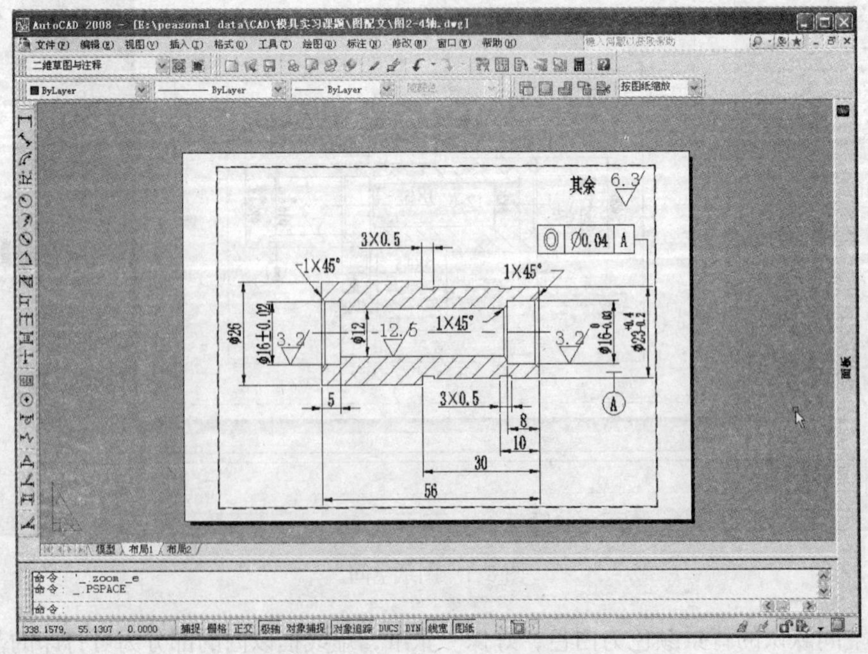

图 8-3 新建视口的效果

图纸大小的选择可以在“页面设置管理器”对话框中进行选择。

将光标置于相应的布局按钮上单击鼠标右键，弹出的快捷菜单如图 8-4 所示。

从菜单中选择“页面设置管理器”，打开“页面设置管理器”对话框如图 8-5 所示。

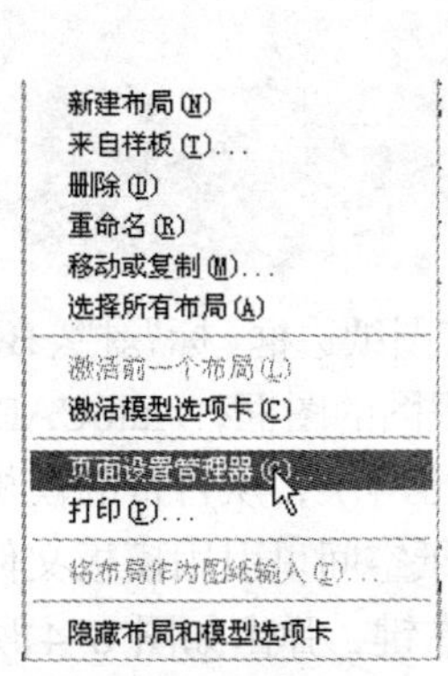

图 8-4　快捷菜单

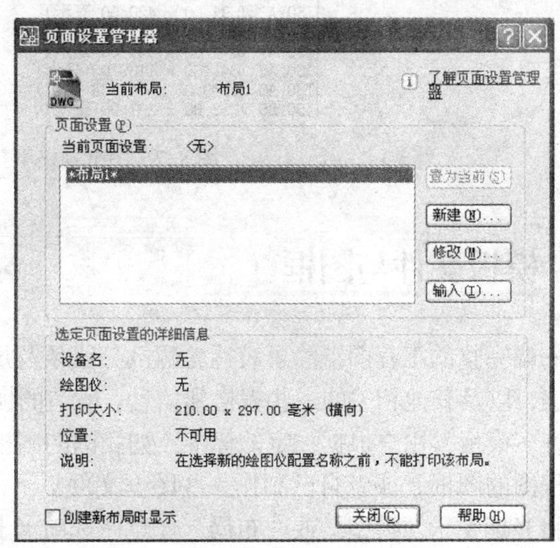

图 8-5　页面设置管理器

在对话框中选中布局，单击“修改”按钮，打开“页面设置”对话框，如图 8-6 所示。

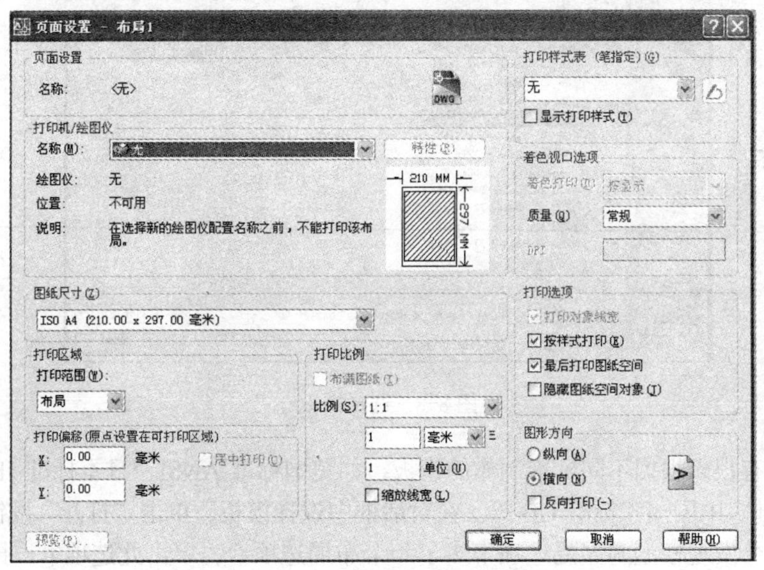

图 8-6　“页面设置”对话框

在图纸尺寸下方，展开图纸的下拉列表框，如图 8-7 所示。

从中选择所需的图纸，如 ISO A4。

布局的名称可以更改，操作是在如图 8-4 所示的快捷菜单中选择“重命名”选项，此时会发现布局名称处于被选中的状态 布局1 ，可以将原有的名称删除，输入新的名称即可。

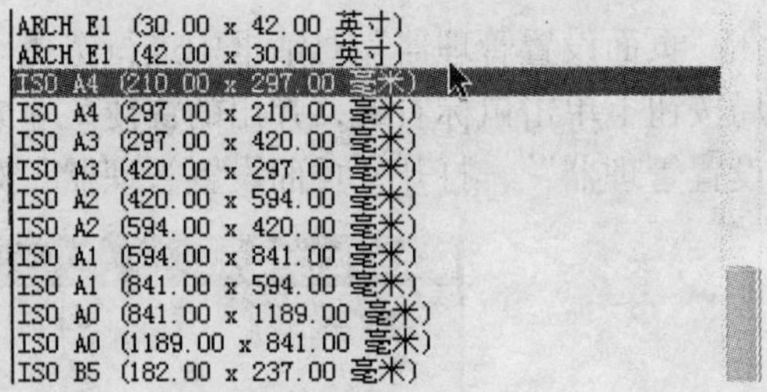

ARCH E1 (30.00 x 42.00 英寸)
ARCH E1 (42.00 x 30.00 英寸)
ISO A4 (210.00 x 297.00 毫米)
ISO A4 (297.00 x 210.00 毫米)
ISO A3 (297.00 x 420.00 毫米)
ISO A3 (420.00 x 297.00 毫米)
ISO A2 (420.00 x 594.00 毫米)
ISO A2 (594.00 x 420.00 毫米)
ISO A1 (594.00 x 841.00 毫米)
ISO A1 (841.00 x 594.00 毫米)
ISO A0 (841.00 x 1189.00 毫米)
ISO A0 (1189.00 x 841.00 毫米)
ISO B5 (182.00 x 237.00 毫米)

图 8-7　图纸规格下拉列表框

8.2　模板文件与图框

一幅完整的工程图纸除了表达轮廓部分线条及尺寸外，还需要有图纸边框、标题栏、BOM 明细表，以及其他相关的一些表格和信息。所谓的模板就是一些工程图的图框，AutoCAD 自带了许多模板，用户根据一定的标准（如我国的国标、国际 ISO 标准等），从自带的模板选用工程图的图框，或者自己制作一些图框文件。下面讲述怎样在图纸空间里引用模板文件。

将光标置于“模型”或“布局”任意一选项卡上单击选择鼠标右键，弹出如图 8-4 所示的快捷菜单，选择“来自样板”选项，弹出“从文件选择样板”对话框，如图 8-8 所示。

图 8-8　选择样板

对话框中有很多根据不同标准制作的模板，如美国标准 ANSI、日本标准 JIS、德国标准 DIN、ISO 标准、中国国家标准 GB 等。在对话框中选择模板，单击“打开”按钮，返回到图纸空间，这时会发现模型与布局选项卡多了一个布局选项卡，单击此选项卡，即可将图框导入到模型空间中。如图 8-9 所示，导入 Gb-a4 的模板。

除了国家、国际标准外，很多企业或公司都有自己的标准。在绘图时，为了满足企业的标准，AutoCAD 绘制工程图的图框除了引用模板图框外，用户还可以自己制作图框，将其保存起来，以便于在绘图时引用。

下面以制作一个 A4 的图框为例来讲述图框的制作。

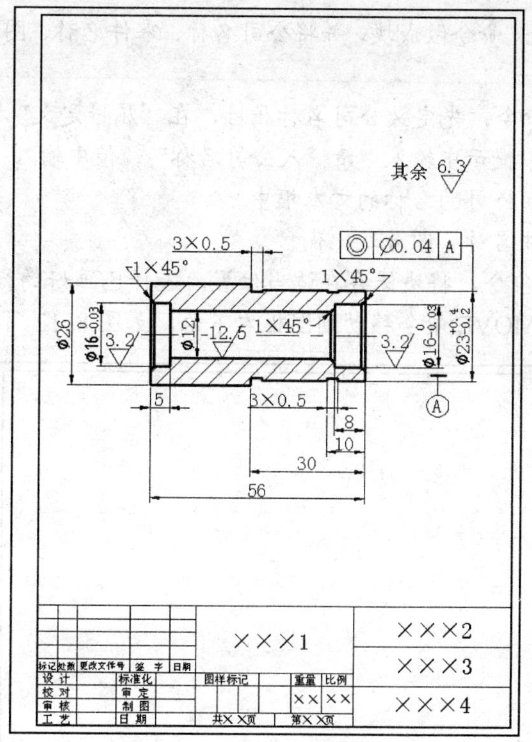

图 8-9　导入 Gb-a4 模板

步骤一：在模型空间中画出 A4 图纸及其边框与标题栏。

（1）画图纸外框。我们知道，竖排 A4 纸张的大小为 210 × 297，先画矩形 210 × 297。

（2）画边框。将外框用偏移 OFFSET 命令向内移 5，再用拉伸 STRETCH 命令将内框左侧边向右拉伸 15，以得到图纸左侧的装订区域。选中内框，从对象特性工具条的线宽下拉列表框中，选中 0.3 的线宽，将内框加粗，如图 8-10 所示（图片缩小显示）。

（3）绘制标题栏。绘制标题栏外框 180 × 56，标题栏表格与文字如图 8-11 所示。

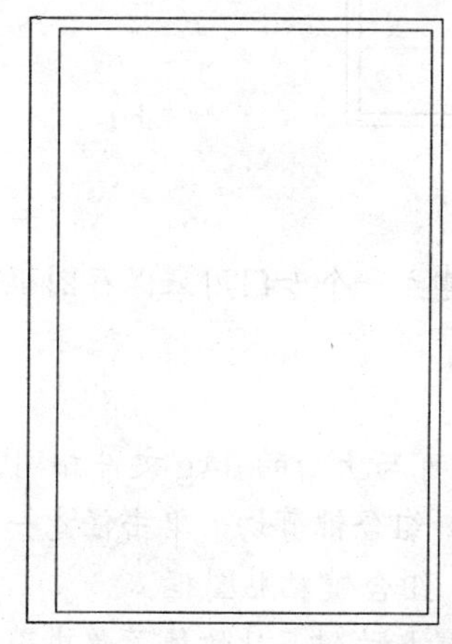

图 8-10　绘制 A4 图框

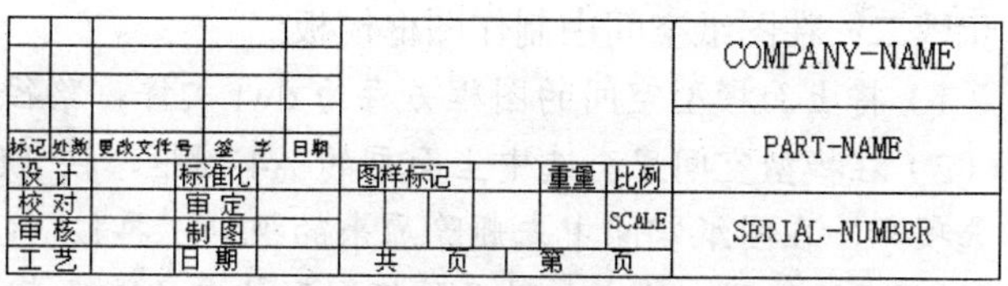

图 8-11　绘制标题栏

（4）块的属性与块。我们现在做的是 A4 的图框，为了以后做 A3 等其他的图框的方便，可将标题栏用写块 Wblock 命令做成块，并将公司名称、零件名称、图号以及比例定义为块的属性。

输入“ATT”简捷命令，先定义公司名称属性，在“属性定义”对话框的标记栏中输入“COMPANY-NAME”，提示中输入“请输入公司名称”，值中输入“××机械有限公司”，确定后，将此属性放置在公司的名称的文本框中。

同样的方法定义零件名称、图号及比例。

输入“WBLOCK”命令，将块保存在适当位置，选择已画好的标题栏，定义为块。

将标题栏这个块用 MOVE 命令移动到图框右下角，如图 8-12 所示。

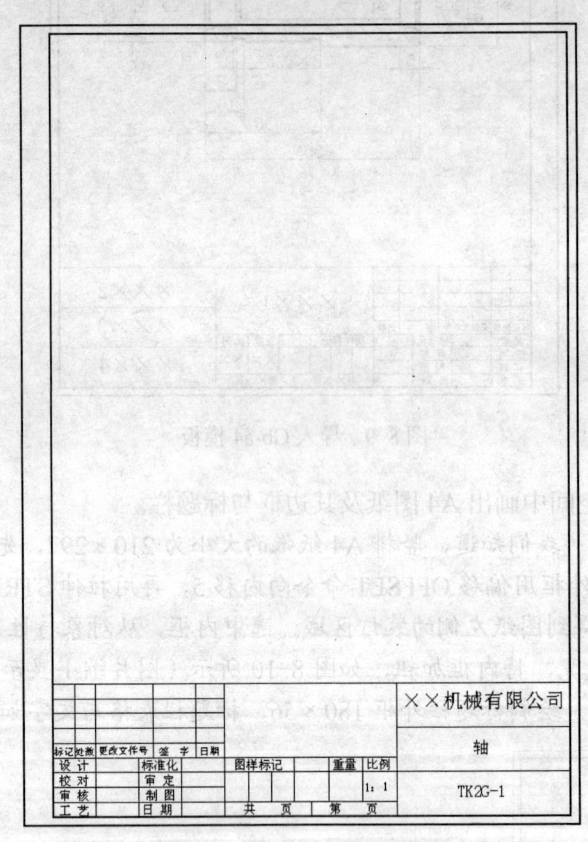

图 8-12　完成的 A4 图框模型

（5）将此 A4 图框保存起来，用户在工作或学习中均可以建立一个专门用来保存图框的文件夹，记住路径。

步骤二：在图纸空间中制作图框模板。

（1）将上面模型空间的图框另存为 dwt 文件，路径和名称可与上面的 dwg 文件相同。

（2）在模型空间里全选中上面画的 A4 图框，按〈Ctrl+X〉组合键剪切，单击任意一个布局选项卡，在图纸空间中先删除原来的视口，再按〈Ctrl+V〉组合键粘贴图框。

（3）页面设置。选中粘贴了图框图形的布局选项卡，单击鼠标右键，从快捷菜单中选择“重命名”，将此布局重命名为“A4”。

再次打开快捷菜单，选择“页面设置管理器”选项，打开“页面设置管理器”对话框，如图 8-5 所示。从中选择 A4,单击“修改”按钮,弹出对话框如图 8-6 所示,选择图纸为 ISO-A4,图形方向勾选“纵向”。单击“确定”退出对话框。

（4）调整。将整个 A4 图框调整至打印范围内。这样图框虽然有了，但却没有视口。在这里可以不做视口，等到引用此模板时，再做视口。

可以按相同的方法做 A2 与 A3 的图框。

将所做的布局图框保存起来，在以后的绘图中就可以直接引用。如图 8-13 所示，引用 A4 图框的效果。

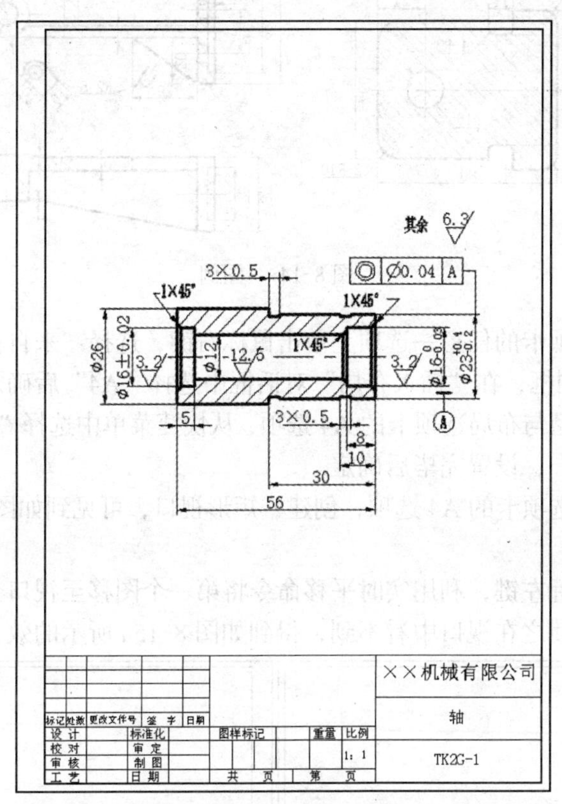

图 8-13　在图样空间中运用自制 A4 图框

在任意一布局选项卡上单击鼠标右键，选择“来自样板”选项，从如图 8-8 所示的对话框中浏览到保存图框的路径，选择 A4，单击“打开”按钮。从“插入布局”对话框中选择 A4。

在模型与布局选项卡中选择 A4 选项卡，在 A4 的模板中，单击视口工具条上的矩形视口按钮，拾取 A4 图框图形显示区域的两对角点做一视口即可显示图形。

8.3　图纸空间布局管理与图形输出

图形的打印既可以在模型空间中进行，也可以在图纸空间中进行。如果在模型空间中打印，可以在“页面设置”对话框的“打印范围”选项卡中选择窗口，然后从模型空间中拾取两点，两点组成的矩形框内部分即打印的部分。这里所讲的打印主要讲述图纸空间的布局与打印。

8.3.1 一个文件中多个图形的布局

如果一个文件只有一个图形，简单的布局设置正如第 8.2 节中的讲述。但一个文件如果有多个图形，那就需要多个布局。用户可以在每个视口中，运用实时平移将需要的部分平移至视口内，创建多个布局。如图 8-14 所示，模型空间中的两个零件图。

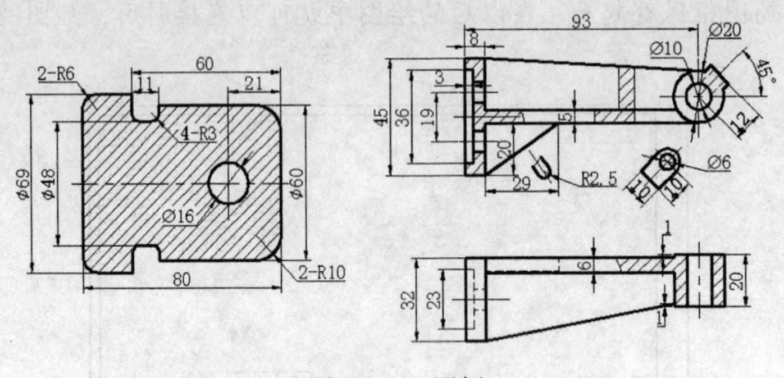

图 8-14　图例

在模型与布局选项卡的任意一选项上单击鼠标右键，选择“来自样板”，浏览到前面保存的图框，选择 A4 图框，在“插入布局”对话框中选择“A4”后确定。

鼠标右键单击模型与布局选项卡的 A4 选项，从快捷菜单中选择“页面设置”，选择“A4 图纸”，“纵向排列”，设置完毕后确定。

单击模型与布局选项卡的 A4 选项，创建一矩形视口，可见到如图 8-14 所示的两个零件图均出现在视口中。

在视口中双击鼠标左键，利用实时平移命令将第一个图移至视口合适位置，且将第二个零件图移至视口外，使之在视口中看不到，得到如图 8-15a 所示的效果。

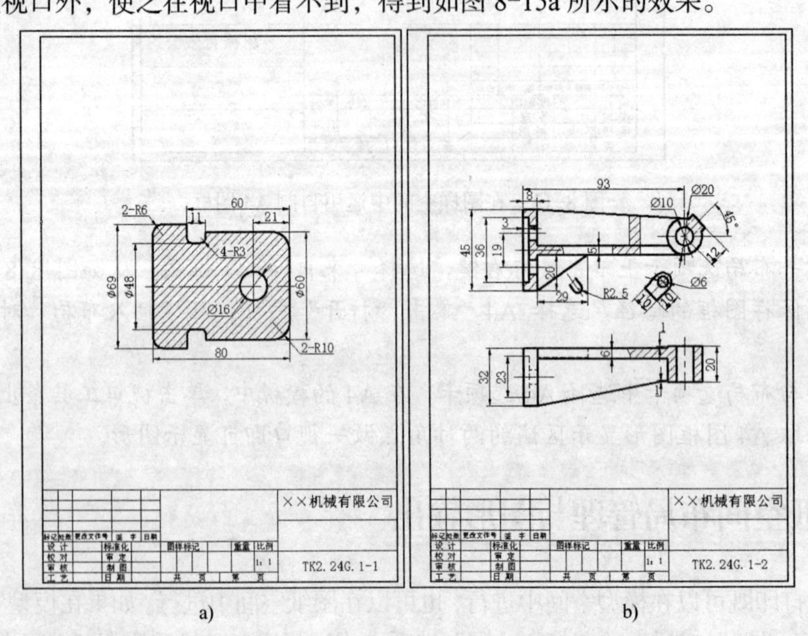

图 8-15　一个模型空间的几个布局图纸

a) 布局 1　b) 布局 2

用同样的方法可以得到如图 8-15b 所示的图纸空间效果。

8.3.2　三视图的布局与输出

AutoCAD 是一个侧重于绘制二维工程图的软件，因此，如图 8-15b 所示的二维视图采用直接绘制两个图形的方法而得到。然而 AutoCAD 也有相当的三维建模功能，可以将 3D 模型用工程图的方式表达出来（关于三维模型的创建将在第 10 至第 12 章介绍）。

AutoCAD 2008 的 3D 模型工程图布局不能如 1.6.3 节中所说的那样，简单地设置不同视口摆放位置。除了运用到视口知识外，还要运用到菜单“绘图”→“建模”→“设置”的级联菜单，如图 8-16 所示。

现举如图 8-17 所示的三维实体为例讲述三视图的布局。

图 8-16　模型的工程设置级联菜单

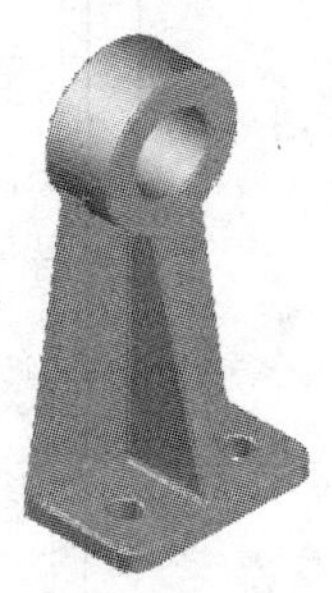

图 8-17　图例

步骤一：插入 A4 图框图。

鼠标右键单击模型和布局上的任意一选项卡，从快捷菜单中选择“来自样板”选项，浏览到保存图框文件的路径，选择“A4”打开。

在“插入布局”对话框中选择“A4”后确定。

鼠标右键单击模型和布局上的 A4 按钮，从快捷菜单中选择“页面设置管理器”，打开页面“页面设置管理器”对话框，选择 A4 图纸，纵向排列，设置完毕后确定。

步骤二：创建主视图视口。

选择菜单“视图”→“视口”→“一个视口”，在屏幕打印区内左上角地方，大约 1/4 范围内创建视口。

在视口中双击鼠标左键，以激活视口，选择菜单“视图”→“三维视图”→“主视”，运用实时缩放和实时平移调整图形在视口中的位置。

步骤三：创建一剖视左视图视口和俯视图视口。

选择菜单“绘图”→“建模”→“设置”→“视图”，输入“S”按〈Enter〉键确定创建截面，打开对象捕捉，在第一个视口中选择实体最上端的圆柱象限点和最下边的中点，光标在图形左侧单击，以确定向右投影。

按〈Enter〉键接受默认的比例值，从左向右移动光标，大概在左视图中心处单击鼠标左键，再按下〈Enter〉键以指定视口，光标在右上角约占图纸 1/4 的范围内画一视口。

输入视口名称为“A-A”按〈Enter〉键确定，完成左视图的视口。

接着输入“O”按〈Enter〉键确定，通过主视图正交投影创建俯视图，拾取俯视图视口的最上边中点，向下移动光标，大概在俯视图的中心位置单击鼠标左键，按下〈Enter〉键确定以创建视口，在图纸左下角约 1/4 范围内创建俯视图视口，输入视图名称为“A”按〈Enter〉键确定。按〈Enter〉键退出命令。

步骤四：设置图形。

选择菜单“绘图”→“建模”→“设置”→“图形”，光标选择前面的 3 个视口线，创建 3 个图形如图 8-18 所示。注意此时，左视图与俯视图已经是二维轮廓了，但主视图仍是一个三维图，而没有二维的线框图。

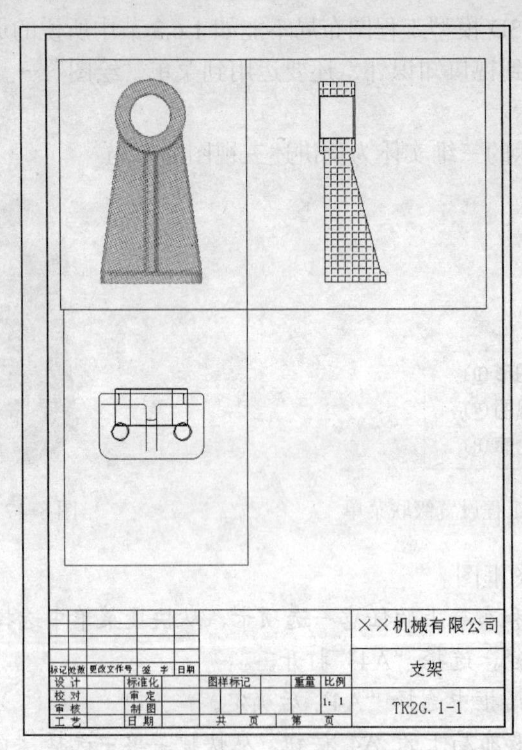

图 8-18 创建图形

步骤五：创建主视图轮廓。

激活主视图视口，选择菜单“绘图”→“建模”→“设置”→“轮廓”，选择主视图中的三维模型。命令行提示：是否在单独的图层中显示隐藏的轮廓线？[是(Y)/否(N)] <是>。按〈Enter〉键确认后，命令行提示：是否将轮廓线投影到平面？[是(Y)/否(N)] <是>。按〈Enter〉键确认后，命令行提示：是否删除相切的边？[是(Y)/否(N)] <是>：按〈Enter〉键确认，完成主视图轮廓设置。

步骤六：图层操作。

单击“图层管理器”按钮，打开“图层管理器”对话框，隐藏用于创建三维模型的图层（此处 0 层）和视口图层（Vports 层）。

将 a-a-HID 层、PH-1BFC 层及 a-HID 层的线型更换为虚线（Hidden2），因为此三层为隐藏线。关闭图层对话框。

步骤七：编辑剖面线与轮廓线。

激活左视图视口，选择菜单“修改”→“对象”→“图案填充”，选择填充线，从对话框中选择图案为“ANSI/ANSI31”并确定。

分别激活各个视口，将可见轮廓线的线宽调为 0.35，将不可见轮廓及填充线线宽调为 0.13。

步骤八：创建尺寸与辅助线条（如中心线）。

分别激活各个视口，选择各视口所在的图层，更改线型与线宽，创建尺寸与中心线等辅助线条。

步骤九：创建文字。

在右下角创建第 4 个视口，并新建一图层，激活第 4 个视口，用多行文字书写技术要求。文字输入完成后，将其他 3 个视口激活，分别在每个视口中，将多行文字所在的层冻结。完成后的二维三视图布局如图 8-19 所示。

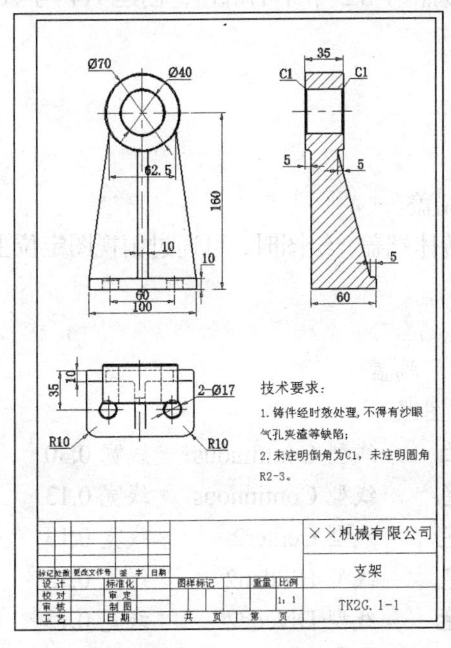

图 8-19　三视图

8.4　习题

（1）制作 A2、A3、A4 的图框文件。

（2）绘制如图 8-20 所示，使用第 1 题的图框，在一个文件里做两个布局。

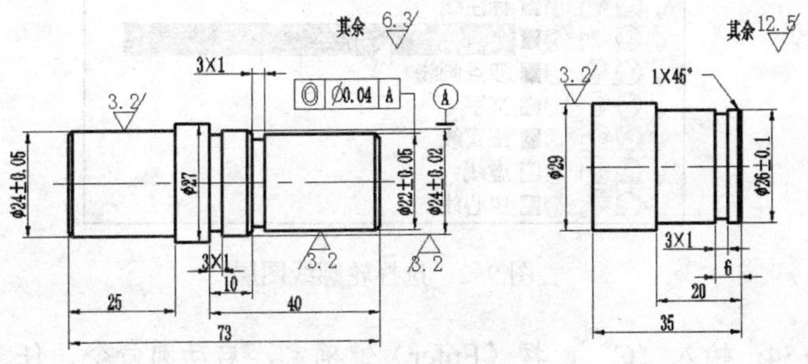

图 8-20　第 2 题

第 9 章　二维机械零件绘制实例

本章以一些机械零件为例，熟悉工程图的绘制与处理，从而达到熟练绘制二维图形的目的。在进行绘图之前，先按照第 8.2 节中的讲述，创建 A4 与 A3 的图框文件并保存。

9.1　端盖

绘制如图 9-1 所示的端盖。

分析：此零件为一回转体端盖，绘图时，可通过俯视图定位主视图。

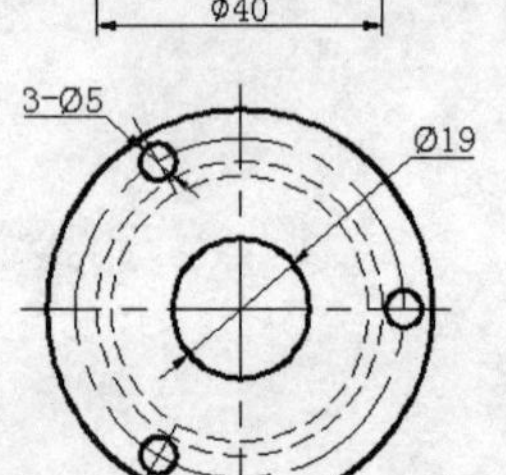

图 9-1　端盖零件

步骤一：绘图准备。

（1）新建文件，名称：端盖。

（2）按下列要求创建图层。

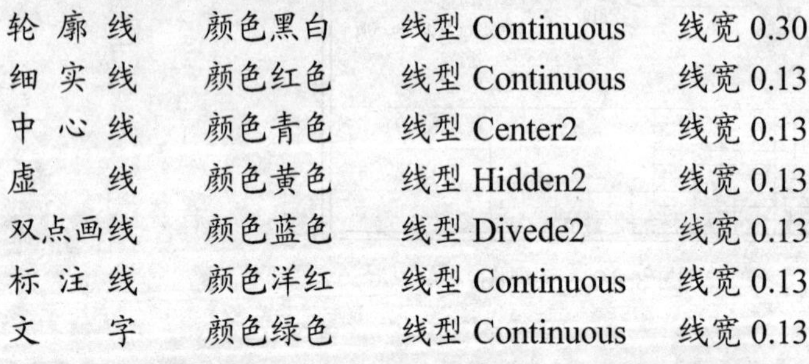

图层	颜色	线型	线宽
轮廓线	颜色黑白	线型 Continuous	线宽 0.30
细实线	颜色红色	线型 Continuous	线宽 0.13
中心线	颜色青色	线型 Center2	线宽 0.13
虚线	颜色黄色	线型 Hidden2	线宽 0.13
双点画线	颜色蓝色	线型 Divede2	线宽 0.13
标注线	颜色洋红	线型 Continuous	线宽 0.13
文字	颜色绿色	线型 Continuous	线宽 0.13

步骤二：绘制俯视图上的主体轮廓线，定位整个图形。

（1）在“图层”工具条上展开图层下拉列表框，选择“轮廓线”层作为当前层，如图 9-2 所示。并使“特性”工具条中的颜色、线型与线宽均为随层“Bylayer”。

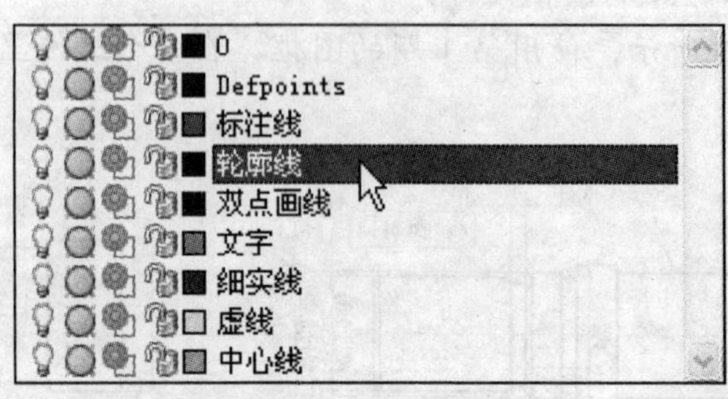

图 9-2　选择轮廓线图层

（2）绘制 ϕ54：输入“C”，按〈Enter〉键确定，启动圆命令，任意拾取点为圆心，输入“D”，按〈Enter〉键确定，再输入直径值“54”，按〈Enter〉键确定。

（3）绘制 ϕ19：按〈Enter〉键重复上一次命令画圆，捕捉 ϕ54 的圆心为圆心，输入“D”按〈Enter〉键确定，再输入直径值“19”按〈Enter〉键确定。

（4）展开图层列表，从中选择中心线层为当前层。

（5）绘制水平中心线：输入“L”按〈Enter〉键确定，追踪捕捉圆心，使中心线的起点与端点适当超出外圆轮廓线，如图 9-3 所示。按〈Enter〉键退出直线命令。

（6）同样的方法绘制竖直中心线。

（7）绘制 ϕ46 的中心线圆：启动画圆命令，捕捉 ϕ54 圆心，输入“D”按〈Enter〉键确定，再输入直径值“46”按〈Enter〉键确定。

（8）在“图层”工具条上展开图层列表，选择“虚线”层为当前层。

（9）绘制 ϕ40 与 ϕ36 的虚线外圆：启动圆命令，拾取 ϕ54 圆心，输入“D”按〈Enter〉键确定，输入直径值“40”按〈Enter〉键确定。按〈Enter〉键再次启动圆命令，绘制 ϕ36 的虚线外圆，完成的图形如图 9-4 所示。

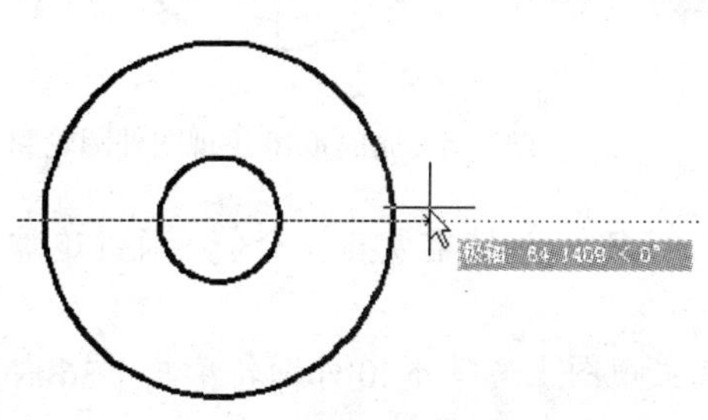

图 9-3　绘制水平中心线

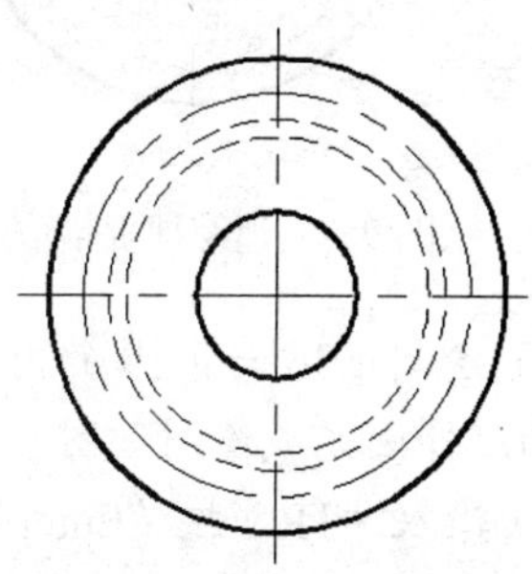

图 9-4　完成步骤二

步骤三：绘制主视图外轮廓。

（1）展开图层列表，选择“轮廓线”层置为当前。

（2）输入“L”启动直线命令，起点追踪捕捉 ϕ54 与水平中心线在左侧的交点，在适当位置单击确定，如图 9-5 所示。

起点确定后，分别输入相对坐标值“@54,0”、“@0,5”、“@-54,0”，再输入“C”按〈Enter〉键确定。完成如图 9-6 所示。

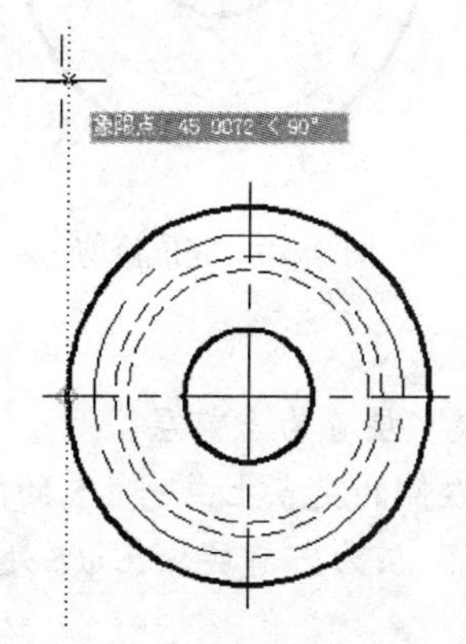

图 9-5　追踪捕捉交点拾取起点

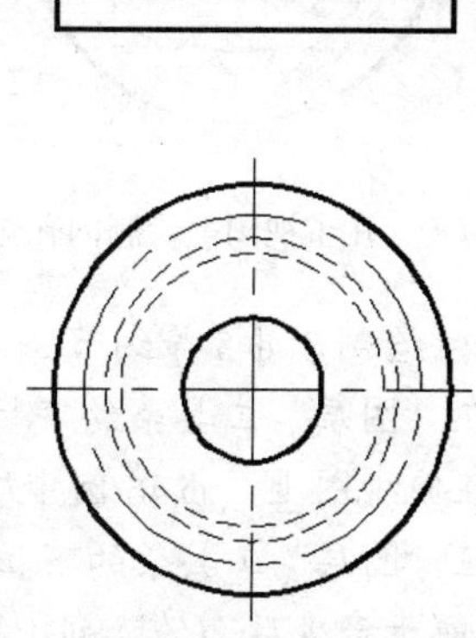

图 9-6　完成 ϕ54 主视图外圆轮廓

（3）按〈Enter〉键重复直线命令，追踪捕捉虚线外圆ϕ40 与水平中心线的交点，追踪线与主视图所在的下侧水平线交为直线起点，如图 9-7 所示。起点确定后，输入相对坐标“@0,-6”、“@40,0”，再向上绘制，拾取与水平线的交点，确定退出直线命令，如图 9-8 所示。

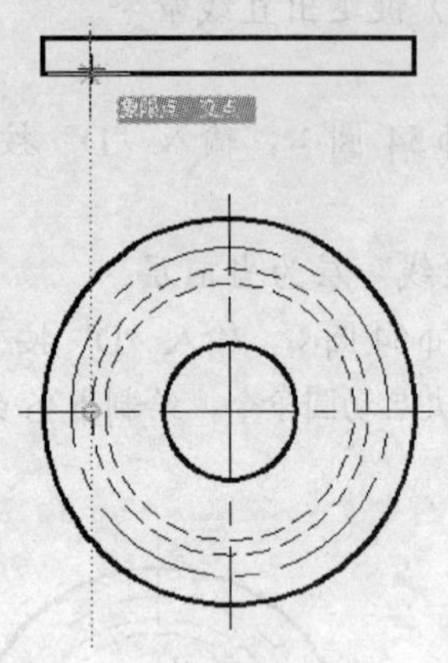

图 9-7 追踪捕捉拾取起点

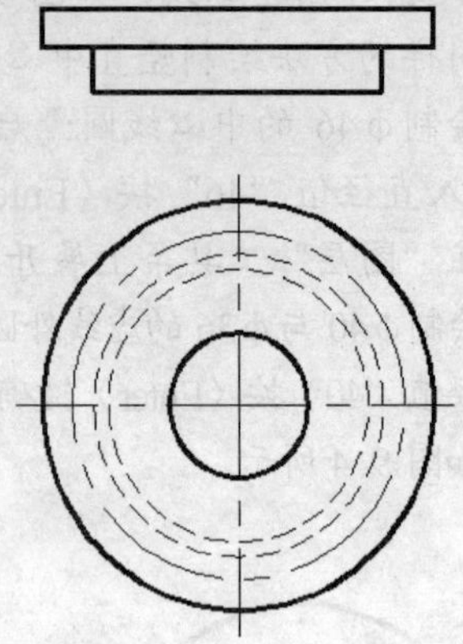

图 9-8 完成ϕ40 主视图外圆轮廓

（4）绘制ϕ36 与ϕ19 的内孔轮廓线：按〈Enter〉键重复直线命令，通过追踪捕捉俯视图上的相应外圆完成绘图如图 9-9 所示。

（5）输入“TR”按〈Enter〉键确定，在主视图上选择ϕ40 外圆轮廓与ϕ36 内孔表面轮廓的竖直线为边界，修剪完成如图 9-10 所示。

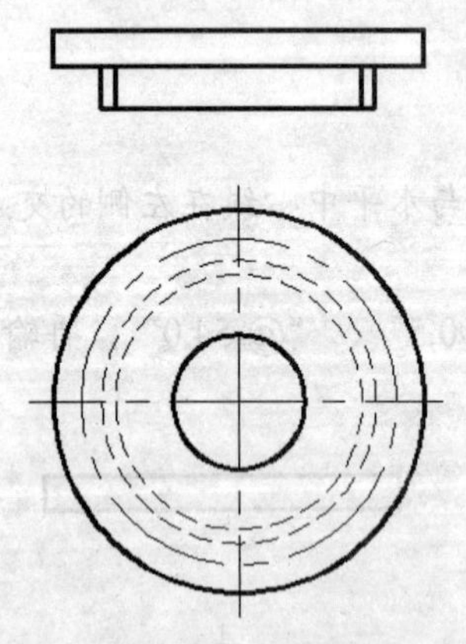

图 9-9 在主视图上绘制内孔轮廓

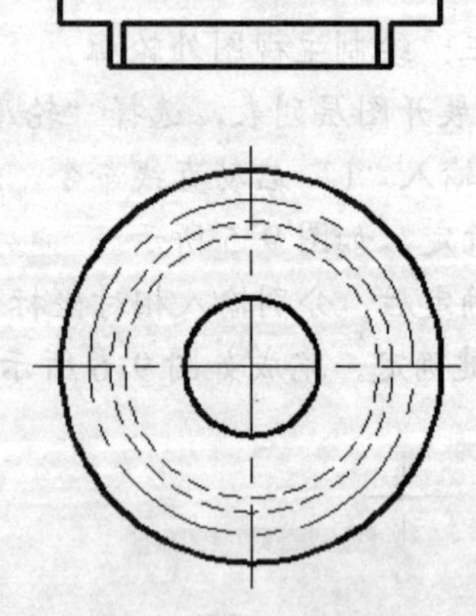

图 9-10 完成修剪

步骤四：绘制 3-ϕ5 等细节。

（1）在“图层”工具条的下拉列表中选择“轮廓线”层置为当前层。

（2）在俯视图上，ϕ46 圆中心线与水平中心线在右侧的交点上画一ϕ5 的圆。

（3）在“图层”工具条的下拉列表中选择“中心线”层为当前层，在ϕ5 处绘制一水平中心线，以便于产生后面的阵列小圆中心线。

（4）输入“AR”按〈Enter〉键确定，阵列刚刚画的圆。在“阵列”对话框中勾选“环形阵列”选项，阵列总数为 3 个，填充角度为 360。如图 9-11 所示。阵列中心点：单击拾取中心点按钮，在屏幕中拾取俯视图中的大圆圆心，返回对话框，再单击选择对象按钮，在屏幕中选择φ5 及其中心线，完成后确定。

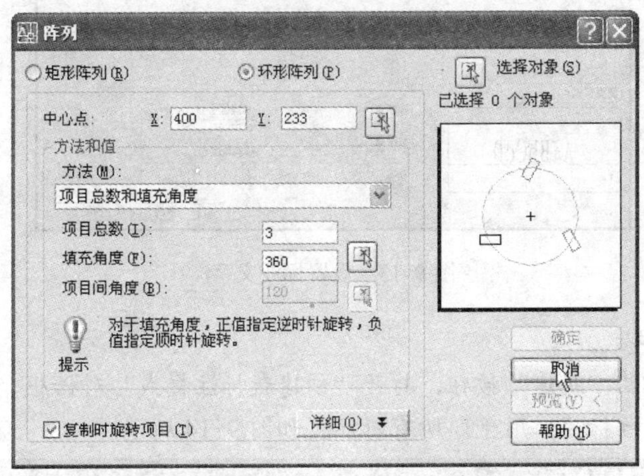

图 9-11　设置环形阵列

（5）启动直线命令，追踪捕捉俯视图中大圆圆心，绘制主视图回转中心线；按〈Enter〉键重复直线命令，追踪捕捉俯视图中右侧的φ5 圆心，绘制主视图中小孔的轴心线。

（6）在“图层”下拉列表框中选择“轮廓线”层置为当前层，启动直线命令，在俯视图中追踪捕捉右侧φ5 的两水平象限点，追踪线与主视图中两条长水平线交点为直线的起点与端点，绘制小孔φ5 在主视图中的轮廓。完成如图 9-12 所示。

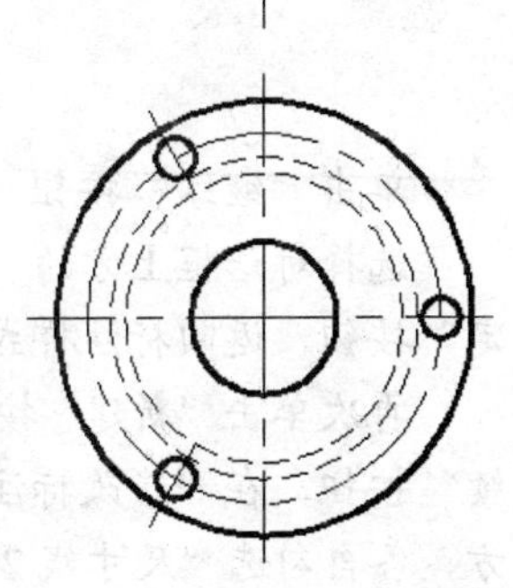

图 9-12　完成步骤四

步骤五：尺寸标注。

（1）默认标注样式的修改。

输入“D”按〈Enter〉键确定，打开标注样式管理器。默认状态下，有唯一的样式 iso-25，选中该样式，单击鼠标右键，选择“重命名”，输入新名称“线性标注”，以便于记忆。

选中线性标注样式，选择对话框右侧“修改”按钮，打开“样式修改”对话框。

在“线”选项卡中，确认尺寸线及尺寸界线的颜色与线型均为随层“Bylayer”。

单击对话框上方的“文字”，打开“文字”选项卡，设置文字对齐：ISO 标准；文字高度：3.5；文字颜色：绿色；填充颜色：无；文字样式 Standard。单击后方按钮，打开“文字样式”对话框，取消对“使用大字体”复选框的勾选，选择字体名为仿宋体 GB2312，设置宽度因子为 0.67，如图 9-13 所示。确定后返回“修改标注样式”对话框。

单击“主单位”选项卡，设置单位格式：小数；精度：0.00；小数分隔符：句点；消零：勾选后续。

设置完成后确定，返回“标注样式管理器”。

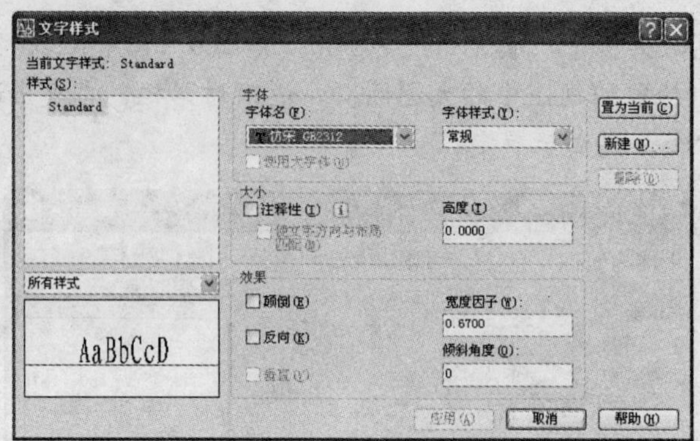

图 9-13　设置标注文字

（2）新建标注样式。

选择对话框右侧的“新建”按钮，打开“创建新标注样式”对话框，样式名称设为线性直径；基础样式：线性标注；用于：所有标注。如图 9-14 所示。

图 9-14　新建线性直径标注样式

单击“继续”按钮，设置线性直径的标注样式。

选择对话框上方的“主单位”选项卡，在“前缀”后文本框中输入“%%C”。单击“确定”按钮，返回标注样式管理器。

再次单击“新建”按钮，样式名设为“隐藏线性直径”；基础样式：线性直径。单击“继续”按钮，在“修改标注样式”对话框中选择“线”选项卡，在尺寸线与尺寸界线的隐藏后方，各自勾选“尺寸线 2”与“尺寸界线 2”，确定后返回标注样式管理器。此时标注样式管理器如图 9-15 所示。

选择“线性直径”，单击“置为当前”按钮，然后关闭对话框。

（3）输入“DLI”按〈Enter〉键确定，利用线性标注的命令，标注直径 ϕ54、ϕ36 与 ϕ40。因为当前标注样式线性直径已经设置了文字前缀“%%C”，所以标注文字前方自动产生直径符号“ϕ”。

（4）标注 ϕ46。

输入“MI”按〈Enter〉键确定，选择主视图上 ϕ5 的中心线，确定后选择旋转中心线为镜像线，将小孔 ϕ5 的中心线镜像到左边。

输入“D”按〈Enter〉键确定，打开标注样式管理器，选择“隐藏线性直径”置为当前，关闭对话框。

输入“DLI”按〈Enter〉键确定，注意先选择右侧 φ5 的中心线一个端点，再选择镜像到左侧的中心线一个端点，完成 φ46 的标注。

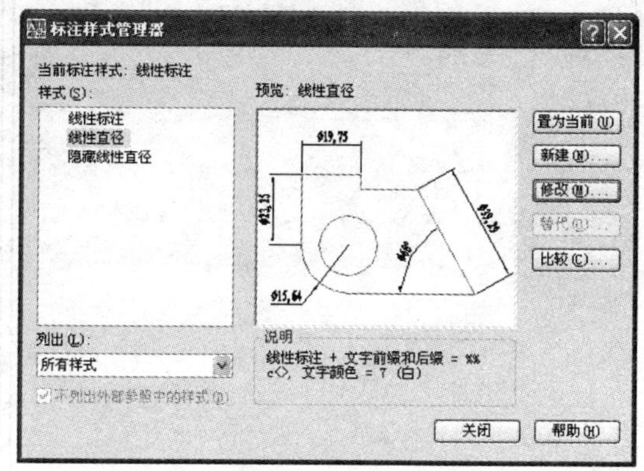

图 9-15　设置完成的标注样式管理器

删除左侧的中心线。

（5）标注其余尺寸。

输入“D”按〈Enter〉键确定，将“线性标注”置为当前。

输入“DDI”按〈Enter〉键确定，选择 φ5 小圆，根据命令行提示，输入“T”按〈Enter〉键确定，再输入“3-<>”按〈Enter〉键确定，使标注文字为 3-φ5。

标注 φ19 与 11、6 等尺寸，从而完成标注。

步骤六：图案填充。

输入“H”按〈Enter〉键确定，打开“图案填充”对话框，在“样例”后方的图案上单击鼠标左键，在图案填充选项板中选择“ANSI”，从中选择 ANSI31 后确定，返回“图案填充”对话框。

选择拾取点按钮，在屏幕主视图上需要填充的范围内拾取，完成后确定，完成填充。

步骤七：在图纸空间中设置页面。

（1）导入 A4 图纸模板。

将光标置于任意布局选项卡上单击鼠标右键，从快捷菜单中选择“来自样板”，如图 9-16 所示。

在“选择样板”对话框中，浏览到先前创建样板时的位置，选择 A4 打开，在“插入布局”对话框中选择 A4，单击“确定”按钮，如图 9-17 所示。

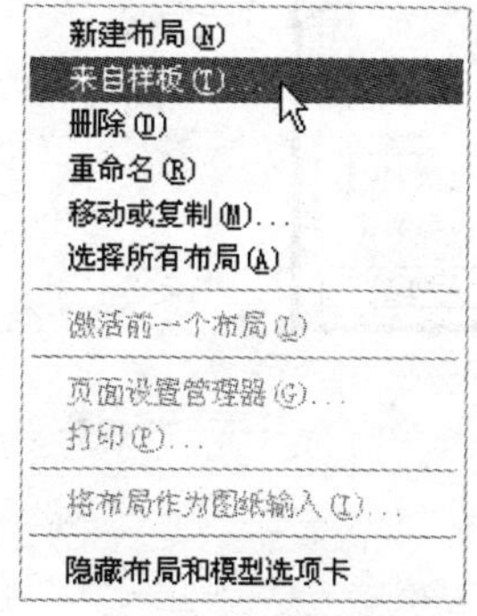

图 9-16　进入布局

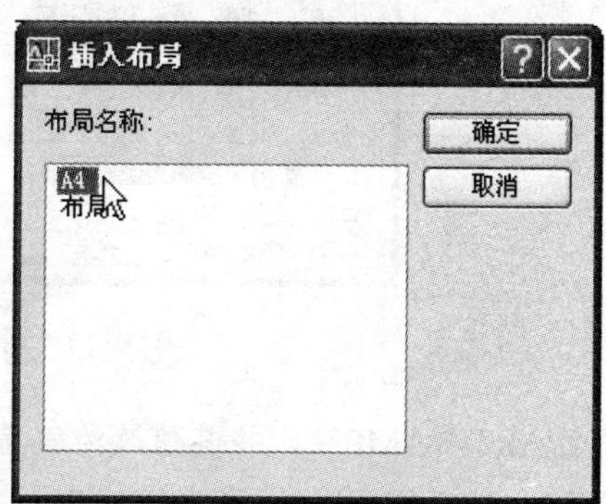

图 9-17　插入布局

在绘图屏幕中选择模型与布局选项卡的 A4 标签，出现 A4 图纸如图 9-18 所示。

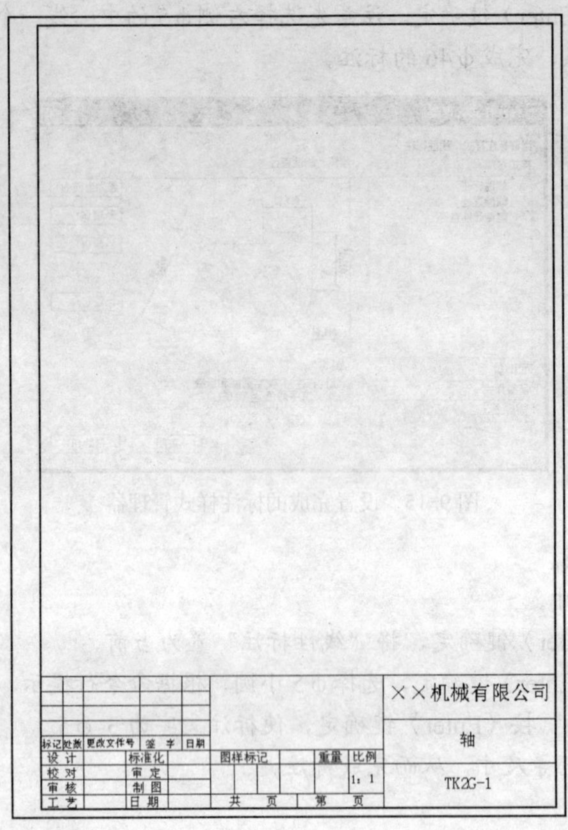

图 9-18　A4 图纸布局

（2）修改标题栏信息。选择菜单“修改”→“对象”→“属性”→“单个”，选择标题栏中的任意文字或线条，弹出“增强属性编辑器”对话框，如图 9-19 所示。

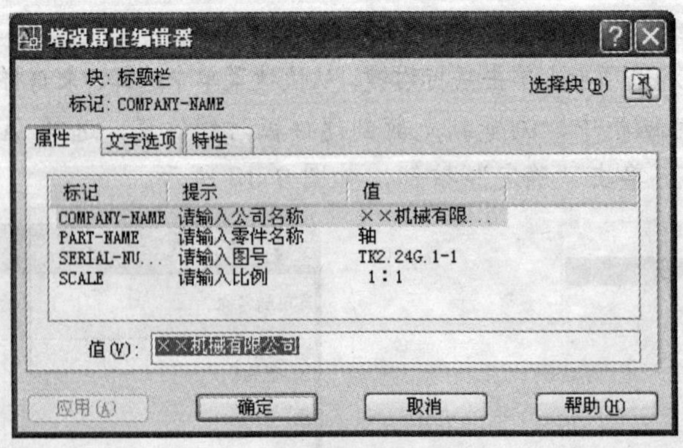

图 9-19　增强属性编辑器

选择“PART-NAME”，将其值改为端盖（零件名称）。

“SERIAL-NUMBER”值改为 TK2.2G.1-1（图号）。

“SCALE”值改为 1：4（比例）。

单击“确定”按钮。

（3）将模型空间的图形导入 A4 图纸空间。

选择菜单“视图”→“视口”→“一个视口”，在图纸空间中用于布局图形的区域，捕捉其对角创建一个视口，模型空间中的图形导入到图纸空间。

在视口中双击鼠标左键，将图形调整到合适位置，完成零件绘制，如图 9-20 所示。保存文件。

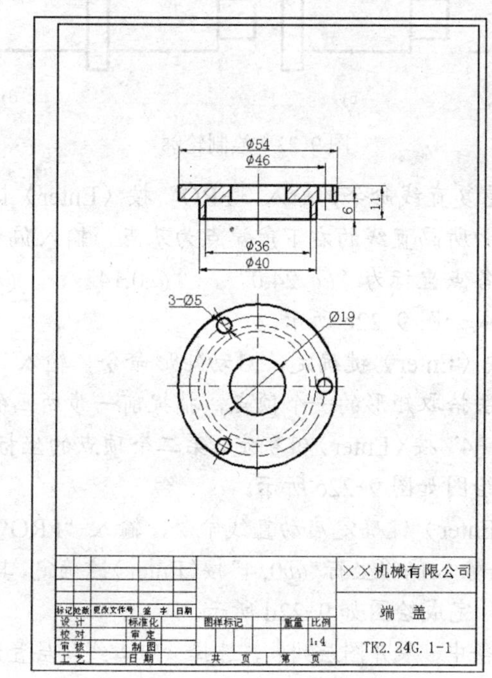

图 9-20　完成 A4 图纸布局

9.2　心轴

绘制如图 9-21 所示的心轴。

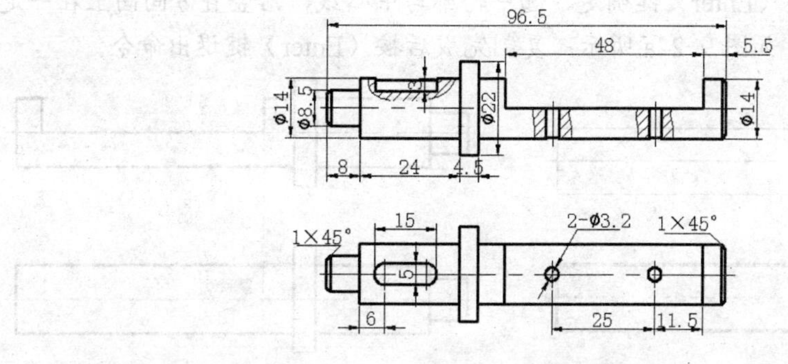

图 9-21　心轴零件

分析：本图主体是一个轴类零件，结构简单，关键是主视图上键槽及小孔与主体的相贯线画法。

步骤一：绘图准备，按 9.1 节的讲述新建文件心轴及创建图层。

步骤二：绘制主视图与俯视图的主体轮廓，共四级外圆，这里按从左到右的顺序进行绘制。

（1）从“图层”工具条中，展开图层列表，选择“轮廓线”层置为当层。

（2）输入“L”按〈Enter〉键启动直线命令，任意拾取起点，输入下面各点坐标分别为“@-8,0”、“@0,8.5”、“@8,0”，按两次〈Enter〉键退出直线命令。绘制完成如图 9-22a 所示。

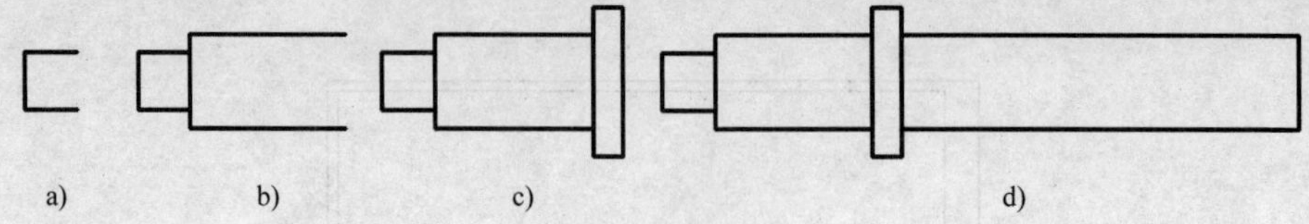

图 9-22　绘制轮廓

（3）按〈Enter〉键重复直线命令，输入“FRO”按〈Enter〉键确定，启动“捕捉自”的方法拾取起点，捕捉前面所画直线的右下角端点为基点，输入偏移坐标为“@24, -2.75”按〈Enter〉键确定，以下各点坐标为“@-24,0”、“@0,14”、“@24,0”，按两次〈Enter〉键退出直线命令。绘制完成如图 9-22b 所示。

（4）输入“REC”按〈Enter〉键确定，启动矩形命令，输入“FRO”按〈Enter〉键确定，启动“捕捉自”的方法拾取矩形的一个顶点，捕捉前一步所画的直线的右下角端点为基点，输入偏移坐标为“@0, -4”按〈Enter〉键确定，第二个顶点的坐标为“@4.5,22”按〈Enter〉键确定，退出直线命令，绘图如图 9-22c 所示。

（5）输入“L”按〈Enter〉键确定启动直线命令，输入“FRO”按〈Enter〉键确定，捕捉矩形右下角顶点为基点，输入偏移坐标“@0, 4”按〈Enter〉键确定，其余各点坐标为“@60,0”、“@0,14”、“@-60,0”，完成绘图如 9-22d 所示。

（6）从“图层”工具条中，展开图层列表，选择“中心线”层置为当前层。启动直线命令，追踪捕捉图中两端竖线的中点，使直线起点略超出中点，绘制出回转体中心线，如图 9-23 所示。

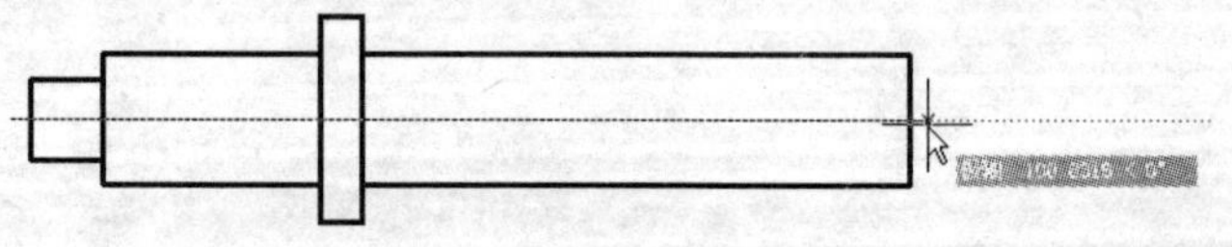

图 9-23　绘制回转中心线

（7）输入“CO”按〈Enter〉键确定，选中轮廓与中心线，沿竖直方向向上在一定距离处复制图形作为主视图，如图 9-24a 所示。复制完成后按〈Enter〉键退出命令。

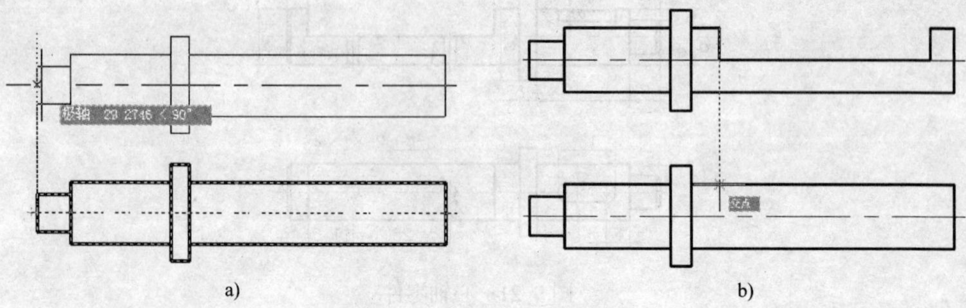

图 9-24　完成缺口特征的绘制

a) 复制产生主视图　b) 绘制大缺口

（8）绘制大缺口。

从“图层”工具条中，展开图层列表，选择“轮廓线”层置为当前层。输入“L”按〈Enter〉键确定启动直线命令；输入“FRO”按〈Enter〉键确定，拾取主视图右上角顶点为基点，偏移坐标“@-5.5,0”按〈Enter〉键确定；竖直向下绘制直线，拾取与水平中心线的交点为第二点；水平向左绘线，长度为 48；竖直向上绘制直线，与轮廓线相交点处拾取；按〈Enter〉键确定退出直线命令。

输入“TR”按〈Enter〉键确定，启动修剪命令，选择前面所画竖直线为修剪边界，修剪轮廓线，完成主视图上缺口的绘制。

输入“L”按〈Enter〉键确定启动直线命令，分别追踪捕捉主视图上的两个顶点，在俯视图的轮廓线交点处选择作为两条直线的起点与端点，完成绘制如图 9-24b 所示。

步骤三：创建键槽、小孔及倒角等细节特征。

（1）在俯视图中创建键槽。

启动直线命令，输入“FRO”按〈Enter〉键确定，捕捉左侧的 ϕ14 外圆左端面轮廓的中点为基点，输入偏移坐标“@6,2.5”按〈Enter〉键确定，下一点坐标为“@10,0”，按两次〈Enter〉键退出命令。

输入“MI”按〈Enter〉键确定，将前面所画的直线镜像到中心线的另一侧。

输入“F”按〈Enter〉键确定，输入“R”按〈Enter〉键确定，再输入圆角半径为 2.5 按〈Enter〉键确定，分别选择两条线的两端，完成键槽在俯视图上的轮廓，如图 9-25 所示。

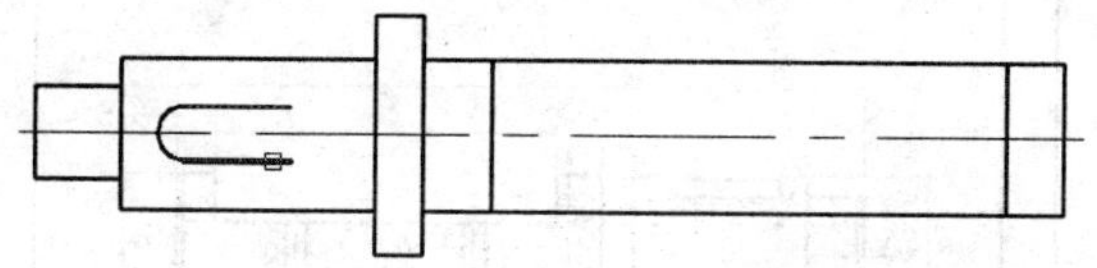

图 9-25　在俯视图上绘制键槽的轮廓

（2）绘制小孔在俯视图上的轮廓：运用起点半径法及“捕捉自”的捕捉方法，绘制两个 ϕ3.2 的小圆。

（3）绘制键槽在主视图上的剖视轮廓。

启动直线命令，追踪捕捉键槽在俯视图上的轮廓的两端点，绘制竖直线，使竖直线与主视图外圆轮廓有交点。

运用键槽处的剖面图绘制深度轮廓，如图 9-26 所示。

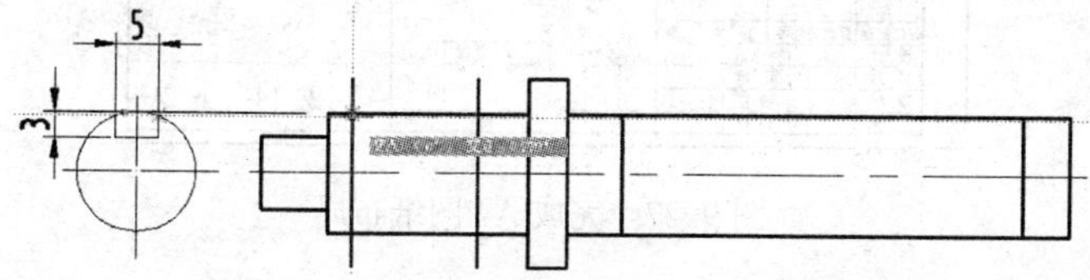

图 9-26　绘制键槽在主视图上的轮廓

输入“O”按〈Enter〉键确定，将上方的外圆轮廓向下偏移 3；输入“TR”按〈Enter〉键确定，修剪掉多余线条；删除剖面图的辅助线。

同样的方法绘制小孔在主视图上的剖视轮廓。

（4）绘制剖视区域。

在“图层”工具条中展开图层列表，选择“双点画线”层置为当前层。

输入“SPL”按〈Enter〉键确定，启动样条线命令，任意绘制样条线，使样条线能将包围键槽轮廓。

同样的方法绘制出两小孔的剖视区域。

（5）输入“CHA”按〈Enter〉键确定倒直角，输入“D”按〈Enter〉键确定，给定倒角距离为 1；输入“M”按〈Enter〉键确定，一次倒多个圆角。分别选择各处角度的边，完成倒直角。

启动直线命令，绘制倒角后的轮廓线。

步骤四：标注。根据第 9.1 节中关于标注的讲解，创建标注样式并标注。

步骤五：填充剖面线。

步骤六：图纸空间布局，根据第 9.1 节中的讲解，将模型空间的图形导入 A4 图纸布局，如图 9-27 所示。

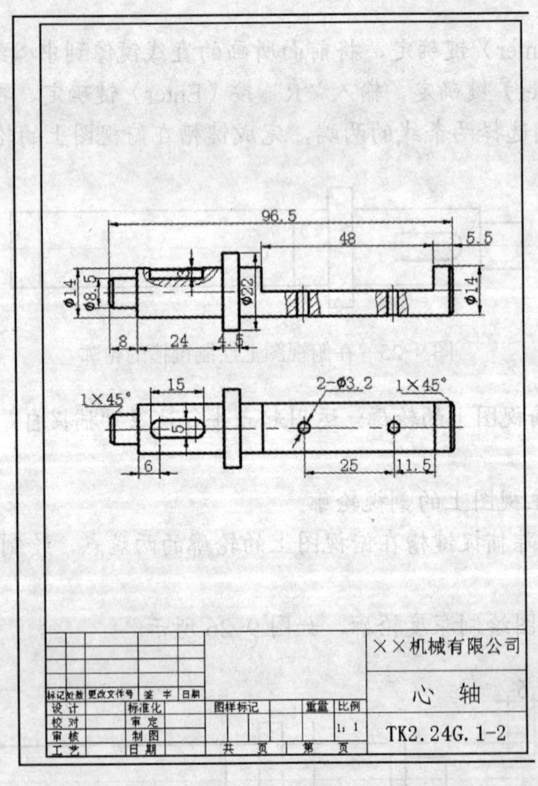

图 9-27　完成 A4 图纸布局

9.3　连杆

绘制如图 9-28 所示的连杆。

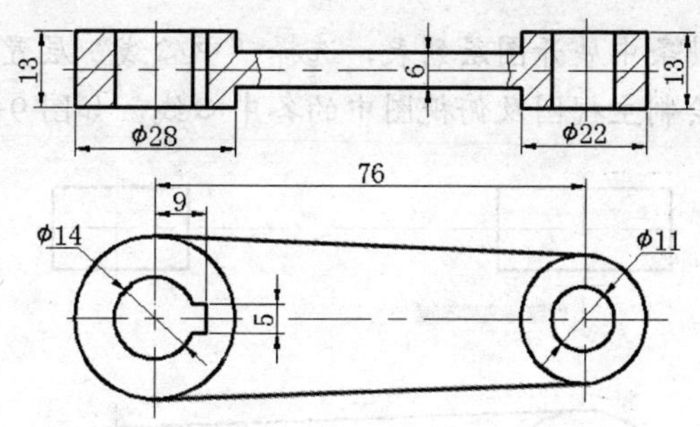

图 9-28　连杆零件图

步骤一：新建文件：连杆，创建图层。

步骤二：绘制俯视图上主要轮廓。

（1）在“图层”工具条上展开图层列表，选择“轮廓线”层置为当前层。

（2）在任意位置绘制 ϕ28 与 ϕ14 的同心圆。

（3）启动圆命令，输入“FRO”按〈Enter〉键确定，以同心圆的圆心为基点，偏移坐标为“@76,0”按〈Enter〉键确定，绘制 ϕ22 与 ϕ11 的同心圆。

（4）绘制肋板在俯视图上的轮廓，即两组同心圆外圆的公切线。启动直线命令，输入“TAN”按〈Enter〉键确定，光标靠近 ϕ28 外圆的上方单击鼠标左键；再次输入“TAN”按〈Enter〉键确定，光标靠近 ϕ22 外圆的上方单击鼠标左键，按〈Enter〉键退出直线命令。

（5）再次启动直线命令，绘制两外圆下侧的公切线，如图 9-29 所示。

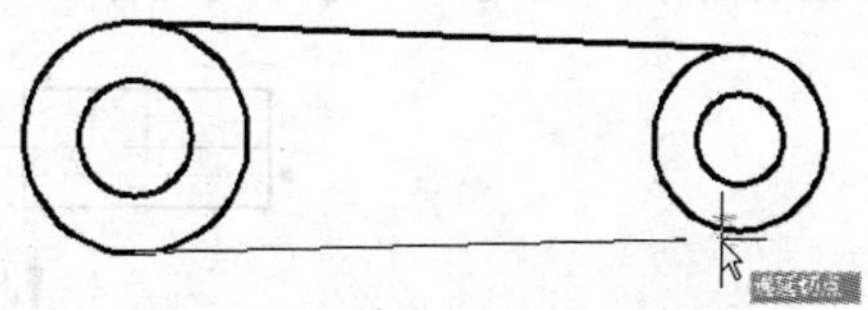

图 9-29　绘制外圆公切线

步骤三：绘制外圆在主视图中反映的轮廓。

（1）输入“REC”按〈Enter〉键确定启动矩形命令，追踪捕捉俯视图中 ϕ28 外圆左侧的象限点，向上至适当位置单击鼠标左键，输入第二个角点的坐标为“@28,13”按〈Enter〉键确定。

（2）按〈Enter〉键再次启动矩形命令，追踪捕捉俯视图中 ϕ22 外圆的右侧象限点与前面所画矩形在水平位置的交点，输入矩形的第二个角点坐标“@-22,13”按〈Enter〉键确定，如图 9-30 所示。

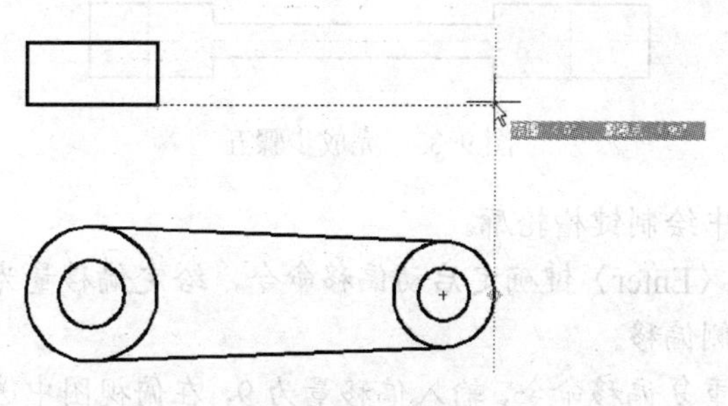

图 9-30　步骤三

步骤四：绘制中心线。

（1）在“图层”工具条中展开图层列表，选择“中心线”层置为当前层。

（2）运用对象捕捉绘制主视图及俯视图中的各中心线，如图 9-31 所示。

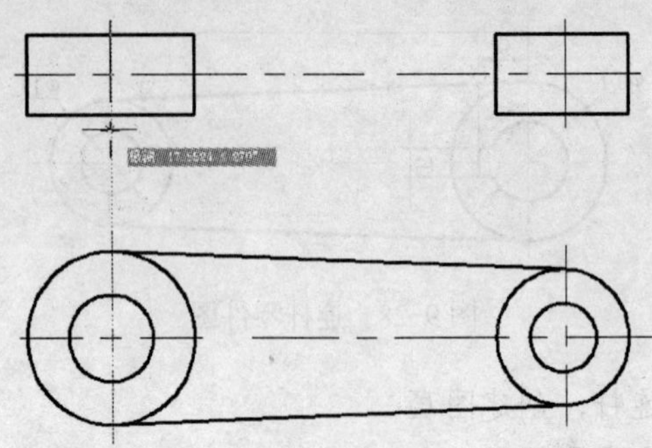

图 9-31 步骤四

步骤五：绘制肋板在主视图中的轮廓。

（1）输入“O”按〈Enter〉键确定启动偏移命令，给定偏移量为 3，选择主视图中的水平中心线，分别向上和向下偏移。

（2）选择偏移的两条中心线，再展开图层工具条中的图层列表，选择“轮廓线”层，将所选的的中心线更改为轮廓线的特性，如图 9-32 所示。

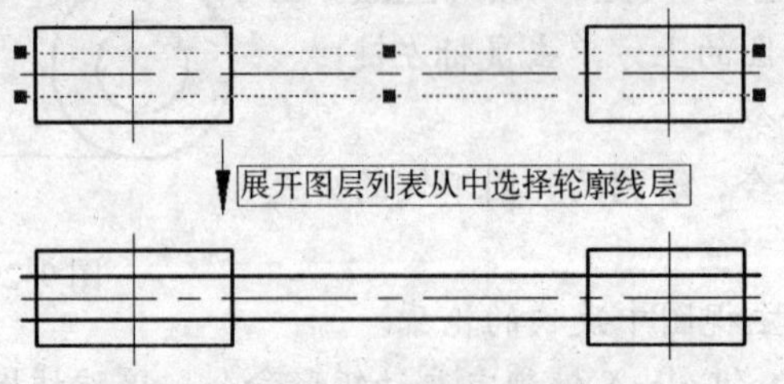

图 9-32 通过图层更改线型特性

（3）输入“X”按〈Enter〉键确定启动分解命令，选择主视图中的两矩形，将矩形分解为直线。

（4）输入“TR”按〈Enter〉键确定，主视图修剪成为如图 9-33 所示。

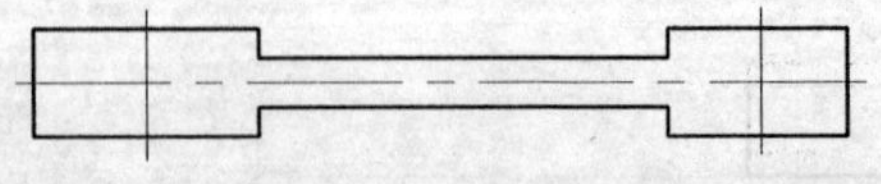

图 9-33 完成步骤五

步骤六：在俯视图中绘制键槽轮廓。

（1）输入“O”按〈Enter〉键确定启动偏移命令，给定偏移量为 2.5，在俯视图中选择水平中心线，分别向两侧偏移。

（2）按〈Enter〉键重复偏移命令，输入偏移量为 9，在俯视图中选择 φ28 的竖直中心线，向右侧偏移。

（3）选择偏移的 3 条线，展开图层工具条中的图层列表，选择“轮廓线”层，将偏移中心线得到的 3 条线条更改为轮廓线。

（4）输入“TR”按〈Enter〉键确定，修剪线条得到键槽轮廓。

步骤七：在主视图中绘制内孔轮廓。

（1）启动直线命令，追踪捕捉俯视图中各内孔水平中心线的交点，至与主视图水平轮廓的交点，绘制主视图中的内孔轮廓，如图 9-34 所示。

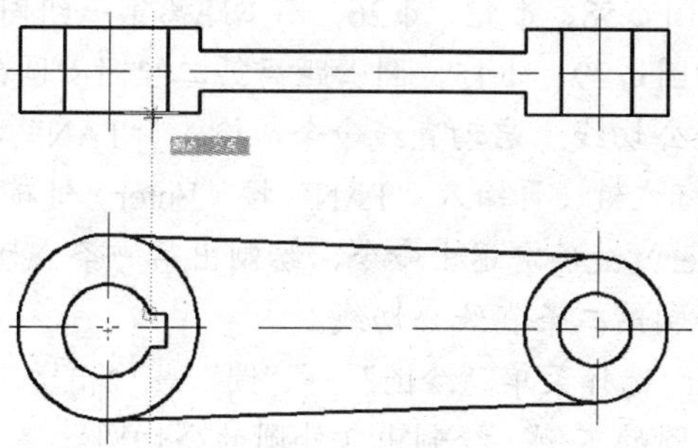

图 9-34　绘制内孔在主视图中的轮廓

（2）在“图层”工具条中展开图层下拉列表框，选择“双点画线”层置为当前层。输入“SPL”启动样条线命令，在主视图上适当位置画出剖视区域，并修剪多余的线条。

步骤八：标注尺寸与剖面线。

（1）参照第 9.1 节的讲述，创建相应的尺寸样式。

（2）在“图层”工具条中展开图层下拉列表框，选择标注层。依照如图 9-28 所示的标注。

（3）在“图层”工具条中展开图层下拉列表框，选择细实线层，输入“H”启动图案填充命令，为主视图填充剖面线。

步骤九：在图纸空间中布局。

9.4 底座

绘制如图 9-35 所示的底座。

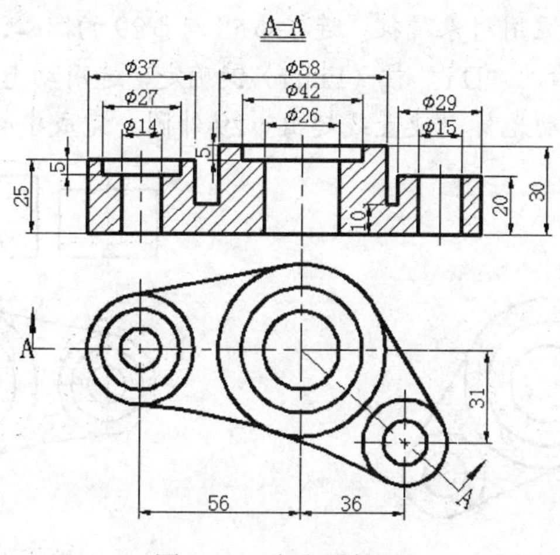

图 9-35　底座零件图

步骤一：新建文件：底座，创建图层。

步骤二：绘制俯视图轮廓。

（1）展开“图层”工具条中的图层下拉列表框，选择“轮廓线”层置为当前。

（2）绘制第一组同心圆φ37、φ27、φ14。

（3）绘制第二组同心圆φ58、φ42、φ26，圆心距离第一组同心圆的坐标为“@56,0”。

（4）绘制第三组同心圆φ29、φ15，圆心距离第二组同心圆的坐标为“@36，-31”。

（5）绘制第一条直线公切线：启动直线命令，输入“TAN”按〈Enter〉键确定，光标靠近φ37外圆上侧单击鼠标左键，再输入“TAN”按〈Enter〉键确定，光标靠近φ58外圆上侧单击鼠标左键，按〈Enter〉键确定退出命令，绘制出第一条公切线。

（6）按同样的方法绘制第二条直线公切线。

（7）绘制圆弧公切线：选择菜单“绘图”→“圆”→“相切、相切、相切”，光标分别拾取φ37、φ58与φ29外圆的下侧，绘制出3外圆的公切圆。

（8）输入“TR”按〈Enter〉键确定启动修剪命令，选择φ37与φ29的外圆为边界，修剪掉公切圆的外部部分。完成步骤二如图9-36所示。

图9-36 完成步骤二

步骤三：绘制φ37与φ58外圆在主视图轮廓。

（1）绘制φ37的外圆在主视图中的轮廓：启动矩形命令，追踪捕捉φ37在俯视图中的外圆的左侧象限点，在适当位置拾取起点，绘制矩形37×25。

（2）按〈Enter〉键重复矩形命令，追踪捕捉俯视图中φ58外圆左侧象限点与矩形37×25右下角顶点，绘制矩形58×30。如图9-37所示。

步骤四：绘制中心线。

（1）展开“图层”下拉列表，选择“中心线”置为当前层。

（2）启动直线命令，绘制主视图中3组同心圆的水平和竖直中心线。

（3）绘制主视图中两矩形的竖直中心线。

（4）输入“O”按〈Enter〉键确定，启动偏移命令，用光标在俯视图上拾取φ58与φ29的圆心，确定为偏移距离，在主视图中选择φ58的竖直中心线，向右偏移。

（5）启动直线命令，运用对象捕捉，连接φ58与φ29的圆心；输入“LEN”按〈Enter〉键确定，启动加长命令。输入“DY”按〈Enter〉键确定，选用动态选项，在直线上拾取靠近φ29圆心的某点，轻轻移动光标，使直线超出φ29外圆。完成中心线绘制如图9-38所示。

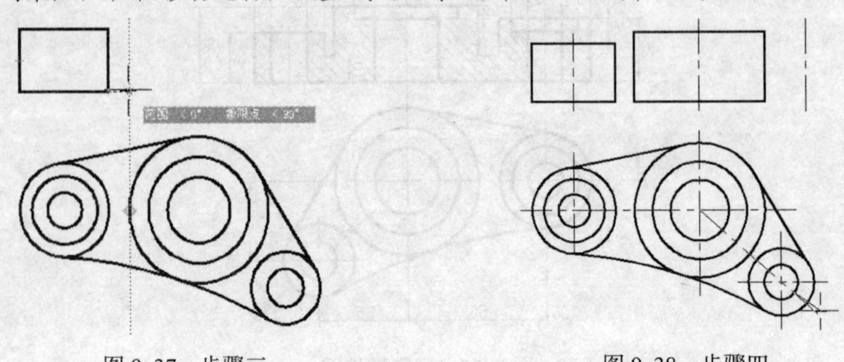

图9-37 步骤三　　图9-38 步骤四

步骤五：绘制ϕ29 外圆在主视图中的轮廓。

（1）输入“O”按〈Enter〉键确定启动偏移命令，给定偏移距离为 14.5，拾取ϕ29 外圆在主视图中的中心线，分别向两侧偏移。

（2）选择偏移的两条线条，展开图层工具条中的图层下拉列表框，选择“轮廓线”层，从而将两条偏移线的特性更换为轮廓线。

（3）在“图层”工具条中展开“图层”下拉列表框，选择“轮廓线”层置为当前层。

（4）输入“L”按〈Enter〉键确定直线命令，捕捉ϕ58 在主视图中轮廓右下角顶点向右绘制水平线，使得水平线与两条偏距得到的竖直线相交。

（5）输入“O”按〈Enter〉键确定启动偏移命令，给定偏移距离 20，选择前面所画的水平线向上偏移。

（6）输入“TR”按〈Enter〉键确定，修剪 4 条线条，完成后的主视图如图 9–39 所示。

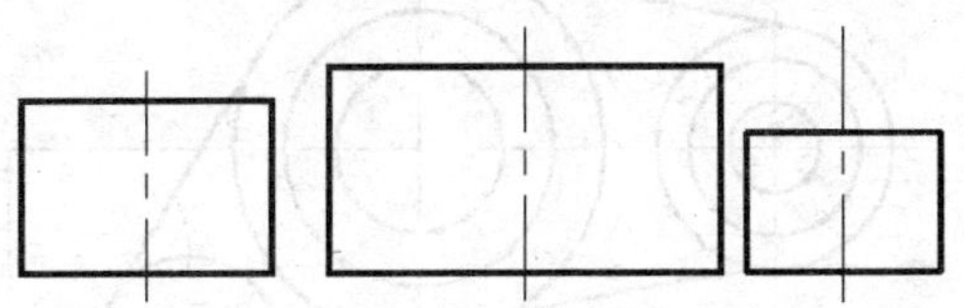

图 9–39　完成步骤五的主视图

步骤六：绘制主视图中其他轮廓。

（1）输入“X”按〈Enter〉键确定，选择主视图中的两个矩形分解。

（2）选择主视图中下端的 3 条水平线，输入“E”按〈Enter〉键确定将其删除。

（3）选择“轮廓线”层置为当前层。输入“L”按〈Enter〉键确定，在主视图中拾取最左端竖直线下方端点与最右端直线下端直线绘制一条水平线。

（4）输入“O”按〈Enter〉键确定，将水平线向上偏移 10。

（5）输入“TR”按〈Enter〉键确定，将偏移线修剪成如图 9–40 所示。

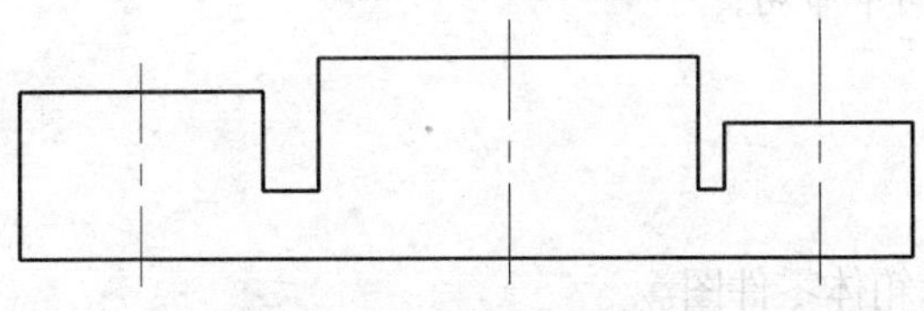

图 9–40　完成主视图外轮廓

（6）启动直线命令，根据俯视图中各圆，追踪捕捉象限点，绘制出主视图的内孔剖视轮廓。

步骤七：尺寸标注与图案填充。

（1）参照第 9.1 节中的讲述，创建相应的尺寸样式。

（2）在“图层”工具条中展开“图层”下拉列表框，选择标注层，如图 9–35 所示的标注。

（3）在“图层”工具条中展开“图层”下拉列表框，选择细实线层，输入“H”启动图案填充命令，为主视图填充剖面线。

步骤八：绘制剖视符号。

（1）从“图层”下拉列表框中选择“细实线”层置为当前层。

（2）输入“PL”按〈Enter〉键启动多段线命令，在屏幕中任意拾取起点；输入“W”按〈Enter〉键，给定起点处线宽为 0，端点处线宽为 2，竖直向下绘制直线长为 3；再次输入“W”按〈Enter〉键确定，给定起点与端点线宽均为 0，向下绘制直线长为 4，再向右绘制水平线长为 5；按〈Enter〉键退出命令，完成一个箭头的绘制。

（3）输入“DT”按〈Enter〉键启动单行文字的命令。在箭头末端拾取起点，字高 3.5，输入大写字母“A”，按两次〈Enter〉键退出命令。

（4）调整文字与箭头的位置。

（5）输入“MI”按〈Enter〉键启动镜像命令，选择箭头和字母后确定，在竖直方向上任意拾取两点，完成镜像。

（6）运用移动命令“Move”，将箭头和文字调整成如图 9-41 所示。

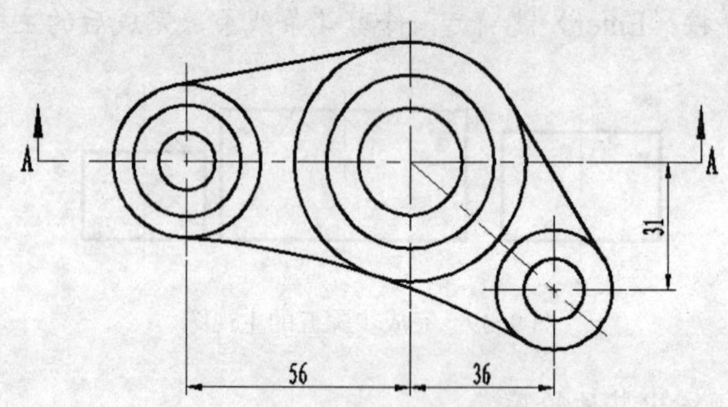

图 9-41 完成箭头绘制

（7）输入“RO”按〈Enter〉键确定启动旋转命令，选择如图 9-41 所示的右侧的箭头及字母“A”后确定；输入旋转选项为参考“R”按〈Enter〉键确定；拾取 ϕ58 圆心为旋转基点，起点角度拾取右侧箭头末端，参考角度拾取 ϕ29 圆心，完成旋转。

（8）运用文字和直线命令完成“A-A”，完成整个图形。

步骤九：在图纸空间中布局。

9.5 箱体

绘制如图 9-42 所示箱体零件图。

抄绘工程图前需认真读图，为便于读者读图，下面如图 9-43 所示的是该工程图的实体（不完整）剖视模型。

步骤一：新建文件为箱体，创建图层。

步骤二：绘制主体中心线及三视图的定位轮廓。

（1）在“图层”工具条中展开图层列表框，选择“轮廓线”层置为当前层。

（2）启动圆的命令，在任意位置绘制一 ϕ70 的圆，作为俯视图中的轮廓外圆。

（3）启动矩形命令，追踪捕捉圆左边水平象限点，在圆的上方适当位置单击，输入第二个角点的坐标为“@70,55”。

（4）输入“CO”按〈Enter〉键确定，启动复制命令，将刚刚画的矩形水平向右复制至适当位置。

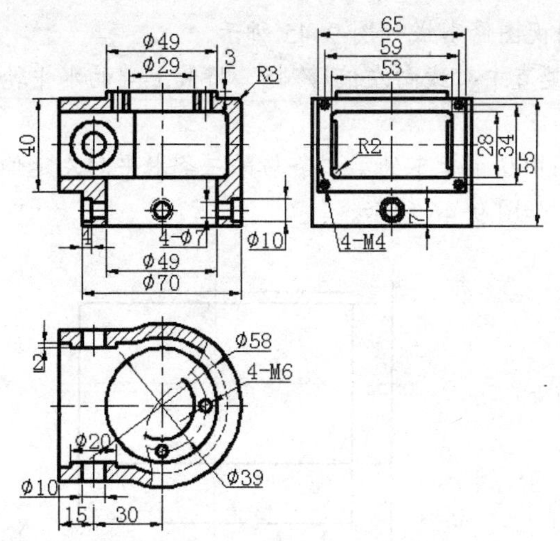

图 9-42　箱体零件图

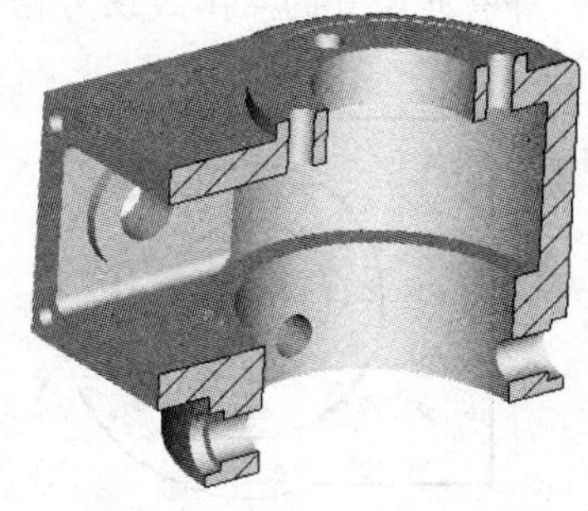

图 9-43　箱体实体剖视模型

（5）在“图层”对话框的下拉列表框中，选择“中心线”置为当前层。

（6）启动直线命令，分别绘制俯视图中圆的水平与竖直中心线。

（7）追踪捕捉俯视图中竖直中心线的端点，在其上方绘制出主视图的竖直中心线。

（8）输入“X”按〈Enter〉键确定启动分解命令，选择主视图和左视图的矩形进行分解。输入“O”按〈Enter〉键确定启动偏移命令，输入偏距值为 20。选择主视图最上方的轮廓线，向下偏移。选中刚刚偏移的线条，从图层列表中选择“中心线”，将偏移的线条赋予中心线的特性。使用夹点调整中心线的长度。

（9）输入“CO”按〈Enter〉键确定启动复制命令，选择主视图的水平与竖直中心线，水平向右复制在适当位置，作为左视图的中心线。

（10）运用夹点调整中心线长度，完成如图 9-44 所示。

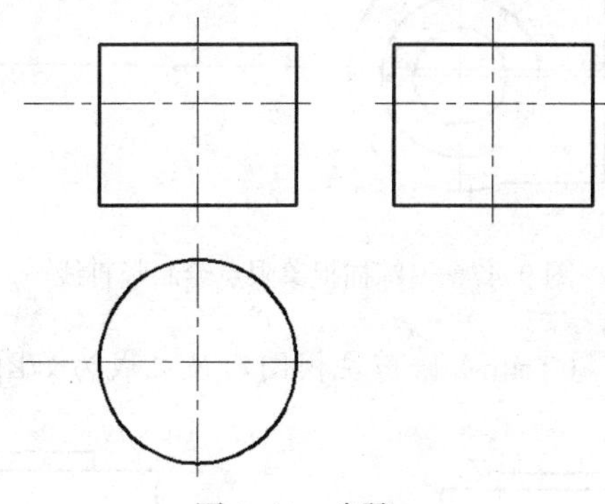

图 9-44　步骤一

步骤三：绘制主体外形轮廓。

（1）展开图层列表，选择“轮廓线”层置为当前层。

（2）启动画圆命令，在俯视图中，以中心线交点为圆心，分别绘制 ϕ49 与 ϕ29 的圆。

（3）运用偏移命令（Offser）在俯视图中将竖直中心线向左偏移 45，将水平中心线分别向上下方向各偏移 32.5。

（4）选中偏移得到的 3 条点画线，展开图层列表，选取中“轮廓线”层，将线条设为轮廓线的特性；运用修剪命令（Trim），将俯视图修剪成如图 9-45 所示。

（5）在主视图中，运用偏移命令，将竖直中心线向左偏移 45，将最上端的水平轮廓线分别向上偏移 3，向下偏移 40。

（6）运用延伸命令（Extend）将主视图中从上至下的第二条与第三条水平向左延伸至竖直线处，并将此竖直的点画线设为轮廓线，如图 9-46 所示。

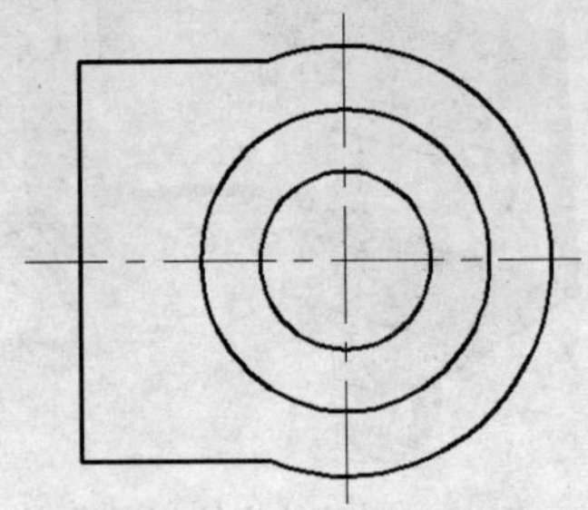
图 9-45　完成俯视图外轮廓

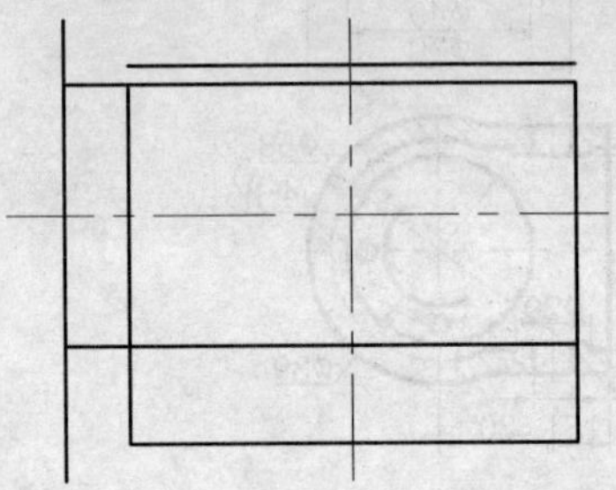
图 9-46　在主视图中进行偏移与延伸操作

（7）确认当前图层为“轮廓线”层，启动直线命令，追踪捕捉俯视图中 φ49 外圆在水平方向上的两象限点，分别以与主视图中从上到下的第一条和第四条水平直线的交点为起点和端点，绘制竖直线，如图 9-47 所示。

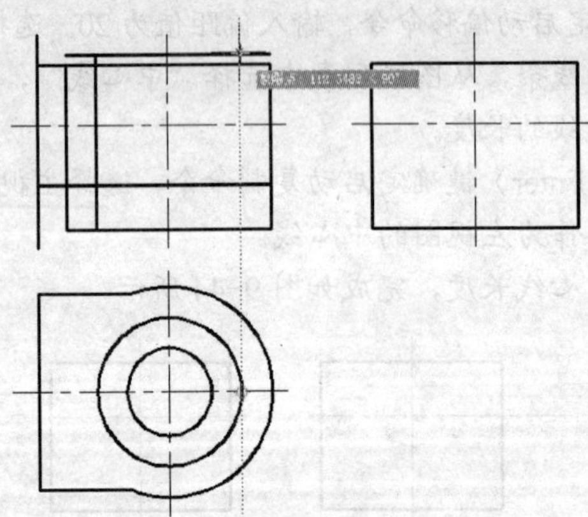
图 9-47　追踪捕捉象限点绘制竖直线

（8）多次运用修剪命令（Trim）修剪主视图，使之成为如图 9-48 所示。

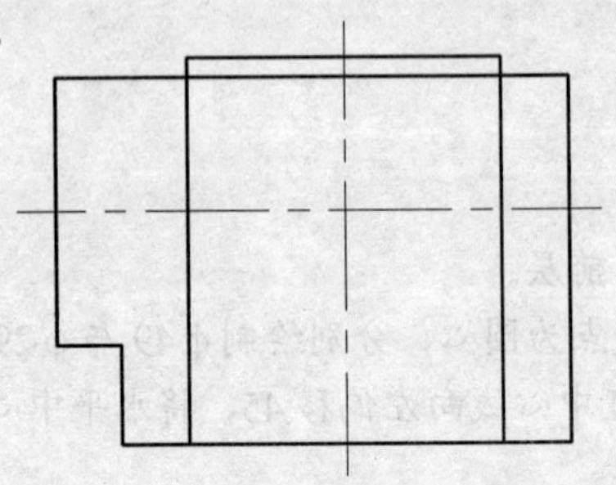
图 9-48　完成主视图外轮廓修剪

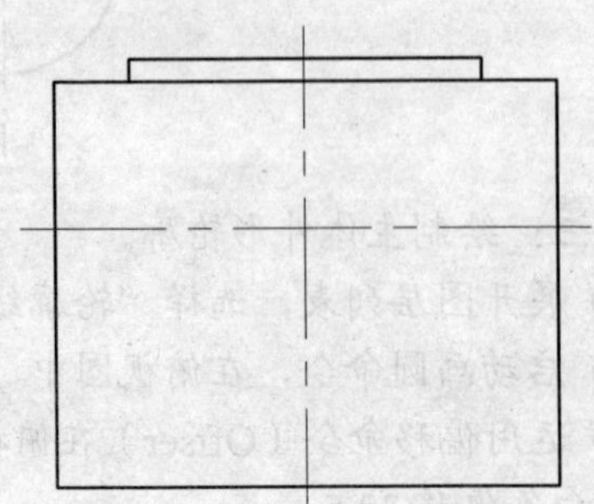
图 9-49　左视图偏移修剪

（9）多次在左视图中，运用偏移命令，将从上至下的第一条水平线向上偏移 3，将竖直中心线分别向两侧各偏移 24.5。

（10）选中左右两侧偏移得到的点画线，将其设为轮廓线。运用修剪命令，修剪偏移的 3 条直线，得到如图 9–49 所示图形。

（11）运用偏移命令（Offset）将左视图的竖直中心线分别向左右偏移 32.5，将从上至下的第二条水线向下偏移 40。

（12）将由中心线偏移的点画线设置为轮廓线，运用修剪命令将其修剪为如图 9–50 所示。

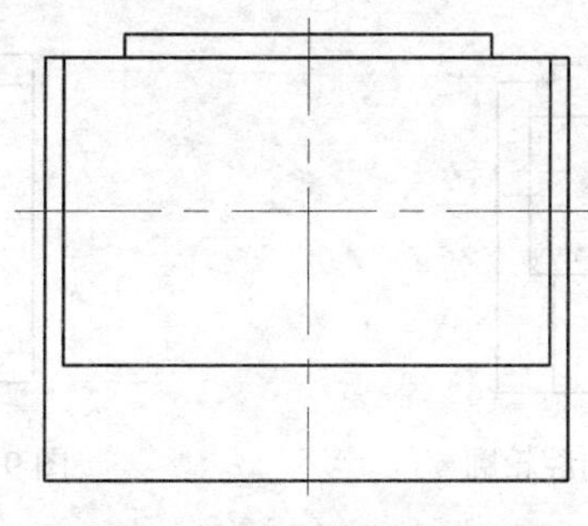

图 9–50　左视图偏移修剪

（13）运用偏移命令，将图 9–50 所示偏移所得到的周边线框均向内偏移 6，如图 9–51 所示。

（14）输入“F”按〈Enter〉键确定启动圆角命令，输入“R”给定圆角半径为 2，输入“M”按〈Enter〉键确定一次倒多个圆角。结果如图 9–52 所示。

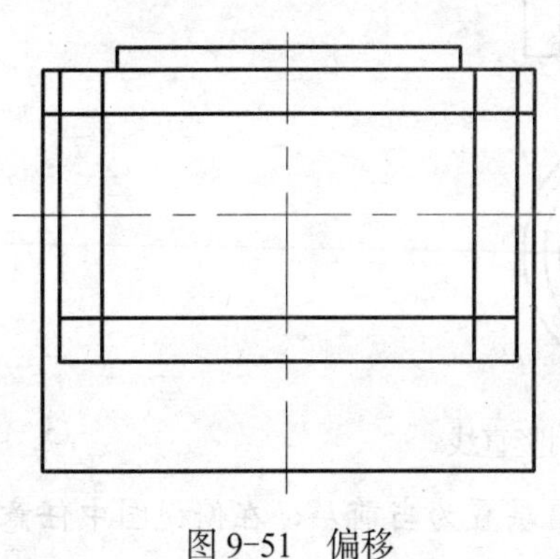

图 9–51　偏移

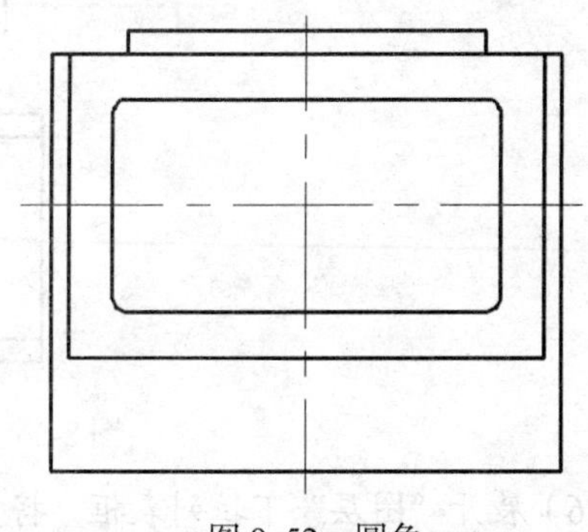

图 9–52　圆角

步骤四：绘制剖视图内部轮廓。

（1）在主视图中绘制横腔：运用偏移命令将主视图最右侧竖直线向左偏移 6，并将线条设置为轮廓线层特性。

（2）确认当前图层为“轮廓线”层。追踪捕捉如图 9–52 所示图中的横腔上下轮廓线。在主视图中绘制水平线，起始点分别为主视图中最左侧竖直线及最右侧向左侧的偏移线的交点，如图 9–53 所示。

（3）运用修剪命令，将主视图修剪为如图 9–54 所示。

（4）在俯视图中，运用偏移命令将外圈轮廓线向内偏移 6，并进行延伸处理，如图 9–55 所示效果。

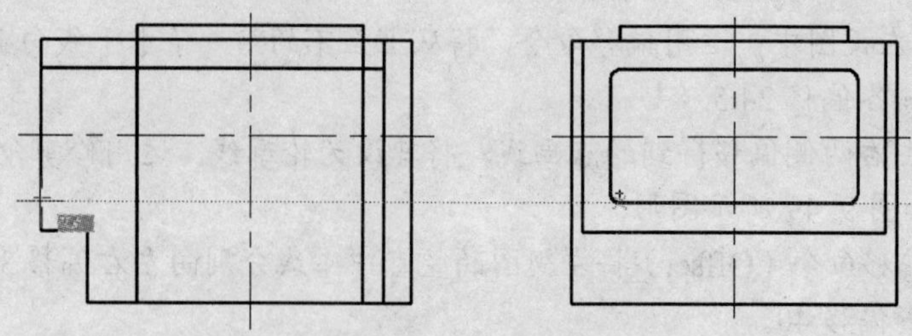

图 9-53　在主视图中绘制横腔轮廓

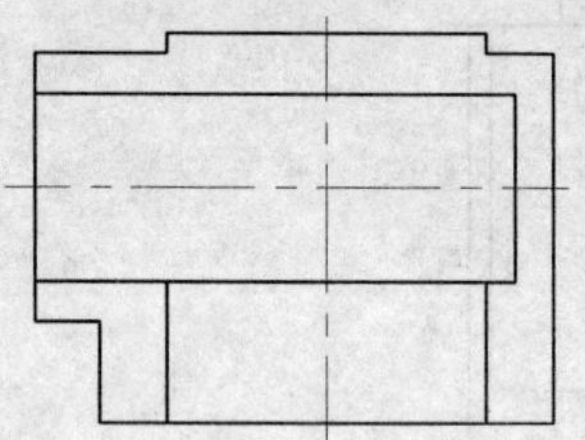

图 9-54　修剪主视图内腔轮廓

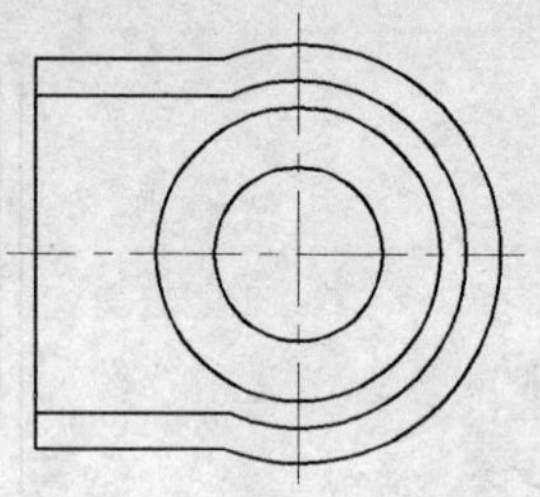

图 9-55　偏移延伸内腔轮廓

（5）确认当前图层为“轮廓线”层，追踪捕捉俯视图中 φ29 圆两水平象限点及内腔水平线与圆弧线的交点，在主视图中绘制竖直线，如图 9-56 所示。

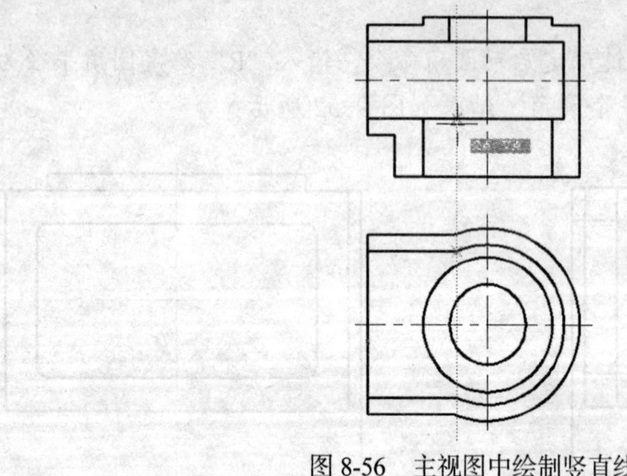

图 8-56　主视图中绘制竖直线

（6）展开“图层”下拉列表框，将“双点画线”层置为当前层，在俯视图中任意绘制如图 9-57 所示的样条线，修剪成如图 9-58 所示的效果。

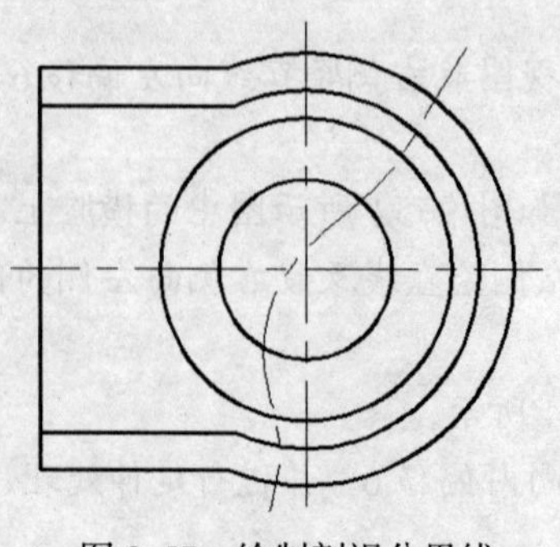

图 9-57　绘制剖视分界线

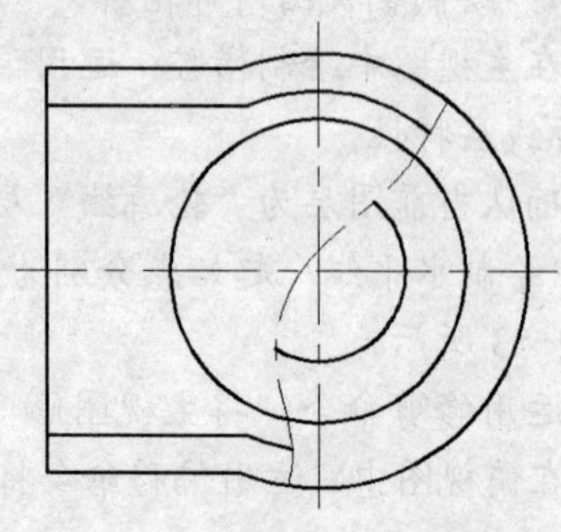

图 9-58　修剪完成剖视区域

（7）主视图倒圆角，完成步骤四。

步骤五：绘制其他细节。

（1）展开“图层”列表，选择虚线层置为当前层。启动画圆命令，在俯视图中以水平和竖直中心线交点为圆心，绘制 ϕ58 的圆。

（2）在下拉图层列表框中选择“中心线”层置为当前层。启动画圆命令，在俯视图中以水平和竖直中心线交点为圆心，绘制 ϕ39 的圆。

（3）运用修剪命令，以前面所画的样条线为边界，修剪掉虚线及中心线圆的左侧部分。

（4）在俯视图绘制两组 ϕ5 与 M6 的螺纹孔，并反映在主视图中。

（5）在主视图中将竖直中心线向左偏移 30，以偏移线及水平中心线的交点为圆心，绘制 ϕ20 与 ϕ10 的圆，并追踪捕捉象限点反映在俯视图与左视图中。

（6）在主视图中，将最下端的水平线向上偏移 7，并将偏移线设为中心线，绘制 ϕ10 与 ϕ7 的阶梯孔，通过对应关系反映在左视图中。

（7）在左视图中，将水平中心线向两侧各偏移 29.5，竖直中心线向上下各偏移 17，在 4 个交点处绘制 ϕ3.2 与 M4 的螺纹孔。

以上各操作的对应关系如图 9-59 所示。

（8）整理线条，调整中心线的长度，完成步骤五。

步骤六：标注尺寸与剖面线。

（1）参照第 9.1 节的讲述，创建相应的尺寸样式。

（2）在“图层”工具条中展开图层下拉列表框，选择标注层，完成如图 9-42 所示的标注。

（3）在“图层”工具条中展开图层下拉列表框，选择细实线层，输入“H”启动图案填充命令，为主视图填充剖面线。

步骤七：来自样板 A4 图框，完成布局如图 9-60 所示。

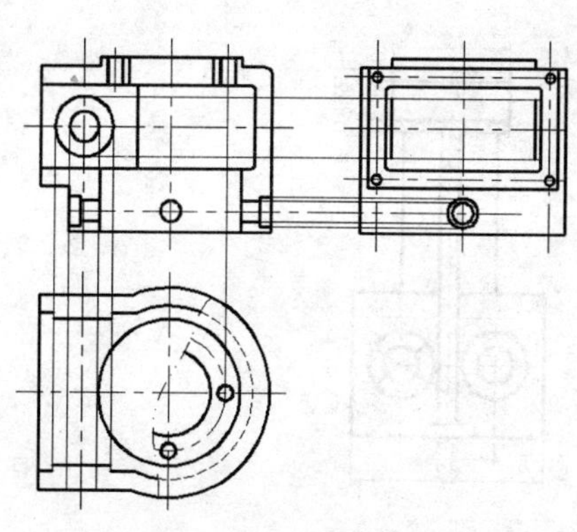

图 9-59　绘制细节

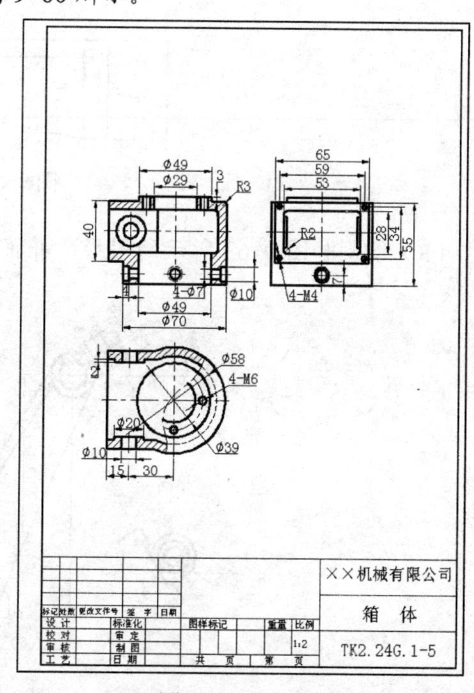

图 9-60　A4 布局

9.6 习题

（1）绘制如图 9-61 所示零件图形，并将其置入 A3 图纸中布局。

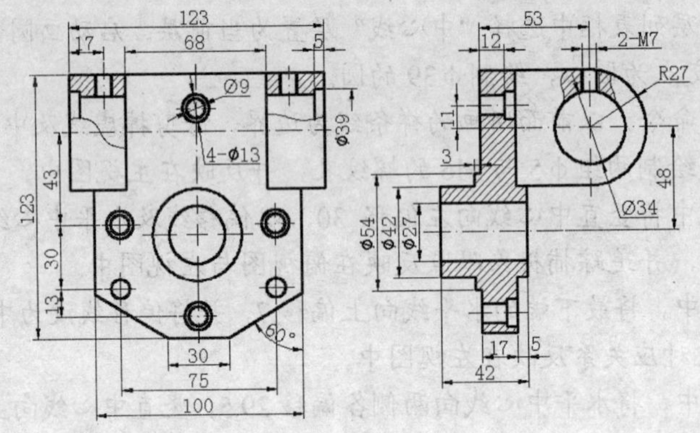

图 9-61　第 1 题

（2）绘制如图 9-62 所示，并将其置入 A4 图纸中布局。

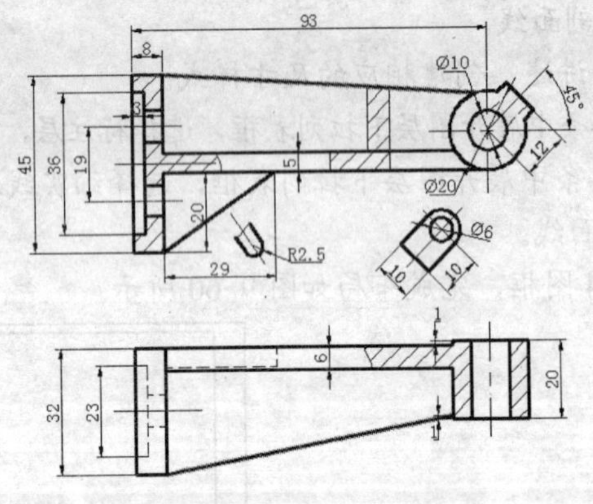

图 9-62　第 2 题

（3）绘制如图 9-63 所示的图形，并将其置入 A3 图纸中布局。

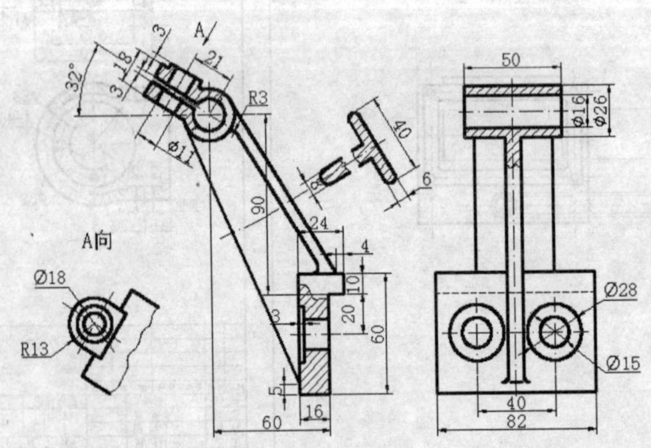

图 9-63　第 3 题

第 10 章　三维绘图基础

AutoCAD 有着相当的三维功能，在三维建模、效果渲染等方面广为应用。AutoCAD 2008 比较以前版本，其三维功能有大大地提高。掌握一定的三维知识，也是进一步学习其他三维软件的基础。

10.1 三维绘图概述

三维图形包括 3 种形式的模型：三维线框模型、三维表面模型和三维实体模型。3 种三维模型如图 10-1 所示。

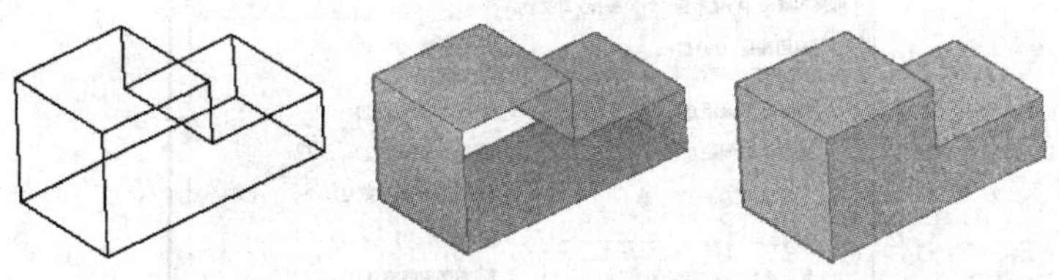

图 10-1　三维线框、三维表面与三维实体模型

三维线框模型指空间中的线条，只存在线的轮廓，没有线条内部的表面及实体特征，因此无法对其进行消隐、着色和渲染。

在 AutoCAD 里面，还有一种线框模型的意义是表面模型和实体模型的显示方式，其显示的效果与真实地线条线框相同。按线框模型显示的实体或表面可以进行消隐、着色和渲染。

三维表面是指具有“面”特征但没有内部“实体”特征的三维图形，理论上是由一些没有厚度的空间面组成的图形，可以进行消隐、着色和渲染。

三维实体不仅具有表面的信息和特征，还具有一定内部实体质地；不仅可以进行消隐、着色和渲染，而且还具有体积、重心、转动惯量等信息，且能进行布尔运算，以生成较复杂的三维图。三维实体也就是机械行业里通常说的立体图。

三维直线除了空间布线这种用途外，还可以用作绘制沿路径拉伸的路径等。我们讲的三维绘图主要是讲述三维表面和三维实体的绘制。

三维表面和三维实体可以通过很多三维命令生成，如拉伸、旋转、边界曲面、直纹曲面以及基本的三维图形命令如长方体、球体、圆环体、圆锥体、圆柱体等。

二维图形的编辑命令大多可以用于三维图形的编辑，如 MOVE、COPY 等。此外，三维图形还有专门的三维阵列、三维旋转、三维镜像、对齐（也可用于二维编辑）等命令。

三维实体可以通过三维布尔运算生成较为复杂的实体图。

三维实体还可以通过 SLICE 命令进行剖切，SHELL 命令进行抽壳等。

与真实的三维模型不同，在机械制图中，我们常见的是一种轴测图。在 AutoCAD 里面，可以用二维的方式来绘制轴测图，就是我们通常所说的假三维。用二维的方式绘制的轴测图仅仅是一种显示，不具有三维的特征。在真实的三维模型里，用户可以通过视向来自动生成轴测图。下面一节将学习轴测图的画法。

10.2 轴测图的绘制

AutoCAD 的通常绘图环境是三视图的绘图环境，要绘制轴测图就需要设置轴测图的绘图环境。

10.2.1 轴测图的绘图环境设置

选择菜单“工具”→“草图设置”；或将光标置于状态栏的任意按钮上单击鼠标右键，从弹出的快捷菜单中选择“设置”选项，打开“草图设置”对话框，在对话框中选择“捕捉和栅格”选项卡，如图 10-2 所示。

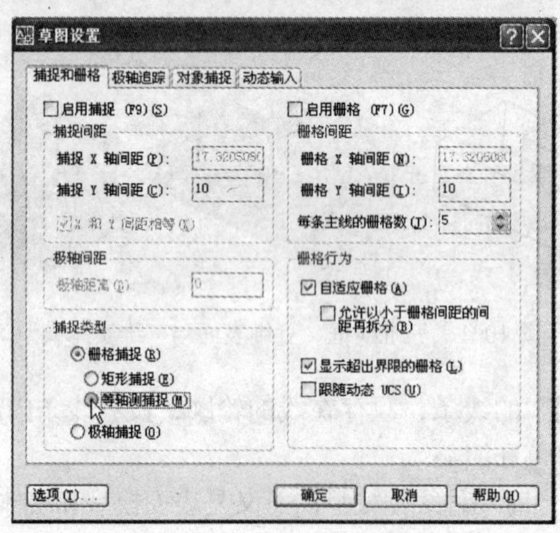

图 10-2 草图设置对话框中启动等轴测捕捉

在对话框中的“捕捉类型”选项区域中选择“栅格捕捉”选项下的“等轴测捕捉”单选按钮，单击“确定”按钮退出对话框，返回绘图窗口。单击状态栏中的“正交”按钮，打开“栅格”显示，可以发现光标变成轴测图的正交模式，光标的十字线变成与水平或竖直方向呈 30° 的方向，如图 10-3 所示。

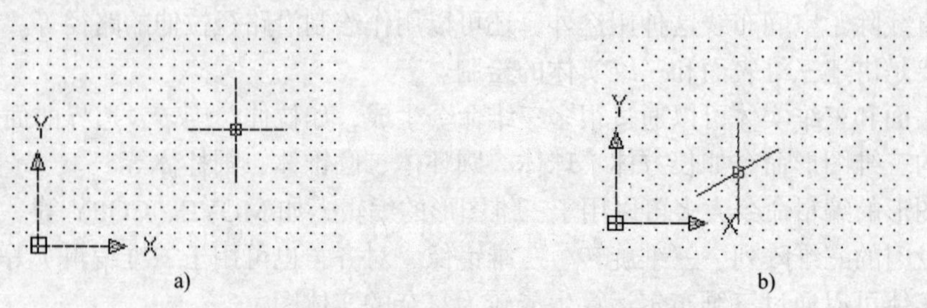

图 10-3 矩形捕捉与等轴测捕捉的比较

a) 矩形捕捉的光标和栅格显示 b) 等轴测平面显示（右）

在轴测图正交模式下绘图时，正交捕捉的方向是竖直方向或者与竖直呈 30° 的方向。要绘制出轴测图，仅仅有如图 10-3b 所示的方向还不够，而且轴测图的摆放方向还有另一种方向，如图 10-4 所示。

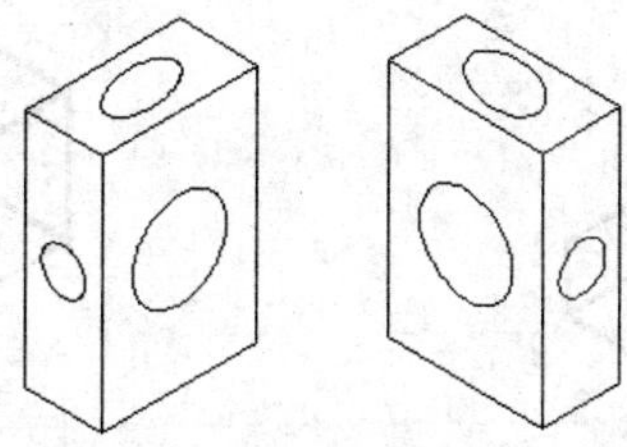

图 10-4　两个不同方向观察轴测图

用户可以通过按〈F5〉功能键或〈Ctrl+E〉组合键来切换轴测图绘图环境的视图方向，如图 10-5 所示。

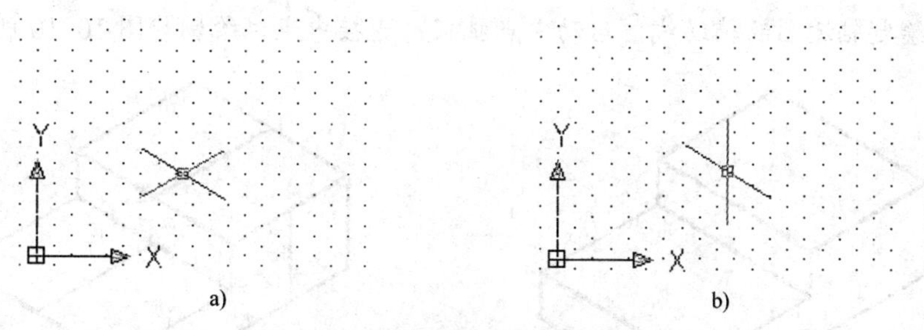

图 10-5　切换轴测图的视图方向

a) 等轴测显示(顶)　b) 等轴测显示(左)

10.2.2　轴测图绘制举例

现以如图 10-6 所示为例来说明轴测图的画法。

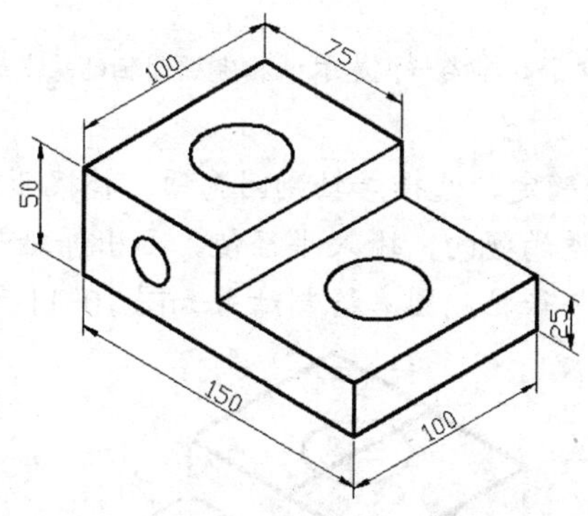

图 10-6　图例一

（1）设置轴测图绘图环境，用〈F5〉功能键切换轴测图视向，使之为轴测图顶视方向。

（2）在绘图窗口中打开正交模式，启动直线命令，任意确定起点。利用正交确定方向，根据标注尺寸输入数字确定直线长度，按〈F5〉功能键切换视向，绘制成如图 10-7 所示的图形，按〈Enter〉键退出命令。

（3）再次启动直线命令，绘制成如图 10-8 所示的效果。

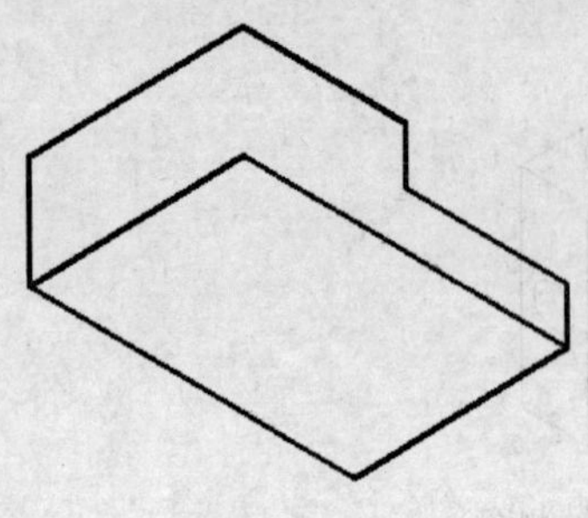

图 10-7　图例二

图 10-8　图例三

（4）启动直线命令，画 3 段连接顶点的线条，再删除看不见的线条，得如图 10-9 所示的效果。

（5）绘制轴测圆的辅助线，启动中点捕捉，连接中点，绘制如图 10-10 所示的效果。

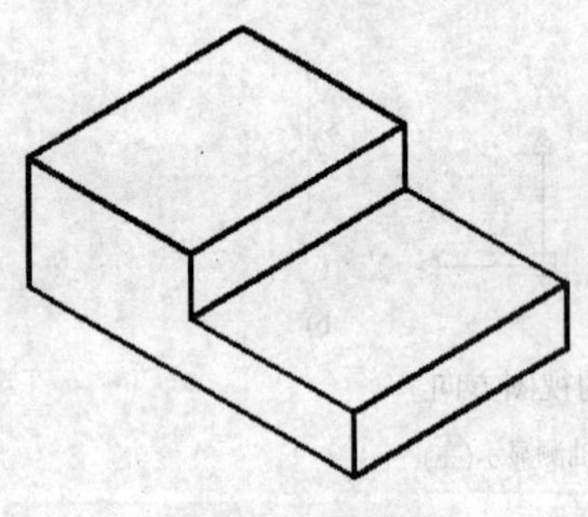

图 10-9　图例四

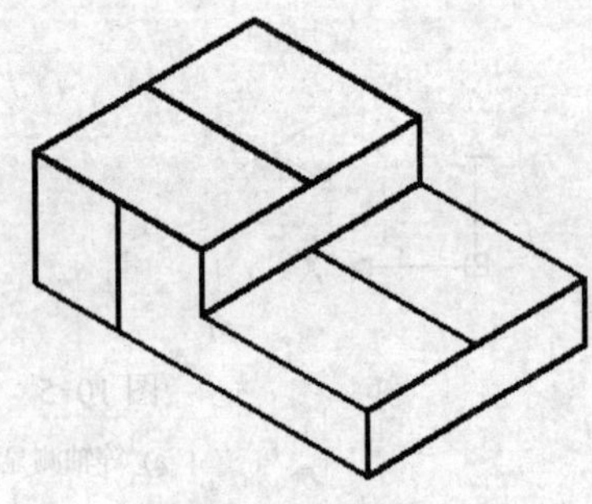

图 10-10　图例五

（6）绘制 3 个轴测圆，Circle 命令绘制的圆一定平行于当前的 UCS。如果用 Circle 命令，则不能画出满足要求的轴测图圆。在这里，可以用 Ellispe 命令中的选项来绘。也就是说，等轴测图中的圆实际上是椭圆。

输入 EL 命令启动椭圆命令，命令行提示：指定椭圆轴的端点或[圆弧（A）/中心点（C）/等轴测圆（I）]。

输入“I”按〈Enter〉键确定，选择等轴测圆选项。捕捉 3 条辅助线的其中之一的中点，通过按〈F5〉功能键切换合适的视向，输入半径值，画出等轴测圆。

同样的方法绘制其他两个等轴测圆，绘制结果如图 10-11 所示。

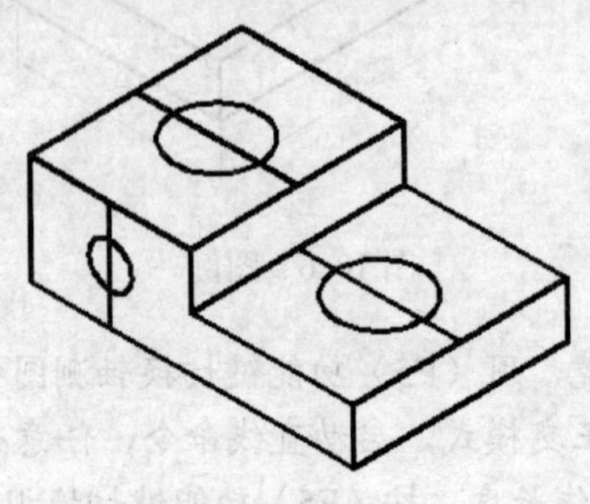

图 10-11　图例六

删除 3 条辅助线，绘制完成。

10.3　平面面域及面域的布尔运算

平面面域是封闭图形围成的区域经定义后所形成的范围。面域可以进行着色处理，如图 10-12 所示，面域与非面域在平面着色下的比较。

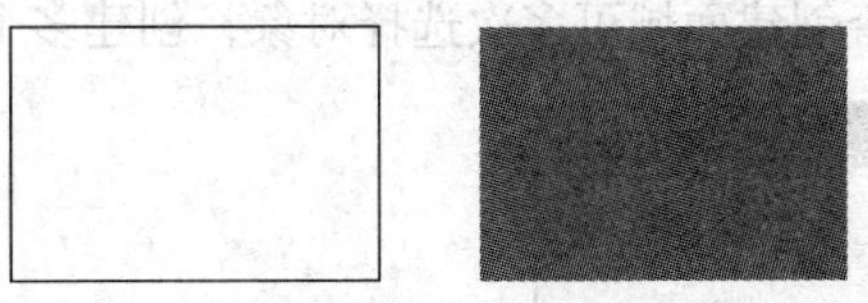

图 10-12　面域与非面域在平面着色下的比较

二维对象通过拉伸、旋转等命令转化为三维实体时，首先需将非单一的封闭二维对象转化为面域，如果是单一的封闭二维对象（如封闭多段线），则不需转化为面域，可直接生成实体图形。

10.3.1　Region 命令创建面域

1. 启动命令

（1）选择菜单“绘图”→“面域”。

（2）单击“绘图”工具条上的“面域”图标按钮。

（3）命令行输入“Region”按〈Enter〉键确定。

2. 选择对象

启动命令后，选择围成面域的边，可以分别拾取，也可以用窗口或窗交的方式选取，如图 10-13 所示。

选择完毕后单击鼠标右键确认，命令行提示面域创建成功。一次启动命令，可选择多个封闭对象，形成多个面域。

Region 命令创建面域的条件是围成面域的边界必须首尾相连接，端点处不超出，如下图 10-14 所示的图形均不能用 Region 创建面域。

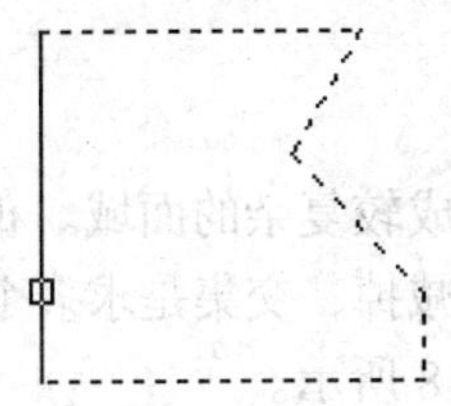

图 10-13　Region 命令创建面域

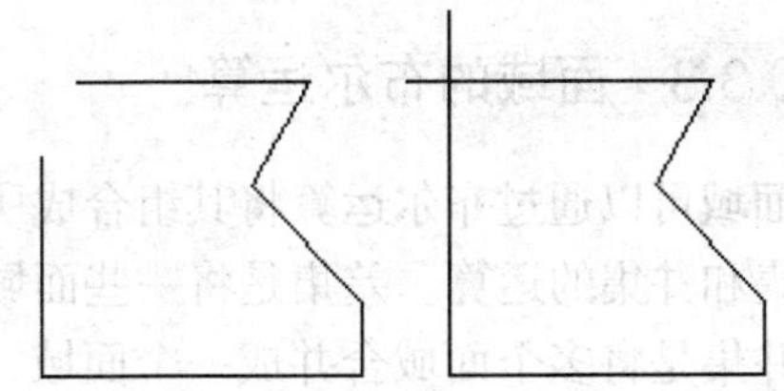

图 10-14　不能创建面域的图形

10.3.2　Boundry 命令创建面域

1. 启动命令

（1）选择菜单“绘图”→“边界”。

（2）命令行输入“Boundary”按〈Enter〉键确定。

2．对话框操作

启动命令后，打开“边界创建”对话框，如图 10-15 所示。

展开对象类型的下拉列表框，选择“面域”选项，单击右侧上方的“拾取点”按钮，对话框暂时消失，在绘图窗口中选择对象。与 Region 命令选择对象的方式不同，此处的选择对象是将光标置于需要创建为面域的区域内单击鼠标左键，即可创建一个面域，如图 10-16 所示。一次启动 Boundary 命令创建面域可多次选择对象，创建多个面域。

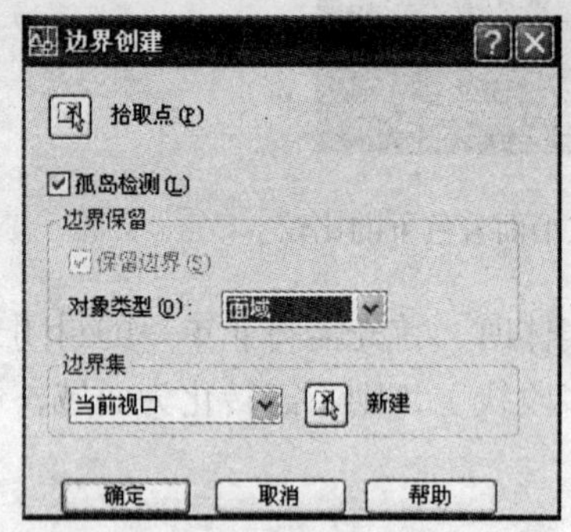

图 10-15 “边界创建”对话框

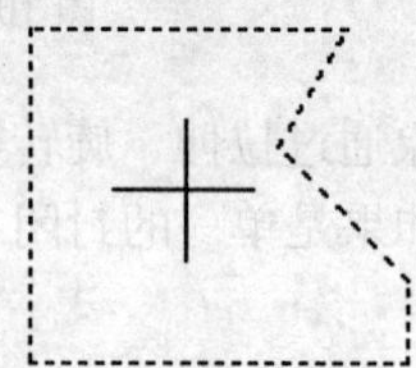
图 10-16 Boundary 创建边界

用 Boundary 命令创建面域只需要边界封闭，并不要求端点处不超出。在封闭区域内形成的面域不影响原来的边界线条。也就是说，形成面域后，将面域移开，原来的边界线仍然存在，如图 10-17 所示。而 Region 命令形成面域后，边界就成了面域的一部分。

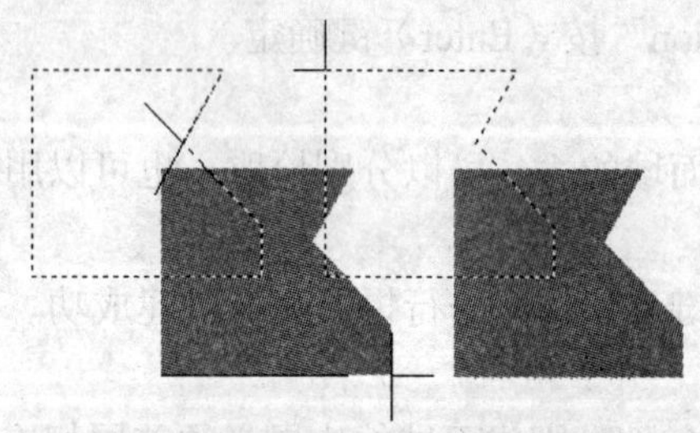
图 10-17 用 Move 命令移走 Boundary 形成的面域后不影响原图形边界

10.3.3 面域的布尔运算

多个面域可以通过布尔运算将其组合成所需要的形状，形成较复杂的面域。布尔运算有差集、交集和并集的运算。差集是将一些面域从另一些面域中减掉，交集是求多个面域的相交部分，并集是将多个面域合并成一个面域，其意义如图 10-18 所示。

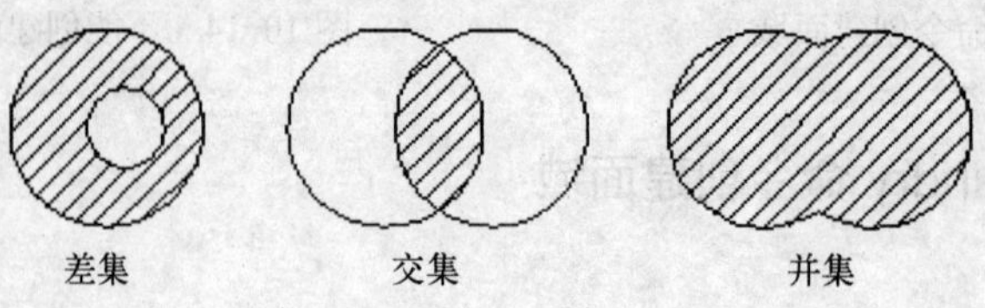

图 10-18 3 种布尔运算

1. 差集运算

3 种方法启动命令。

（1）选择菜单“修改”→“实体编辑”→“差集”。

（2）单击“实体编辑”工具条上的“差集”图标按钮。

（3）输入“SU”按〈Enter〉键确定。

启动命令后，先选择要从中减掉的面域对象，相当于数字运算中的减数，如图 10-19 左图所示中的矩形，如果要从多个面域中减掉，可选择多个面域。选择完毕后确认，再选择被减掉的面域对象，相当于数字运算中的减数，如图 10-19 左图中所示的圆形面域。如果有多个面域要被减掉，则选择多个面域，选择完毕后确认。

2. 交集运算

3 种方法启动命令。

（1）选择菜单“修改”→“实体编辑”→“交集”。

（2）单击“实体编辑”工具条上的“差集”图标按钮。

（3）输入“IN”按〈Enter〉键确定。

启动命令后，选择需要求交集的多个面域，选择完毕后确认，如图 10-20 所示。

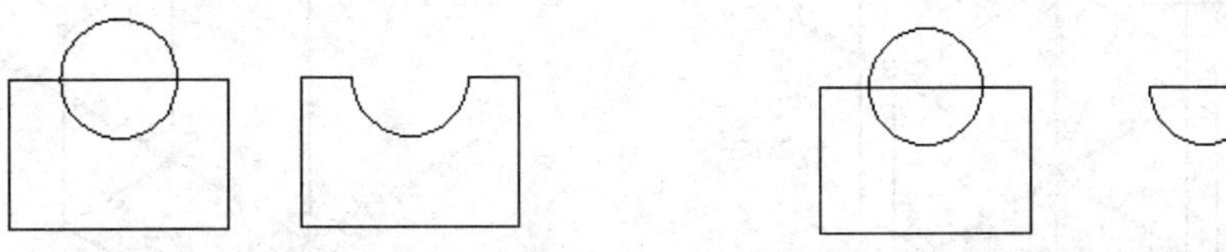

图 10-19　差集运算　　图 10-20　交集运算

3. 并集运算

3 种方法启动命令。

（1）选择菜单“修改”→“实体编辑”→“并集”。

（2）单击“实体编辑”工具条上的“差集”图标按钮。

（3）输入“UNI”按〈Enter〉键确定。

启动命令后，选择需要求并集的多个面域，选择完毕后确认，如图 10-21 所示。

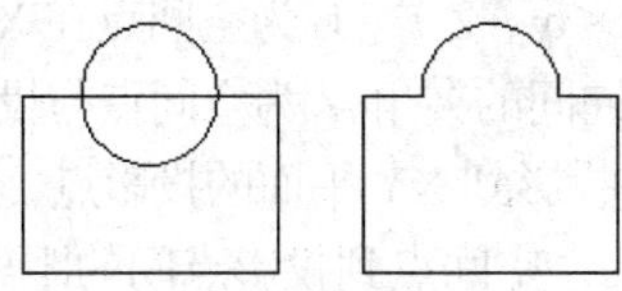

图 10-21　并集运算

10.4　三维坐标系

在学习二维绘图的时候，我们接触过平面坐标系。AutoCAD 的世界坐标系是一个三维坐标系，只是在二维绘图中不需要考虑其空间的因素，因此把一个空间的三维坐标系用作一个平面坐标系。下面来学习三维坐标系。

10.4.1 三维笛卡儿坐标系

三维笛卡儿坐标系即三维直角坐标系，所谓的“三维”，简而言之就是长宽高。我们就生活在一个三维空间里，可以设想空间中存在 3 个相互垂直的平面，分别是 XY 平面、XZ 平面和 YZ 平面。XY 平面和 XZ 平面的交线为 X 轴，XY 平面和 YZ 平面的交线为 Y 轴，YZ 平面和XZ平面的交线为Z轴，3个平面（3根坐标轴）的公共交点为原点。以前学习的AutoCAD二维笛卡儿坐标系中，除了 X、Y 两根坐标轴外，还有一条垂直于 XY 平面也就是绘图屏幕的 Z 轴，如图 10-22 所示。

三维坐标是用于描述空间中的点的位置的方法。三维笛卡儿坐标的输入方法比二维坐标多了一项 Z 轴方向的坐标值为 X、Y、Z，可以理解为一个在 X 轴方向移动 X 个单位，再沿平行于Y轴的方向移动Y个单位，最后垂直于XY平面沿平行于Z轴方向移动Z个单位的点。如图 10-23 所示的点 P（5，6，4）的表示方法。

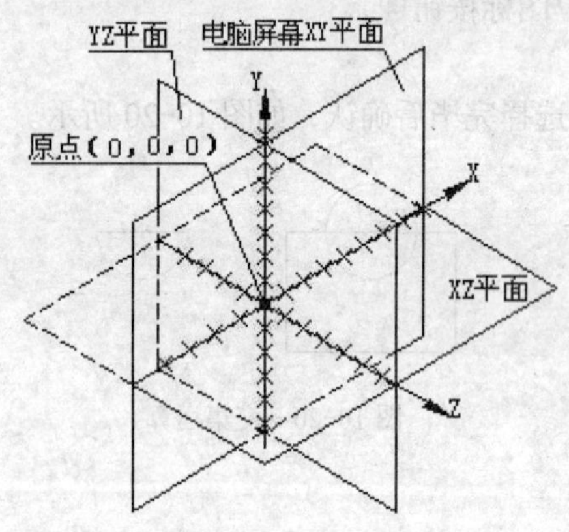

图 10-22 三维笛卡儿坐标系的平面和坐标轴

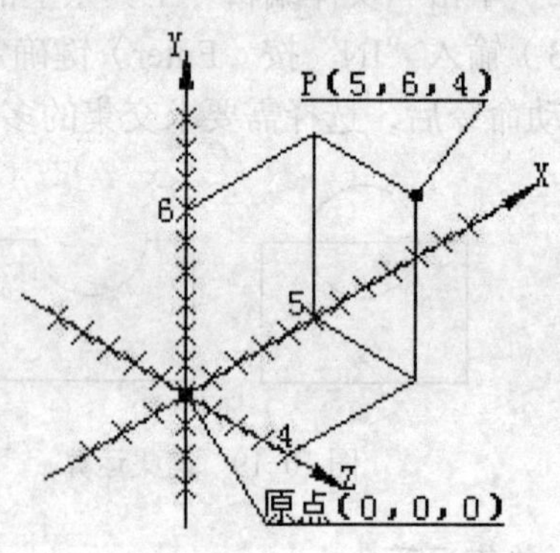

图 10-23 三维笛卡儿坐标的表式方法

10.4.2 柱坐标系

柱坐标系是另一种描述空间点的体系，其表达方法相当于一个 XY 平面的极坐标与 Z 方向的坐标值的组合，一般描述格式为（L<α，Z）。L 为空间点在 XY 平面上投影点与原点间的距离，α为投影点跟原点连线与X轴正方向间的夹角，Z为空间点与投影点之间距离。如空间点P（6<60，8），表示在当前坐标系中，空间点投影到 XY 平面的投影点，相距原点的距离为 6，投影点跟原点连线与 X 轴正方向的夹角为 60°，空间点到投影点间的距离为 8，如图 10-24 所示。

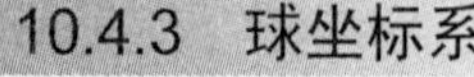

10.4.3 球坐标系

球坐标系的表式也类似于二维极坐标系的表式，在定位空间某点时，指定该点与原点的距离，该点跟原点连线投影在 XY 平面上的投影线与 X 正方向的夹角，以及该点跟原点连线与 XY 平面的夹角，3 个参数分别用 L、α 和 β 来表式，一般表达为（L<α<β）。例如（8<60<45），表示空间中的点与原点距离为 8，该点跟原点连线投影在 XY 平面上的投影线与 X 正方向的夹角为 60°，该点跟原点连线与 XY 平面的夹角为 45°，如图 10-25 所示。

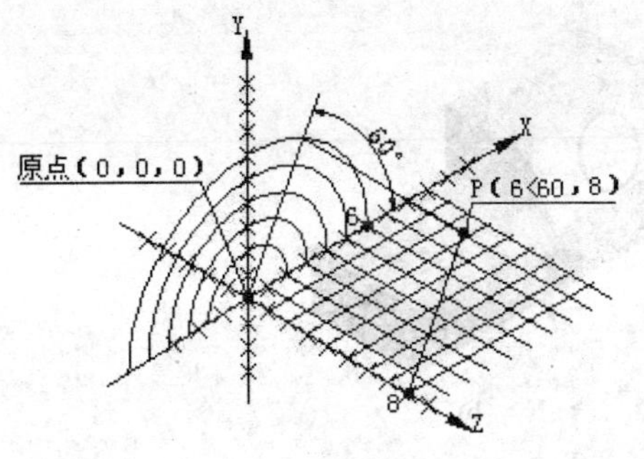

图 10-24　柱坐标的表示方法

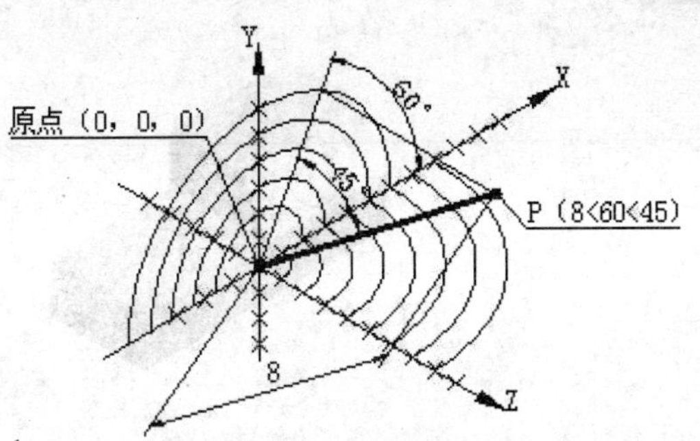

图 10-25　球坐标的表式方法

三维坐标系除了以上讲述的绝对坐标系用法外，也可以用作相对坐标系，即在描述空间点时，不是以当前坐标系的原点为参考，而是以与点相关联的上一点为参考，上一点相当于所描述点的坐标原点。如图 10-26 所示，用三维笛卡儿坐标表示，P_1 的绝对坐标为（5，6，4），P_2 的绝对坐标为（10，4，8），若画直线 P_1P_2，则 P_2 相对于 P_1 的相对坐标值为（@5，-2，4）。

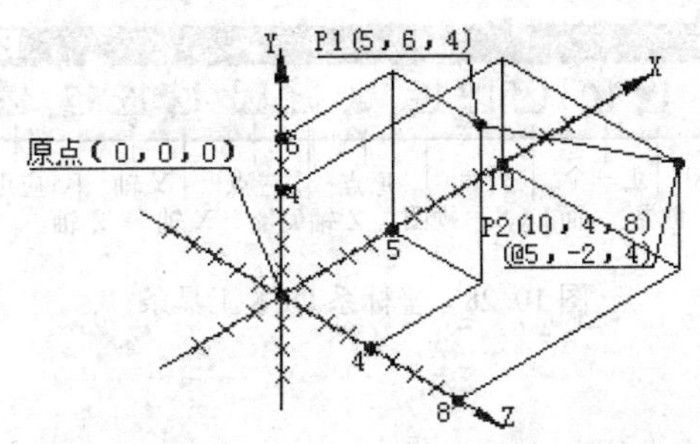

图 10-26　相对三维直角坐标的表示方法

三维笛卡儿坐标是 AutoCAD 三维绘图中最常用也是最习惯用的一种坐标系，需要读者熟练地运用。柱坐标系和球坐标系是三维绘图应该掌握的坐标方法，对于初学者，可不作太高的要求。

10.4.4　用户坐标系的创建

1．坐标系转换的意义

在第 2 章笔者简单地讲述了坐标系的创建。在二维作图时，通常只使用了世界坐标系，很少有进行坐标变换的必要，但对于三维图形，坐标变换是绘图建模的基本技能。

默认情况下，作图时是以当前坐标系的 XY 平面作为绘图平面（也称为构造平面）的，通过二维草绘转化为三维建模的草绘平面也是当前坐标系的 XY 平面。

注：构造平面是绘图时光标所在的平面，二维图形或三维建模的草绘均在构造平面中完成。默认情况下，构造平面就是当前坐标系的 XY 平面。如果在绘图时设置了标高（下一节中讲述），则构造平面就是距离 XY 平面为标高的 XY 平面的平行平面。

在绘图过程中，光标所拾取的点一般都在 XY 平面上（除非用对象捕捉三维图形的特殊点或设置标高后光标在 XY 平面的平行平面上），因此，若要在非 XY 平面上绘图时，就要创建坐标系，将需要在其上作图的平面定义为 XY 平面，如图 10-27 所示。

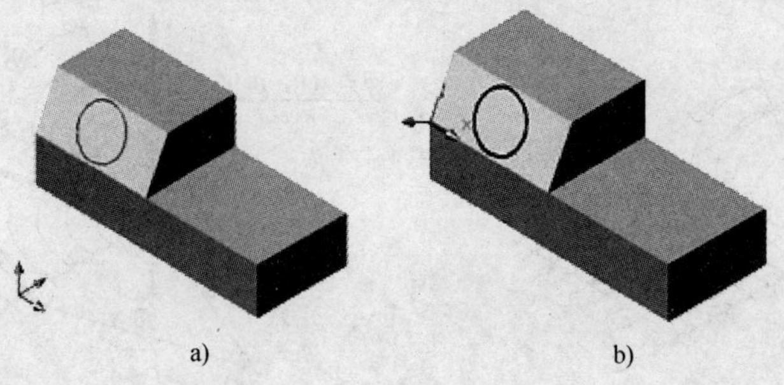

图 10-27　新建坐标系的意义

若需在图 10-27a 中的斜面上画一圆，在当前坐标系中显然不能完成，新建坐标系，将斜面设置为 XY 平面，就可以很容易地上面画图了，如图 10-27b 所示。

2. UCS 工具条

先认识一下坐标系的工具条，如图 10-28 所示。

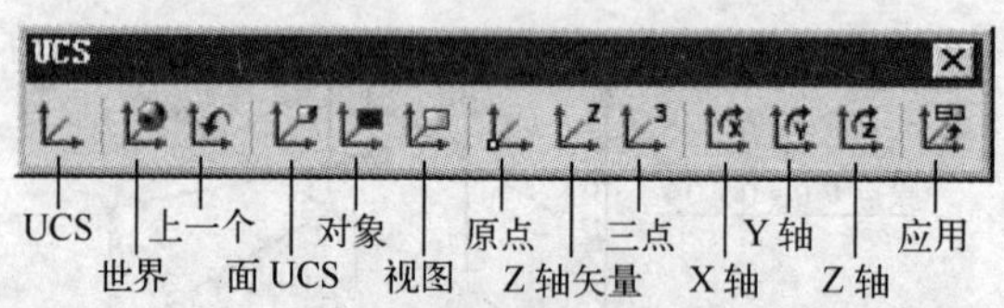

图 10-28　坐标系 UCS 工具条

各选项的意义如下。

UCS：启动坐标系命令。

世界：当前坐标系变为世界坐标系。

上一个：当前坐标系返为前一次所使用坐标系。

面：选择所创建坐标系的 XY 平面。

对象：通过指定对象确定 X 轴正方向。

视图：所创建的坐标系与当前视图匹配，即 Z 轴与视线相对，X 轴水平向右，Y 轴竖直向上。

原点：用重新指定原点的方法创建用户坐标系。

Z 轴矢量：通过指定原点和 Z 轴正方向的方法创建新的用户坐标系。

三点：三点法创建用户坐标系，通过三点分别指定 X、Y、Z 轴正方向。

X 轴：用当前坐标系沿 X 轴旋转一个角度创建新的坐标系。

Y 轴：用当前坐标系沿 Y 轴旋转一个角度创建新的坐标系。

Z 轴：用当前坐标系沿 Z 轴旋转一个角度创建新的坐标系。

应用：将当前视口的当前坐标系应用到其他视口。

为了方便快捷地打开 UCS 对话框对坐标系进行管理，AutoCAD 还提供了如图 10-29 所示的工具条 UCSⅡ，工具条中第一个按钮显示 UCS 对话框，第二个按钮用指定新原点的方法创建坐标系。

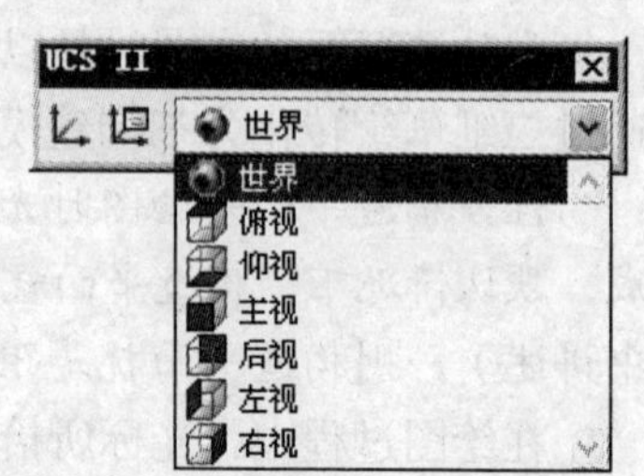

图 10-29　坐标系 UCSⅡ工具条

展开按钮后方的下拉列表框，可以从中很方便地选择坐标系或当前视口的视向。

3．新建用户坐标系

根据坐标系的工具条，AutoCAD 提供了大概 9 种方法创建用户坐标系。启动新建坐标系的命令可以在坐标系命令中启动，然后选择选项，也可以通过菜单或工具条按钮直接启动。

两种方法启动坐标系命令。

1）单击“UCS”工具条上的图标按钮。

2）输入“UCS”按〈Enter〉键确定。启动命令后，命令行提示：指定 UCS 的原点或 [面(F)/命名(NA)/对象(OB)/上一个(P)/视图(V)/世界(W)/X/Y/Z/Z 轴(ZA)] <世界>。从中选择选项进行坐标系处理。

下面介绍新建坐标系的方法。

（1）指定新原点法。3 种方法启动命令。

1）先启动 UCS 命令，从选项中选择“N”按〈Enter〉键确定。

2）单击“UCS”工具条上的“原点”图标按钮。

3）选择菜单“工具”→“新建 UCS”→“原点”。

启动命令后，直接拾取新的原点。原点法新建用户坐标系只能改变坐标系的原点，各轴的方向均不发生改变，相当于把当前坐标系移动了一个位置。

（2）Z 轴正方向法。指定新的原点和 Z 轴正方向，3 种方法启动命令。

1）先启动 UCS 命令，从选项中选择“N”按〈Enter〉键确定。命令行提示：指定新 UCS 的原点或 [Z 轴(ZA)/三点(3)/对象(OB)/面(F)/视图(V)/X/Y/Z] <0,0,0>。输入“ZA”按〈Enter〉键确定。

2）单击“UCS”工具条上的“Z 轴矢量”图标按钮。

3）选择菜单“工具”→“新建 UCS”→“Z 轴矢量”。

启动命令后，在三维绘图窗口中拾取两点，第一点为新坐标系的原点，第二点为 Z 轴正方向的指向，如图 10-30 所示，启动命令后，先拾取 A 点以确定坐标原点，再拾取 B 点，确定 Z 轴正方向。

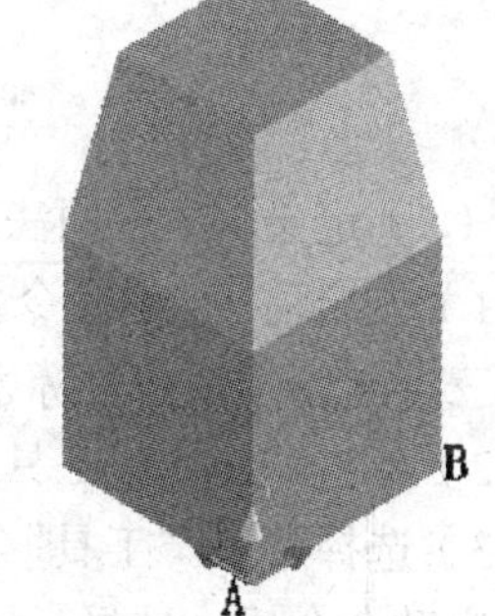

图 10-30　ZA 法新建用户坐标系

（3）三点法。3 种方法启动命令。

1）先启动 UCS 命令，从选项中选择“N”按〈Enter〉键确定，从命令行提示的选项中选择三点法创建用户坐标系，输入“3”按〈Enter〉键确定。

2）单击“UCS”工具条上的“三点”图标按钮。

3）选择菜单“工具”→“新建 UCS”→“三点”

启动命令后，在三维绘图窗口中先后拾取三点，第一点为新坐标系的原点，第二点为 X 轴正方向的指向，第三点为 Y 轴正方向的指定范围。如图 10-31 所示，需要将坐标系的 XY 平面定义为 ABC 平面，且原点在 A 点。启动命令后，先后选择 A、B、C 点，创建的坐标系如图 10-31b 所示。

（4）对象法。它是通过指定坐标系 X 的方向创建坐标系，选择的对象可以是三维对象的直边，也可以是直线等。3 种方法启动命令。

1）先启动 UCS 命令，从选项中选择“N”按〈Enter〉键确定，从命令行提示的选项中选择三点法创建用户坐标系，输入“OB”按〈Enter〉键确定。

2）单击“UCS”工具条上的图标按钮。

3）选择菜单“工具”→“新建 UCS”→“对象”。

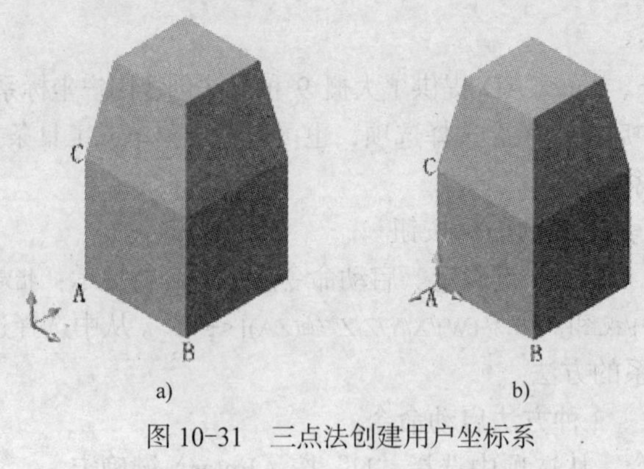

图 10-31 三点法创建用户坐标系

a) 拾取 A、B、C 点 b) 创建坐标系的结果

启动命令后，在当前视口中选择一条直边或直线，以确定 X 轴的方向，如图 10-32 所示。

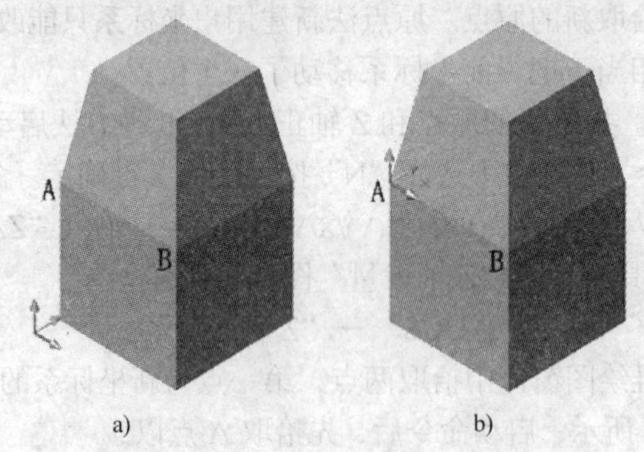

图 10-32 对象法创建用户坐标系

a) 在当前坐标系中选择对象边 AB b) 创建坐标系的结果

（5）定义 XY 平面法。3 种方法启动命令。

1）先启动 UCS 命令，从选项中选择“N”按〈Enter〉键确定，从命令行提示的选项中选择三点法创建用户坐标系，输入“F”按〈Enter〉键确定。

2）单击“UCS”工具条上的图标按钮。

3）选择菜单“工具”→“新建 UCS”→“面”。

启动命令后，选择三维对象的一个平面，定义为 XY 平面，如图 10-33 所示。

选择平面 ABCD 后，该平面就被定义为新坐标系的 XY 平面。由于在选择平面时，可能选择的是背面的一个平面，X 轴与 Y 轴的正方向也可以反向，需要从命令行中选择，命令行提示：输入选项[下一个（N）/X 轴反向（X）/Y 轴反向（Y）]<接受>。按〈Enter〉键确认当前状况。

下一个（N）：输入“N”按〈Enter〉键确定，所选的平面为背面的平面。

X 轴反向（X）：输入“X”按〈Enter〉键确定，X 正方向反向。

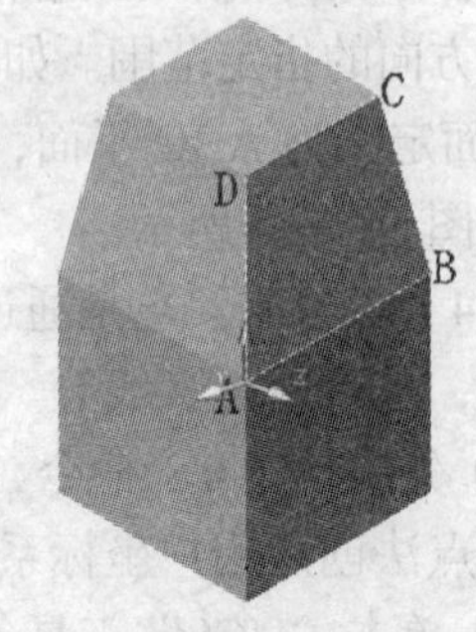

图 10-33 选定 XY 平面创建坐标系

Y 轴反向（Y）：输入“Y”按〈Enter〉键确定，Y 正方向反向。

（6）视图法。根据当前视向新建用户坐标系，其坐标原点的位置不变，各坐标轴的方向改变：Z 轴垂于绘图窗口向外与目光相对，X 轴方向水平向右，Y 轴竖直向上。3 种方法启动命令。

1）先启动 UCS 命令，从选项中选择“N”按〈Enter〉键确定，从命令行提示的选项中选择三点法创建用户坐标系，输入“V”按〈Enter〉键确定。

2）单击“UCS”工具条上的图标按钮。

3）选择菜单“工具”→“新建 UCS”→“视图”。

新建坐标系的结果如图 10-34 所示。

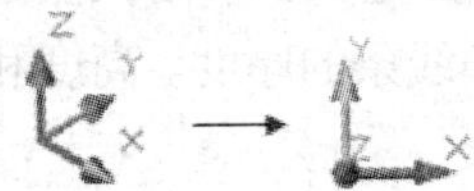

图 10-34　视图法新建用户坐标系

（7）绕坐标轴旋转法。将当前坐标轴绕 X 轴或 Y 轴或 Z 轴旋转一定的角度产生新坐标系的方法。3 种方法启动命令。

1）先启动 UCS 命令，从选项中选择“N”按〈Enter〉键确定，从命令行提示的选项中选择三点法创建用户坐标系，输入“X”或“Y”或“Z”按〈Enter〉键确定。

2）单击“UCS”工具条上的图标按钮（绕 X 轴旋转）或（绕 Y 轴旋转）或（绕 Z 轴旋转）。

3）选择菜单“工具”→“新建 UCS”→“X（或 Y 或 Z）”。

启动命令后，输入绕所选轴旋转的角度，默认为 90°。

4．坐标系管理

坐标系的管理可以在坐标系对话框中进行操作，两种方法可以打开坐标系对话框。

（1）单击“UCS”工具条或 UCS Ⅱ工具条上的图标按钮。

（2）选择菜单“工具”→“命名 UCS”。

启动命令打开“UCS”对话框如图 10-35 所示。

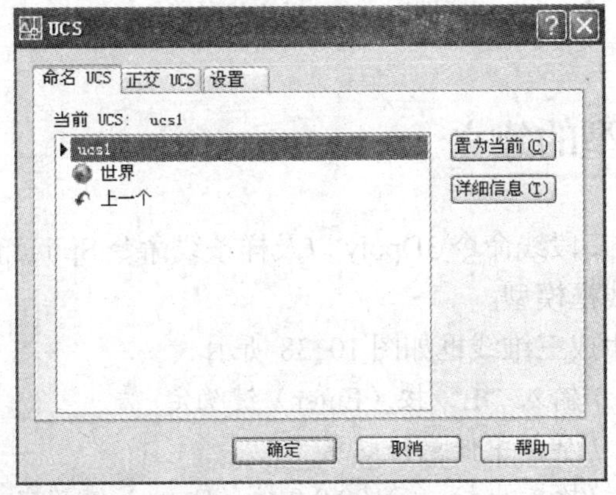

图 10-35　“USC”对话框

对话框的“命名 UCS”选项卡下列出了当前图形文件中所有的坐标系，选中坐标系，单击“置为当前”按钮，可以将选定的坐标系置为当前。选中坐标系单击鼠标右键，可以从弹出的快捷菜单中将坐标系重命名或删除。对于图中刚刚新建的坐标系（未命名坐标系），必须重命名方有效，否则不能保存。

运用坐标系也可以通过“UCS Ⅱ”工具条操作，展开“UCS Ⅱ”工具条的“坐标系”下拉列表框（如图 10-29 所示），可以从列表中快速地选定坐标系置为当前坐标系。

10.5 设置标高和厚度

默认情况下，绘图所在的构造平面是 XY 平面，绘图的线条厚度为 0。用户可以通过 Elev 命令设置构造平面的高度和新画图形线条的厚度。高度和厚度一旦设置后，会一直保持有效，直到再一次设置。

```
命令: elev
指定新的默认标高 <0.0000>:

指定新的默认厚度 <0.0000>:
```

图 10-36 Elev 命令行提示

输入“Elev”按〈Enter〉键确定，命令行提示输入新的标高，输入新的标高值后按〈Enter〉键确定，命令行接着提示输入新的厚度，如图 10-36 所示。

设置标高也就是设置构造平面的 Z 轴坐标值，可以为正值或负值。厚度也可以为负值，表示高度值向 Z 轴负方向延伸，如图 10-37 所示。

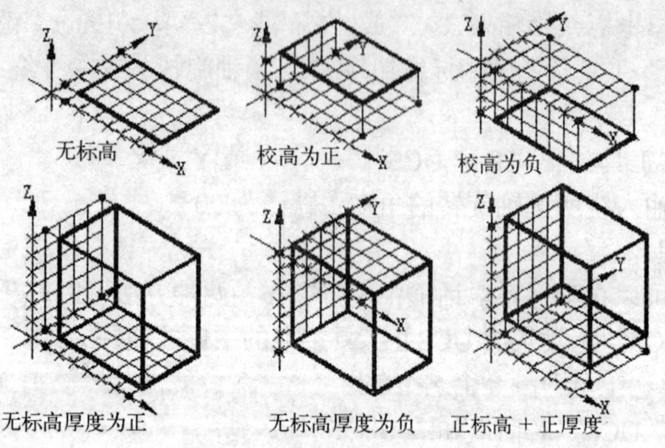

图 10-37 标高与厚度

10.6 三维线框模型的建立

直线命令 Line、三维多段线命令 3Dpoly 以及样条线命令 Spline 命令可以通过三维坐标或拾零取点直接生成三维线框模型。

例：通过直线命令生成三维线框如图 10-38 所示。

启动直线命令	//输入“L”按〈Enter〉键确定
直线起点	//屏幕中任意拾取点
下一点	//输入坐标：@100,0,0 按〈Enter〉键确定
下一点	//输入坐标：@0,100,0 按〈Enter〉键确定

下一点　　　　　　//输入坐标：@0,0,100 按〈Enter〉键确定
下一点　　　　　　//输入坐标：@-100,0,0 按〈Enter〉键确定
下一点　　　　　　//输入坐标：@0,-100,0 按〈Enter〉键确定
下一点　　　　　　//输入坐标：@0,0,-100 按〈Enter〉键确定
下一点　　　　　　//按〈Enter〉键退出命令
启动倒圆角命令　　//输入“F”按〈Enter〉键确定
确定倒角半径为 20　//输入“R”按〈Enter〉键确定，再输入 20 按〈Enter〉键确定
连续倒角　　　　　//输入“U”按〈Enter〉键确定
倒角　　　　　　　//分别拾取各角的边，得如图 10-38 所示效果

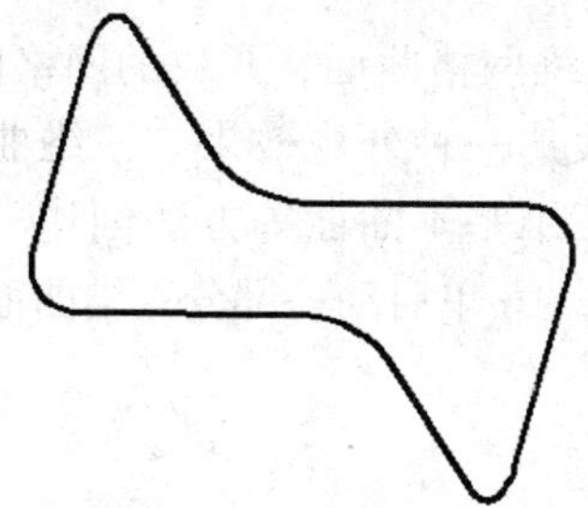

图 10-38　LINE 绘制三维直线

三维多段线命令 3DPOLY 可以绘制出空间线条，但此命令不能画三维圆弧，也不能被圆角，还是需要分解后才能被圆角。

10.7　习题

（1）试将第 12.5 节习题中的第 1～2 题所示的实体图绘成轴测图。
（2）理解新建三维坐标系统的意义。
（3）掌握面域及其布尔运算的方法。

第 11 章　三维曲面与三维对象的操作

11.1　简单的三维曲面

这里所说的三维曲面是指三维网格曲面，开放的网格曲面不能用来加厚，封闭的网格曲面不能生成实体，只能用来表达一种外观效果。三维曲面可以通过绘制、二维转换以及三维基本曲面等方法创建。通过“绘图”→“建模”→“网格”菜单启动一部分三维曲面的命令，如图 11-1 所示。

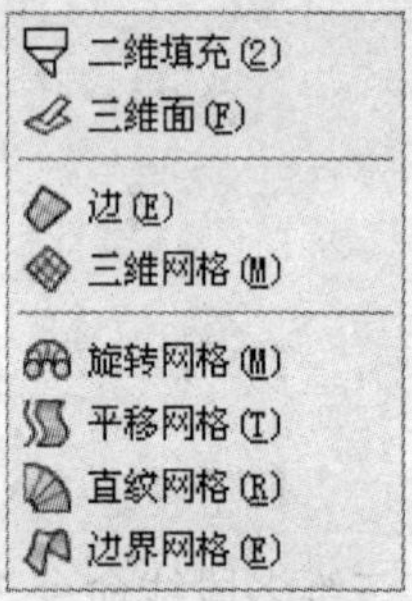

二维填充(2)
三维面(F)
边(E)
三维网格(M)
旋转网格(M)
平移网格(T)
直纹网格(R)
边界网格(D)

图 11-1　三维网格级联菜单

下面介绍几种典型的曲面命令。

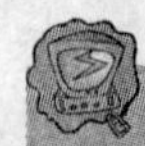

11.1.1　一般曲面成形

1．二维填充面

（1）启动二维填充面的命令：选择菜单“绘图”→“建模”→“网格”→“二维填充”。

（2）操作：二维填充通过指定平面上的点，点与点连接成曲面的边，系统自动将线框区域内部填充为面。

启动命令后，至少在屏幕中指定 3 点，如图 11-2a 所示。组成二维填充面的点以 4 点为一个单位自动显示一填充曲面，可以理解为相邻两点组成一平面的边，所示在选择点时需注意先后顺利，如图 11-2b 与图 11-2c 所示的比较。如果平面中的点为 4 点以上，则以后每两点与前面两点组成一个填充面，如图 11-2d 所示。

1
3
2
a)
1
3
2
4
b)
1
4
2
3
c)
1
2
3
4
5
6
d)

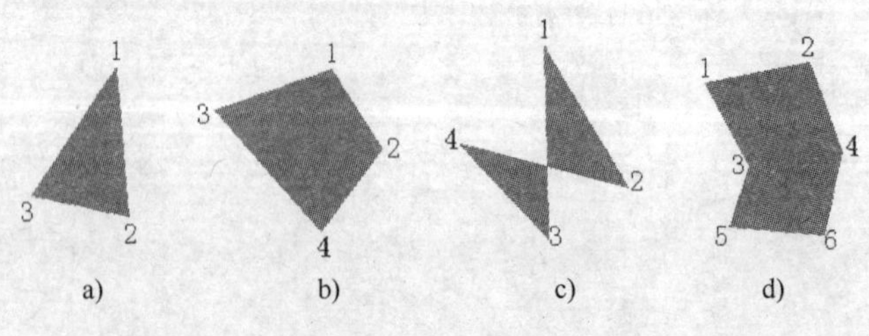

图 11-2　二维填充面

二维填充面可以作为拉伸实体的截面。

2．三维面

（1）启动三维面的命令：选择菜单“绘图”→“建模”→“网格”→“三维面”。

（2）操作：三维面的操作与二维填充面基本相似，不同的是三维面指定的点属于空间点，而二维填充面的点只能是平面点。组成三维面的点的选择顺序与二维填充面的点有所不同。三维面属于三维图形，可以显示为线框，也可以进行消隐、着色等处理。如图 11-3 所示的三维面及面的着色果如下。

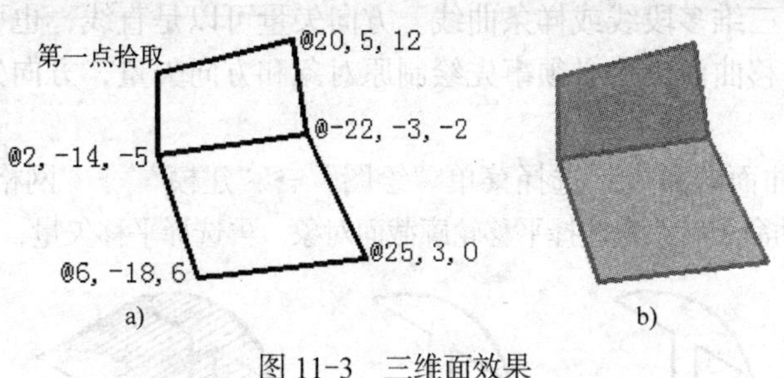

图 11-3　三维面效果

a) 三维面的线框显示　b) 三维面的着色显示

命令: _3dface 指定第一点或 [不可见(I)　　　//光标在屏幕上拾取第一点
指定第二点或 [不可见(I)]　　　//输入@20,5,12
指定第三点或 [不可见(I)] <退出>　　　//输入@2,-14,-5
指定第四点或 [不可见(I)] <创建三侧面>　　　//输入 @-22,-3,-2
指定第三点或 [不可见(I)] <退出>　　　//输入@6,-18,6
指定第四点或 [不可见(I)] <创建三侧面>　　　//输入@25,3,0
指定第三点或 [不可见(I)] <退出>　　　//按〈Enter〉退出命令

3．三维网格

（1）启动三维网格的命令：选择菜单“绘图”→“建模”→“网格”→“三维网格”。

（2）操作：使用三维网格命令可以在 M 和 N 方向（类似于 XY 平面的 X 轴和 Y 轴）上创建开放的多边形网格，构造极不规则的曲面。

启动命令后，根据命令行提示，确定 M 方向和 N 方向的点数，然后再指定点。确定点数的规则如图 11-4 所示。

图 11-4　三维网格面点数成形规则

4．旋转曲面

通过截面绕轴旋转轴来创建的曲面。

（1）启动旋转曲面的命令：选择菜单“绘图”→“建模”→“网格”→“旋转网格”。

（2）操作：启动命令后，先选择旋转轮廓对象，再选择旋转轴，根据命令行提示，指定旋转起点角度（默认为 0），最后给定旋角度。逆时针旋转角度为正，顺时针旋转角度为负，旋转角度的方向遵循右手定则，如图 11-5 所示。

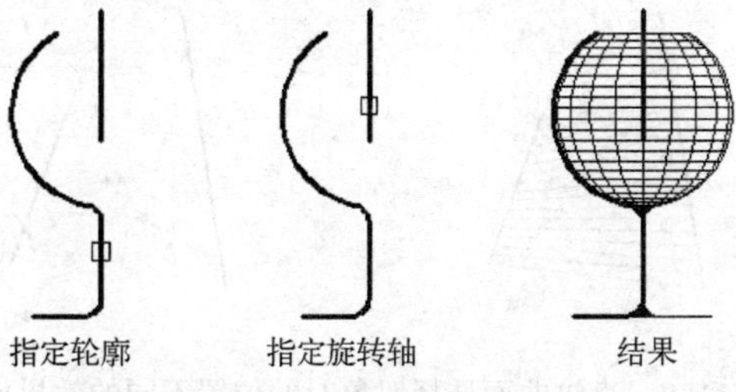

图 11-5　旋转网格曲面

5．平移曲面

截面沿指定的方向矢量移动所形成的曲面，截面对象可以是直线、圆弧、圆、椭圆、椭圆弧、二维多段线、三维多段线或样条曲线。方向矢量可以是直线，也可以是开放的二维或三维多段线。使用平移曲面命令必须事先绘制原对象和方向矢量，方向矢量不能与截面共在同一平面内。

（1）启动平移曲面的命令：选择菜单“绘图”→“建模”→“网格”→“平移网格”。

（2）操作：启动命令后，先选择平移轮廓截面对象，再选择平移矢量，如图 11-6 所示。

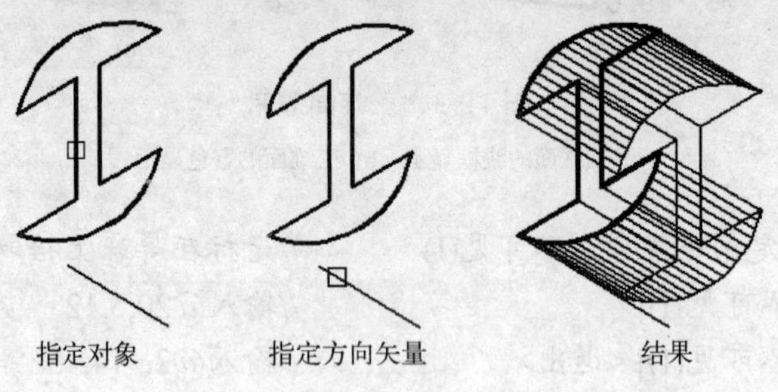

图 11-6　平移网格曲面

6．直纹曲面

用于在两个对象之间创建曲面网格。使用两个不同的对象定义直纹曲面的边：直线、点、圆弧、圆、椭圆、椭圆弧、二维多段线、三维多段线或样条曲线。

（1）启动直纹曲面的命令：选择菜单“绘图”→“建模”→“网格”→“直纹网格”。

（2）操作：启动命令后，先后拾取组成直纹曲面的两个对象，即可形成直纹曲面，如图 11-7 所示。

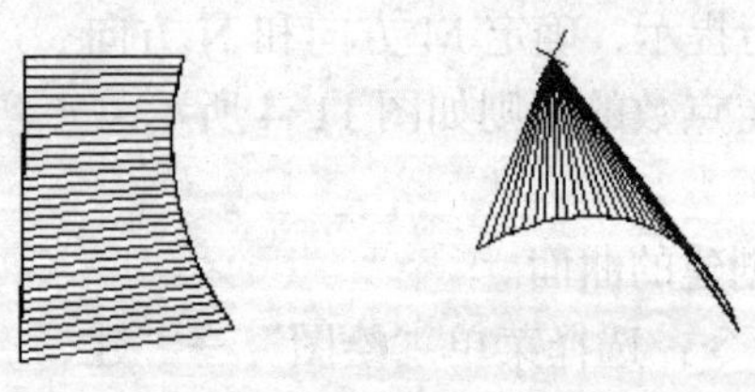

图 11-7　直纹网格曲面

直纹曲面的两个对象可以不在同一平面。如果是两个线性对象，注意选择对象时的拾取位置。如图 11-8 所示，图 a 与图 b 的比较。

图 11-8　直纹曲面选择对象时的位置不同的效果比较

a) 选择两点位置一致　b) 选择两点位置相对

7. 边界曲面

通过称为边界的 4 个对象创建曲面，如下图 11-9 所示。边界可以是圆弧、直线、多段线、样条曲线和椭圆弧。

（1）启动边界曲面的命令：选择菜单“绘图”→“建模”→“网格”→“边界网格”。

（2）操作：启动命令后，依次先后拾取组成曲面的 4 个线性对象，如图 11-9 所示。

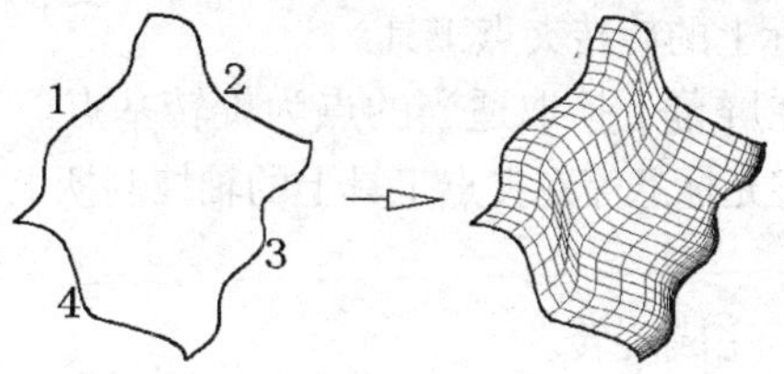

图 11-9　边界网格曲面

组成曲面的边界可以是空间线条，但必须形成闭合环和共享端点（即需首尾相连接），如图 11-10 所示的情况均不能形成边界曲面。

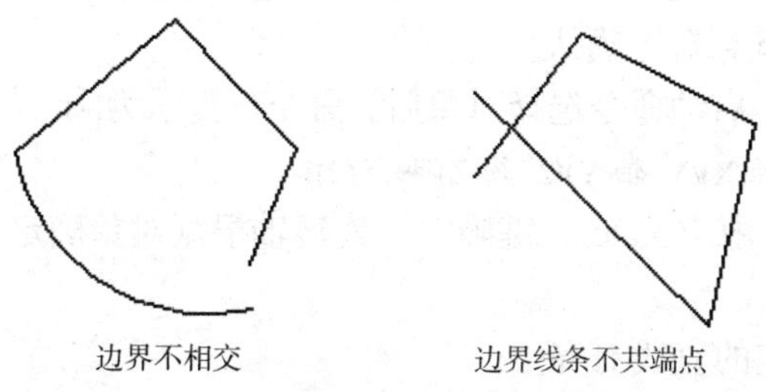

图 11-10　边界曲面的边界条件

11.1.2　规则三维曲面创建

规则三维曲面是指通过基本几何形体所创建的曲面，如长方体、球体等。在 AutoCAD 2008 版本中，可以通过输入“3d”按〈Enter〉键确定，然后根据命令行的提示：[长方体表面(B)/圆锥面(C)/下半球面(DI)/上半球面(DO)/网格(M)/棱锥面(P)/球面(S)/圆环面(T)/楔体表面(W)]。三维网格面的绘制操作可以根据命令行的提示进行，在此不作详细的讲解。

11.2　三维对象的操作

二维对象的诸多编辑命令均可适用于三维对象，如移动、复制等。只是用作三维时，命令的操作是在一个三维的环境里，所用到的坐标是一个三维的坐标。此外，有的二维命令不能用于三维，如旋转、阵列、镜像等，因为在一个三维空间里，二维命令的那些条件不能用于三维定位。例如：二维旋转是对象在平面中绕一个点旋转的，而在三维空间中，对象不可能绕一个点旋转，需要绕一根轴旋转。

11.2.1　三维旋转

在 AutoCAD 2008 里，三维旋转的命令有 Rotate3d 与 3dRotate 两个，3dRotate 是一个绕

坐标轴进行三维旋转的命令，而 Rotate3d 是与以前的版本继承的一个三维旋转命令。

1．运用 3dRotate 命令进行三维旋转

（1）启动命令：选择菜单“修改”→“三维操作”→“三维旋转”；或单击建模工具条上的三维旋转图标按钮；或输入“3dRotate”启动三维旋转的命令。

（2）选择对象：选择要进行三维旋转的对象，选择完毕后按〈Enter〉键确认或单击鼠标右键确认，将显示附着在光标上的旋转夹点工具。

（3）指定基点：光标在屏幕上拾取适当的点为旋转基点。

（4）拾取旋转轴线：将光标悬停在夹点工具上的轴控制柄上，直到光标变为黄色并显示矢量，然后单击。

（5）输入旋转角度值，完成旋转。

运用 3dRotate 命令操作三维旋转如图 11-11 所示。

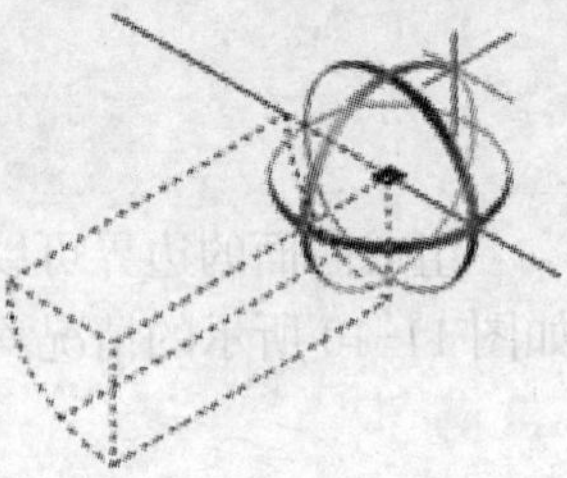

图 11-11　3dRotate 旋转

2．运用 Rotate3d 命令进行三维旋转

（1）启动命令：输入“Rotate3d”启动命令。

（2）选择对象：选择要进行三维旋转的对象，选择完毕后按〈Enter〉键确认或单击鼠标右键确认。

（3）确定旋转轴线。启动命令选择对象后，命令行提示为[对
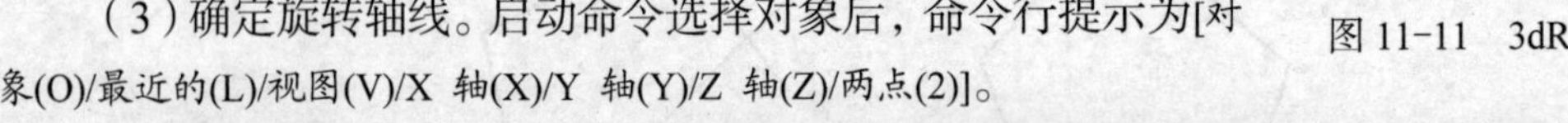
象(O)/最近的(L)/视图(V)/X 轴(X)/Y 轴(Y)/Z 轴(Z)/两点(2)]。

1）对象：输入“O”按〈Enter〉键确定，旋转轴根据对象确定，命令行提示选择直线、圆弧、圆或二维多段线。

直线：旋转轴与选定的直线对齐。

圆或圆弧：旋转轴与圆或圆弧的三维轴对齐（垂直于圆或圆弧所在的平面并通过圆或圆弧的圆心），如图 11-12 所示。

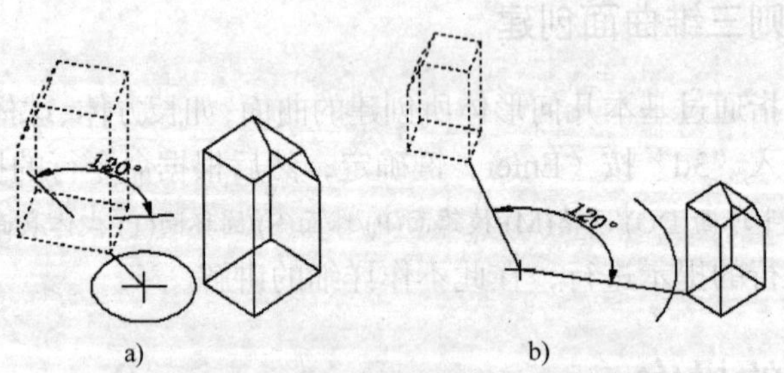

图 11-12　三维以圆或圆弧为对象旋转

a) 旋转轴与圆对齐　b) 旋转轴与圆弧对齐

二维多段线：旋转轴与多段线线段对齐。将一条直线段视为线段。将一段圆弧线段视为圆弧。

旋转角度：从当前位置起，使对象绕选定的轴旋转指定的角度。

参照：在指定角度时，输入“R”按〈Enter〉键确定，指定参照角度和新角度。分别指定起点角度和端点角度，起点角度和端点角度之间的差值即为旋转角度。

2）最近的：输入“L”按〈Enter〉键确定，根据最近的对象确定旋转轴，即使用最近的对象作为旋转轴。

3）视图：输入“V”按〈Enter〉键确定，在屏幕中拾取一点，旋转轴通过指定的点并垂

直于当前的屏幕。再输入旋转角度，如图 11-13 所示。

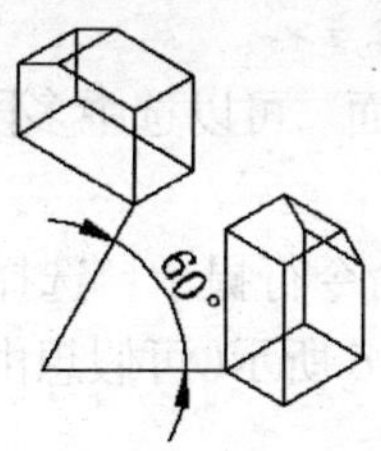

图 11-13　三维旋转以视图法确定旋转轴

4）X 轴、Y 轴或 Z 轴：输入 X 或 Y 或 Z，从屏幕中选定点，旋转轴穿过指定的点并将分别与 X 轴或 Y 轴或 Z 轴对齐，如图 11-14 所示。

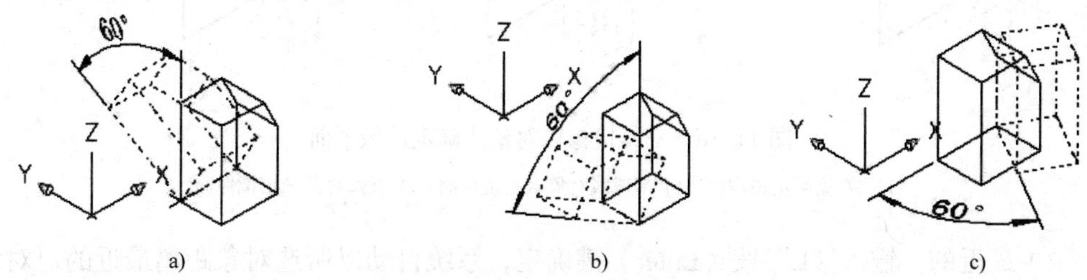

图 11-14　三维旋转轴与 X 轴或 Y 轴或 Z 轴对齐

a) 通过指定点与 X 轴对齐　b) 通过指定点与 Y 轴对齐　c) 通过指定点与 Z 轴对齐

5）两点：输入“2”按〈Enter〉键确定，从屏幕中拾取两点，两点确定的直线就是三维旋转轴，如图 11-15 所示。

在实践绘图中，两点法是一种常用的方法。

以上所讲述的种种方法，其旋转角度均与第一种输入方法相同。

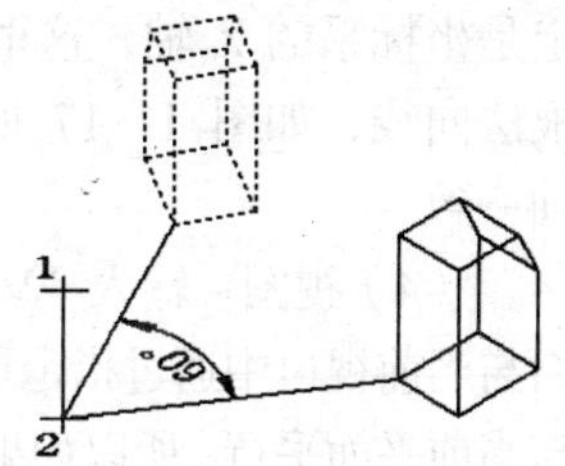

图 11-15　两点确定三维旋转轴

11.2.2　三维镜像

1. 三维镜像的操作步骤

（1）选择菜单“修改”→“三维操作”→“三维镜像”或输入“Mirror3d”启动三维镜像的命令。

（2）选择对象：选择要进行三维镜像的对象，选择完毕后按〈Enter〉键确定或单击鼠标右键确认。

（3）确定镜像平面：AutoCAD 提供了 8 种确定镜像平面的方法，下面会一一讲到。

（4）确定源对象是否删除：是否删除源对象？[是（Y）/否（N）]<否>。输入“N”按〈Enter〉键确定，保留源对象；输入“Y”按〈Enter〉键确定，删除源对象。

2. 镜像平面的确定方法

三维镜像跟平面镜像的根本区别在于三维镜像是在一个空间中操作，用来做镜像的参照必须是一个平面。二维对象的操作局限于一个平面中，只要一条直线就可以确定对称的对象。我们都有照镜子的经验，用来成像的镜子必然是一个面。

启动命令选择镜像对象确定后，命令行提示：[对象(O)/最近的(L)/Z 轴(Z)/视图(V)/XY 平面(XY)/YZ 平面(YZ)/ZX 平面(ZX)/三点(3)] <三点>。

（1）对象。选中对象确定镜像平面。可以选中多段线、圆、圆弧等对象，由这些对象确定的平面就是镜像平面。

输入“O”按〈Enter〉键确定，命令行提示：选择圆、圆弧或多段线线段。光标拾取用来确定镜像平面的对象即可，如图 11-16 所示（可假想由对象所确定的平面为“mirror_plan”）。

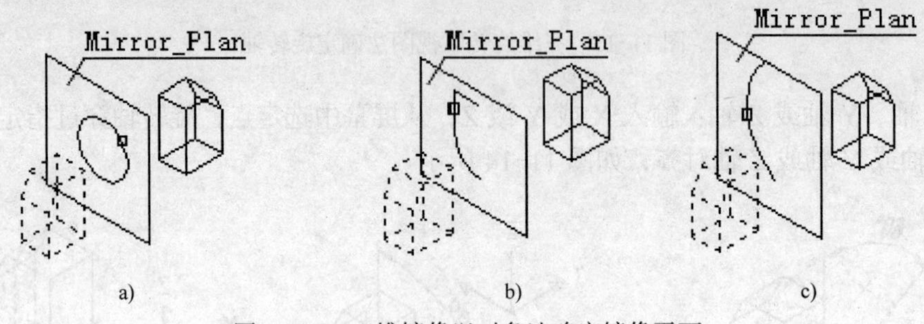

图 11-16　三维镜像以对象法确定镜像平面

a) 圆对象确定镜像面　b) 多段线对象确定镜像面　c) 圆弧对象确定镜像面

（2）最近的。输入“L”按〈Enter〉键确定，系统自动以所选对象距离最近的对对象所确定的平面为镜像平面。

（3）Z 轴。以法向方法确定镜像平面。输入“Z”按〈Enter〉键确定，指定两点，通过指定的第一点且与两点确定的直线垂直的平面就是镜像平面。在这里，读者不要认为 Z 轴一定是坐标系的 Z 轴，这里 Z 轴的意思就是镜像平面的一根法向线，如图 11-17 所示，法向线并不与坐标系的 Z 轴一致。

（4）视图。输入“V”按〈Enter〉键确定，将镜像平面与当前视口中通过指定点的视图平面对齐。因为镜像平面与当前平面平行，所以如果不变换视图，则镜像过去的对象被源对象遮住看不到。

（5）XY 平面、YZ 平面或 XZ 平面。镜像平面为通过某点且与 XY 平面、YZ 平面或 XZ 平面平行的平面，如图 11-18 所示。

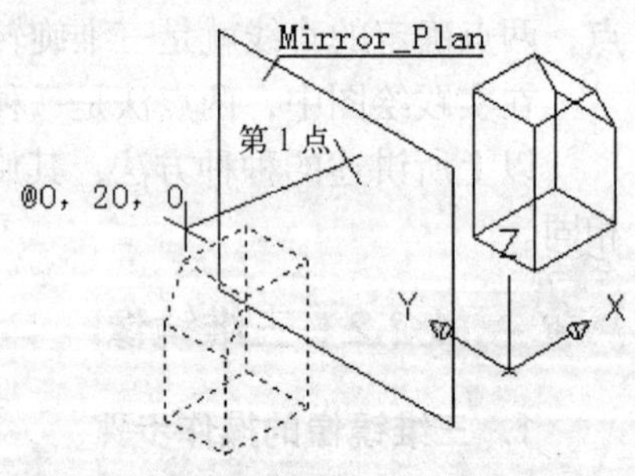

图 11-17　法向方式确定镜像平面

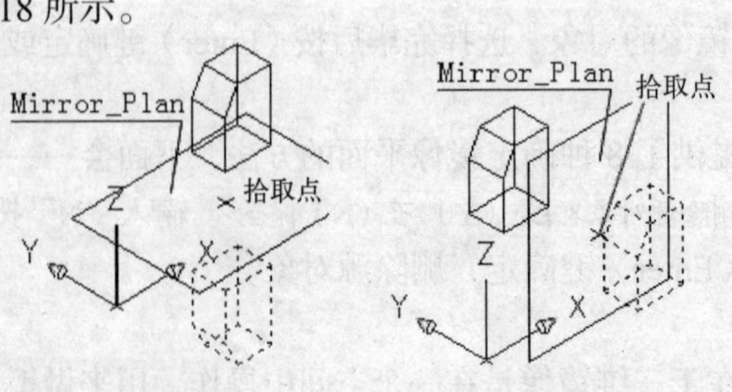

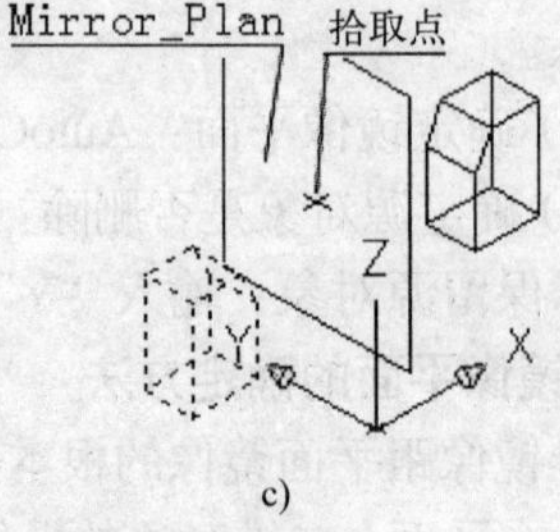

图 11-18　通过点与坐标平面对齐确定镜像平面

a) 与 XY 平面对齐　b) 与 XZ 平面对齐　c) 与 YZ 平面对齐

（6）三点。在空间中指定三点，三点所确定的平面就是镜像平面。三点法是指定镜像平面的默认方式，也是最常用的一种方法。输入“3”按〈Enter〉键确定或直接按〈Enter〉键，在空间中指定三点（输入坐标值或光标拾取），如图 11-19 所示。

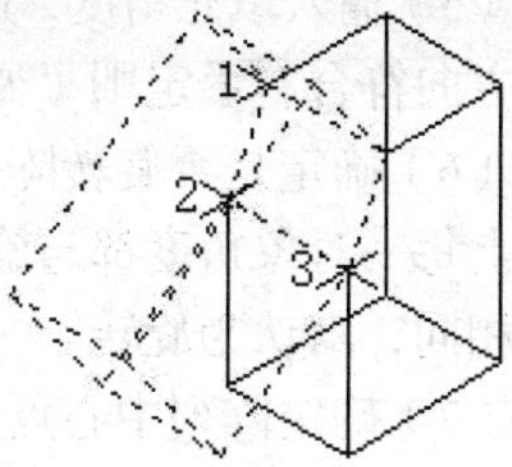

图 11-19　三点法确定镜镜像平面

11.2.3　三维阵列

三维阵列也有矩形阵列和环形阵列两种。

1. 三维矩形阵列

（1）启动命令：选择菜单“修改”→“三维操作”→“三维阵列”或输入“3darray”启动三维阵列的命令。

（2）选择阵列对象，选择完毕后确认。

（3）命令行提示选择阵列方式，输入“R”按〈Enter〉键确定，选择矩形阵列方式。

（4）分别输入行数、列数和层数，每输入一次就按〈Enter〉键确认一次。

二维阵列由于只在一个平面中进行，所以只需要行数和列数，三维阵列在空间中，除了行与列外，还有沿 Z 轴方向的层数。行数是指平行于 X 方向的阵列数量，列数是平行于 Y 方向的阵列数量。

（5）分别输入行间距、列间距和层间距，以确定每行、每列及每层间的距离。

各间距可以为正值和负值，行间距为正值时，沿 Y 轴正方向阵列，为负值时沿 Y 轴反方向阵列；列间距为正值时，沿 X 轴正方向阵列，为负值时沿 X 轴反方向阵列；层间距为正时，沿 Z 轴正方向阵列，为负时沿 Z 轴反方向阵列。

矩形阵列结果如图 11-20 所示。

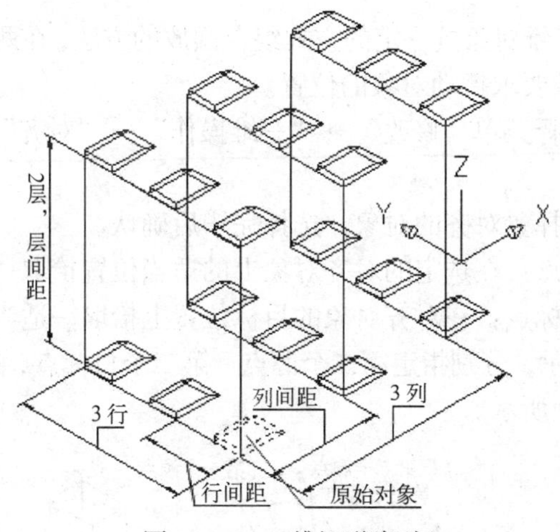

图 11-20　三维矩形阵列

2. 三维环形阵列

（1）启动命令：选择菜单“修改”→“三维操作”→“三维阵列”或输入“3darray”启动三维阵列的命令。

（2）选择阵列对象，选择完毕后确认。

（3）命令行提示选择阵列方式，输入“P”按〈Enter〉键确定，选择环形阵列方式。

（4）输入阵列总数目，按〈Enter〉键确认。

（5）输入填充角度，逆时针方向旋转的角度为正，顺时针方向旋转的角度为正，旋转角度的方向符合右手定则（如输入 270），默认角度为 360°，在一个圆周上填充。

（6）确定是否旋转阵列对象，输入“Y”旋转，输入“N”不旋转。如果旋转对象，则环形上每一对象角度都与旋转中心一致；如果不旋转，则环形上的每一个对象的角度都与原对象相同，默认为旋转。

（7）确定阵列中心点：拾取或坐标指定旋转阵列中心轴上的一点。

（8）确定旋转轴上的另一点：拾取或坐标指定旋转阵列中心轴上的另一点，两点确定的一条直线就是旋转中心轴。旋转阵列的结果如图 11-21 所示。

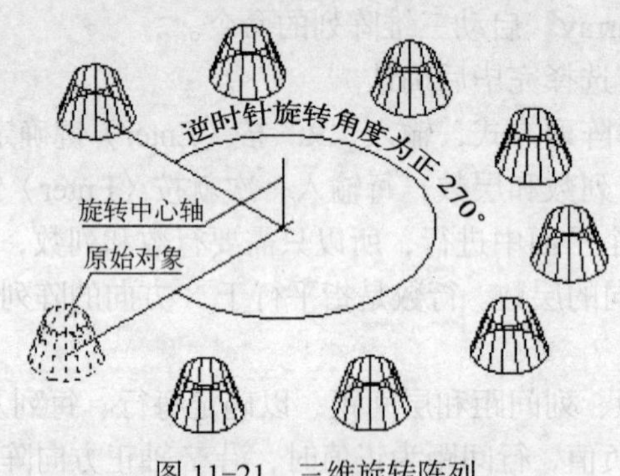

图 11-21　三维旋转阵列

11.2.4　对齐与三维对齐

1．对齐

对齐是一种将两个三维对象按一定的方式组合摆放的方法，在两个对象上分别各找三点，让它们分别对应，从而按要求挪动对象的位置。

（1）启动命令：选择菜单“修改”→“三维操作”→“对齐”；或输入“Align”启动对齐的命令。

（2）选择对象：选择要对齐的对象，选择完毕后确认。

（3）指定第一个源点：在选定的对齐对象上的适当位置拾取一点。

（4）指定第一个目标点：在对齐对象的目标位置上拾取一适当点。

（5）根据命令行提示，分别指定第二个源点，第二个目标点，第三个源点，第三个目标点。对齐结果如图 11-22 所示。

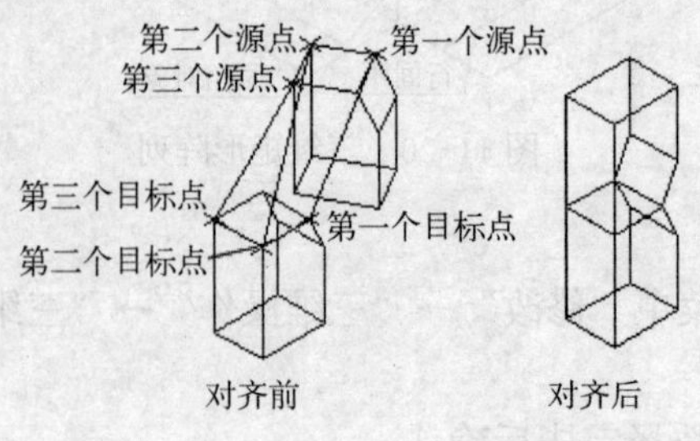

图 11-22　对齐的三维操作

对齐命令也可以用于平面操作，当用于平面操作时，只需指定两组点，即两个源点和两个目标点，当系统提示指定第三个源点时，直接按〈Enter〉键确认即可完成平面对齐操作。

2. 三维对齐

三维对齐的功能与操作均跟对齐相似，在使用三维对齐时，是一次性地指定三个源点，再一次性指定三个目标点。而不是象对齐操作一样，分别指定一个源点，对应一个目标点。三维对齐只能操作三维对象，对齐可以操作二维对象，也可以操作三维对象。

三维对齐的命令启动：选择菜单“修改”→“三维操作”→“三维对齐”；或输入“3dAlign”按〈Enter〉键确定；或单击“建模”工具条上的“三维对齐”图标按钮。

11.3 三维视图

对于三维图形，需要从三维视角上观察才能看出其三维的效果，我们通常所说的俯视、主视、左视，均是三维图形的平面观察，由于只看到一个面，所以给人的感觉仍是平面图形。换成等轴测的视角方向，三维效果就出来了，如图 11-23 所示。

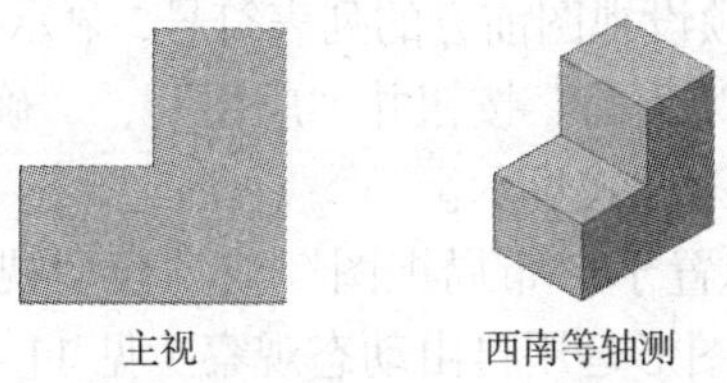

图 11-23　三维图形的平面视图与轴测视图的比较

AutoCAD 预设了俯视、仰视、左视、右视、主视和后视 6 种平面视图以及西南、东南、西北和东北 4 种轴测视图。用户可以根据如图 11-24 所示的“视图”→“三维视图”级联菜单或“视图”工具条上的按钮设置视图方向。

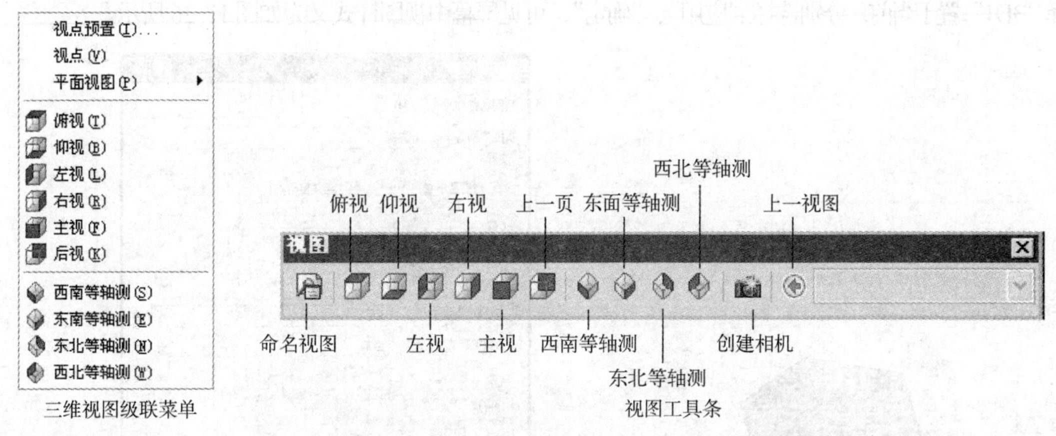

图 11-24　三维视图级联菜单与工具条

除了工具条提供的几种视角方向样式外，用户还可以根据需要创建视图样式，通过“视图”→“命名视图”菜单或“视图”工具条上的命名视图图标按钮启动命令，弹出“视图管理器”对话框，如图 11-25 所示。

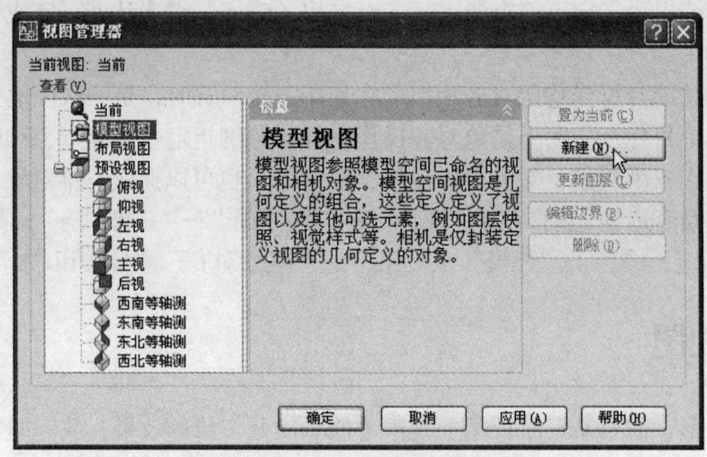

图 11-25　视图管理器

对话框左侧列表中：展开预设视图前方的列表符号，显示出 AutoCAD 的预设视图。选中一定的视图，单击右侧的“置为当前”按钮并“应用”、“确定”，可以将选中的视图置为当前，即在屏幕中以选中的视图样式显示。

新建视图样式操作：光标置于“布局视图”或“模型视图”上，单击“新建”按钮。

例：将如图 11-23 所示的图形运用自由动态观察（见 11.4）将其转动至如图 11-26 所示的任意位置。

选择“视图”工具条上的命名视图图标按钮，在视图样式管理器中，选择“模型视图”，单击“新建”按钮，弹出“新建视图”对话框如图 11-27 所示，输入视图名称为“3D1”。确定返回到视图样式管理器，可以发现，“模型视图”下方多了一个“3D1”的视图样式。确定后关闭对话框，在屏幕中可以运用自由动态观察任意转动图形。再次打开视图样式管理器，选择“3D1”置于当前，分别选择“应用”、“确定”，可见屏幕中视图样式又为如图 11-26 所示。

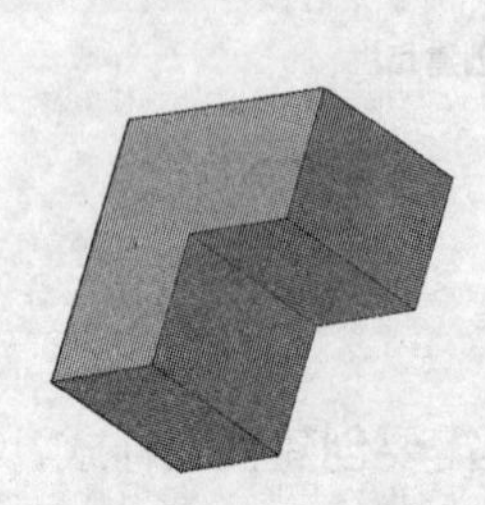

图 11-26　3D1 的任意视图样式

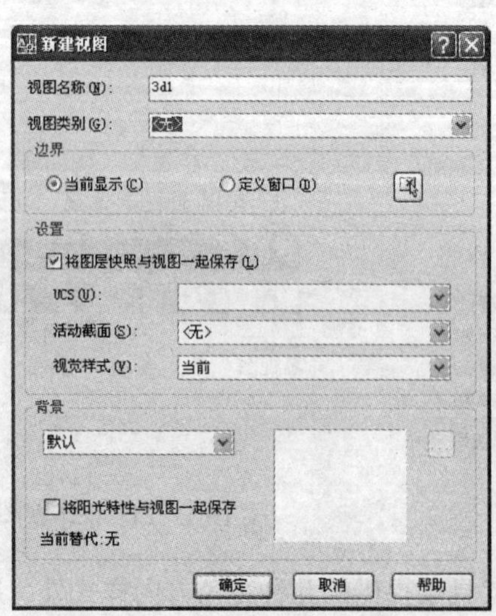

图 11-27　新建视图

11.4　动态观察

三维图形可以运用动态观察，以观看三维图形的不同方位。通过如图 11-28 所示的“动态观察”工具条或“视图”→“动态观察”的级联菜单启动支态观察命令。

图 11-28　动态观察

启动命令后，轻轻移动鼠标就可以进行动态观察。

受约束的动态观察：将动态观察约束到 XY 平面或 Z 方向。

自由动态观察：允许沿任意方向进行动态观察。

连续动态观察：光标变为两条实线环绕的球状，轻轻移动鼠标后松开，图形自动连续转动。图形连续转动的速度与移动鼠标的速度相同。

11.5　视觉样式

视觉样式反映三维图形的显示效果。如图 11-29 所示“视觉样式”工具条及“视图”→“视觉样式”的级联菜单可启动相应视觉样式的命令。

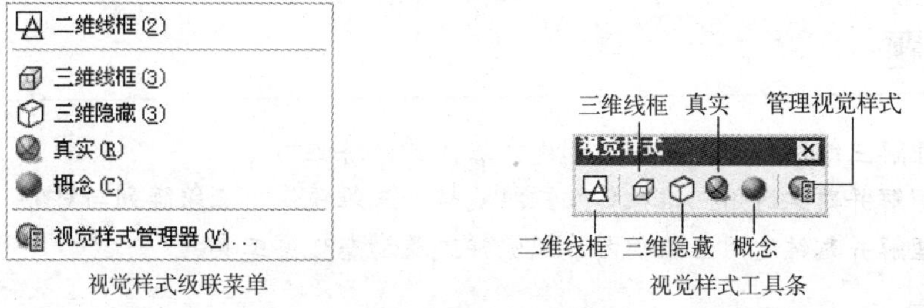

图 11-29　视觉样式

各视觉样式的比较如图 11-30 所示。

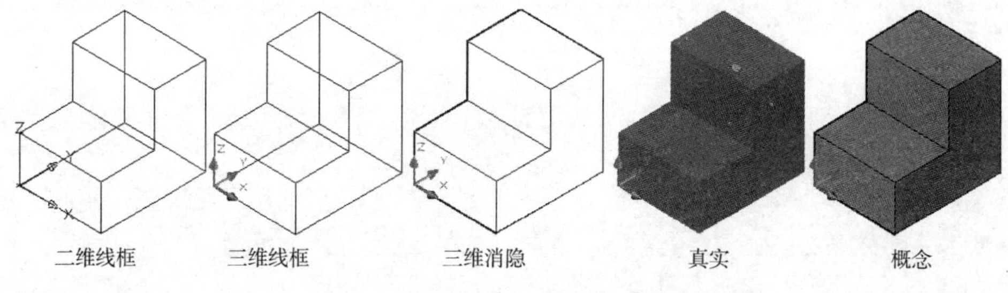

图 11-30　视觉样式

在这里，二维线框与三维线框显示的区别仅仅体现在坐标系符号上，真实样式的默认着色颜色为黑色，作者将其改为乳白色。

真实与概念样式的着色颜色可以在“视觉样式”管理器中更换。选择菜单“视图”→“视觉样式”→“视觉样式管理器”或单击“视觉样式”工具条上的管理视觉样式按钮，弹出“视觉样式管理器”，如图 11-31 所示。

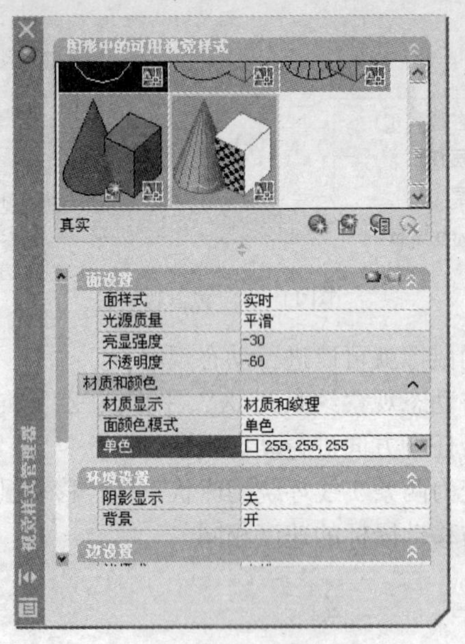

图 11-31 视觉样式管理器

选中视觉样式类型，对其进行各种特性的设置。

11.6 习题

(1) 理解三维网格曲面的种种创建方法，并熟练运用。

(2) 理解并熟练运用三维操作：三维旋转、三维镜像、三维阵列与对齐。

(3) 理解并熟练运用三维视图、视觉样式及动态观察工具。

第 12 章　三维实体建模与编辑

对于机械行业来说，实体是三维图形中最重要的部分，读者在设计工作中看到的各种零件都是三维实体。让我们先来认识一下“建模”工具条（如图 12-1 所示）与相应的“绘图”→“建模”的级联菜单（如图 12-2 所示）。

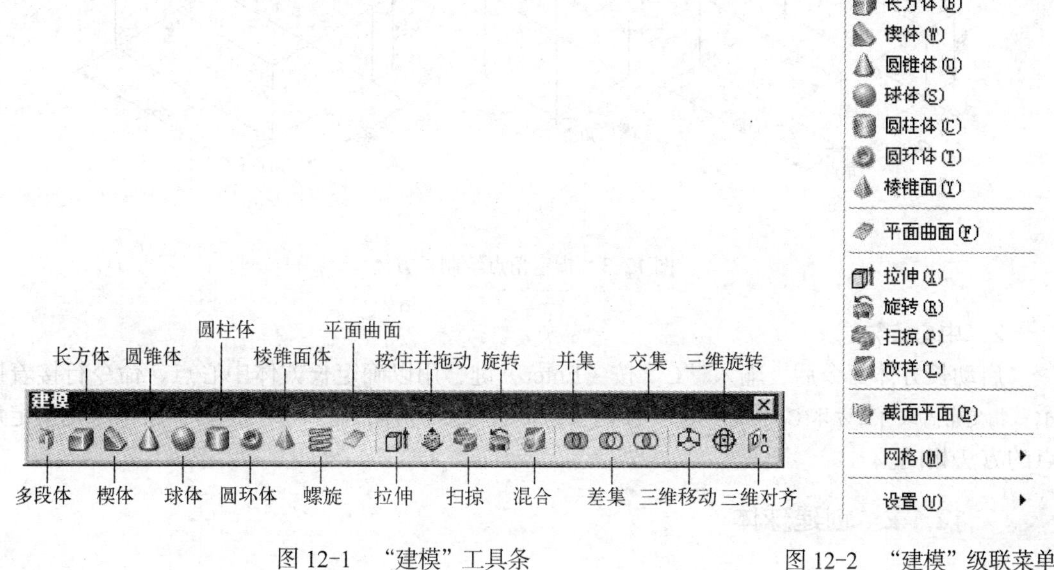

图 12-1　“建模”工具条　　图 12-2　“建模”级联菜单

12.1　基本三维实体的创建

12.1.1　创建长方体

3 种方法启动创建长方体的命令。

（1）选择菜单“绘图”→“建模”→“长方体”。

（2）单击“建模”工具条上的“长方体”图标按钮。

（3）输入“BOX”按〈Enter〉键确定。

启动命令后，命令行提示为长方体指定角点或中心点：指定第一个角点或 [中心(C)]。

输入选项选择角点法或中心点法作长方体。角点法是通过长方体两对角点，或底面两对角点与高来确定长方体的方法；中心点法是通过中心点和角点确定长方体的方法。

1．角点法

输入长方体一角点的坐标值或从屏幕拾取一点。命令行接着提示：指定其他角点或 [立方体

(C)/长度(L)]。3 种途径绘制完成长方体，输入选项选择。

（1）拾取长方体的另一对角点或输入另一对角点的坐标值(如@50，30，20)完成长方体的绘制如图 12-3a 所示。

（2）输入“C”按〈Enter〉键绘制正方体，指定正方体边长，输入正方体边长值（如 25）或从屏幕拾取两点，两点间的距离为正方体的边长，绘制完成的正方体如图 12-3b 所示。

（3）输入“L”按〈Enter〉键，分别指定长方体的长、宽和高：直接输入长、宽和高的值，每次输入按〈Enter〉键确认（如 55、35、22），或从屏幕拾取点，两点间距离为相应的长或宽或高的值。绘制完成的长方体，如图 12-3c 所示。

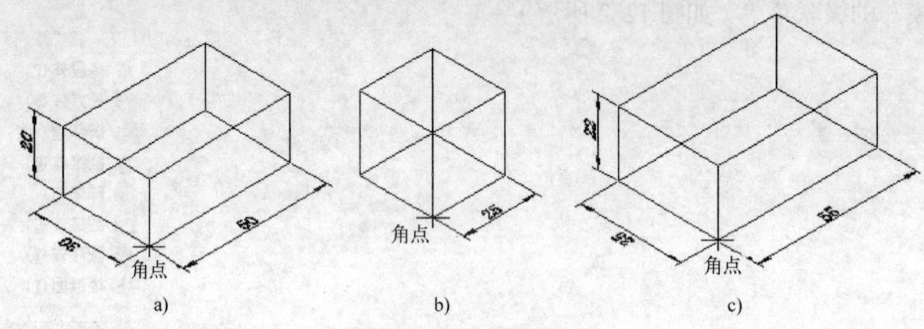

图 12-3 指定角点绘制长方体

2. 中心点法

启动长方体命令后，输入“C”按〈Enter〉键，用以确定长方体中心点，命令行接着提示：指定角点或 [立方体(C)/长度(L)]。3 种途径绘制完成长方体，输入选项选择，操作与先指定角点的方法相同。

12.1.2 创建球体

3 种方法启动创建球体的命令。

（1）选择菜单“绘图”→“建模”→“球体”。

（2）单击“建模”工具条上的“球体”图标按钮。

（3）输入“SPHERE”按〈Enter〉键确定。

启动球体命令，提示当前线框密度和球心：

```
命令: _sphere
当前线框密度:  ISOLINES=4
指定球体球心 <0,0,0>:
```

指定球体的球心点：输入球心坐标或拾取一点为球心。

指定球体的半径（或直径 D）。

1）直接输入球的半径值或拾取两点确定球的半径，球体绘制完成。

2）输入“D”按〈Enter〉键确定，再输入球的直径值或拾取两点，以确定球的直径，球体绘制完成。

如图 12-4a 所示的球体线框密度为默认值 4，用户可以通过“Isolines”命令来更改线框密度。启动命令后，命令行提示输入新的线框密度，可以将线框密度改大，如 20。更改线框密度后，球体的线框并没有增多，需要启动菜单“视图”→“重生成”，方可见球体的线框密度增大（其他实体如圆柱体等的线框密度操作与此相同），如图 12-4b 所示。

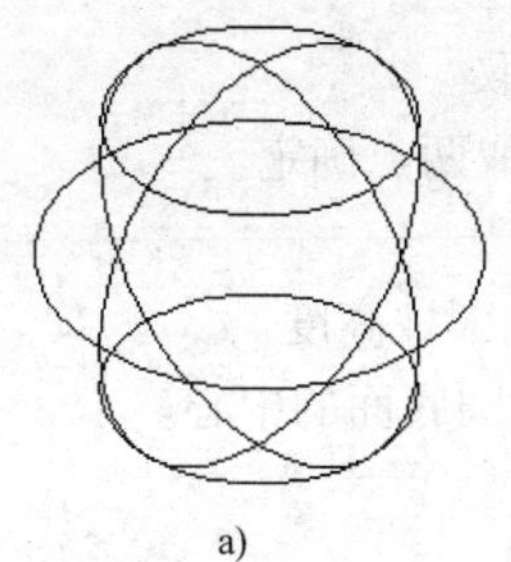

a)

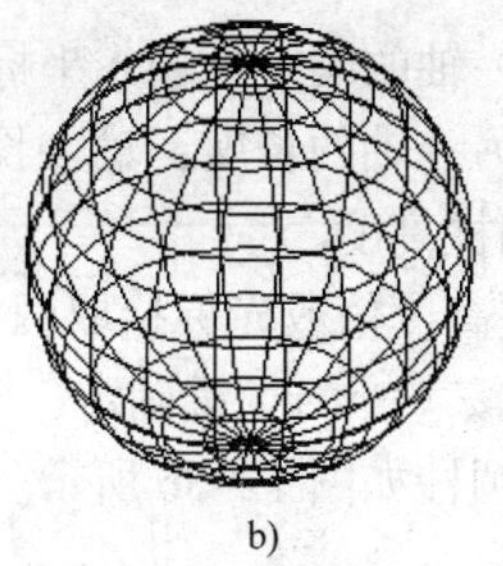

b)

图 12-4　球体

a) 线框密度默认值为 4　b) 线框密度改大后重生成的结果

12.1.3　创建圆柱体及椭圆柱体

3 种方法启动圆柱体或椭圆柱体的命令。

（1）选择菜单“绘图”→“建模”→“圆柱体”。

（2）单击“建模”工具条上的“圆柱体”图标按钮。

（3）输入“CYLINDER”按〈Enter〉键确定。

启动命令后，命令行提示：指定底面的中心点或 [三点(3P)/两点(2P)/相切、相切、半径(T)/椭圆(E)]。根据选项绘制圆柱体或椭圆柱体。

1．绘制圆柱体

（1）指定圆柱体底面中心点：输入底面圆心的坐标或光标拾取底面圆心点，默认的底面圆心为当前坐标系的原点。

（2）指定圆柱体的底面圆半径或直径。

1）输入底面圆半径值，或拾取两点，两点间距为底面圆半径。

2）输入“D”按〈Enter〉键确定，确定底面圆的直径：输入直径值或拾取两点确定直径。

（3）指定圆柱体高度或另一个圆心点。

1）输入圆柱体高度值，或拾取两点，两点间距为圆柱高度。

2）输入“C”按〈Enter〉键确定，确定另一底面圆心：输入另一底面的圆心坐标或光标拾取。

绘制完成的圆柱体如图 12-5a 所示。

（4）确定底面圆，除了运用确定底面圆心半径（或直径）外，还可以通过三点法（3P）、两点法（2P）或“相切、相切、半径法（T）”绘制。

2．绘制椭圆柱体

启动圆柱体命令后，根据命令行提示，输入“E”按〈Enter〉键确定，绘制椭圆柱体。

（1）确定底面椭圆，指定椭圆柱体底面椭圆的轴端点或中心：指定第一个轴的端点或 [中心(C)]。

1）指定底面椭圆轴的端点：

输入椭圆柱体底面椭圆一轴的端点坐标或光标拾取轴端点。

输入底面椭圆同一轴的另一个端点坐标或光标拾取轴的另一端点。

指定底面椭圆另一轴的长度：输入另一轴的长度值或拾取两点确定另一轴的长度。

2）确定底面椭圆的中心：输入“C”按〈Enter〉键确定，输入底面椭圆心的坐标或光标拾取底面椭圆心点。

指定底面椭圆一轴的端点：输入坐标或光标拾取。

指定底面椭圆另一轴的长度：输入长度值或拾取两点确定。

（2）确定椭圆柱高度。

1）输入椭圆柱高度值或光标拾取两点以确定椭圆柱高度。

2）输入“C”按〈Enter〉键确定，确定另一椭圆底面的中心。

绘制完成的椭圆柱如图 12-5b 所示。

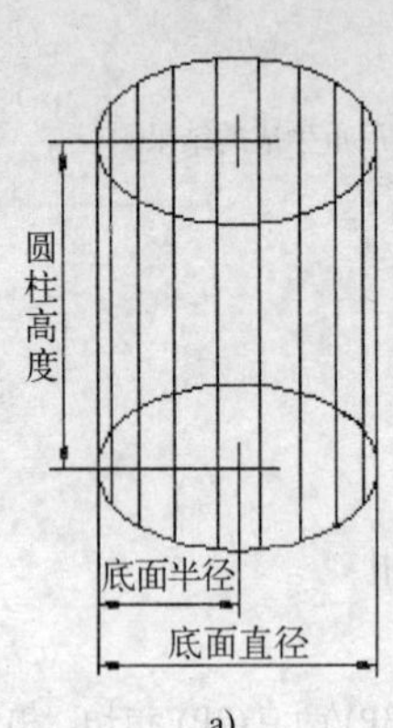

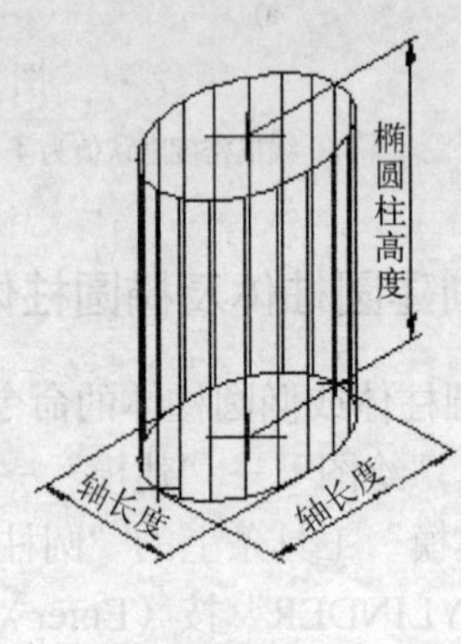

图 12-5　圆柱体与椭圆柱体

a) 圆柱体　b) 椭圆柱体

12.1.4　创建圆锥体与椭圆锥体

3 种方法启动圆锥体或椭圆锥体的命令。

（1）选择菜单“绘图”→“建模”→“圆锥体”。

（2）单击“建模”工具条上的“圆锥体”图标按钮。

（3）输入“CONE”按〈Enter〉键确定。

1．绘制圆锥体

（1）指定圆锥体底面中心点：输入底面圆心的坐标或光标拾取底面圆心点，默认的底面圆心为当前坐标系的原点。

（2）指定圆锥体的底面圆半径或直径。

1）输入底面圆半径值，或拾取两点，两点间距为底面圆半径。

2）输入“D”按〈Enter〉键确定，确定底面圆的直径：输入直径值或拾取两点确定直径。

（3）指定圆锥体高度或顶点。

1）输入圆锥体高度值，或拾取两点，两点间距为圆锥高度。

2）输入“A”按〈Enter〉键确定，确定圆锥体顶点：输入顶点坐标或光标拾取顶点。

绘制完成的圆锥体如图 12-6a 所示。

2．绘制椭圆锥体

启动圆锥体命令后，根据命令行提示，输入“E”按〈Enter〉键确定，绘制椭圆锥体。

（1）确定底面椭圆，指定椭圆锥体底面椭圆的轴端点或中心：指定底面的中心点或 [三点(3P)/两点(2P)/相切、相切、半径(T)/椭圆(E)]。

1）输入椭圆锥体底面椭圆一轴的端点坐标或光标拾取轴端点。

输入底面椭圆同一轴的另一个端点坐标或光标拾取轴的另一端点。

指定底面椭圆另一轴的长度：输入另一轴的长度值或拾取两点确定另一轴的长度。

2）输入“C”按〈Enter〉键确定，确定底面椭圆的中心，输入底面椭圆心的坐标或光标拾取底面椭圆心点。

指定底面椭圆一轴的端点：输入坐标或光标拾取。

指定底面椭圆另一轴的长度：输入长度值或拾取两点确定。

（2）确定椭圆锥高度。

1）输入椭圆锥高度值或光标拾取两点以确定椭圆锥高度。

2）输入“A”按〈Enter〉键确定，确定椭圆锥顶点。

绘制完成的椭圆锥如图 12-6b 所示。

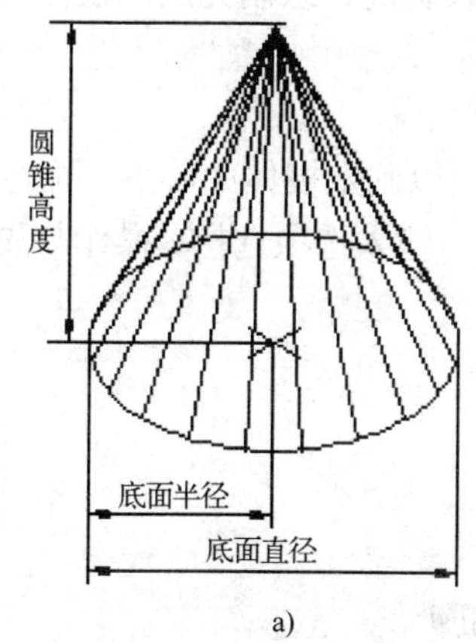

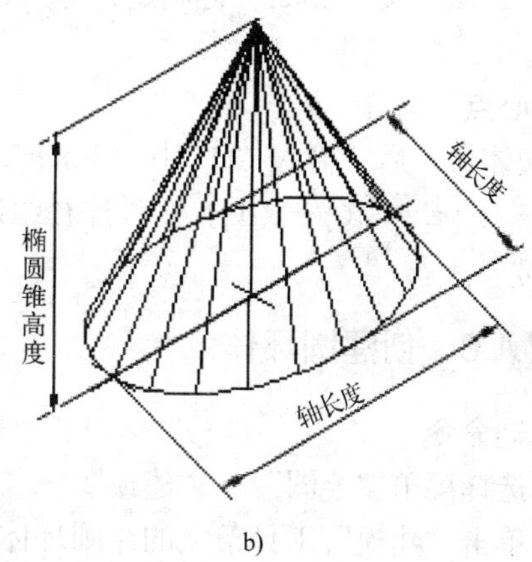

图 12-6　圆锥体与椭圆锥体

a) 圆锥体　b) 椭圆锥体

12.1.5　创建楔体

3 种方法启动创建楔体的命令。

（1）选择菜单“绘图”→“建模”→“楔体”。

（2）单击“建模”工具条上的“楔体”图标按钮。

（3）输入“WEDGE”按〈Enter〉键确定。

楔体是长方体的一半，其绘制操作与长方体相同，也有角点法和中心点法两种绘制途径。启动命令后，命令行提示为长方体指定角点或中心点：指定第一个角点或 [中心(C)]。

1．角点法

指定楔体底面的第一个角点：输入第一个角点的坐标值或拾取一点：指定其他角点或 [立方体(C)/长度(L)]。

1）指定第二个角点：光标拾取或输入第二个角点的坐标值（如@20，15，40），绘制完成的楔体如图 12-7a 所示。如果所指定的第二个角点在 Z 轴方向没有位移（如@20，15），则第二点的坐标仅仅是楔体底面矩形的另一个角点，系统还会提示指定楔体的高度（如 40），绘制完成的楔体如图 12-7b 所示。

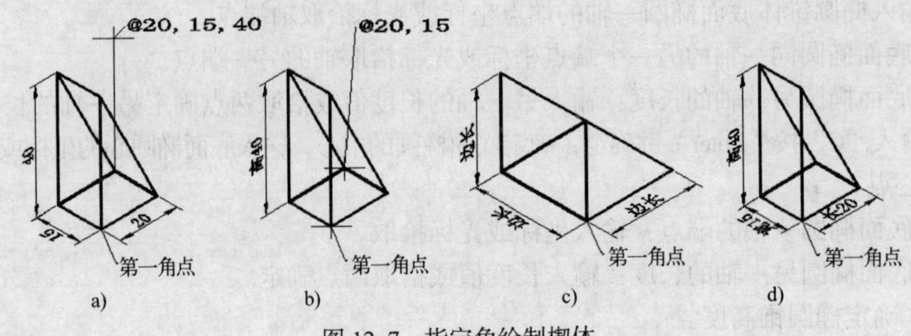

图 12-7 指定角绘制楔体

2）输入“C”按〈Enter〉键确定，绘制等边楔体，输入楔体的边长如 30，绘制完成的楔体如图 12-7c 所示。

3）输入“L”按〈Enter〉键确定，分另指定楔体的长宽高，绘制完成的楔体如图 12-7d 所示。

2. 中心点

启动楔体命令后，输入“C”按〈Enter〉键确定，用以确定楔体中心点，命令行接着提示：指定角点或 [立方体(C)/长度(L)]。3 种途径绘制完成楔体，输入选项选择，操作与先指定角点的方法相同。

12.1.6 创建圆环体

1. 启动命令

（1）选择菜单“绘图”→“建模”→“圆环体”。

（2）单击“建模”工具条上的“圆环体”图标按钮。

（3）输入“TORUS”按〈Enter〉键确定。

2. 操作

（1）确定圆环体的中心位置：屏幕拾取圆环体中心位置，或输入圆环体中心的坐标（如 0，0，0）。

（2）确定圆环体的半径或直径，圆环的半径是圆环中心至圆环管中心线的距离，直径是圆管中心线所在圆的直径。

1）输入圆环体的半径值或拾取一点，该点与圆环中心的距离为半径（如 30）。

2）输入“D”按〈Enter〉键确定，输入圆环体的直径值，或在屏幕上拾取一点，该点与圆环中心的距离为圆环的直径。

（3）确定圆管的半径或直径。

1）输入圆环管的半径值或拾取一点，该点与圆环中心的距离为圆环管半径（如 5）。

2）输入“D”按〈Enter〉键确定，输入圆环管的直径值，或在屏幕上拾取一点，该点与圆环中心的距离为圆环管的直径。

绘制完成的圆环体如图 12-8 所示。

12.1.7 多段体

1. 启动命令

（1）选择菜单“绘图”→“建模”→“多段体”。

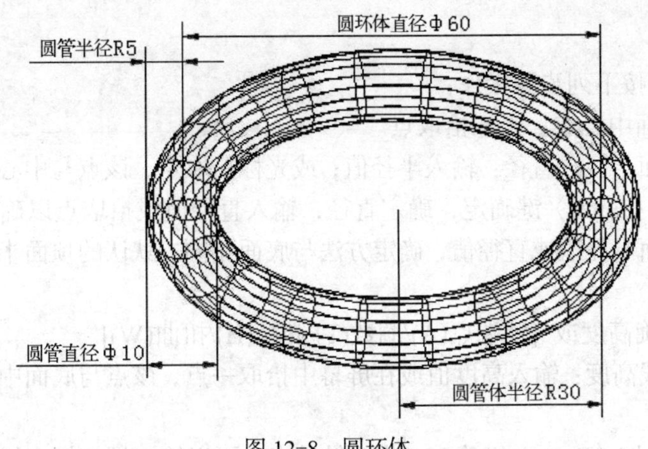

图 12-8　圆环体

（2）单击“建模”工具条上的“多段体”图标按钮。

（3）输入“PLOYSOLID”按〈Enter〉键确定。

2．操作

启动命令后，命令行提示为“指定起点或 [对象(O)/高度(H)/宽度(W)/对正(J)] <对象>”，各选项意义如下。

（1）指定起点。指定多段体的起点，确定下一点，按绘制多段线的方式绘制多段体，如果绘制的一定高度的圆弧体，输入“A”按〈Enter〉键确定。在绘制圆弧的状态下，如果要绘制直线，可输入“L”按〈Enter〉键确定，切换圆弧的切线方向输入“D”按〈Enter〉键确定。直接按〈Enter〉键退出命令。

（2）高度。输入“H”按〈Enter〉键确定，指定多段体的高度，高度是绘制平面到多段体顶面的距离。

（3）宽度。输入“W”按〈Enter〉键确定，指定多段体的宽度，多段体的宽度类似于多段线的线宽。

多段体的高度与宽度如图 12-9 所示。

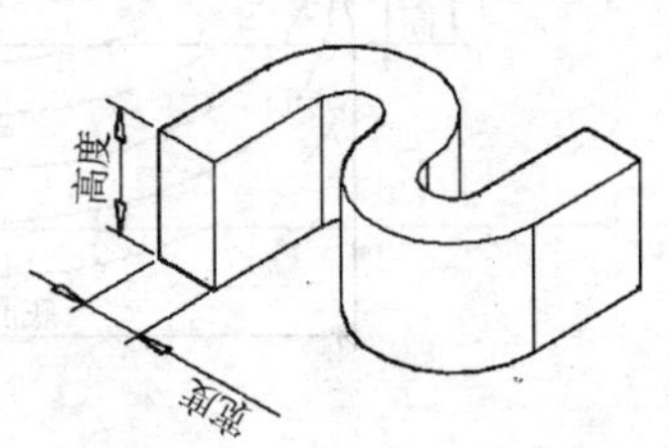

图 12-9　绘制完成的多段体

（4）对正。输入“J”按〈Enter〉键确定，选择对正方式。

（5）对象。输入“O”按〈Enter〉键确定，选择对象，将所选对象转化为多段体。用来转化为实体的对象可以是直线、圆弧、圆、椭圆、二维多段线、矩形、多边形等。转化后的实体对象其宽度与高度跟前面设置的宽度和高度一致。

12.1.8　螺旋

螺旋命令（Helix）用于创建螺旋线，可以用作拉伸的路径或扫掠的轨迹，能够方便地实现弹簧、螺纹等实体特征的建模。

1．启动命令

（1）选择菜单“绘图”→“建模”→“螺旋”。

（2）单击“建模”工具条上的“螺旋”图标按钮。

（3）输入“Helix”按〈Enter〉键确定

2．操作

启动命令后，按下列步骤操作：

（1）指定底面中心点：光标拾取点。

（2）确定底面半径或直径：输入半径值；或光标拾取点，该点与中心点的距离为底面半径。输入“D”按〈Enter〉键确定，确定直径，输入直径值或拾取点以确定直径值。

（3）确定顶面半径值或直径值，确定方法与底面相同。默认的顶面半径值或直径值与底面的相同。

（4）指定螺旋高度或 [轴端点(A)/圈数(T)/圈高(H)/扭曲(W)]。

1）指定螺旋线高度：输入高度值或在屏幕中拾取一点，该点与底面中心的距离为螺旋线的高度。

2）输入“A”按〈Enter〉键确定，指定轴端点，可以输入螺旋轴心线的另一端点相对于底面中心点的坐标，也可以用光标在屏幕中拾取一点以确定另一端点的位置。

3）输入“T”按〈Enter〉键确定，输入螺旋的圈数。

4）输入“H”按〈Enter〉键确定，确定圈高，即每相邻两圈之间的距离。确定了圈数与圈高，则整个高度自动确定。

完成螺旋线如图 12-10 所示。

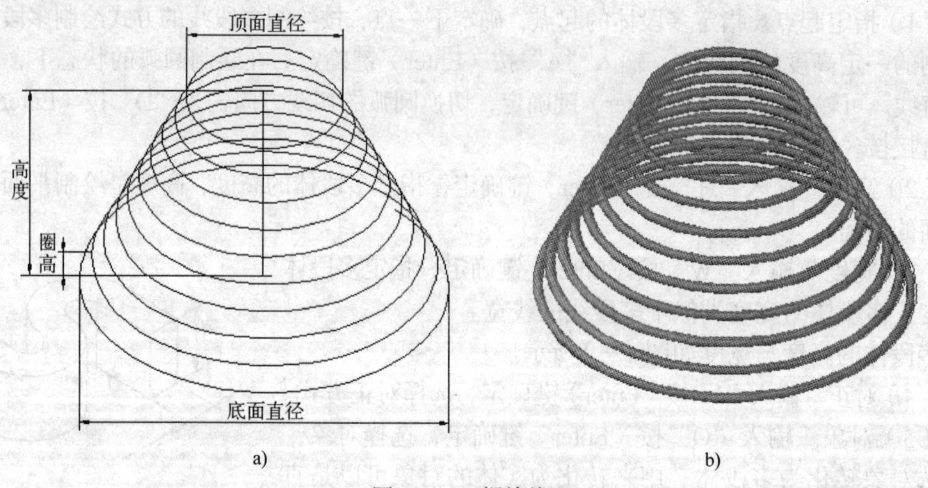

图 12-10 螺旋线

a) 螺旋线 b) 螺旋为路径扫掠形成的塔形弹簧造型

12.1.9 平面曲面

AutoCAD 2008 具有较强的曲面功能，其曲面功能不是体现在网格面上（见第 11 章），而是一些真正带有面的性质的造型，如本节的平曲面就是一例。在第 12.2 中，我们还会学习到运用拉伸、旋转、扫掠、放样等命令创建的曲面，并且可以将这些曲面通过加厚命令进行实体化。

平面曲面 PLANESURF 命令可以通过指定矩形的角点，绘制矩形的平曲面，也可以通过选择单一对象的封闭区域或面域，将其转化为平曲面。

1．3 种方法启动平面曲面的命令

（1）选择菜单“绘图”→“建模”→“平面曲面”。

（2）单击“建模”工具条上的“平面”图标按钮。

（3）输入“PLANESURF”按〈Enter〉键确定。

2．选项及操作

（1）绘制平面曲面：分别指定两点为矩形平面的角点，矩形区域形成曲面。

（2）输入“O”按〈Enter〉键确定，选择单一对象的封闭区域，形成曲面。可以选择的对象为封闭的二维多段线、多边形、圆、椭圆、封闭样条线、面域等，如图 12-11 所示。

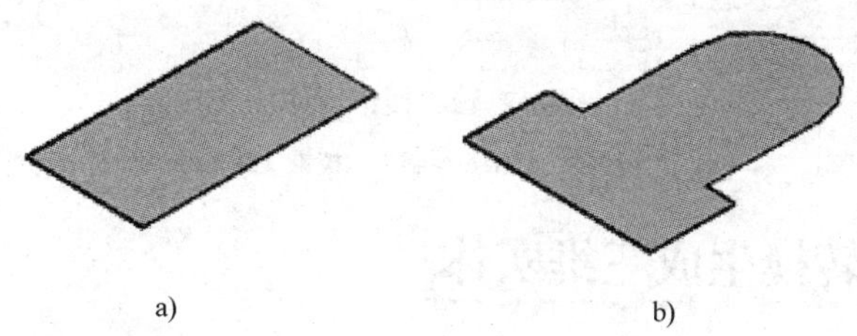

a)　　b)

图 12-11　平面曲面

a) 绘制的矩形平曲面　b) 将二维多段线对象转化为平面曲面

12.1.10　棱锥面体

棱锥面的画法是先确定底面正多边形（默认为正四边形）的位置及尺寸，然后再确定棱锥面的高的方法。3 种方法启动棱锥面体的命令。

（1）选择菜单“绘图”→“建模”→“棱锥面”。

（2）单击“建模”工具条上的“棱锥面”图标按钮。

（3）输入“PYRAMID”按〈Enter〉键确定。

确定底面：启动命令后，命令行提示：指定底面的中心点或 [边(E)/侧面(S)]。

（1）从屏幕上拾取一点为底面正多边形的中心点，系统在确定底面正多边形的大小时，默认的方法是通过确定底面正方形的内切圆半径来确定其大小的。输入底面正多边形的内切圆半径大小，或从屏幕上拾取一点，该点与圆心点的距离为底面内切圆的半径。如果想要通过底面正多边形的外接圆来确定底面正多边形的大小，则输入“I”按〈Enter〉键确定。

（2）确定底面正多边形时，也可以直接通过边长来确定，其方法是启动命令后，根据命令行提示输入“E”按〈Enter〉键确定，通过两点来确定正多边形的边长。

棱锥底面正多边形的边数可以在启动命令后，输入“S”按〈Enter〉键确定，给定截面数。

确定高度：棱锥的底面形状位置大小确定后，命令行提示：指定高度或 [两点(2P)/轴端点(A)/顶面半径(T)]。

（1）直接输入棱锥的高度值。

（2）输入“2P”按〈Enter〉键确定，从屏幕上拾取两点，以两点的距离来确定棱锥的高度。

（3）输入“A”按〈Enter〉键确定，确定棱锥顶点的位置，以确定棱锥高度。

（4）输入“T”按〈Enter〉键确定，给定顶面的半径，以绘制棱锥台。

棱锥面体的几何造型如图 12-12 所示。

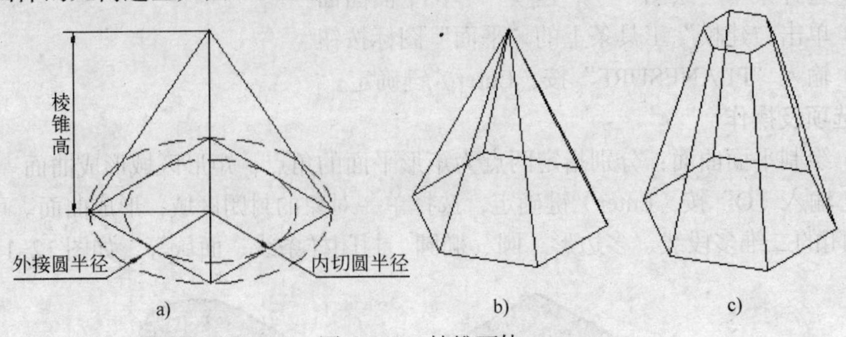

图 12-12 棱锥面体

a) 正四棱锥 b) S=6 绘制正六棱锥 c) 棱锥台

12.2 其他命令转换生成三维实体

除了基本的实体成形命令外，AutoCAD 还可以通过拉伸、旋转、扫掠、放样等命令将二维封闭的单个对象转换生成实体，也可以将通过上述命令得到的曲面，再进行加厚得到实体。

12.2.1 拉伸二维对象

用拉伸命令（Extrude）可以通过拉伸（添加厚度）选定的截面对象来创建实体。可以沿指定路径拉伸对象或按指定高度值和倾斜角度拉伸对象。用作截面的对象可以是圆、椭圆、矩形、封闭多段线、平面三维面、圆环以及面域。不能拉伸包含在块中的对象，也不能拉伸具有相交或自交线段的多段线。多段线截面应包含至少 3 个顶点但不能多于 500 个顶点。如果选定的多段线具有宽度，AutoCAD 将忽略其宽度并且从多段线路径的中心线处拉伸。如果选定对象具有厚度，AutoCAD 将忽略该厚度。

如果拉伸的对象为非封闭的单一几何图形，则拉伸的结果为曲面。

1．3 种方法启动命令

（1）选择菜单“绘图”→“建模”→“拉伸”。

（2）单击“建模”工具条上的“拉伸”图标按钮。

（3）输入“EXT”按〈Enter〉键确定。

2．选择拉伸对象

选择要拉伸的对象，选择完毕后确认，命令行提示：指定拉伸高度或[路径（P）]。

3．确定高度拉伸

如果输入正值，将沿对象所在坐标系的 Z 轴正方向拉伸对象。如果输入负值，AutoCAD 将沿 Z 轴负方向拉伸对象。

（1）输入拉伸高度值（如 25），或拾取两点确定拉伸高度。

（2）输入拉伸倾斜角，默认值为 0。倾斜角是指截面的法向方向与拉伸侧面所成的角度。拉伸完成的如图 12-13 所示。

4．沿路径拉伸

启动命令，选择拉伸对象，当命令行提示：指定拉伸高度或[路径（P）]时，输入“P”按〈Enter〉

键确定，在屏幕中选择拉伸路径，截面将沿选定的路径方向拉伸实体。路径可以是圆、圆弧、多段线、椭圆、样条线等连续的对象，如果以多段线为路径，则各段连接处需相切。拉伸如图 12-14 所示。

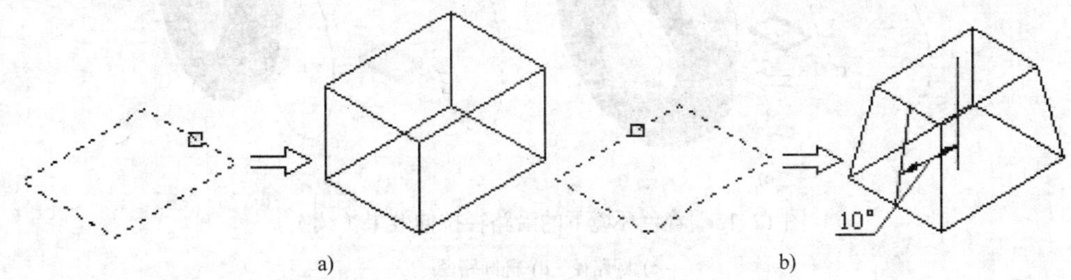

a)　b)

图 12-13　输入拉伸高度拉伸实体

a) 倾斜角为 0°　b) 倾斜角为 10°

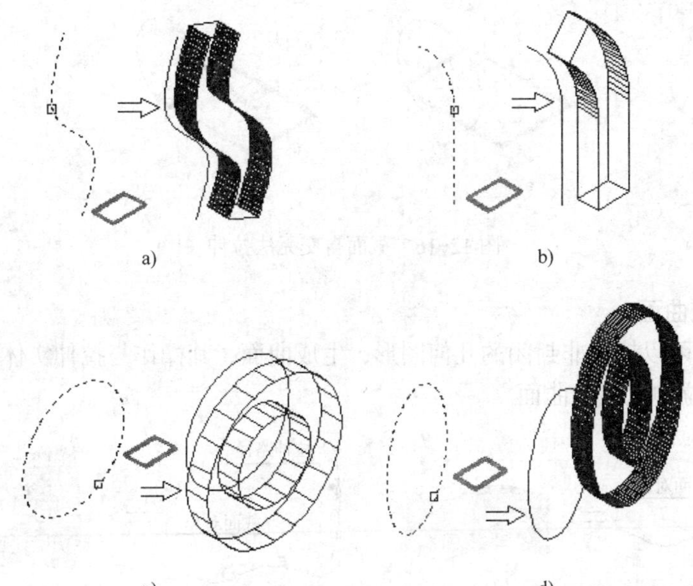

a)　b)　c)　d)

图 12-14　选定路径拉伸实体

a) 样条线路径　b) 多段线路径　c) 圆路径　d) 椭圆路径

如图 12-15 所示是着色后环境下的拉伸实体效果。

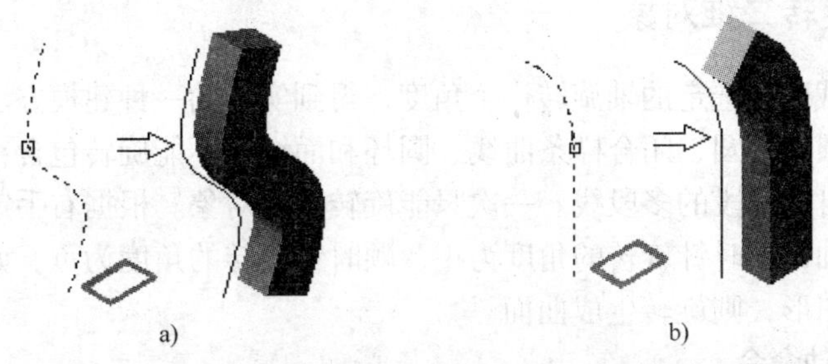

a)　b)

图 12-15　着色环境下的沿路径拉伸效果

a) 样条线路径　b) 多段线路径

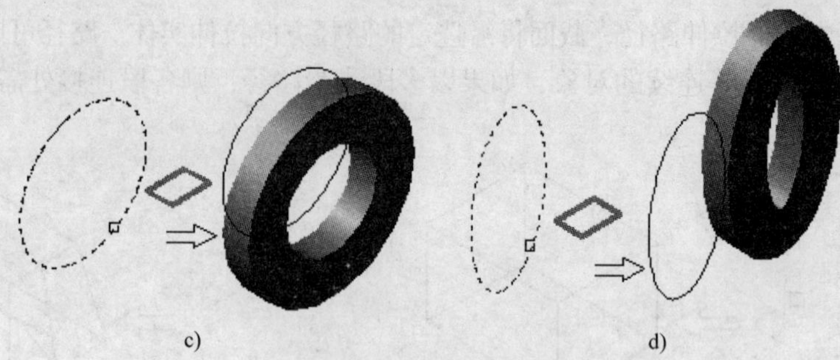

图 12-15　着色环境下的沿路径拉伸效果（续）

c) 圆路径　d) 椭圆路径

当拉伸路径半径过小，选定的截面对象最小曲率半径小于扫掠路径长度，导致截面自交，将无法拉伸选定的对象，如图 12-16 所示的情况。

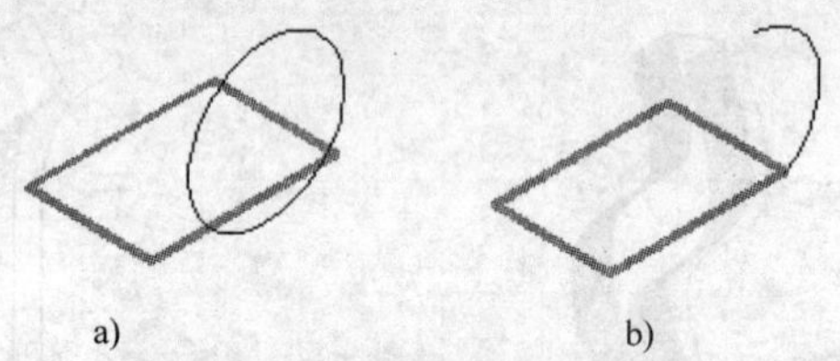

图 12-16　截面自交无法拉伸

5. 拉伸生成曲面

Extrude 命令可以拉伸非封闭的几何图形，生成曲面，其操作与拉伸实体的方法相同。如图 12-17 所示是拉伸生成的曲面。

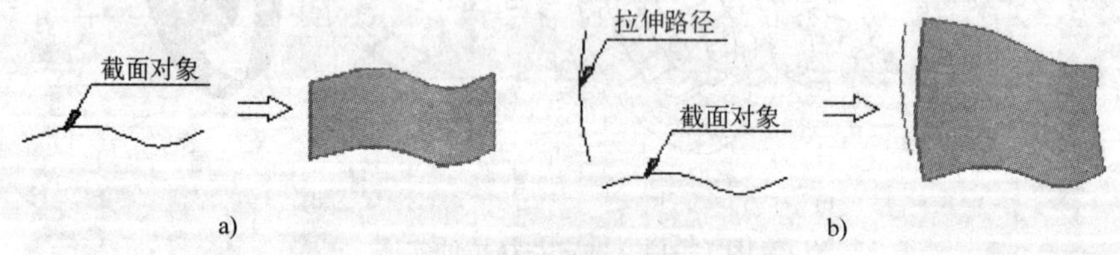

图 12-17　拉伸生成曲面

a) 垂直拉伸生成曲面　b) 沿路径拉伸生成曲面

 12.2.2　旋转二维对象

旋转命令是让截面绕选定的轴旋转一个角度，得到实体的一种建模方法。可以旋转闭合多段线、多边形、圆、椭圆、闭合样条曲线、圆环和面域。不能旋转包含在块中的对象。不能旋转具有相交或自交线段的多段线。一次只能旋转一个对象。根据右手定则判定旋转的正方向，即正对旋转轴，逆时针旋转的角度为正，顺时针旋转的角度为负。如果旋转的对象为不封闭的单一几何图形，则旋转生成曲面。

1. 3 种方法启动命令

（1）选择菜单“绘图”→“建模”→“旋转”。

（2）单击“实体”工具条上的“旋转”图标按钮。

（3）输入“REV”按〈Enter〉键确定。

2．选择旋转对象

选择要旋转的对象并确认，命令行提示：指定轴起点或根据以下选项之一定义轴 [对象(O)/X/Y/Z] <对象>。

3．确定旋转轴

用作旋转轴的对象可以是直线、坐标轴、一段直多段线及实体的直边等。

1）两点确定旋转轴线，从屏幕中拾取两点，两点所确定的直线就是旋转轴线，如图 12-18a 所示。

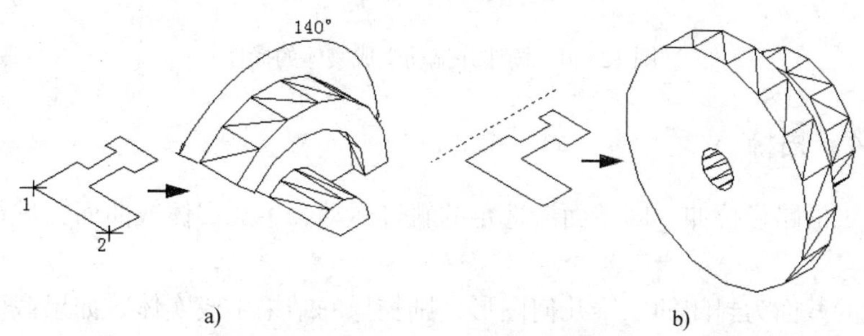

图 12-18　旋转生成实体

a) 两点确定旋转轴，旋转 140°　b) 选定对象为旋转轴，旋转一周

2）选定对象作旋转轴，输入“O”按〈Enter〉键确定，从屏幕中选择存在的线性对象作旋转轴，如图 12-18b 所示。

3）坐标轴为旋转轴：输入“X”或“Y”按〈Enter〉键确定，选定的截面绕 X 轴或 Y 轴旋转生成实体。

4．确定旋转角度

输入旋转角度，系统默认的旋转角度为一周，即 360°，用户可以根据需用指定角度，如图 12-18ab 所示。

5．旋转生成曲面

当旋转的对象为非封闭的几何图形时，其结果生成曲面，如图 12-19 所示。

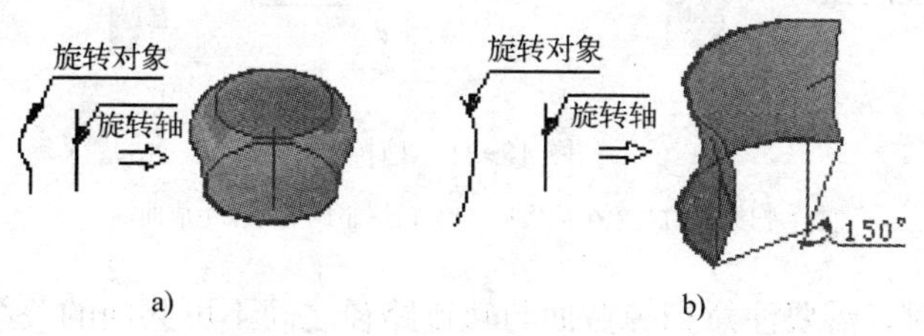

图 12-19　旋转生成曲面

a) 旋转 360° 生成曲面　b) 旋转 150° 生成曲面

12.2.3　按住并拖动

按住并拖动类似于拉伸命令，可以将任意形状的单一封闭几何图形或面域动态拖动加厚

生成实体。与拉伸命令不同的是，按住并拖动不能操作非封闭的几何图形生成曲面。

（1）单击“建模”工具条上的图标按钮启动命令。

（2）在封闭的区域内单击。

（3）移动鼠标动态拖动生成实体，也可以输入拖动高度，精确确定拖动的高度值。

按住并拖动的操作如图 12-20 所示。

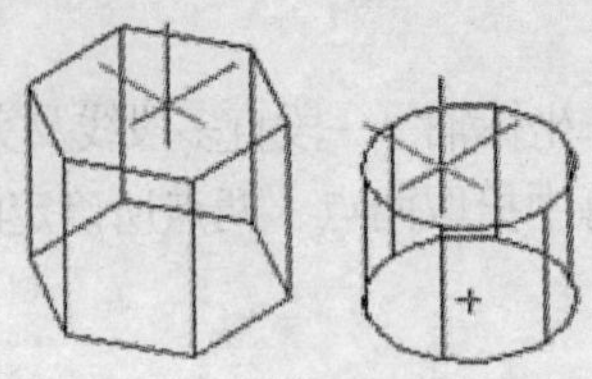

图 12-20　按住并拖动生成实体的操作

12.2.4　扫掠

扫掠类似于沿路径拉伸，即截面沿选定的轨迹运动，生成实体或曲面，进行几何造型的一种方法。

如果扫掠的截面为封闭的二维几何图形，则扫掠的结果生成实体，如果截面为非封闭的二维几何图形，则扫掠结果生成曲面。

1. 3 种方法启动命令

（1）选择菜单“绘图”→“建模”→“扫掠”。

（2）单击“建模”工具条上的“扫掠”图标按钮。

（3）输入“SWEEP”按〈Enter〉键确定。

2. 选择扫掠对象

选择完毕后确认，命令行提示：选择扫掠路径或 [对齐(A)/基点(B)/比例(S)/扭曲(T)]。

3. 选择扫掠路径

拾取扫掠路径，完成扫掠，如图 12-21 所示。

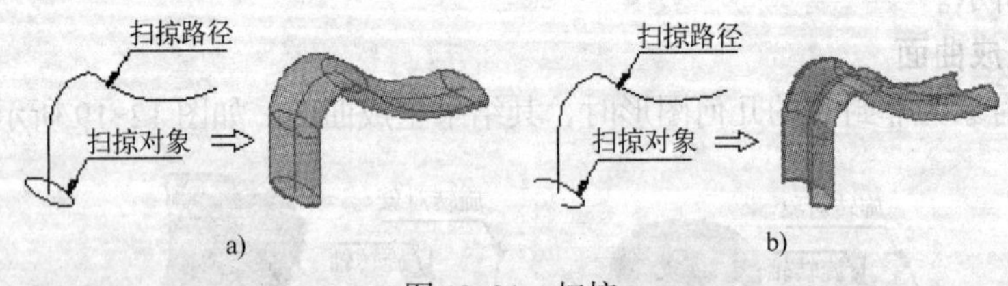

图 12-21　扫掠

a) 扫掠封闭对象生成实体　b) 扫掠非封闭对象生成曲面

使用扫掠命令时，需要注意扫掠截面与轨迹路径之间不可共面的关系，否则扫掠不能成功。跟沿路径拉伸一样，路径半径过小，选定的截面对象最小曲率半径小于扫掠路径长度，导致截面自交，将无法扫掠选定的对象，如图 12-16 所示。

12.2.5　放样

放样是多个二维截面之间过渡，生成实体或曲面，完成几何造型的方法。如果放样的截面为封闭的二维几何图形，则其结果生成实体；如果截面为非封闭的二维几何图形，则放样结果生成曲面。

1．3 种方法启动命令

（1）选择菜单“绘图”→“建模”→“放样”。

（2）单击“建模”工具条上的“放样”图标按钮。

（3）输入“LOFT”按〈Enter〉键确定。

2．选择对象

按照放样的顺序依次选择多个二维截面，选择完毕后确认。

3．放样选项

选择截面完成后，命令行提示：输入选项 [导向(G)/路径(P)/仅横截面(C)] <仅横截面>。选择选项进行放样造型，分别是导向、路径、仅横截面，默认的选项是仅横截面。

（1）仅横截面。选择截面完成后直接按〈Enter〉键确定或输入“C”后再按〈Enter〉键确定，系统弹出“放样设置”对话框，如图 12-22 所示。

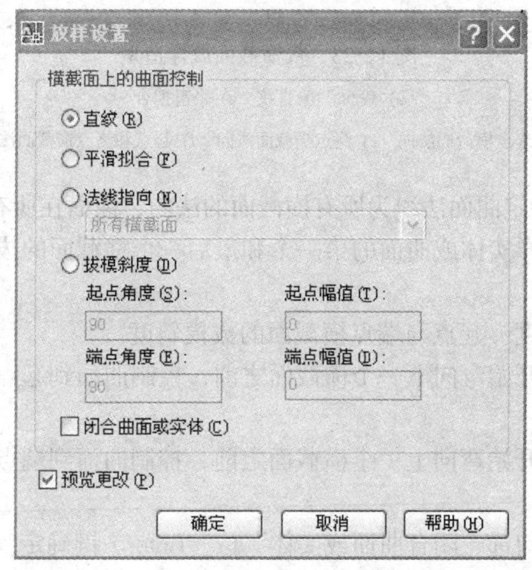

图 12-22　“放样设置”对话框

在对话框中可以控制横截面的曲面形状。

直纹：各截面间直纹过渡，截面轮廓尖锐，如图 12-23b 所示。

平滑拟合：各截面间平滑过渡，造型没有锐边，如图 12-23c 所示。

法线指向：控制实体或曲面在其通过横截面处的曲面法线。法线指向选项下方有 4 个选项。

1）起点横截面：指定曲面法线为起点横截面的法向，即曲面在起始横截面上保持与起始横截面垂直，如图 12-23d 所示。

2）终点横截面：指定曲面法线为端点横截面的法向，即曲面在终止横截面上保持与终止横截面垂直，如图 12-23e 所示。

3）起点和终点横截面：指定曲面法线为起点和终点横截面的法向，即曲面在起始与终止横截面上均保持与起始横及终止截面垂直，如图 12-23f 所示。

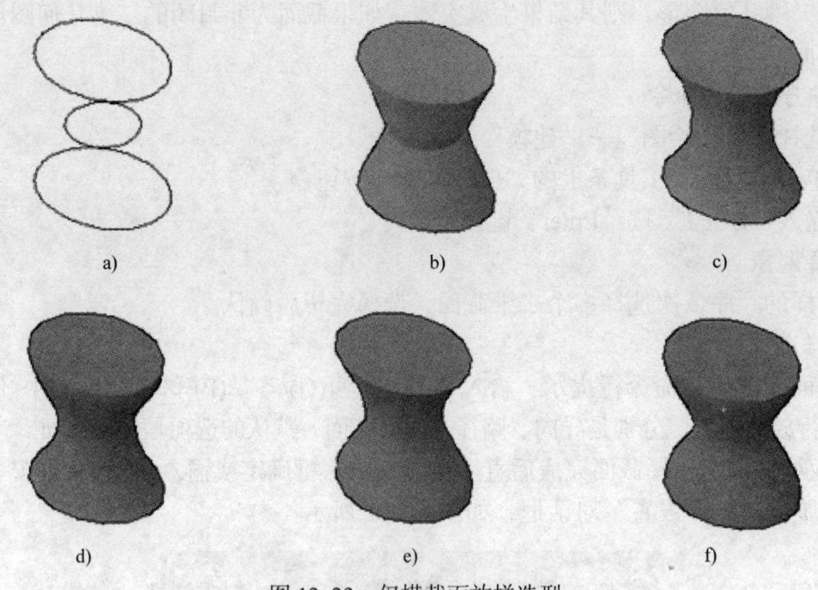

图 12-23 仅横截面放样造型

a) 截面 b) 直纹 c) 平滑拟合

d) 起点横截面法向 e) 终点横截面法向 f) 起点和终点横截面法向

4）所有横截面：指定曲面法线为所有横截面的法向，曲面在所有横截面上均保持垂直。

拔模斜度：控制放样实体或曲面的第一个和最后一个横截面的拔模斜度和幅值，即控制曲面的边界条件。

起点斜度与端点斜度：起点与端点横截面的拔模斜度。

起点幅值：在曲面开始弯向下一个横截面之前，控制曲面到起点横截面在拔模斜度方向上的相对距离。

端点幅值：在曲面开始弯向上一个横截面之前，控制曲面到端点横截面在拔模斜度方向上的相对距离。

闭合曲面或实体：勾选“闭合曲面或实体”按〈Enter〉键确定复选框，可以闭合放样造型。

（2）路径。选择截面完成后输入“P”按〈Enter〉键确定，拾取放样路径，以更好地控制放样实体或曲面的形状。建议路径曲线始于第一个横截面所在的平面，止于最后一个横截面所在的平面。如图 12-24 所示。

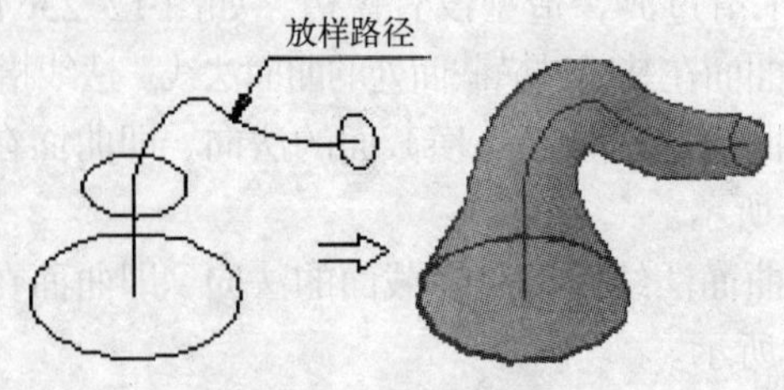

图 12-24 指定路径放样

（3）导向。选择截面完成后，输入“G”按〈Enter〉键确定，选择导向曲线。导向曲线是控制放样实体或曲面形状的另一种方式。可以使用导向曲线来控制点如何匹配相应的横截面以防止出现不希望看到的效果，如图 12-25 所示。

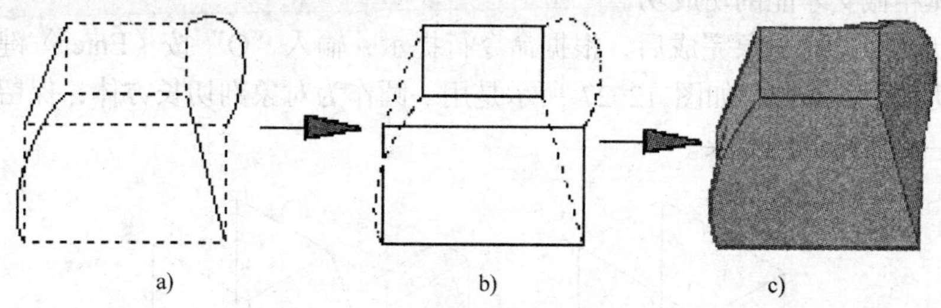

图 12-25　选择导向曲线放样

a) 选择截面　b) 选择导向　c) 生成放样实体

可以为放样曲面或实体选择任意数目的导向曲线。每条导向曲线必须与每个截面相交，且起点位于第一个截面上，终点位于最后一个截面上。

12.2.6　剖切实体

剖切命令是实现将现有的实体用给定的平面对象切割得到新实体的方法。

1．启动命令

（1）选择菜单“修改”→“三维操作”→“剖切”。

（2）输入“SL”按〈Enter〉键确定。

2．选择要剖切的对象

选择完毕后按〈Enter〉键确定，命令行提示：指定 切面 的起点或 [平面对象(O)/曲面(S)/Z 轴(Z)/视图(V)/XY(XY)/YZ(YZ)/ZX(ZX)/三点(3)] <三点>。根据命令行提示确定剖切方式，AutoCAD 提供了 7 种创建平面的剖切方式，见下文第 4 点。

3．选择剖切后的实体的保留侧

在要保留的一侧单击鼠标左键，如果需要保留两侧，则输入“B”按〈Enter〉键确定。

4．定义剖切面的方法

（1）三点法。三点法是 AutoCAD 定义剖切面默认的方法，实体沿给定的三点所确定的平面被剖切。直接在屏幕上拾取三点或输入三点的坐标值。如图 12-26 所示是拾取三点剖切长方体保留剖切平面下面所在一侧的示意图。

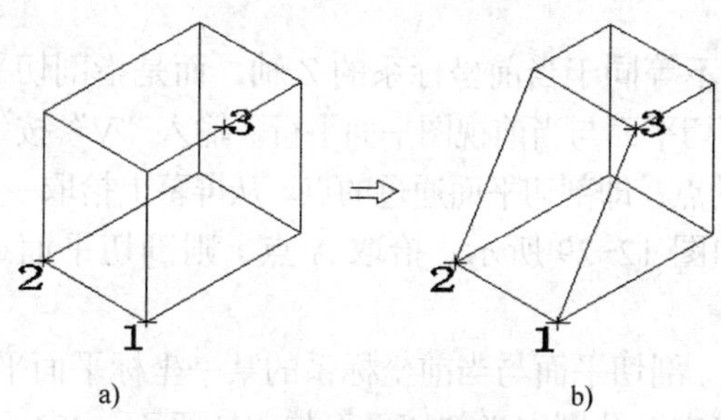

图 12-26　指定三点定义剖切平面

a) 剖切前　b) 剖切后

（2）对象法。对象法是通过选定圆、圆弧、椭圆、椭圆弧、二维多段线或二维样条线等二维对象，用这些二维对象所确定的平面作为剖切面剖切实体。二维对象所确定的平面需与所剖切的实体相截交才能剖切成功。

启动剖切命令选择对象完成后，根据命令行提示，输入“O”按〈Enter〉键确定，选择用来确定剖切平面的对象。如图 12-27 所示是用一圆作为对象剖切长方体，保留两侧，然后再移开其中一侧所得到的结果。

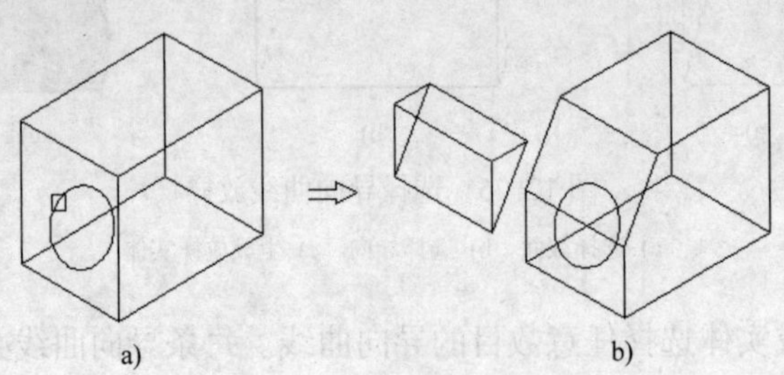

图 12-27 选定圆为剖切对象

a) 剖切前 b) 剖切后

（3）Z 轴法。输入“Z”按〈Enter〉键确定，先后在屏幕上拾取两点，剖切实体的平面通过第一点，且与第一点和第二点的连线垂直。如图 12-28 所示的剖切结果，从屏幕上拾取 A 点，输入另一点相对于 A 点的相对坐标值为(@20，10，5)，保留单侧所得到的结果。

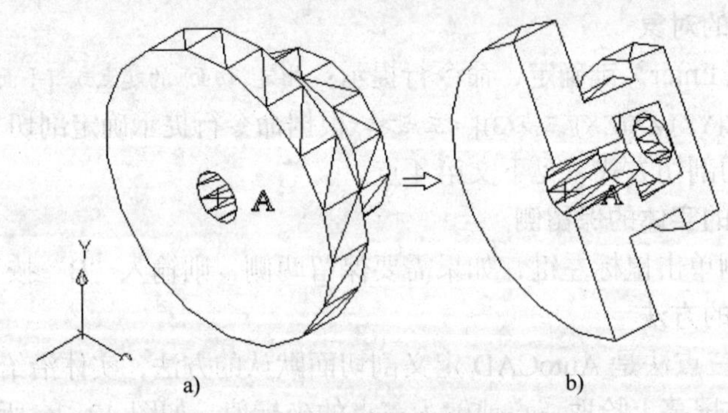

图 12-28 法向法确定剖切平面

a) 剖切前 b) 剖切后

可见，此处的 Z 轴并不等同于当前坐标系的 Z 轴，而是指剖切平面的法向方向。

（4）视图法。定义剖切平面与当前视图平面平行。输入“V”按〈Enter〉键确定，命令行提示指定当前视图平面上的点，即剖切平面通过的点。从屏幕上拾取一点，剖切平面通过该点且与当前视图平面平行。如图 12-29 所示，拾取 A 点，则剖切平面通过 A 点且与当前视图平面平行。

（5）当前坐标平面法。剖切平面与当前坐标系的某一坐标平面平行，输入“XY”、“XZ”或“YZ”按〈Enter〉键确定，分别定义剖切平面与 XY 平面、XZ 平面或 YZ 平面平行。从屏幕上指定一点，剖切平面通过该点。

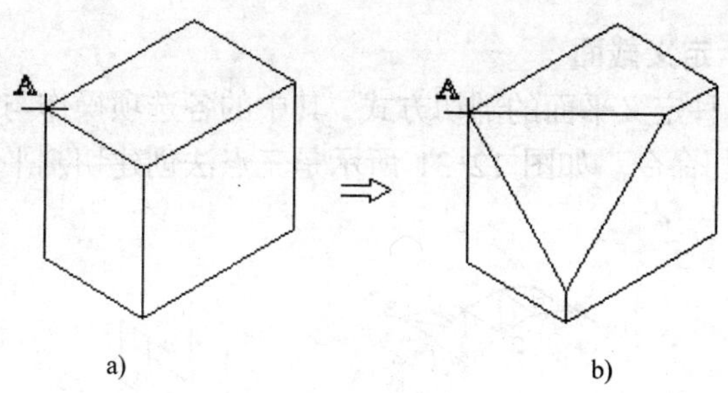

图 12-29　视图法剖切

a) 剖切前　b) 剖切后

12.2.7　实体的干涉检查

两个相互干涉的实体能通过干涉命令，将实体的干涉部分提取出来，从而生成新的实体。干涉命令类似于交集，干涉与交集的区别在于，干涉创建实体后，原始的对象还存在，而交集只将相交的部分生成实体，原始对象将不复存在。

除了通过干涉命令创建干涉实体外，另一作用就是检查两个或两个以上的实体装配在一起时是否存在干涉，在进行复杂装配时，干涉检查犹为必要。

1．启动命令

选择菜单“修改”→“三维操作”→“干涉检查”。

2．操作

启动命令后，先后选择创建干涉的两个对象，每选择完毕需按〈Enter〉键确认。命令行提示是否创建干涉实体，输入“Y”按〈Enter〉键确定，即可创建干涉实体。再用“Move”命令将干涉实体移开，如图 12-30 所示。

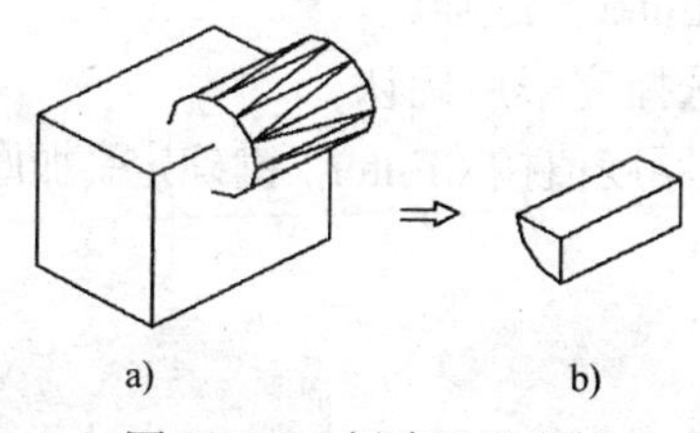

图 12-30　创建干涉实体

a) 干涉前　b) 干涉后

12.2.8　截面

截面命令是用定义的平面与选定的实体截交，将实体与平面相交的部分提取出来，得到实体的横截面的方法。

1．启动命令

在命令行中输入“SEC”按〈Enter〉键确定。

2．选择要提取截面的的对象

选择完毕后按〈Enter〉键确定，命令行提示：指定 截面 上的第一个点，依照 [对象(O)/Z 轴(Z)/视图(V)/XY(XY)/YZ(YZ)/ZX(ZX)/三点(3)] <三点>。

3．根据命令行提示定义截面

AutoCAD 提供了 7 种定义平面的剖切方式，其中的各选项操作与定义方式跟剖切实体的相同，读者可以参考剖切命令。如图 12-31 所示是三点法创建切割平面，将得到的截面提出来的结果。

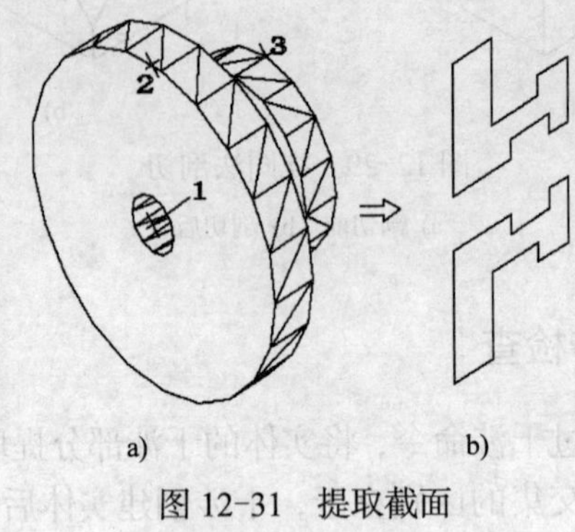

图 12-31　提取截面

a) 实体与三点　b) 截面

12.2.9　加厚与转化成实体

AutoCAD 2008 提供了将实体加厚转化为实体，以及将某些非实体的三维模型转化为实体的功能。

1．加厚

（1）两种方法启动命令。

1）选择菜单“修改”→“三维操作”→“加厚”。

2）输入“THICKEN”按〈Enter〉键确定。

（2）选择要加厚的曲面，选择完毕后确认。

（3）指定加厚的厚度：输入厚度值按〈Enter〉键确定。加厚操作及效果如图 12-32 所示。

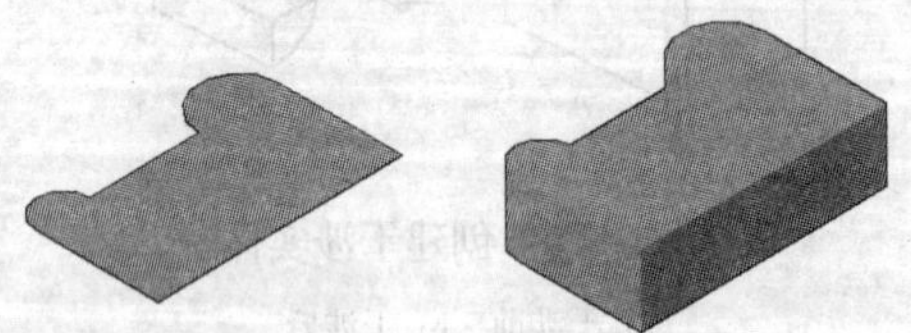

图 12-32　加厚操作

加厚的对象仅限于平面曲、拉伸、旋转、扫掠、放样等命令所产生的曲面，不能加厚第 11 章所讲述的网格曲面。

2．转化成实体

（1）两种方法启动命令。

1）选择菜单“修改”→“三维操作”→“转化为实体”。

2）输入“CONVTOSOLID”按〈Enter〉键确定。

（2）选择对象，选择完毕后按〈Enter〉键确定，完成转化的操作。

可以运用 CONVTOSOLID 命令转化的有以下列举的对象：

1）具有厚度的统一宽度多段线。

2）闭合的、具有厚度的零宽度多段线。

3）具有厚度的圆、椭圆、矩形、正多边形等。

AutoCAD 还提供了运用“Convtosurface”命令转化为曲面的操作，可以将面域、具有厚度的直线与圆弧、开放的具有厚度的零宽度多段线等对象转化为曲面，其操作与转化为实体的方法相同。

12.3　实体的编辑

实体编辑包括实体上的面、边和体的操作。实体编辑工具条如下图 12-33 所示。

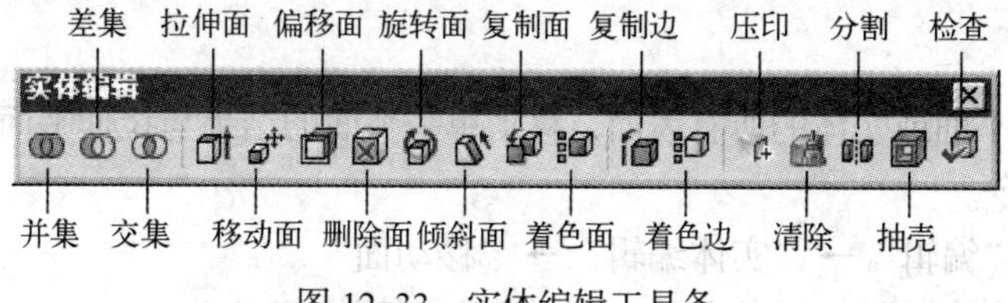

图 12-33　实体编辑工具条

12.3.1　实体的面操作

1. 拉伸面

将选定的面沿其法向方向拉伸，改变实体的形状。可以拉伸单一平面，也可以拉伸多个面。可以确定拉伸高度值，也可以沿路径拉伸。

（1）启动命令。

1）选择菜单“编辑”→“实体编辑”→“拉伸面”。

2）单击“实体编辑”工具条上的“拉伸面”图标按钮。

3）输入“SOLIDEDIT”按〈Enter〉键确定，选择“F”选项按〈Enter〉键确定，再选择“E”选项按〈Enter〉键确定。

（2）选择对象：选择需要拉伸的面，选择完毕后确认。

（3）选择拉伸方式。

1）确定高度法。输入拉伸高度值或拾取两点以确定拉伸高度，然后给定拉伸角度，如图 12-34 所示。

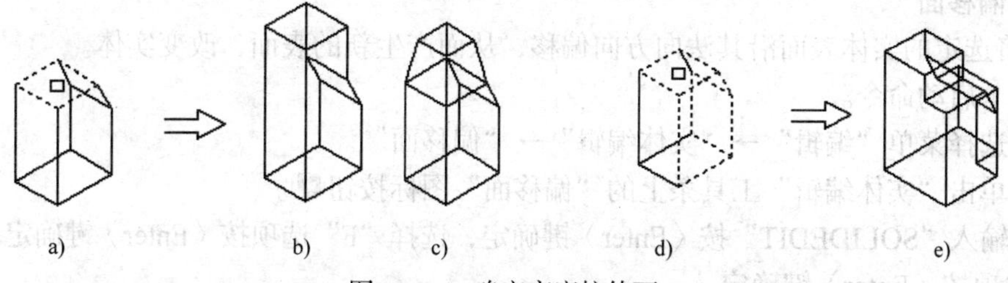

图 12-34　确定高度拉伸面

a) 选择单一面　b) 角度为 0　c) 有拉伸角度　d) 选择多面　e) 多面拉伸结果

2）路径法。选择拉伸面的对象确认后，输入“P”按〈Enter〉键确定，选择拉伸路径，如图 12-35 所示。

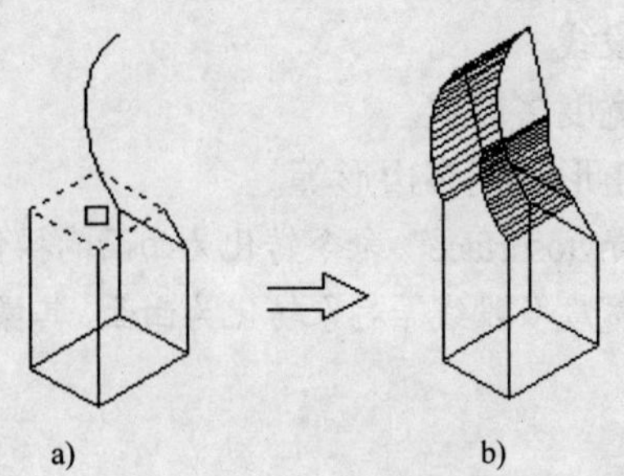

图 12-35　沿路径拉伸面

a) 选择面与路径　b) 没路径拉伸的结果

2. 移动面

可以移动单一平面或实体的所有表面，移动单一平面的结果与拉伸平面相同。

（1）启动命令。

1）选择菜单“编辑”→“实体编辑”→“移动面”。

2）单击“实体编辑”工具条上的“移动面”图标按钮。

3）输入“SOLIDEDIT”按〈Enter〉键确定，选择“F”选项按〈Enter〉键确定，再选择“M”选项按〈Enter〉键确定。

（2）选择对象：选择需要移动的实体表面，选择完毕后确认。

（3）指定移动基点：拾取点或指定基点坐标。

（4）确定位移：输入目标点的相对坐标。绘制如图 12-36 所示。

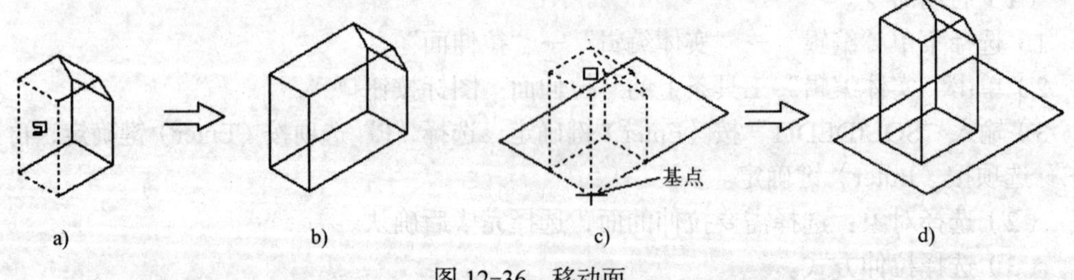

图 12-36　移动面

a) 选择移动面　b) 移动面结果　c) 选择所有面　d) 相对坐标@6，7，5

3. 偏移面

可将选定的实体表面沿其法向方向偏移，从而产生新的表面，改变实体。

（1）启动命令。

1）选择菜单“编辑”→“实体编辑”→“偏移面”。

2）单击“实体编辑”工具条上的“偏移面”图标按钮。

3）输入“SOLIDEDIT”按〈Enter〉键确定，选择“F”选项按〈Enter〉键确定，再选择“O”选项按〈Enter〉键确定。

（2）选择对象：选择需要偏移的实体表面，选择完毕后确认。

（3）指定偏移距离：可以直接输入偏移值，也可以在屏幕拾取两点以确定偏移距离。

偏移距离可以为正值，也可以为负。偏移距离为正时，实体表面面向实体外偏移，实体增大，当偏移距离为负时，实体表面向实体内偏移，实体变小，如图 12-37 所示。

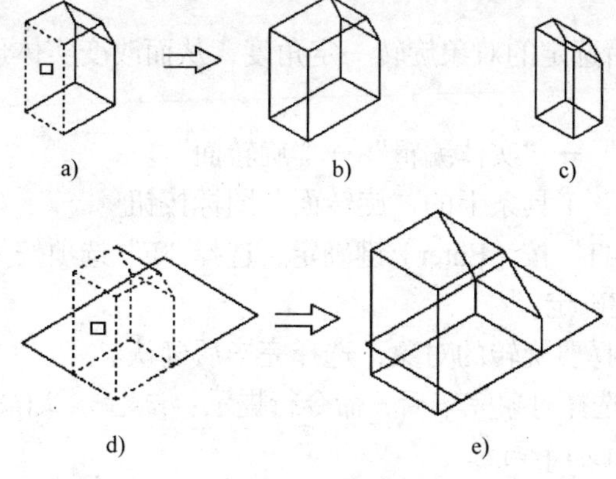

图 12-37　偏移面

a) 选择单一偏移面　b) 正距离偏移面结果　c) 负距离偏移面结果

d) 选择多个偏移面　e) 偏移结果

注：拉伸面、移动面与偏移面 3 个命令相似，在选择单一表面执行命令时，3 个命令的效果有相交之处。

拉伸面可以沿法向方向拉伸，也可以沿指定的路径拉伸；沿法向方向拉伸时，还可以通过倾斜角度改变截面的大小。

移动面通过点的位置控制，在选择实体的单一表面移动时，只能沿其法向方向移动；当选择实体的多个表面但不是全部表面时，将不能执行命令；选择实体的所有表面移动，类似于移动整个实体。

偏移面通过距离控制，只能沿其法向方向移动面，可以选择一个或多个面，也可以选择实体的全部面。当选择实体的全部面偏时，其效果类似于比例缩放。

4．删除面

（1）启动命令。

1）选择菜单“编辑”→“实体编辑”→“删除面”。

2）单击“实体编辑”工具条上的“删除面”图标按钮。

3）输入“SOLIDEDIT”按〈Enter〉键确定，选择“F”选项按〈Enter〉键确定，再选择“D”选项按〈Enter〉键确定。

（2）选择对象。选择需要删除的实体表面，可选择一个或多个表面，选择完毕后确认。完成操作如图 12-38 所示。

删除面是有条件的，如果选择如图 12-39 所示的类似面，将不能执行命令。命令行提示“不可填充的距离”。删除的条件是：被删除面至少有相对的两邻面延伸后需能相交。

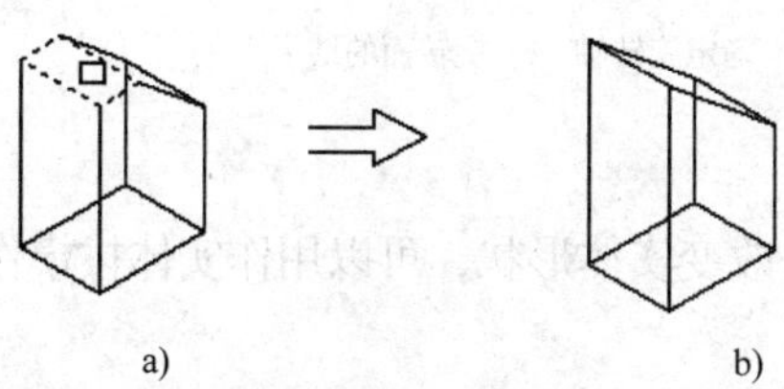

图 12-38　删除面

a) 选择删除的面　b) 删除面的结果

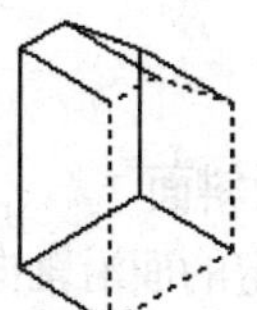

图 12-39　不可删除的实体表面

5．旋转面

将选定的实体表面沿选定的对象旋转一定角度，从而改变实体形状。

（1）启动命令。

1）选择菜单“编辑”→“实体编辑”→“旋转面”。

2）单击“实体编辑”工具条上的“旋转面”图标按钮。

3）输入“SOLIDEDIT”按〈Enter〉键确定，选择“F”选项按〈Enter〉键确定，再选择“R”选项按〈Enter〉键确定。

（2）选择对象：选择要旋转的对象，选择完毕后确认。

（3）指定旋转轴：选择对象完毕后，命令行提示：指定轴点或[经过对象的轴（A）/视图（V）/X 轴（X）/Y 轴（Y）/Z 轴（Z）]<两点>。

AutoCAD 提供以上 6 种确定旋转轴的方式，先简单介绍其他方法，再重点介绍两点法。

1）对象法。输入“A”按〈Enter〉键确定，选择对象，将旋转轴与所选择的对象对齐。对象可以是下列对象。

直线：将旋转轴与选定直线对齐。

圆：将旋转轴与圆的三维轴对齐（此轴垂直于圆所在的平面且通过圆心）。

圆弧：将旋转轴与圆弧的三维轴对齐（此轴垂直于圆弧所在的平面且通过圆弧圆心）。

椭圆：将旋转轴与椭圆的三维轴对齐（此轴垂直于椭圆所在的平面且通过椭圆中心）。

此外，对象还可以是二维多段线、三维多段线、样条线等。

2）视图。输入“V”按〈Enter〉键确定，将旋转轴与当前通过选定点的视口的观察方向对齐。

3）坐标轴法。输入“X”或“Y”或“Z”，选定的旋转对象的旋转轴将穿过选的点且与相应的坐标轴平行。

4）两点法。确定旋转轴线是 CAD 系统提供的默认方法，指定两点，两点确定的直线就是旋转轴线，可以拾取两点或以坐标确定。

（4）输入旋转角度：按两点法确定旋转轴，输入旋转角度为 10°，所得到的旋转结果如图 12-40 所示。

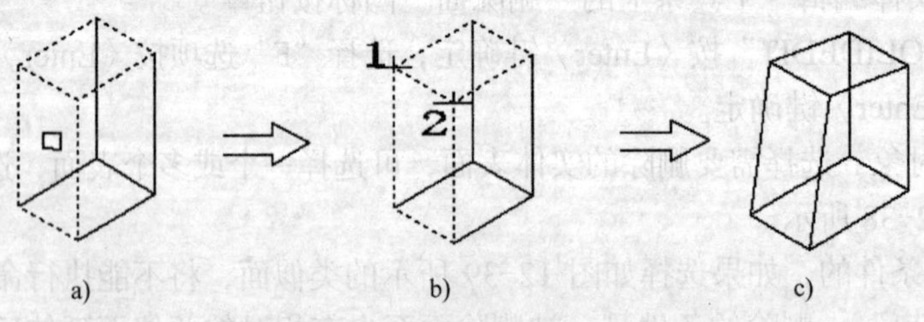

图 12-40 旋转面

a) 选择旋转的面 b) 确定旋转轴 c) 旋转面的结果

6．倾斜面

将选定的面沿轴向方向倾斜一定角度，改变实体形状，可以用作实体拔模作用。

（1）启动命令。

1）选择菜单“编辑”→“实体编辑”→“倾斜面”。

2）单击“实体编辑”工具条上的“倾斜面”图标按钮。

3）输入“SOLIDEDIT”按〈Enter〉键确定，选择“F”选项按〈Enter〉键确定，再选择“T”选项按〈Enter〉键确定。

（2）选择对象：选择要倾斜的实体面对象，选择完毕后确认。

（3）指定基点，确定倾斜参照轴：屏幕拾取两点，第一点为基点，第二点与第一点连接的直线为倾斜参考线。

（4）给定倾斜角度：输入倾斜角度值，如图 12-41 所示。

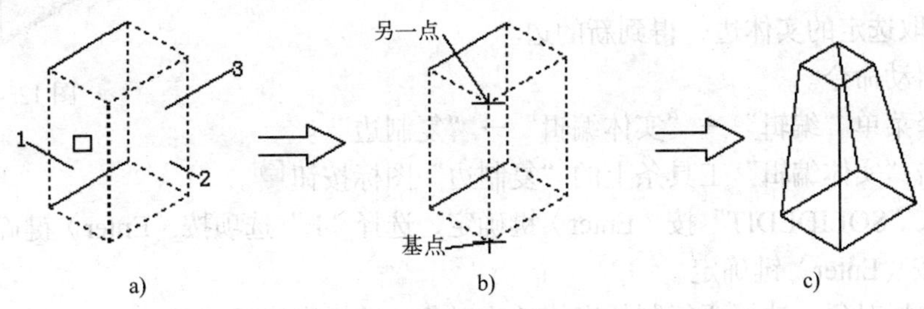

图 12-41　倾斜面

a) 选择倾斜的面　b) 确定基占参考轴线　c) 倾斜面的结果

7．复制面

复制面命令可以提取选定的实体表面，得到新的表面。

（1）启动命令。

1）选择菜单“编辑”→“实体编辑”→“复制面”。

2）单击“实体编辑”工具条上的“复制面”图标按钮。

3）输入“SOLIDEDIT”按〈Enter〉键确定，选择“F”选项按〈Enter〉键确定，再选择“C”选项按〈Enter〉键确定。

（2）选择对象：选择要复制的实体面对象，选择完毕后确认。

（3）移动已复制的表面：屏幕拾取基点和第二点，或输入第二点相对于基点的坐标值，如图 12-42 所示。

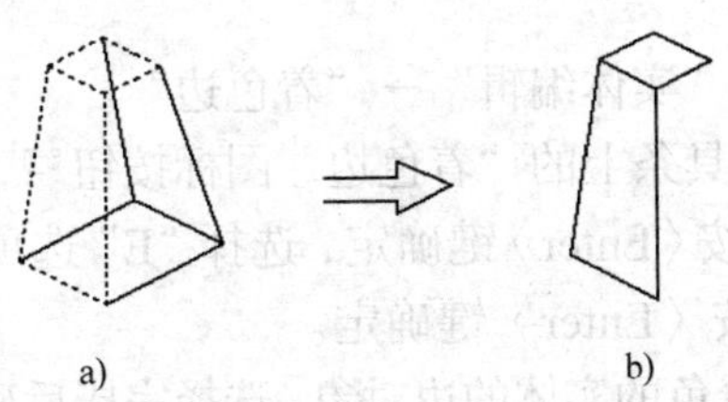

图 12-42　复制面

a) 选择复制的表面　b) 复制得到的表面

8．着色面

着色选定的实体表面，可以将同一实体的不同表面附着各自的颜色。

（1）启动命令。

1）选择菜单“编辑”→“实体编辑”→“着色面”。

2）单击“实体编辑”工具条上的“着色面”图标按钮。

3）输入“SOLIDEDIT”按〈Enter〉键确定，选择“F”选项按〈Enter〉键确定，再

选择“L”选项按〈Enter〉键确定。

（2）选择对象：选择要着色的实体面对象，选择完毕后确认，弹出“选择颜色”对话框，从中选择所需要的颜色，如图 12-43 所示。

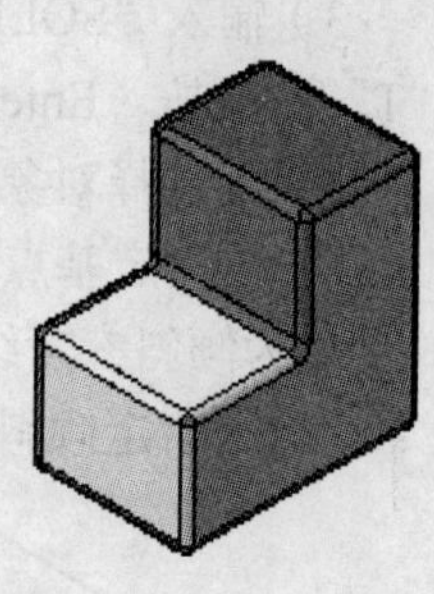

图 12-43　着色面

12.3.2　实体的边操作

1．复制边

用于提取选定的实体边，得到新的边。

（1）启动命令。

1）选择菜单“编辑”→“实体编辑”→“复制边”。

2）单击“实体编辑”工具条上的“复制边”图标按钮。

3）输入“SOLIDEDIT”按〈Enter〉键确定，选择“E”选项按〈Enter〉键确定，再选择“C”选项按〈Enter〉键确定。

（2）选择对象：选择要复制的实体的边对象，选择完毕后确认。

（3）移动已复制的边。确定基点，输入位移，如图 12-44 所示。

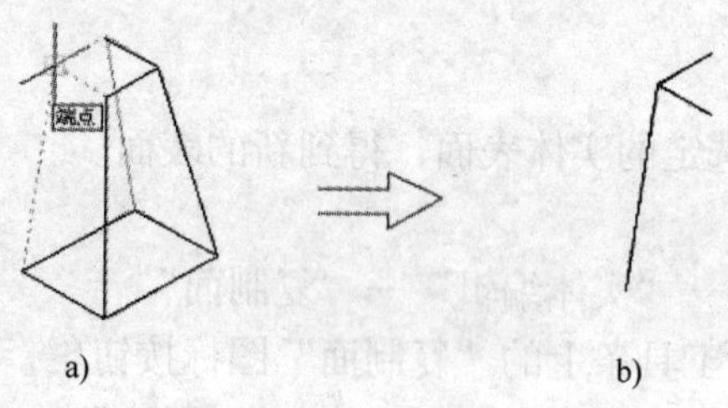

图 12-44　复制边

a) 选择复制的边　b) 复制得到的边

2．着色边

着色选定的实体边。

（1）启动命令。

1）选择菜单“编辑”→“实体编辑”→“着色边”。

2）单击“实体编辑”工具条上的“着色边”图标按钮。

3）输入“SOLIDEDIT”按〈Enter〉键确定，选择“E”选项按〈Enter〉键确定，再选择“L”选项按〈Enter〉键确定。

（2）选择对象：选择要着色的实体的边对象，选择完毕后确认。从“选择颜色”对话框中选择要着色的颜色，如图 12-45 所示。

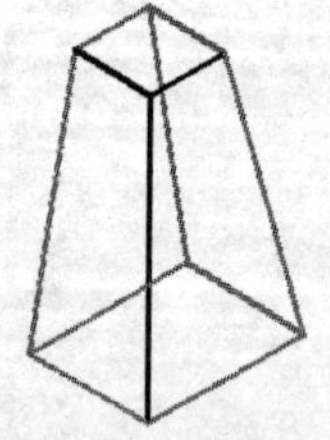

图 12-45　着色边

12.3.3　实体的体操作

1．压印

根据其他附着在实体表面或者与实体相交的对象，在实体表面创建一些印记。通过压印所得到的印记只是实体表面的一些线性印记，也就是说，得到的是实体与其他对象的相交线，附着在被压印的实体上，与被压印的实体形成一个对象。压印所得到的印记可以用前面所讲复制边的命令进行复制。

（1）启动命令。

1）选择菜单“编辑”→“实体编辑”→“压印”。

2）单击“实体编辑”工具条上的“压印”图标按钮。

3）输入“SOLIDEDIT”按〈Enter〉键确定，选择“B”选项按〈Enter〉键确定，再选择“I”选项按〈Enter〉键确定。

（2）选择被压印的实体，被压印的实体只能选择一个，选择后不需确认，直接进行下面的操作。

（3）选择用来压印的对象。用来压印的对象可以是二维或三维线、面域、实体对象，但不能是表面。

（4）确认是否删除源对象，即是否删除用来压印的对象。输入“Y”删除，输入“N”或直接按〈Enter〉键确定不删除。

（5）如果在同一实体上有多个对象用来压印，则重复（3）、（4）的操作，创建多个压印。

如图 12-46 所示，创建压印时，删除了用来压印的曲线对象和长方体对象，保留了圆锥体对象。图 12-46c 是用复制边命令，复制了运用长方体所得到的压印对象。

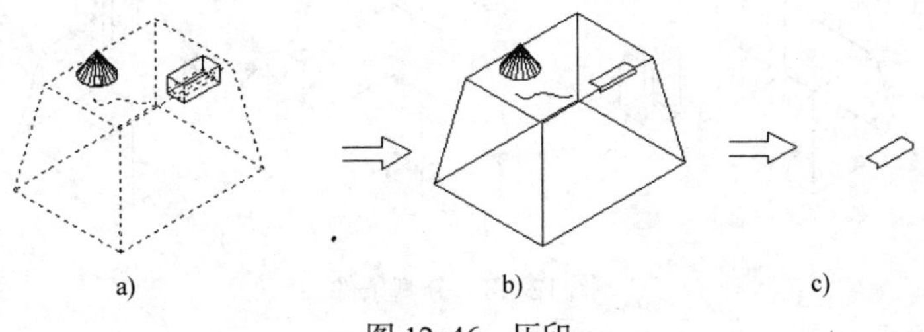

图 12-46 压印

a) 选择实体及压印对象 b) 压印结果 c) 复制压印

2．清除

删除共享边以及那些在边或顶点具有相同表面或曲线定义的顶点。删除所有多余的边和顶点、压印的以及不使用的几何图形。

（1）启动命令。

1）选择菜单“编辑”→“实体编辑”→“清除”。

2）单击“实体编辑”工具条上的“清除”图标按钮。

3）输入“SOLIDEDIT”按〈Enter〉键确定，选择“B”选项按〈Enter〉键确定，再选择“L”选项按〈Enter〉键确定。

（2）选择实体对象。如图 12-47 所示，清除压印的结果。

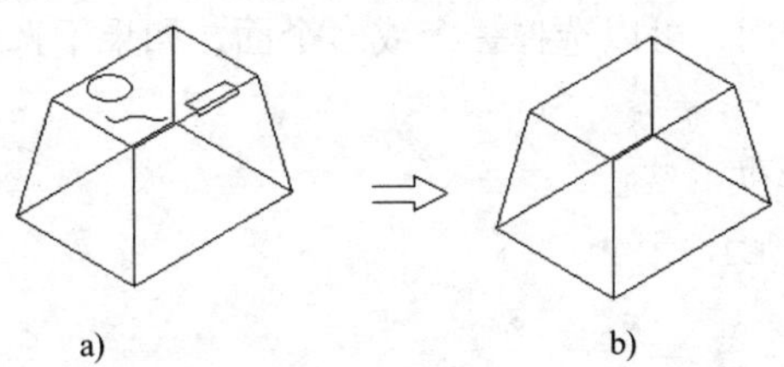

图 12-47 清除

a) 选择清除压印的对象 b) 清除结果

3. 分割

分割命令可以将具有多个独立体积块的三维实体分解为多个三维实体，分解条件是各体积块不相连，即不能分解单一体积块的实体对象。如图 12-48 所示，a 能分割，b 不能分割。有的读者会问，图 12-48a 本身就是两个对象，用不着分割，图 12-48b 所示的两个对象有必要分割，为何却又不能分割。请注意，这里如图 12-48a 所示的图形只是具有两个独立的体积块，其实它是一个实体对象，例如，运用后面 12.4 要讲到的并集可以将两个不相连的对象并为一个实体。而如图 12-48b 所示的图形，虽不能用实体分割命令实现分割，但能用其他命令分割，如前面所讲的剖切。

（1）启动命令。

1）选择菜单“编辑”→“实体编辑”→“分割”。

2）单击“实体编辑”工具条上的“分割”图标按钮。

3）输入“SOLIDEDIT”按〈Enter〉键确定，选择“B”选项按〈Enter〉键确定，再选择“P”选项按〈Enter〉键确定。

（2）选择需要分割的实体对象。

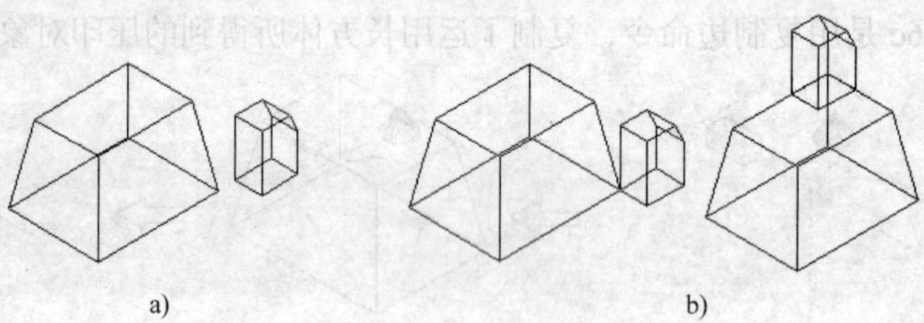

图 12-48　分割条件

a) 能分割的实体　b) 不能分割的实体

4. 抽壳

抽壳是用指定的厚度创建一个空的薄壳层。可以为所有面指定一个固定的薄壳层厚度。通过选择面可以将这些面排除在壳外。一个三维实体只能有一个壳。AutoCAD 通过将现有的面偏移出它们原来的位置来创建新面。

（1）启动命令。

1）选择菜单“编辑”→“实体编辑”→“抽壳”。

2）单击“实体编辑”工具条上的“抽壳”图标按钮。

3）输入“SOLIDEDIT”按〈Enter〉键确定，选择“B”选项按〈Enter〉键确定，再选择“S”选项按〈Enter〉键确定。

（2）选择被抽壳的实体。

（3）选择需要排除的面，可以选择一个或多个面，如果不选择排除面，则抽壳得到的结果就是一个全封闭的壳体。

（4）输入抽壳的壳厚度。

抽壳效果如图 12-49 所示。

5. 实体检查

实体检查可以检查对象是否是有效的 ShapeManager 实体。AutoCAD 在执行实体编辑命令前，会自动地检查所选对象。

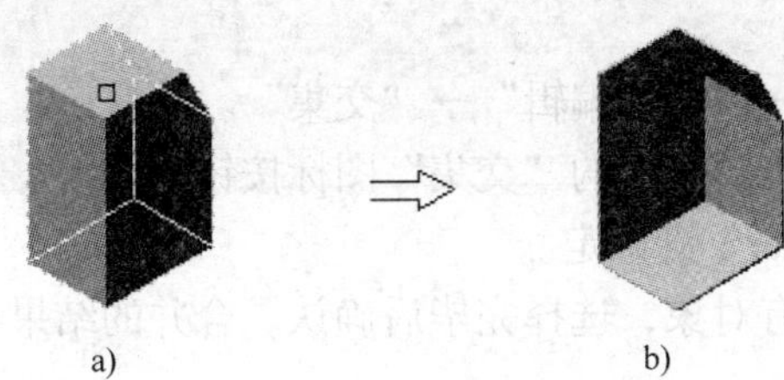

图 12-49　抽壳

a) 选择实体及排除的面　b) 抽壳结果

（1）启动命令。

1）选择菜单“编辑”→“实体编辑”→“检查”。

2）单击“实体编辑”工具条上的“检查”图标按钮。

3）输入“SOLIDEDIT”按〈Enter〉键确定，选择“B”选项按〈Enter〉键确定，再选择“C”选项按〈Enter〉键确定。

（2）选择需要检查的对象。如果所选对象是有效的实体，系统提示：此对象是有效的 ShapeManager 实体。如果所选不是有效的实体，系统提示：必须选择三维实体。

12.4　三维布尔运算

三维实体通过布尔运算可以生成许多复杂的实体，有并集运算、交集运算和差集运算。

12.4.1　并集

将多个独立的实体相加合并成一个单一的对象。各个用于求并集的对象并不要求一定相交。

（1）启动命令。

1）调用菜单“编辑”→“实体编辑”→“并集”。

2）单击“实体编辑”工具条上的“并集”图标按钮。

3）输入“UNI”按〈Enter〉键确定。

（2）选择合并的所有对象，选择完毕后确认。合并的结果如图 12-50 所示。

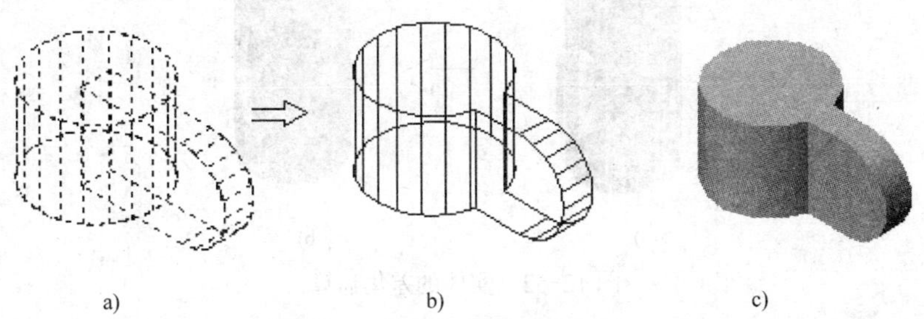

图 12-50　实体的并集运算

a) 选择求并集的实体对象　b) 并集结果　c) 着色后的效果

12.4.2　交集

将多个实体的相交部分提取出来，形成一个新的实体。

（1）启动命令。

1）调用菜单“编辑”→“实体编辑”→“交集”。

2）单击“实体编辑”工具条上的“交集”图标按钮。

3）输入“IN”按〈Enter〉键确定。

（2）选择求交集的所有对象，选择完毕后确认。合并的结果如图 12-51 所示。

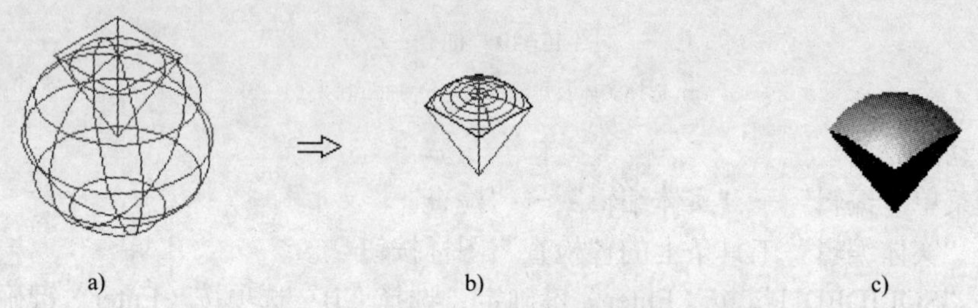

图 12-51 实体的交集运算

a) 选择求交集的实体对象 b) 交集结果 c) 着色后的结果

12.4.3 差集

将一些实体从另一些实体中排除，生成单一新实体的操作。

（1）启动命令。

1）调用菜单“编辑”→“实体编辑”→“差集”。

2）单击“实体编辑”工具条上的“差集”图标按钮。

3）输入“SU”按〈Enter〉键确定。

（2）选择用来减去其他实体的所有实体对象，选择完毕后确认。

（3）选择所有被减去的实体对象，选择完毕后确认。

差集运算如图 12-52 所示，启动差集命令“SU”按〈Enter〉键确定，选择择圆柱体，按〈Enter〉键确认，再选择腰形实体，按〈Enter〉键确认，形成键槽。

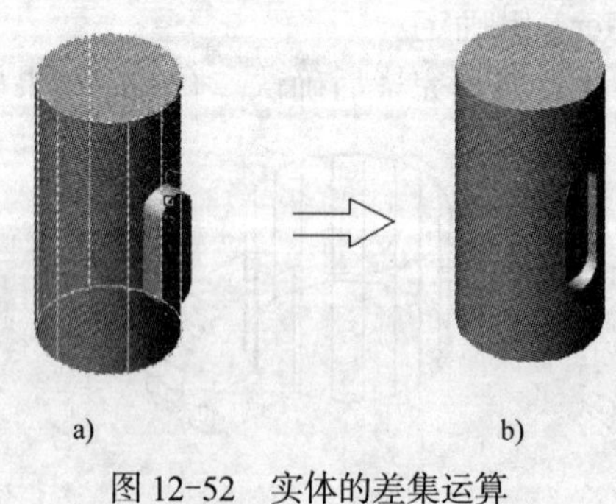

图 12-52 实体的差集运算

a) 选择求差集的实体对象 b) 差集结果

12.5 习题

（1）先绘制如图 12-53 所示的实体图，导入 A3 图框样板，做成多个视口，布局为三视图，最后按实体，再绘制一遍三视图，用 A3 图框装入。

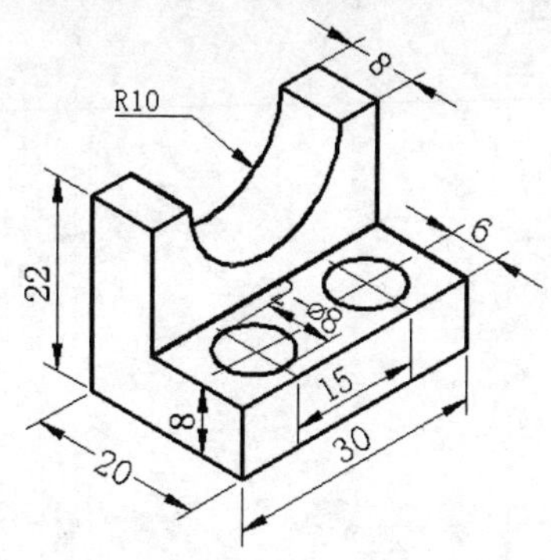

图 12-53　第（1）题

（2）先绘制如图 12-54 所示的实体图，导入 A3 图框样板，做成多个视口，布局为三视图，最后按实体，再绘制一遍三视图，用 A3 图框装入。

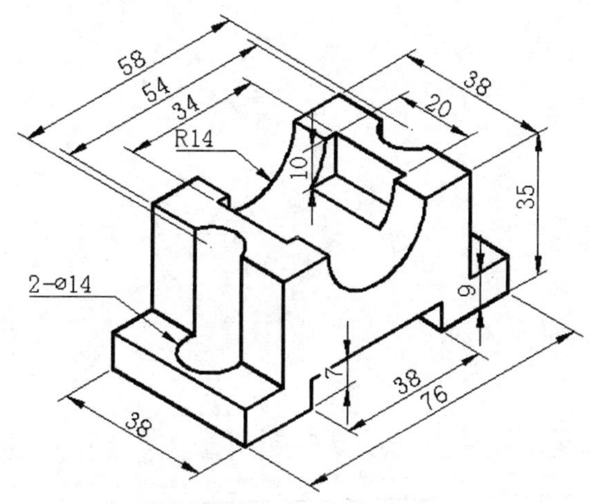

图 12-54　第（2）题

（3）为第 9.6 节习题中的零件工程图建三维实体模型